❲ 이 책에 쏟아진 찬사 ❳

우리는 수만 년 동안 최선의 사고방식을 궁리해왔다. 마침내 이 천재적 저작이 우리 마음의 과거, 현재, 미래를 설명해준다. 한마디로 놀라운 책이다.

-베터니 휴즈Bettany Hughes(역사학자, 『아테네의 변명The Hemlock Cup』 저자)

한나 크리즐로우는 인간의 지능, 그리고 21세기 우리 뇌의 당면 과제에 대해 시의적절하고 매혹적인 책을 썼다. 읽는 순간 우리는 생각하게 된다. 나아가 더 나은 방식으로 생각하게 된다.

-이언 랜킨Ian Rankin(소설가, '존 리버스 시리즈Inspector Rebus Series' 저자)

이 책은 '나'의 사고가 아닌 '우리'의 사고에 깃든 힘을 특유의 학문적이고 유창하며 재미있는 문체로 풀어낸 강력한 성명서다.

-마커스 드 사토이Marcus du Sautoy(『수학자의 생각법Thinking Better』 저자)

신경과학의 관점에서 집단 지능, 팀워크, 의사 소통, 성과, 회복탄력성, 윤리 등을 다룬 한나 크리즐로우의 연구는 그야말로 매력적이다. 아주 복잡한 개념을 누구나 쉽게 이해하도록 풀어낸다.

-타티아나 마린코Tatjana Marinko(런던 스피커 뷰로London Speaker Bureau 중동 디렉터)

놀라운 미래 지향적 예측부터 일상적 정신 작용을 이해하는 훈련까지, 한나 크리즐로우는 노련한 문체, 명쾌하고 매력적인 목소리로 우리를 안내한다. 생각에 대한 편협한 신화를 허물고 관계성과 수용성의 가치를 다시 생각해보게 만드는 보물 같은 책이다.

-로완 윌리엄스 경Baron Rowan Williams(신학자, 전 영국 상원의원)

그야말로 놀랍고 뭉클한, 혼이 실린 작품이다. 우리에게는 초연결 사고라는 책과 개념 두 가지 모두 절실하다. 인류의 미래는 이처럼 획기적이고 도발적인 발상을 얼마나 잘 수용할 것인지, '나'라는 개별적 존재보다 '우리'라는 집합적 존재에 얼마나 초점을 맞출 것인지에 달려 있다.

-대니얼 M. 데이비스Daniel M. Davis(『인체에 관한 모든 과학The Secret Body』 저자)

초연결 지능

초연결 지능

집단 두뇌가 만드는 사고 혁명

한나 크리츨로우 **지음**
안은미 **옮김**

21세기북스

자라며 배우며 세상에 기여하는 모습을 보여준
나의 아들 맥스에게 감사한다.
나는 네가 자랑스럽고 경이로웠다.

제2차 세계대전 종전 후 약 70년간 인류는 점점 더 똑똑해지는 듯했다. 영국, 프랑스, 일본, 한국과 같은 국가의 인구 평균 IQ 점수는 10년마다 약 3점씩 상승했다. 발견자의 이름을 따서 '플린 효과Flynn effect'라고 부르는 이 현상은 선진국 어린이들의 교육과 식이 수준이 개선된 덕분이라고 해석되었다. 그러나 이제 지능의 호황기는 끝난 것처럼 보인다. IQ 점수는 1970년대 중반 출생자들을 위시해 정점을 찍은 뒤 유럽 전역에서 하락하고 있다.

나는 1970년대 중반 태어나 부모님 품에 안겼으므로 인간 지능이 하락세에 접어든 코호트(특정 시기와 지역의 경험이나 환경을 공유하는 역학 연구 대상자 집단-옮긴이)에 속한다. 그런데 우리는 정말 멍청해지고 있을까? 정크 푸드와 스마트 기기가 우리의 인지 능력을 훼손하는 것일까? 아니면 우리 뇌가 아니라 IQ 검사 자체에 결함이 있는 것일까? 지금 세상에 어울리지 않는 낡아빠진 검사가 된 것일까?

제임스 플린James Flynn을 포함해 지능에 관련된 연구를 하는 학자들이 플린 효과의 규모와 의미에 대해 논쟁을 이어왔지만 이런 의문을 해소할 수는 없었다. 노르웨이 육군 입대자들을 수십 년간 추적 관찰한 2018년 연구에서 IQ 수준이 감소하고 있다는 결론이 도출되었고,

언론이 이 사실을 주목하면서 논의가 재점화되었다. 플린 효과는 인간 지능에 대해 무언가 확실한 사실을 알려주지는 못하지만, 두개골 안에 든 1.5킬로그램의 부드러운 회색 조직에 대한 우리의 집착과 혼란을 잘 보여준다.

언론에서 IQ 수준이 하락했다는 기사를 접할 때면, 나 역시 인류의 두뇌 능력이 한계에 이른 것은 아닌지 염려되기도 한다. 또한 지능을 연구하는 사람들조차 용어와 추세에 관한 의견을 모으지 못하는데, 보통 사람들이 사용하는 영리하다는 말이 도대체 무엇을 의미하는지 자문하게 된다. 더 근본적으로 우리 교육 시스템의 효율성에 대해, 그리고 정신적 기민함이 문제 해결의 만병통치약이자 개인적 성공의 지표라고 믿는 신념에 대해 의구심이 든다. 이윽고 과거 정신과 병원에서 일할 때 내게 뇌를 연구하도록 영감을 불어넣어준 사람들의 기억이 떠오르면, 결국 21세기에 적합하도록 지능을 새롭게 이해해야 한다는 평소의 생각으로 되돌아오게 된다.

많은 사람들이 지능을 향상하고 증명하는 경쟁적 업무(그야말로 업무)에 매달리고 있다. 이 업무는 일찌감치 시작된다. 젊은 세대는 시험 성적에 대한 불안감에 과거 어느 때보다 더 많이 시달린다. 케임브리지 대학교 막달렌 칼리지에 연구교수로 있던 시절, 나는 수백 명의 고등학생과 함께 또래 친구들의 머리 좋아지는 약 사용 경험에 관해 이야기를 나누었다. 학생들은 성적을 높이기 위해 온라인에서 약을 구매한다고 말했다. 나는 태아의 인지 능력을 조정하기 위한 유전자 편집 기술을 다루는 학술 대회에 참석한 적이 있다. 거기서 미국에 기반을 둔 기업들이 '지적 장애'가 있는 자녀를 임신하지 않게 해주는 착상 전 배아 선별 검사를 광고하는 모습을 보았다. 뇌에 의료용 보조기를 이식해 감정 및 정신 기능, 세계와의 상호작용 방식을 변형한 사람들도 만나보았다. 이 모든 것이 어떻게 하면 인생이라는 경쟁적 게임에 더 적합하도록 개인의 두뇌 능력을, 가능하다면 자녀의 두뇌 능력까지 향상시킬 수 있는지에 초점을 맞추고 있었다.

나는 시험 성적, IQ 검사, 직장 내 승진으로 측정되는 개인의 지능을 강조하는 것이 우리에게 그다지 이롭지 않다는 생각이 들었다. 대부분의 사람에게 제한을 가하고, 많은 사람에게 해가 되기 때문이다. 이런 모델이 우리 앞에 놓인 복잡한 문제에 대한 혁신적인 해결책을 찾는 데 가장 효과적인 것도 아니다. 신경과학의 연구 범위가 넓어지고 우리 뇌가 어떻게 함께 소통하고 협력하는지에 대한 연구가 진행되면서, 개인적 지능을 강조하는 우리 사회의 관행이 시대에 뒤떨어진다는 증거가 쏟아져 나온다.

이제 우리는 가장 기민하고 성공적인 뇌를 포함해 모든 뇌가 세계를 인식하는 방식에 근본적인 결함이 있다는 사실을 알게 되었다. 모든 인간의 뇌는 편향과 맹점, 사고의 한계를 지니고 있으며, 감정 전염과 다른 사람들의 은밀한 영향력에 노출되어 있다. 우리 모두는 생각보다 훨씬 덜 이성적이고 덜 지능적이다. 우리는 낯설거나 관행에서 벗어난 인지적 접근 방식에 거부감을 느낀다. 작은 집단 안에 틀어박혀 우리에게 유용한 자극을 줄 수 있는 생각이나 사람들을 못 본 척한다. 우리는 충분한 호기심과 인내심을 가지고 대화하거나 귀 기울여 배우지 않는다. 초연결 사고를 어떻게 효과적으로 실천해야 하는지, 이것이 우리에게 어떤 의미가 있는지 알지도 못하면서 협력의 가치에 대해 떠벌린다. 우리는 지능과 관련해 더 이상 도움이 되지 않는 관점에 갇혀 있다.

시험 성적에 집착하거나, 기존 체제에서 유난히 똑똑하다고 분류된 사람들의 명백한 성취에 기대지 않고도 생각에 대한 생각을 확장할 수 있을까? 혁신을 추동하고 문제를 해결하기 위해 더 창의적이고 포용적이며 효율적인 방식으로 지능을 재정의할 수 있을까?

집단 지능은 바로 개별 두뇌의 한계를 극복하고 새로운 경지에 도달하는 데 필요한 접근 방식이다. 다양한 생각과 관점을 모으면 우리는 그 집단이 체득한 지혜와 경험을 활용할 수 있게 된다. 정보를 공유하고 새로운 접근법을 찾으려는 우리 종의 타고난 욕구는 개인이 가진 지식과 관점의 한계를 우회적으로 극복하기 위한 해법으로 진화해왔다. 조상들이 함께 추수하기 시작한 이래로 인류가 집단 지능을 실천해왔다는 뜻이다. 아마도 당장의 개인적 필요보다 집단의 안녕을 앞세우는 최초의 연민 어린 행동이 먼저 등장했을 것이다.

수천 년이 지난 지금, 집단 지능은 디지털 기술 덕분에 온라인으로 이동해 미로 같은 위키피디아, 전 지구적 대화의 공간 트위터, 중앙아프리카의 에볼라를 통제하기 위한 시민 과학 캠페인을 탄생시켰고, 개인이 직접 참여하는 민주주의 실험을 가능하게 했다. 생각을 공유하고 협력하는 성향은 문자 그대로 우리의 DNA에 새겨져 있으며, 끊임없이 진화하고 있다.

이 책은 인류의 집단 지능에 대한 신경과학의 최신 연구 성과를 2년 동안 심층 탐구한 결과물이다. 그동안 나는 우리가 진화의 중요한 기로에 서 있다고 확신하게 되었다. 이제 지능을 개인의 시험 점수가 아닌 협력적 행위로 재해석해야 할 때가 되었다. 기후 위기, 전 세계적인 물과 식량 부족, 팬데믹의 위협 등 우리 앞에 놓인 광범위하고 복잡한 문제는 뇌를 총동원하지 않고서는 해결할 수 없다. 우리는 자기와 다른 관점과 경험을 가진 사람들과 협업하는 방법을 개발해야 한다. 지능에 대한 집합적 접근 방식의 가치를 인정하고, 이것이 어떻게 발현되는지, 어떤 기술에 의존하는지, 그리고 어떤 두뇌 활동이 이런 기술을 촉진하는지 이해해야 한다.

우리 모두는 우리가 서로 주고받는 상호작용과 가장 큰 도전 과제에 대한 접근 방식을 훨씬 더 현명하게 고민할 수 있다. '나'에서 '우리'로 생각을 전환하면, 세계관이 바뀌고, 상상력이 해방되며, 인류지능의 저수지에 각자의 고유한 관점이 더해진다. 바로 지금, 이처럼 흥겨운 통합적 사고가 필요하다. 집단적 두뇌 능력을 활용해 이런 사고의 전환이 우리를 어디까지 이끄는지 확인해보자.

1장

초연결 사고의
힘

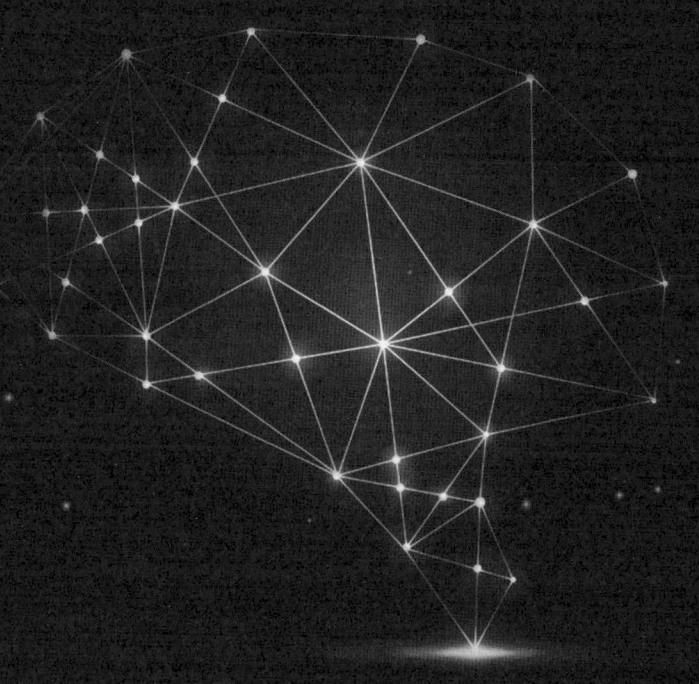

수십 년간 지능을 연구해온 신경과학은 최근까지 뇌를 단일체로 취급해왔다. 많은 연구가 우리의 의식과 독특한 경험을 형성하는 본성$_{nature}$(DNA 청사진을 바탕으로 형성된 고유한 뇌)과 양육$_{nurture}$(특히 아동기의 경험을 통한 학습)의 상호작용에 초점을 맞추었다.

　　신경과학의 관심사가 확장된 것은 불과 지난 몇 년 동안에 일어난 일이다. 뇌의 부위별 기능에 관심을 쏟던 연구자들은 뇌를 놀랍도록 정교한 네트워크, 다시 말해 커넥톰$_{connectome}$으로 이해하기 시작했다. 이제 과학자들은 뇌와 몸으로 이루어진 온전한 사람 안에서, 그리고 사람들이 서로 영향을 주고받는 집단 내에서 어떻게 지능이 생겨나는지 들여다보고 있다. 예를 들어, 공동 활동에 참여하는 사람들의 뇌에서 전기적 진동이 동기화되고 문자 그대로 같은 방식으로 세상을 바라볼 가능성이 높아진다는 이야기를 들어본 적이 있는가? 이 현상은 학습 능력이나 공감대 형성 능력을 향상시킨다. 그러나 스트레스와 공포, 갈등이 고조될 때는 이 현상이 억제되면서 뇌에서 뇌로 아이디어가 이동하는 것도, 집단적 사고가 싹트는 것도 어려워진다.

뇌 영상 기술의 혁명이 잇따르면서, 과학자들은 살아 숨 쉬는 생물의 뇌가 학습하고 상호작용하는 모습을 자세히 연구할 수 있게 되었다. 우리의 생각과 행동 방식을 점점 더 훤히 들여다볼 수 있게 된 것이다. 인지과학자들은 이제 연민이나 죄책감처럼 아주 추상적인 행동까지 살펴볼 수 있다. 이들은 어떤 집단이 문제를 해결하기 위해 어떻게 조화를 이루는지, 그리고 성공적인 협력을 이끌어내는 동안 사람들의 뇌 속에서 어떤 현상이 벌어지는지 관찰하면서 다수의 뇌가 협력하는 방식도 살피고 있다.

요즈음 발표되는 최신 연구 결과는 지능에 대한 우리의 이해를 혁명적으로 바꾸어낼 것이다. 체화된 인지에 대한 연구는 우리 몸에 저장된 방대한 양의 정보를, 그것도 상당 부분은 다른 사람들이 발산하는 신호에서 무의식적으로 포착된 정보를 활용하는 방식을 개발하고 있다. 인공 지능AI과 인간 지능 사이의 인터페이스도 인지과학자들이 개척하고 있는 또 다른 공간이며, 공상 과학 소설에나 나올 법한 혁신이 빠르게 쏟아져 나온다. 이제 공여자의 뇌에 있던 기억을 수혜자의 뇌에 전기적으로 각인해 전문적 경험을 내려받을 수 있는 가능성이 열리고 있다. 뇌와 뇌를 연결해 직접 정보를 주고받으며 협력할 수 있게 해주는 브레인넷도 생겨나는 중이다.

그러나 가장 기대되는 성과는 먼 미래의 일이 아니라 당장 공감할 수 있는 내용에서 발견할 수 있다. 집단적 노력을 통해 불안과 고통을 치유하는 방법에 대한 연구나, 좋은 아이디어가 출현하고 성장하도록 집단의 지배적 역동을 해제하는 일이 얼마나 중요한지에 대한 연구가 그 예이다.

집단 지능은 우리 일상의 일부이며 우리는 무의식중에 이를 활용한다. 가족 간의 갈등을 해결할 때, 대규모 사교 모임을 준비할 때, 직장에서 협력 프로젝트를 진행할 때 언제나 집단 지능이 작동한다. 가정 생활, 사회 생활, 직장 생활 모두 집단 지능을 기반으로 이루어진다. 집단 지능은 분석적 능력만큼이나 정서적 능력에 좌우된다. 여기에는 의사 소통, 신뢰, 공감, 설득, 협상, 상상력, 재치, 감정, 언어 등의 요소가 개입된다. 집단 지능은 개인의 두뇌를 넘어 확장된 형태로 변화하고 풍부해지면서 하나의 두뇌에서 다른 두뇌로 흐른다. 우리 중 그 누구의 것보다도 한없이 영리해진다.

앞으로 살펴보겠지만, 집단 지능은 특정 조건 아래서 출현하고 꽃핀다. 물론 근본적으로 사회적 연결이 선행되어야 한다. 사람들 사이의 접촉, 특히 실제 접촉이 일어나지 않으면 초연결 사고는 출현할 수 없다. 코로나바이러스 유행 시기에 이루어진 봉쇄 조치가 무엇보다 이 점을 잘 보여준다. 당시에는 사회적 고립이 극심해졌고, 각국이 봉쇄를 강화하거나 해제하면서 몇 달 간격으로 악화와 완화가 반복되었다. 그 덕분에 신경과학자와 심리학자들이 지능을 포함해 인간 행동의 다양한 측면을 연구할 수 있는 환경이 조성되었다.

인지과학자가 아니더라도 우리는 봉쇄가 집중력, 사고력, 의사 소통 능력에 미치는 여파를 목격할 수 있었다. 기분 저하, 정신적 피로,

주의 산만이 동반되면서 많은 사람이 머릿속에 안개가 끼는 증상을 경험했다. 특히 스코틀랜드와 이탈리아 사람들의 인지 기능 추이를 추적한 연구에서는 봉쇄와 함께 사람들의 두뇌 기능이 저하되었다가 사회적 거리 두기를 완화하자 호전되는 현상이 관찰되었다. 격리를 당한 사람들의 인지 기능은 회복이 더 느렸다.

다른 사람들과의 상호작용이 우리 모두에게 유익하며, 우리의 능력이 근본적으로 이런 상호작용에 달려 있다는 주장을 뒷받침하는 자료는 팬데믹 이전에도 넘쳐났다. 인간은 사회적 동물이다. 심신의 안녕, 인지 기능, 언어 습득, 감정 조절은 모두 개방적이고 다양한 집단 생활을 통해 발달하고 영향을 받는다. 우리의 사고력은 가족 이외의 사람들과 집단을 이룰 때 더 민첩해진다. 사람은 유전적 친족, 일상 영역, 직장 환경 너머의 다양한 역할 모델과 관점을 접해야 한다. 개인의 인지 기능은 소그룹 밖에 있는 생각이나 사람들과 소통할 때 향상되며, 집단적 정신에 고유한 관점을 더할 수 있게 된다.

다행히 우리는 물리적으로 고립된 시기에도 기능을 유지할 수 있도록 서로를 연결해주는 눈부신 기술적 도구들을 만들어냈다. 우리가 사는 세상에서, 집단적 정신은 실제 세계의 상호작용에만 의지하지 않고 점점 더 인터넷 플랫폼으로 옮겨 가고 있다. 우리는 전 세계에 나노초 단위로 생각과 의견을 공유하고, 세상의 모든 정보에 접근할 수 있다.

기술 발전과 사회 변화의 상호작용은 인류 지능의 진보를 견인하는 상수다. 우리는 새로운 생각을 탐구하고 적용하기 위해 새로운 도구를 고안해내고, 이러한 도구가 새로운 가능성을 창출하면서 문화와 사회의 진화를 추동한다. 지난 30년간 우리가 뇌 안에 있는 세포들 사이와 개별 뇌 사이의 연결을 확인하고 활용하기 위해 과학적이거나 사회적인 기술 개발에 매진해왔다는 사실은 흥미롭다. 자기공명영상(MRI 스캔)과 고해상도 전자 현미경은 뇌의 각 영역을 이어주는 신경로와 시냅스 연결부를 우리에게 보여주었다. 새로운 매체와 인터넷 기반 기술은 사람들 사이의 정보 교환을 촉진한다. 바야흐로 초연결 사고의 진화에 시동을 걸기에 완벽한 환경이 갖추어진 듯하다.

바로 이런 일이 지금 벌어지고 있다. 2020년에서 2022년 사이 인지과학자들이 수행한 연구에 따르면, 인류의 진화 역사상 처음으로 우리가 살고 있는 환경, 다시 말해 기술로 연결되어 소통하는 환경이 유전자의 진화를 추월하며 우리 종의 진화를 추동하고 있다. 이제 집단 수준의 문화적 진화는 유전적 진화보다 적응력이 높고 민첩해졌으며, 우리의 환경, 다시 말해 우리가 자라고 살아온 다양한 문화야말로 우리 종의 진보를 추동하는 최고의 동력이 되고 있다.

이것은 내가 세포분자생물학과 학부생 시절에 배운 내용과 정반대되는 설명으로, 사실로 확인되기만 한다면 인류의 인지 발달에 전에 없던 변화를 일으킬 것이다. 티모시 워링Timothy Waring과 재커리 우드Jachary Wood 는 2021년《왕립 학회지Royal Society》에 실린 리뷰 논문에서 "유전자가 문화의 목줄을 쥐고 있다면, 문화는 유전자를 곧장 길 밖으로 끌어내고 있다"라고 결론지었다.

이 점이 왜 중요할까? 집단의 협력 기술이 발전해 개인 간 경쟁을 통한 선택의 중요성이 감소할 때 커다란 진화적 전환이 일어나기 때문이다. 이러한 전환 중 하나가 오늘날 우리가 알고 있는 생명의 진화를 이끌었다. 약 38억 년 전 지구에 등장한 개별 세포들의 의사 소통, 협력, 통합 능력이 시행착오를 거쳐 충분히 발전하자 복잡한 생물학적 유기체가 나타났다. 우리도 그중 하나다.

인간종은 과거 주목받던 개별 지능으로부터 진정한 집단 지능의 진화가 시작되는 또 다른 진화적 전환기에 접어들고 있는지도 모른다. 어쩌면 우리는 마치 벌이나 개미처럼, 사회적으로 통합된 거대 집단으로 진화하는 새 시대의 길목에 서 있는 것은 아닐까? 이상한 생각 같아도 이렇게 해서 인간 협력의 유토피아 시대가 도래할 수도 있다.

한편, 지금 우리가 사는 뇌의 시대에는 기대와 긍정의 기운이 넘쳐난다. 우리 마음의 매혹적인 지도는 MRI 스캔을 통해 전에 없이 자세히 드러나고 있다. 그 덕분에 우리는 다양한 인간 뇌에서 나타나는 사고방식의 자연스러운 변이를 관찰하고, 우리 종의 신경 다양성이 가진 힘과 가치를 이해하기 시작했다. 자폐증으로 진단받은 사람의 뇌가 세상을 인식하는 방식은 자폐증이 없는 사람이나 난독증으로 진단받은 사람과 다르다. 십 대의 뇌는 은퇴한 노인의 뇌와 구조적인 차이가 있다. 이러한 차이는 인지 유형에 중요한 영향을 미친다. 인류가 가진 사고의 다양성을 포착하고 그 가치를 이해한다면, 우리는 문제 해결 능력과 창의력을 어디까지 확장할 수 있게 될까?

점으로 이루어진 둥근 원들이 손을 잡고 어울리는 듯한 느낌을 주는 〈이곳This Place〉이라는 제목의 점묘화는 카밀라로이족의 자랑스러운 여성 알리시아 아담스Alicia Adams의 작품이다. 카밀라로이는 호주 동해안에서 두 번째로 큰 광활한 땅을 가진 부족이다. 바다와 강에 사는 사람들을 나타내는 무수한 점처럼, 서로 다른 부족이 함께 모여 협력하고 창의력을 발휘한다. 이 그림은 집단 지능이 형성되는 모습을 보여주는 조감도다. 그림의 중앙에서는 부족들이 모여 이야기를 나누고 각자의 관점을 공유한다. 이곳에서 새로운 지식이 생겨난다. 또한 역사적 지혜를 성찰하는 공간에서는 여러 세대에 걸쳐 지혜가 전승되고 시대적 사고에 새롭게 통합된다.

나는 이 그림을 좋아한다. 자기 공동체의 지혜를 향한 알리시아의 열정은 나의 과학 지식과 강하게 공명한다. 알리시아의 원주민식 점 묘화는 연구자들이 그린 지도를 연상시킨다. 우리 삶의 고유한 서사를 만들어내는 뇌라는 이야기 기계 안에서 커넥톰 사이를 오가는 데이터의 흐름을 표현한 지도 말이다. 알리시아의 작품은 이 지도의 축척을 키운 그림인 셈이다. 각각의 점은 뇌의 각 영역 대신 우리 개개인을 나타낸다. 이 그림은 공동체의 이야기를 풍성하게 만드는 사람들 사이의 상호작용을 묘사한다. 한마디로 집단 지능이 작동하는 모습을 그린 초상화다.

가장 먼저 우리 뇌가 가족 내에서 어떻게 발달해 함께 일하게 되는지 살피는 것으로 탐험을 시작해보자. 가족은 집단 지능의 요람이다. 우리가 처음 소속되는 집단이자, 대부분의 경우 가장 작은 집단이다. 가족은 우리에게 유전적으로 결정되는 자질과 기질을 물려준다. 또한 이런 능력과 기질을 활용해 생각하고 행동하는 법을 가르쳐준다. 가족은 개인의 지능이 어떻게 발현되고, 다른 사람들의 지능과 어떻게 영향을 주고받는지 탐구할 수 있는 그야말로 완벽한 환경이다.

그다음으로 직장에서 만나는, 조금 더 크고 다양한 집단의 사람들에게 시선을 옮겨보자. 직장에서는 유전적으로 무관한 사람들이 상호작용하므로 훨씬 더 다양한 인지 능력과 관점이 공존한다. 이곳에서는 집단 지능이 활성화될 가능성이 높지만, 집단이 커질수록 서로의 시각을 무시하고 갈등이 발생할 위험성도 증가한다. 이러한 어려움을 극복하려면 어떤 기술과 행동을 활용해야 할까? 어떻게 해야 리더십과 협력 전략을 영리하게 정착시킬 수 있을까?

이 책은 이처럼 집단의 규모를 점점 키워가며 집단 지능이라는 용어를 폭넓게 다룬다. 서로 다른 부족이 만나면 어떻게 해서 협력을 촉진하거나 갈등으로 치닫게 되는 걸까? 우리는 긍정적 사회 기술을 강화하고 집단 지능을 길러내는 방법을 찾아낼 수 있을까, 아니면 경쟁에 치여 길을 잃게 될까?

사회 생활의 많은 부분이 온라인으로 이동했으므로, 그곳에서 이루어지는 (현명하거나 그다지 현명하지 못한) 전개 양상도 살펴보자. 인간은 생각을 공유하고 서로 배우려는 존재이지만, 조작과 허위 정보에 취약한 것도 사실이다. 각 집단이 서로의 한계와 편견을 부추겨 논의를 억누르고 폭력을 조장하기도 한다. 이러한 약점은 문제 해결과 생각의 교류를 방해할 뿐 아니라, 사람들의 안전과 안녕을 심각하게 해칠 수 있다. 우리가 화를 자초하는 능력을 타고났다는 사실은 늘 경계해야 하겠지만, 지금까지의 근거에 따르면 그런 위험에서 벗어날 가장 좋은 방법은 모든 집단 지능의 토대가 되는 긍정적인 사회적, 정서적 기술을 갈고닦는 것이다.

우리 앞에 놓인 거대한 도전 과제에 맞서려면 막대한 양의 인지 능력을 활용할 수 있어야 한다. 각 영역과 국가, 나아가 세대를 아우르는 야심 찬 초연결 사고의 사례는 어디에 있는 것일까? 우리는 조상으로부터 회복탄력성이 높은 유연한 사고방식과 우리가 시작한 기획을 다음 세대가 완성할 것이라는 신념을 배울 수 있을까? 스스로 좋은 조상이 되는 방법을 배운다면, 우리는 후손들에게 긍정적인 사회적, 정서적 기술을 물려주고 번영을 도울 가능성을 극대화할 수 있을 것이다.

어쩌면 인공 지능이 이렇듯 엄청난 과제를 수행하는 데 필요한 두뇌 능력을 선사해줄지 모른다. 인간 지능과 인공 지능의 접점은 점점 더 넓어지고 있다. 통신 기술과 신경 기술은 함께 발맞추어 진화한다. 우리는 이것들이 보여주는 새로운 다양성을 포섭할 수 있을까, 아니면 두려워해야 할까? 인공 지능은 지능, 공감 능력, 창의력을 갖춘 우리의 한계와 가능성에 관해 무엇을 알려줄까?

우리의 여정은 지능에 대해 이미 알려진 것들을 살피는 데서 시작된다. 지능이란 무엇일까? 어디에서 왔을까? 인간의 지능은 다른 생명체의 지능과 어떤 차이가 있을까? 지능을 개인의 지적 능력이 아니라 우리의 생존 적합도를 높이는 공동의 생존 전략으로 바라보기 시작한다면 이제 21세기의 도전에 대비할 준비, 그리고 불확실성과 변화의 폭이 커지는 초연결 세계에서 우리의 번영을 이끌어줄 전략으로 지능을 재해석할 준비가 된 셈이다.

　나는 우리가 개인 지능의 한계를 깨닫는 전환점에 놓여 있다고 생각한다. 지금은 인류가 가진 다양한 인지적 잠재력을 활용해 초연결 사고의 르네상스를 꽃피울 때이다. 고대의 지혜, 길들지 않은 지능, 주변으로 밀려난 아이디어에 마음을 열고 집단과 세대를 아우르는 많은 사람의 두뇌 능력을 통합하고 길러낸다면, 우리는 '나'의 사고에서 '우리'의 사고로 전환할 수 있을 것이다. 개인으로서든 집단의 일원으로서든, 우리 앞에 놓인 결정적 시기에 성공을 거두려면 바로 이러한 마음가짐이 필요하다.

2장

지능이란
무엇인가

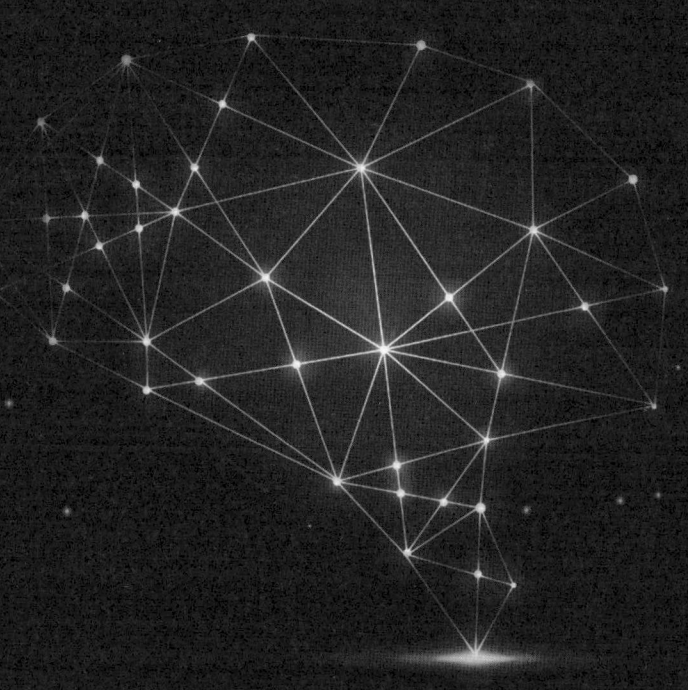

'지능'이라고 하면 대부분 (수학적 추론이나 외국어 구사와 같은) 구체적 능력이나 시험 성적, 발견, 혁신, 수상 실적 따위의 성과를 떠올린다. 학교의 역사 수업은 마리 퀴리Marie Curie, 찰스 다윈Charles Darwin, 메리 애닝Mary Anning(영국 화석 수집가이자 고생물학자-옮긴이), 조지 엘리엇George Eliot과 같은 뛰어난 인물들에게 초점을 맞춘다. 우리는 천재란 본질적으로 예외적인 존재라는 사실을 잘 알면서도, 상당수의 사람들이 다른 이들보다 더 똑똑하며 그 사실을 입증하거나 측정할 수 있다는 생각을 받아들인다. 우리는 학교에서 우열반으로 나뉘고 시험을 치르면서 이런 사고를 고착한다. 성인이 될 즈음에는 지능이 무엇이고, 어떤 성과를 내며, 어떤 모습을 띠는지에 관한 일련의 신념을 흡수한다. 우리는 적극적으로 똑똑함의 위계질서를 강화하는 사회, 그리고 대학이나 기업과 같이 이 질서를 규정하고, 개발하며, 시험하고, 현금화하고, 보상하려는 기관들의 필요에 크게 의존하는 사회에서 자랐다.

이처럼 개인의 지능을 학교, 대학, 직장에서의 성공과 동일시하는 사고 모형에 따르면 지능은 타고난 인지적 재능으로 시작되어, 교육을 통해 개발되고, 시험으로 측정되며, 마침내 혁신적인 제품이나 아이디어로 증명된다. 지능은 승자와 패자가 존재하는 경쟁이 된다.

매우 지적인 사람들과 함께 일해본 행운아들이 그렇듯, 나 역시 전통적 의미에서 지능이 높은 사람들을 보면 감탄하게 된다. 비범한 재능을 타고난 사람들이 있는 것이 사실이고, 나는 인류 역사 전반에 걸친 그들의 기여에 감사한다. 하지만 생물학자이자 신경과학자인 나는 어떤 특질이나 개인에 대한 집중 투자에 깃든 위험성도 잘 알고 있다. 지능을 편협하게 이해하면 그 함정에 빠질 수밖에 없다.

우리 종은 (다른 모든 사회적 동물과 마찬가지로) 다양성 덕분에 번성해왔다. 모든 특질이 문제 해결에 중요한 역할을 했을 수 있다. 성취도가 높은 사람이나 외로운 천재와 같은 소수에게 지나치게 집중 투자하다 보면 나머지 사람들이 갖춘 다양한 기량과 역량이 우리 사회에 기여한다는 사실을 간과할 수 있다. 예를 들어, 오랜 난제에 다가설 새로운 접근법을 알고 있지만 이를 전달할 소통 능력이 부족한 내향인 덕분에 문제 해결의 돌파구가 마련될 수도 있다. 직무에 걸맞지 않게 너무 어려 보이거나 고인 물처럼 보이는 직원, 또는 주의력결핍과잉행동장애ADHD 진단을 받은 직원의 창의력과 수평적 사고 덕분에 새로운 제품이나 접근법에 관한 아이디어가 도출될 수도 있다.

전통적 의미에서 지능이 높은 사람들이나 전문가가 필요 없다는 말이 결코 아니다. 재능과 전문성의 정의를 확장하면 과학부터 우리

의 관계에 이르기까지 삶의 모든 영역에서 더 많은 혁신이 가능하다
는 이야기다. 재능과 지능, 성공과 관련해 몸에 배어 있던 사고에 안
주하면 우리는 자신과 다른 사람들의 가능성을 제한하게 된다. 특정
기술과 특정 유형의 사람들을 연상시키는 고정관념을 넘어 지능의
의미에 대한 새로운 답을 찾아야 한다. 이를 통해 새로운 모습의 지능
을 자유롭게 상상하고, 나아가 우리의 사고와 집단적 상호작용 안에
서 다양성을 기르는 방법을 발견할 수 있다.

뇌는 똑같지 않다

인류는 언제나 자신들의 지적 능력에 자부심을 가지고 독점욕을
드러내왔다. 서양 사상은 수 세기 동안 인간만이 의식을 가지고 사고
하는 동물이라는 생각에 근거를 두어왔다. 그러나 사람들은 또한 지
능을 찬양하고 추구해온 만큼이나, 영리하다는 것이 무엇인지 질문해
왔다. 지능을 측정하는 일은 차치하더라도 지능에 대한 논의는 언제
나 의문을 불러일으켰다. 지능은 결과일까, 과정일까? 타고나는 것일
까, 학습 가능한 것일까? 사고의 유연성, 추론 능력, 창의적 재능, 또
는 전혀 다른 무엇일까?

대부분의 사람은 높은 IQ나 좋은 시험 성적이 그 사람의 능력에
대해 무엇인가를 보여줄 수는 있지만, 우리가 생각하는 넓은 의미의
지능을 온전히 포착해내지 못한다는 데 동의할 것이다. 전 과목 A를
받은 학생이라면 기억력이 뛰어나고 분석력이 탁월하겠지만, 정서 지
능은 어떨까? 비범하고 고유한 통찰을 제시할 수 있을까? 재치가 있

을까? 영민하고, 잘 적응하고, 빨리 배우고, 호기심이 많을까? 사회성
이 좋을까? 잘 공감하고 소통할 수 있을까? 이때 우리는 정확하게 무
엇에 대해 이야기하는 것일까? IQ 검사와 시험 외에도, 대화의 질이
나 삶의 선택을 통해 어떤 사람의 지능을 판단할 수 있을까?

생각해보자. 우리는 누군가의 지능을 판단할 수 있으며, 늘 판단
하기도 하지만, 이런 판단은 지능이 높은 사람에 대한 자기 나름의 편
파적이고 편향된 생각에 따라 좌우된다. A 학점을 높은 지능의 증거
로 삼는다면, 과외 교습으로 학점을 높일 수 있다는 사실을 어떻게 받
아들여야 할까? 의식적으로든 무의식적으로든 지능을 일련의 업적과
취향으로 정의한다면, 사회 집단에 대한 우리의 편견이 여기에 영향
을 미치지 않는지 분별해낼 수 있을까? 지난 100년간 IQ 검사는 특
정 인종이 다른 인종보다 더 뛰어난 지능을 타고난다는 신념을 정당
화하는 데 여러 차례 활용되었다. 거듭 오류로 입증된 이런 사례는 과
학을 조금씩 선택적으로 적용하면 거의 모든 주장을 정당화할 수 있
다는 사실을 보여준다. IQ 점수로 표현되는 좁은 의미의 지능조차 측
정 가능한 사실을 나타내기보다 어떤 자질들을 정의하고 평가하는
표식에 더 가깝다.

나는 자연스럽게 신경과학이라는 틀을 가지고 생각에 대해 생각
한다. 신경과학자들은 언제나 뇌의 '일반적' 작용과 특정 뇌의 저마다
다른 작용의 차이를 살핀다. 신경과학은 아기의 뇌가 무엇을 할 수 있
고 무엇을 할 수 없는지, 또는 조현병 환자의 뇌가 조현병으로 진단받
지 않은 사람의 뇌와 어떤 차이를 보이는지 찾아내는 안목을 기른다.

이렇게 차이와 다양성에 초점을 맞추는 방식은 앞으로 이 책에서 살펴볼 집단 지능의 정의에도 반영된다.

신경과학자들은 단기 기억이나 문제 풀이와 같이 전통적 관점의 지능을 뒷받침하는 기능과 관련해 특정 집단의 뇌에서 독특한 생리적 특성을 발견했다. 예를 들어 나이 든 뇌는 정보 처리 속도가 느리고, 이를 보완하기 위해 기존에 저장된 지혜(또는 뿌리박힌 생각)에 의존하기 때문에 편향에 취약하다. 십 대의 뇌는 각 영역 사이의 연결이 약해 추론과 감정 통합에 어려움을 겪는다. 그래서 충동적인 결정을 내리지만, 문제에 부딪힐 때면 새로운 해결책을 더 잘 찾아낸다. ADHD가 있는 사람의 뇌는 평균적인 뇌보다 새로움이 주는 보상에 민감해 호기심이 넘쳐난다. 이런 차이는 신경회로의 개인적 특질일 수 있지만, 집단 차원의 두뇌 생리에서도 확인된다. 우리는 이것을 '인지적' 다양성이라고 부른다.

다음으로 개인의 민족적 배경, 국적 또는 사회적 계급, 다시 말해 본성이 아닌 양육 환경에서 기인하는 '사회적 다양성'이 있다. 다양한 배경을 가진 사람들의 뇌에는 태어날 때의 구조적 차이 때문이 아니더라도, 다양한 경험의 결과로 세상을 보고 정보를 처리하는 방식에 차이가 생길 수 있다. 뇌는 새로운 정보에 반응해 신경망을 지속적으로 개편하기 때문이다. 뉴런 사이의 시냅스 수준에서 변화가 일어나는 신경 가소성이라는 능력 덕분에 우리는 새로운 기량을 학습하고 새로운 정보를 처리할 수 있다. 또한 우리는 사무실에 갈 때 좌회전한 다음 우회전한다는 단순한 과제부터, 다양한 상황에서 적절한 언어를 사용하고 감정에 반응하는 고도로 복잡한 행동까지 학습할 수 있다.

학습된 행동은 넓은 의미의 지능을 이해하기 위해 주목해야 할 중요한 요소다. 행동을 학습할 때 동반되는 사고의 습관화는 인지 유형에 유의미한 차이를 유발할 수 있다. 이런 현상은 택시 기사나 학자처럼 무수한 반복 작업을 통해 전문적 기술과 지식을 습득하는 사람들에게서 나타난다. 남성과 여성, 흑인이나 백인, 동양인과 같이 서로 다른 사회 집단 내에서도 독특한 사고 유형이 관찰된다. 어떤 생생한 경험을 반복해서 겪은 사람은 특정 방식으로 세상을 바라보고 정보를 처리하게 된다.

이 책에서 우리는 다양한 인지적 차이와 사회적 다양성이 개인에게는 특정 환경에 적응했다는 사실을 보여주는 귀중한 현상이며, 집단에도 다양한 관점, 인지 유형, 두뇌 능력을 부여할 수 있음을 살펴볼 것이다.

이성 너머로:
지능의 다양성을 위해

이제 신경과학은 전통적 지능을 구성하는 요소들이 어떻게 발달하는지 보여주는 데 그치지 않고, 행동심리학과 사회심리학을 이용해 그 밖의 중요한 능력과 역량이 어떻게 발달하는지 탐구하고 있다. 우리는 공감과 연민에서 출발하는 정서 지능을 들여다보고, 직관과 육감을 과학적으로 검토할 것이다. 효과적인 협력을 위해 의사 소통, 경청, 차례 지키기가 얼마나 중요한지 살피고, 이런 능력의 기반이 되는 친사회적 행동과 사고방식을 들여다볼 것이다. 이렇게 생각에 대한 이해의 틀을 넓히면 우리가 활용할 또 다른 능력에 대해서도 마음을 열 수 있다. 우리가 집단적으로 발휘할 수 있는 사고의 스펙트럼은커녕 우리 자신의 역량을 충분히 확장하는 방법을 아는 사람은 거의 없다. 지능을 더욱 폭넓게 탐색하면 우리 앞에 완전히 새로운 세상이 열린다.

이 책에서 나는 지능을 단순히 정보를 기억하거나 해석하는 능력, 규칙의 다음 순서를 예측하는 능력으로만 보지 않고 문제를 효율적이고 효과적으로 해결하는 능력으로 정의한다. 이렇게 생각하면, 사람들의 문제 해결 능력은 문제의 종류나 사람들의 수만큼이나 다양하다는 사실을 금방 깨달을 수 있다. 어떤 사람의 협상 능력, 새로운 역할에 적응하는 능력, 트라우마에서 벗어나는 능력, 갈등을 해결하는 능력, 공동체를 세우는 능력, 조직을 이끄는 능력에서도 지능의 증거를 알아보게 될 것이다. 이 복잡한 세상에는 해결해야 할 문제도 많고 이에 대한 접근법도 다양하다. 개인으로서도 그렇고, 집단으로서는 더욱 그렇다.

지능에 대한 우리의 이해를 넓히는 한 가지 방법은 지능을 개체뿐 아니라 종의 성공에 도움이 되는 진화 전략으로 보는 것이다. 지능에는 우리 종의 이성과 언어, 창의성, 민첩성과 같이 우리 모두가 공유하는 측면이 있는 동시에, 구체적인 적응이 일어난 측면이 있다. 내가 더 자세히 살펴보고 싶은 지점은 바로 이러한 다양성의 힘과 가치다.

집단이 더 영리한 이유

지능은 경이로울 정도로 정교한 생존 기제다. 인간 지능의 진화는 서로 교차하듯 엮인 행동 체계를 낳았고, 이를 능숙하게 활용하는 개인이나 집단은 성공을 거둘 가능성이 높아진다. 신제품 개발, 안전한 도로 횡단 등, 그 기량을 발휘할 분야나 목표가 무엇이든 성공에 도움이 되는 능력은 유사한 생물학적 토대에서 나온다. 이런 능력은 진화를 통해 우리 뇌에 각인되고 고유한 DNA에 부호화된, 우리 종의 장기적 생존을 도모하는 형질일 것이다. 일반적으로, 우리 인간이 놀라울 정도로 영리하게 진화해왔다는 것은 부인할 수 없는 사실이다.

그러나 아직도 많은 사람들이 우리의 한계를 깨닫지 못하고 있다. 우리는 뇌가 인간이라는 개체 안에서 작동하는 하나의 장기가 아니라, 한없이 정교하면서도 근본적으로 결함이 있는 끝없이 복잡한 전기화학적 연결망이라는 사실을 이해하지 못한다. 예를 들어 지각 perception은 쉴 새 없이 주위 환경을 파악하며 실재하는 모델을 구성하는 뇌에 의해 좌지우지되는 기능이다.

지각은 방대한 작업이다. 과학자들의 계산에 따르면 '매초' 무려 1,100만 바이트의 데이터가 뇌로 전송된다. 감각 기관에 포착된 신호는 860억 개의 뇌 신경세포가 나트륨과 칼륨 이온을 안팎으로 퍼 나르면서 전기 신호로 전환된다. 이렇게 생겨난 전기적 율동은 뇌 연결망을 이루는 86조 개의 시냅스를 최대 시속 402킬로미터 속도로 주파하면서 상상할 수 있는 가장 정교하고 복잡한 회로기판을 형성한다. 각각의 세포는 최종 행동이 도출되기까지 나름대로 각기 다른 작은 역할을 담당한다.

이것은 경이로운 재주이지만 성급한 작업이어서, 뇌는 이 과정에서 오류를 범한다. 지각은 감각 기관이 실재를 기록하고 뇌가 이를 해석하는 문제가 아니라 훨씬 골치 아픈 현상이다. 신경과학은 아무리 똑똑한 사람이라도 모두가 지각과 의사 결정 과정에서 똑같은 인지적 오류에 취약하다고 경고한다. 우리 뇌에는 한계와 편향이 있다. 할 일이 너무 많아서 이번 상황에 새로운 점이 있는지 평가하기보다 과거에 도움이 되었던 해석을 따르며 지름길에 의존하기 때문이다. 뇌는 어떤 정보는 우선시하고 다른 정보는 무시한다. 신경 신호의 상당 부분을 '중요하지 않은 사소한' 정보라며 쓰레기통에 버린다. 우리의 의사 결정과 의견에 은밀하게 오류가 잠입한다. 우리는 결론으로 비약하고, 권위를 무시하며, 또래 집단에 분위기를 맞추고, 심지어 다른 일에 주의를 기울이느라 농구장의 고릴라를 놓치기도 한다. (말 그대로다. 다음 장에서 살핀다.)

개별 뇌의 한계는 집단 지능과 관련된 능력과 성향, 다시 말해 공감, 이타심, 효과적 의사 소통과 같은 소위 '친사회적 행동'이 진화한 가장 절실한 이유 중 하나다. 친사회적 행동은 집단 지능을 지탱하는 핵심 능력이다. 두 사람의 뇌는 지각의 오류와 편향을 서로 수정하고, 어떤 상황에서든 협상을 통해 가장 안정적인 해석을 도출할 수 있으므로 정말로 한 사람의 뇌보다 더 낫다.

대부분의 사람들은 뇌가 얼마나 허점과 편견투성이인지 알면서도 자기 뇌는 잘 작동한다고 믿는다. 뇌야말로 의식이 자리하는 곳이며, 정체성을 길러내는 공장이라는 믿음은 우리의 자아가 만들어낸 허구이지만 분명히 유용한 허구다. 나는 나, 너는 너이고, 우리 모두는 그저 다르거나 독특할 뿐만 아니라 특별하다는 생각이 없다면, 풍부한 정서적, 성적, 문화적 의미가 있는 삶은 덜 흥미로워질 것이다. (우리 인간은 커다란 두뇌만큼 커다란 자아를 가지고 있다.)

한편 우리가 만들어낸 자아라는 개념을 믿는 것은 필수적이고 가치 있는 일이지만, 우리 자신이나 우리의 집단적 정체성과 역량에 대해서는 아직 모르는 부분이 훨씬 더 많다. '나'를 넘어 '우리'를 볼 수 있다면, 우리 자신에 대한 이해가 무뎌지기보다 더 섬세해진다. 집단 지능은 결코 우리 각자의 지능을 착취하는 것이 아니다. 양자택일이 아니라 관점의 확장과 관련된 문제다. 우리는 비범하고 독특한 개인들이다. 동시에 신체 기관 수준의 미시적 차원에서도, 다른 사람들과 만나며 사는 거시적 차원에서도 집합적 유기체다.

| 생존은 네트워크다

21세기 초, 세포들이 복잡한 체계의 일부가 되어 상호작용하는 방식에 초점을 맞추는 새로운 생물학 분야가 출현했다. 이 체계는 분자와 세포의 행동을 의인화한 '소시옴sociome'이라는 이름을 얻었지만, '사회화socialising'라고 표현해도 지나치지 않을 세포들의 복잡한 소통 능력을 연상시킨다. 그 후 생물학자들은 유전자가 협력해 유기체를 형성하고, 동물이 협력해 집단을 형성하는 등 생명이 모든 수준에서 사회적이라는 사실을 점점 받아들였다.

우리 몸의 모든 구성 요소는 세포 집단이나 서로 다른 장기 사이를 연결하는 네트워크에 의존하고 있다. 우리의 장에는 수백만 마리의 미생물로 이루어진 마이크로바이옴microbiome이 존재하며 건강, 행복, 그리고 짐작하다시피 지능에까지 막대한 영향을 미친다. 우리 몸의 모든 기관에는 생물학적 작용으로 이루어진 사회가 있고, 각 사회는 다른 기관과 연결된다. 뇌는 말초 신경계와 연결되어 있으며 심장, 장과 지속적으로 소통한다. 심장과 장은 신경세포가 풍부할 뿐 아니라, 뇌가 처리하지 못하는 방대한 외부 데이터를 나중에 처리할 수 있도록 간직한다. 미주신경이라는 굵은 신경 다발이 장과 심장, 뇌를 연결하고 세상에 대한 우리의 지각을 형성하는 대뇌섬insula(몸과 마음의 연결고리 역할을 한다고 여겨지는 대뇌 심부 영역-옮긴이)에 뿌리 내린다. 이것들은 갑자기 거의 무의식적으로 무엇인가를 안다고 느끼게 되는 '본능적 직감' 또는 '마음의 소리'를 설명하는 데 도움이 된다.

유니버시티 칼리지 런던의 사라 가핀켈Sarah Garfinkel과 뉴사우스웨일스 대학교의 조엘 피어슨Joel Pearson 교수는 장기 사이의 연결이 보통 사람들보다 더 강하고 이를 더 쉽게 의식하는 사람들이 있다는 사실을 발견했다. 이런 사람들은 무의식적으로 감지되는 정보에 매우 민감하다. 이른바 신경과학자들이 '체화된 인지'라고 부르는 능력에 최적화된 지능을 가지고, 뇌뿐 아니라 장과 심장으로도 생각하는 셈이다. 이런 사람들은 자기 몸에서 발현되는 일종의 집단 지능을 활용할 수 있다. 우리 모두가 체화된 인지를 이용해 직관을 기름으로써 우리 안의 집단 지능을 개발할 수 있다는 근거는 나중에 다시 살펴보자.

진화는 우리의 건강, 행복, 지능을 좌우하는 세포와 기관 사이의 연결뿐 아니라 개인 사이의 연결도 중요하게 다루었다. 본질적으로 인간은 집단을 이루어 살도록 진화해왔다. 개인 또는 짝을 지은 인간은 강하고 빠른 포식자 앞에서나 쉴 틈 없는 육아와 식량 채집의 부담 아래서 취약한 존재였다. 우리의 조상들은 여러 세대가 함께 가족이나 부족을 이루어 서로 의지하는 방식으로 육아와 생필품 조달 문제를 해결했다. 생각을 나누기 위해 의사 소통 능력을, 유사시 자기보다 다른 사람이나 집단의 필요를 우선시할 수 있도록 공감 능력을 발전시켰다. 이렇게 서로 소통하고 돌보는 성향이 없었다면 우리 종은 살아남지 못했을 것이고, 결코 지금처럼 번성하지도 못했을 것이다. 집단에 필요한 능력을 갖춘 사람은 권력과 안전을 보장받았으므로 이것은 개인에게도 이익이 되었다.

다른 사회적 동물들에게도 같은 원리가 적용되며, 자세히 살펴보면 사회성은 개미와 벌, 숲에 이르기까지 어디에나 존재한다. 모든 유기체의 집단 지능은 사회적 상호작용에서 시작되어 개체의 지위를 강화하는 한편 집단의 필요를 충족한다. 우리 인간도 이 점에서는 개미와 크게 다르지 않다.

이렇게 생각해보면 집단 지능은 우리가 물려받은 진화적 유산의 일부이며 겉으로 드러나지 않는 초능력이다. 이제 결함이 있는 개인의 뇌, 혹은 결함이 있는 우등생의 뇌에 지나치게 의존하기보다 자연의 나머지 영역이 작동하는 방식에서 교훈을 얻을 때이다.

지능은 언제나 집단적이다

여기 호모 사피엔스의 능력과 덕성에 대한 종 중심주의적 신념에 의문을 제기하는 도전적인 사실이 하나 있다. 뇌가 없는 식물도 어느 정도의 집단 의식과 공동체 의식을 가지고 있다는 것이다. 나무들은 포식자가 도사리고 있거나 감염원이 퍼질 때 화학 신호를 발산해 이웃에게 잠재적 위험을 알리고 방어 체계를 가동한다.

미국 사우스 대학교 생물학과의 데이비드 해스컬David Haskell 교수는 1제곱미터의 숲에 펼쳐진 공동체를 1년간 연구한 공로로 퓰리처상 후보에 올랐다. 그는《애틀랜틱The Atlantic》과 한 인터뷰에서 숲의 인지 능력과 공동체 정신을 이렇게 설명했다.

"제가 지능이라는 단어를 아주 쉽게 사용하고 있지만, 이것은 매우 다른 종류의 지능이라는 점을 강조해야 합니다. (…) 우리는 인간처럼 생각하는 거대 초유기체를 상상하는 것이 아닙니다. 더 유사한 예는 인간의 문화입니다. (…) 문화는 매우 분산되어 있지만 기억력을 가지고 있으며 우리의 이해와 문제 해결 능력에 기여합니다."

지구상 대부분의 유기체는 사회적 유기체로 진화했으며, 거기에는 그럴 만한 이유가 있었다. 물고기, 새, 꿀벌, 개미 등 무리를 지어 사는 동물들은 긴밀하게 엮인 공동체를 형성한다. 개미 사회는 진딧물을 길러 '착유'하고, 틈새에 떨군 딸기씨에 번갈아 배변하며 모종을 기르는 등 공동 농장을 운영하면서 뛰어난 집단 지능을 과시한다. 새들은 함께 모여 집단 지능을 고양한다. 겨울 저녁에 하늘을 날아오르는 찌르레기의 군무는 황홀할 만큼 아름다운 광경을 연출한다. 찌르레기 무리는 정확하게 동시에 떨어지고, 휩쓸고, 날아오르며 10만 마리까지 늘어날 수 있다. 전산수학자들은 각각의 찌르레기가 바로 옆에 있는 일곱 마리의 비행 경로를 모방하며, 그 덕분에 인상적인 하모니가 생겨난다고 추정한다. 찌르레기는 먹이에 대한 정보를 공유하며 집단으로 움직이기도 한다. 먹이가 부족해지면 무리의 규모는 늘어난다. 새로운 먹이를 찾기 위한 인지 능력 증강의 편익이 먹이 경쟁 심화에 따르는 비용보다 더 크기 때문이다.

꿀벌은 리더가 확실히 정해져 있어도, 벌집을 옮기는 중요한 문제에 대해서만큼은 모든 구성원 간의 의사 소통을 통해 정보를 모은다. 벌집이 과밀해지면 꿀벌 떼는 둘로 나뉜다. 이사 가는 군집은 정찰병 수백 마리를 보내 지형을 탐색하고 새집의 위치를 선정한다. 돌아온 정찰병들은 복잡한 8자 모양의 춤을 추며 후보지에 대한 의견과 정확한 위치를 전달한다. 그다음에는 놀랍도록 민주적인 의사 결정 과정이 이어진다. 더 많은 정찰병이 가능성을 확인하러 나가고, 부지 선정 경쟁이 격화되어 작은 싸움이 벌어지기도 한다. 그러나 꿀벌들은 결국 합의를 이루어내고 새 여왕을 따라 선정된 부지로 이동한다.

자연을 살펴보면 개체들이 집단적으로 일하며, 이런 집단은 각 개체의 합보다 똑똑하다는 사실을 몇 번이고 거듭 확인할 수 있다. 공동체는 지능을 북돋우는 장이 되고, 함께 내린 의사 결정은 일반적으로 볼 때 개별적으로 내린 결정보다 훨씬 효과적이다. 소통과 협력은 모든 생명체가 채택한 진화 전략이다. 이런 전략은 생존 가능성을 높이고, 사회를 이롭게 하며, 문제 해결에 복합적 효과를 발휘한다.

이런 종류의 집단 지능은 인간에게도 개미에게도 마음 따뜻한 일 만은 아니며, 사회성에도 엄연히 그늘은 존재한다. 사회의 밀도가 높 아지면 질병 전염 위험이 증가하고 자원을 둘러싼 경쟁은 치열해진 다. 그러나 그럼에도 비용보다 효용이 크다. 생물학적 관점에서, 협력 또는 친사회적 행동은 친절함에서 우러나기보다는 개인과 종의 생존 을 극대화하려는 목적이 있다.

우리 종의 구성원들은 때로 의견이 다른 꿀벌처럼 머리를 들이 받기도 하지만, 일반적으로는 협력하며 일하는 능력을 잘 갖추고 있 다. 사회적 뇌를 연구하는 옥스퍼드 대학교의 진화심리학자 로빈 던 바Robin Dunbar 교수는 "부끄럼이 많거나 내향적이어도 대부분의 사람들 은 복잡한 사회를 탐색하는 놀라운 능력을 갖추고 있으며, 이런 능력 은 의식하지 못할 정도로 매끄럽게 작동한다. 이는 모든 관계가 상당 부분 쾌락, 보상, 동기와 관련된 뇌의 심부 기능에 의존하기 때문일 수 있다"라고 말한다. 인간에게는 관심을 주고받으면서 보람을 느끼는 생물학적 성향이 있으며, 던바 교수는 이러한 소통과 협력의 즐거움 이 우리가 하나의 종으로 진화하는 데 기여했을 것이라고 설명한다.

결론적으로 말해, 개미든 나무든 인간이든 개체는 취약하다. 우리 종의 사회적 신경회로는 특정 뇌의 영역이라기보다 미로 같은 체계 에 가까우며 이런 취약성을 상쇄하도록 진화했다. 이 회로 덕분에 우 리는 위기의 순간에 다른 사람들과 관계를 형성하며 외로움과 슬픔, 질병을 견딜 수 있다.

집단 지능에 대한 인류의 독특한 기여

진딧물 사육이든, 우주 정거장 건설이든, 온갖 종류의 프로젝트에서 이루어지는 효과적 협력은 집단으로 함께 일하는 데 필요한 기량이 우선시된 진화 전략의 결과다. 로빈 던바 교수는 집단의 규모가 중요하다는 사실을 발견했다. 인간의 경우 집단의 규모가 150명을 넘으면 응집력이 약해지기 시작하고, 협력의 기반이 되는 신뢰와 호혜의 유대 관계가 유지되지 않는다. 종에 따라 다르지만, 모든 종에는 집단 규모의 상한선이 있다. 집단이 커지면서 두 번째 집단이 갈라져 나오게 되는 것이다. 이에 따라 어떤 집단이 활용할 수 있는 두뇌 능력의 양에는 한계가 생긴다.

우리가 아는 한, 인간은 이 한계를 극복하는 방법을 찾아낸 유일한 동물이다. 상호작용을 관리하는 규칙을 세우고, 이를 감독하며 차이를 중재하는 제도를 개발함으로써, 인간은 네트워크를 크게 확장하고 유례없이 큰 집단을 이루어 효과적으로 일할 수 있었다. 이것은 우리 종의 발전에 더없이 귀중한 발견이었다. 네가 내게 무엇인가 해주면 나도 네게 무엇인가를 해준다는 직접적 호혜성에만 의존했다면 인간에게 허용된 협력의 세계는 훨씬 작고, 그 크기도 가족과 가까운 친구들로 이루어진 핵심 집단에 국한되었을 것이다. 무역, 상업, 여행, 문화 발전의 가능성이 제한되며, 인간의 활동은 부족 단위나 봉건적 수준에 머물렀을 것이다.

니컬라 라이하니 Nichola Raihani 는 『협력의 유전자 The Social Instinct』에서 사회적 규칙과 제도의 발달 과정을 추적했다. 홍적세까지 거슬러 올라가 살펴보면, 인간 사회에는 엄격한 위계 집단 구조의 승자 독식 방식에서 연합에 의한 통치 방식으로 전환이 일어난다. 이 전환은 인류의 번성에 도움이 되었다. 침팬지와 같은 다른 영장류 집단에서는 지위가 높은 개체 한 마리가 서열이 높은 다른 개체들과 경쟁을 벌이는 위계 구조를 관찰할 수 있다. 침팬지도 우두머리를 중심으로 전략적 동맹을 맺지만 승자가 한 마리뿐이므로 보상이 매우 집중될 수밖에 없다. 팀이나 연합체에 합류하는 개체가 많아지면, 더 많은 개체가 모종의 보상을 받을 기회가 늘어난다. 협력에는 보상이 따르고, 어려운 환경에서는 더욱 그렇다. 이런 접근 방식이 자리 잡고 더 많은 개체의 협업이 설득력을 얻으면, 선택 과정에서 협력 행동을 촉진하는 능력과 성향이 선호된다.

라이하니에 따르면 이 과정은 중세의 길드에서부터 트러스트파일럿(리뷰 웹사이트-옮긴이)이나 에어비엔비 평점 부여 도구가 온라인 상호작용의 투명성을 높이는 디지털 시대에 이르기까지 인류 역사 내내 이어져왔다. 이렇게 집단 행동이 부호화되고 협력에 필요한 기량이 적합했던 덕분에 집단 지능이 출현하고 진화할 수 있었다.

인류가 집단 의식을 가진 초유기체super-organism로 진화할 가능성은 요원할지언정 전혀 불가능한 시나리오는 아니다. 한편, 과학에서 정치 그리고 그 너머에 이르기까지 인류가 노력을 기울이는 전 영역에서 창의적 협력이 급증하고 있다. 디지털 커뮤니케이션은 무한한 상호 연결을 통해 생각을 공유하고 함께 일하는 우리의 능력을 폭발적으로 성장시켰다.

저명한 생물학자 리처드 도킨스Richard Dawkins는 1976년에 발간된 기념비적 책『이기적 유전자The Selfish Gene』에서 '밈meme'이라는 용어를 사용했다. 그는 밈이 '문화의 전달 단위'로서 특히 독창적이고 상황에 부합하는 생각, 심상, 단편적 행동이라고 설명했다. 밈은 유전자와 마찬가지로 가능한 한 멀리 퍼지려는 경향이 있다. 다만 유전자와 달리 언어나 직접적 관찰을 통해 전달된다. 새로운 밈은 기존의 밈과 경쟁하고, 성공한 밈은 덜 안정된 밈을 대체하며, 다양한 맥락을 거치는 동안 변이를 겪는다. 세상에 대한 우리의 이해는 이런 방식으로 시간과 공간을 가로지르며 진화한다.

밈의 전파 속도와 범위는 문자가 발명된 이래 통신 기술의 혁명이 일어날 때마다 더욱 빨라지고 넓어졌다. 말콤 글래드웰Malcolm Gladwell은 2000년에 쓴『티핑 포인트The Tipping Point』에서 문화적 유행이 천천히 성장하다가 참여자 수가 어느 수준에 도달하면 들불처럼 번져 주류 문화 안에 정착하는 전형적인 과정을 포착해냈다. 글래드웰의 책이 출간된 시기는 구글, 소셜미디어, 스마트폰의 등장으로 우리의 세상과 삶이 변화하기 전이었다. 물론 그 이후 어떤 메시지가 수십억 명의 사람들에게 전파되는 속도는 기하급수적으로 빨라졌다. 밈은 바다와 언어, 세대와 문화를 뛰어넘어 몇 밀리초 안에 전파될 수 있다. 오늘날의 디지털 환경에서, 쉽게 검색할 수 있게 된 지식은 그 힘이 줄어들었지만, 이런 지식에 창의적으로 반응하면서 크고 작은 문제 해결을 시도하는 밈의 가치는 높아지고 있다.

인터넷은 초기 사용자들이 기대했던 유토피아가 되지 못했다. 하지만 의심의 여지 없이 초연결 사고의 르네상스를 이끌고 있다. 초연결 사고가 언제나 사회에 도움이 되는 것은 아니지만(그리고 명백히 부정적인 사례도 있지만), 다양하고 참신한 생각이 모여 커다란 문제에 대항한 사례는 얼마든지 있었다. 스노클링 관광객을 모집해 수중 사진을 업로드하는 시민 과학 프로젝트 멸종저항Extinction Rebellion(기후 위기로 인한 멸종을 막기 위해 노력하는 영국의 환경 운동 단체-옮긴이)부터 향정신성 약물에 대한 크라우드 펀딩 연구에 이르기까지, 온라인에서 집단 지능이 폭발하고 있다. 이들은 산호초의 멸종 위기, 기후 위기 대처 실패, 치료 저항성 우울증에 대한 새로운 접근법의 필요성 같은 문제를 다룬다. 모든 사례에서, 다양한 사람들의 모임, 토론, 모금, 전략 수립, 집단 행동의 조직화가 가능했던 것은 인터넷 덕분이었다.

이런 프로젝트와 조직의 장점이 무엇이든, 다양한 관점을 가진 사람들 사이에서 유동적이고, 탈위계적이며, 개방적이고, 신뢰할 만하며, 협력적인 상호작용을 이끌어내기 위해 동일한 기술과 구조가 활용되고 있다. 이러한 시스템은 완벽하지 않고 성공을 보장하지도 못하지만, 우리 자신보다 더 큰 존재의 일부가 되어 배우고 시험할 수 있는 기회를 제공한다.

확장된 마음의 시대

이제 추론하고 발명하며 토론하고 새로운 해결책을 도출하는 능력은 근본적으로 다른 사람들의 생각과 발상에 자세히, 대규모로, 빠르게 접근하는 능력에서 나온다. 인터넷 덕분에 정보 교환의 가치가 획기적으로 변했고 우리의 사고 지형이 달라졌다. 이제 개인이 참여하든 참여하지 않든 인터넷은 우리의 모든 생각을 연결한다. 에딘버러 대학교의 철학자이자 인지과학자아니 앤디 클락Andy Clark은 인터넷이 무한한 가능성의 도구일 뿐 아니라 철학적 함의를 지닌다고 말한다.

1995년 클락은 오랜 공동 연구자 데이비드 차머스David Chalmers와 함께 〈확장된 마음The Extended Mind〉이라는 논문을 발표했다. 이들은 한 사람의 마음이 뇌라는 물리적 기관이나 신체에 국한되지 않고 다른 사람들의 마음, 심지어 생각을 끄적이는 데 사용되는 연필 같은 물체와 상호작용하는 방식을 탐구했다. 이들에 따르면, 마음은 두개골 안에 있는 것도 아니고, 뇌의 전기화학적 신호나 새로운 정보와 인지적 습관의 복잡한 상호작용으로 환원될 수 있는 것도 아니다. 마음은 언제나 세상으로 뻗어나가 그곳에서 만나는 모든 것과 연결된다. 마음은 과정이다. 여러분이 동료와 함께 아이디어를 주고받거나 구글 맵을 보며 최적의 여행 동선을 짤 때 마음은 생겨난다. 클락은 언어 역시 마음과 통합된 도구라고 주장한다. 이렇게 풍부한 생태계에서 지능이 탄생한다.

이 논문이 발표된 후 스마트폰이 공책과 펜을 대체했고, 한때 엉뚱하다고 여겨진 주장은 당연한 사실이 되었다. 클락과 차머스는 뇌와 도구, 뇌와 기계 사이의 연결을 통해 사고가 가능할 거라고 예견하며 시대를 앞서 나갔다. 이들의 통찰은 단지 은유가 아니라 사실이었으며, 사이보그라는 뇌와 기계의 혼성체에게 마음이란 무엇인가라는 오래된 질문을 제기했다.

거의 30년이 지난 지금 확장된 마음은 무한히 결합된 우리의 세계, 그리고 그 안에 있는 우리의 지위를 설명하는 개념으로 보인다. 1990년대 앤디 클락을 매료시킨 사이보그는 기계의 능력을 얻기 위해 자신의 팔뿐 아니라 뇌까지 해킹하려 했다. 우리는 이보다 덜 과격한 방법으로, 21세기의 목적에 부합하도록 주요 지식과 뇌를 통합해 우리의 지능을 업그레이드할 수 있다.

초연결 사고의 발생을 자세히 이해하기 위해 가장 먼저 살펴볼 현장은 핵가족이다. 원가족은 우리가 처음으로 속하게 되는 집단이다. 대부분의 사람은 원가족 안에서 자란다. 부모는 우리 뇌의 청사진을 제공해줄 뿐만 아니라 인생 최초의 교훈을 가르쳐준다. 그러므로 가족이야말로 모든 학습된 행동과 모든 형태의 지능을 길러내는 요람이다.

3장

가족:
초연결 사고의
요람

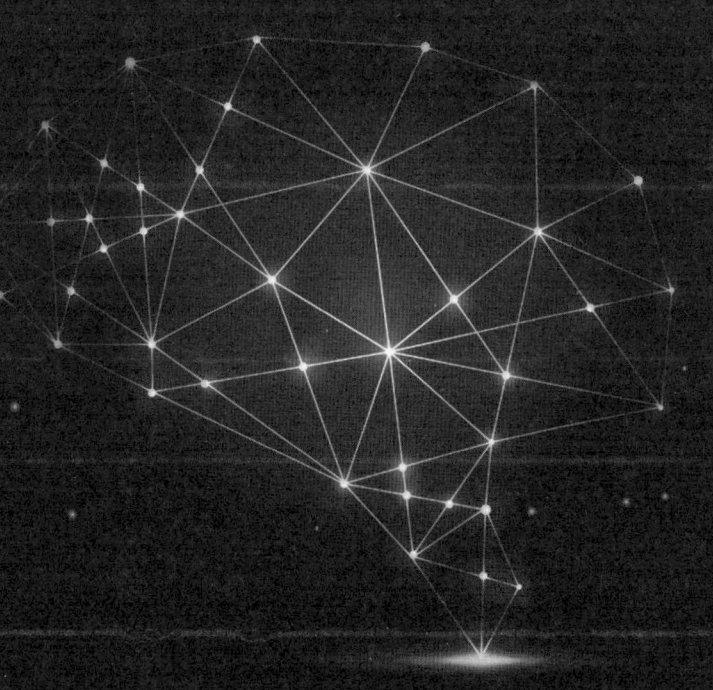

어린 자녀가 있거나 자녀를 키워본 사람이라면 언젠가 가족과 머리를 맞대고 레고 놀이를 즐겨본(아니면 견뎌본?) 적이 있을 것이다. 그렇다면 여러분은 2020년 3월 코로나19 봉쇄 기간 중 어느 비 오는 날 오후에 내가 네 살배기 아들 맥스와 함께 보내던 상황을 이해하리라 믿는다.

코로나19 바이러스가 전 세계에 창궐하고 국경이 폐쇄되면서 우리는 호주에 발이 묶였다. 신간 출간 홍보 여행의 마지막 일정을 마치고 퀸즐랜드에 도착한 우리는 아는 사람 하나 없는 곳에서 일종의 무기한 휴가를 보냈다. 고립되고 막막했지만 그래도 처음에는 천국에 갇힌 느낌이었고 마음에 드는 점이 많았다. 그러나 부모님과 친척, 친구들은 영국에 있었고, 비행기는 무기한 결항되었으며, 맥스를 가족 못지않게 사랑해줄 멋진 친지들도 만나지 못하고 있었다. 그날 우리는 열대성 폭풍 때문에 밖에서 놀지 못하고 집 안에 갇혀 있었다. 자연스럽게 레고가 생각났다.

맥스와 나는 확실히 우왕좌왕 레고를 조립하는 유형이다. 우리는 부품을 색깔별로 분류하거나 종류별로 따로 보관하는 전략에는 관심이 없었다. 그날 오후, 우리는 블록이 가득 담긴 상자를 탁자에 쏟아부었고, 맥스가 소방차 조립 설명서를 열심히 흔들어대는 동안 나는 막막한 심정으로 탁자 위에 널브러진 수천 개의 레고 조각을 바라보았다.

우리는 금방 안정을 찾았다. 나는 블록 더미에서 필요한 조각을 찾아 맥스에게 건넸고, 맥스는 이것을 차근차근 조립해나갔다. 진도는 더뎠지만 그런대로 행복한 30분이 지나고 나서 문제가 생겼다. 소방차의 지붕으로 쓸 무난한 회색의 2×2 블록을 찾을 수가 없었다. 블록을 찾으며 나는 점점 짜증이 났다. 내가 씩씩대자 맥스가 물었다.

"엄마, 왜 그래요?"

나는 이제 어떻게 해야 할지 모르겠다고 말했다. 그리고 이어진 맥스의 반응 앞에서, 나는 나의 지적인 한계가 당황스러우면서도 부모로서 마음이 뿌듯해졌다. 맥스가 내 바로 앞에 있던 빨간색 블록을 집어 즉시 문제를 해결한 것이다. 회색은 아니었지만 모양과 크기가 딱 맞았다. 나는 일차 검색 기준으로 색을 사용하면서, 실제로 색은 중요하지 않다는 명백한 사실을 놓치고 있었다. 더 중요한 요소는 크기와 기능이었다. 돌파구를 찾은 우리는 나머지 작업을 뚝딱 마무리했다. 그날 저녁 영국에 있는 맥스의 할아버지 할머니에게 소방차를 자랑스럽게 보여드렸는데, 소방차는 몇 군데 '엉뚱한' 색상이 눈에 띌

뿐 완벽한 형태를 갖추고 있었다.

우리의 레고 조립 작업은 집단 지능의 작용을 단적으로 보여준다. 나의 나이 든 뇌와 급격히 발달하는 맥스의 뇌 사이에는 커다란 생리적 차이가 있으며, 그 결과 우리는 서로 다른 문제 해결 능력을 가지고 있다. 전형적인 예로, 나는 딱 맞는 조각을 찾아내지 못했지만 맥스는 이 문제를 유연하게 해결할 수 있었다. 맥스는 일차 검색 기준에 얽매이지 않는 소위 '연관 검색'을 통해 문제에 창의적으로 접근했다. 우리에게 다른 임무가 주어졌더라면 에너지를 '낭비'하는 맥스의 젊은 뇌보다, 단순한 일에 집중할 수 있는 나의 나이 든 뇌가 더 유용했을지도 모른다.

한눈에 보이는 해결책을 알아채지 못하는 나의 약점은 무주의 맹시inattentional blindness라고 부르는 현상의 예다. 이를 처음 연구한 하버드대의 대니얼 사이먼스Daniel Simons와 크리스토퍼 차브리스Christopher Chabris는 사람들에게 농구 경기 영상을 보고 패스 횟수를 세어보라고 요청했다. 대부분의 사람들은 이 과제를 잘해냈지만, 고릴라로 분장한 사람이 경기장 안으로 대뜸 걸어 들어와 몇 초 동안 가슴을 치다가 나간다는 사실을 알아차린 사람은 50퍼센트뿐이었다.

사이먼스를 비롯한 연구자들의 소규모 후속 연구에 따르면 무주의 맹시는 나이 듦에 따라 악화하는 경향이 있었다. 다시 말해 이십대 초반인 피험자의 약 40퍼센트가 고릴라를 발견하지 못할 때, 육십대 이상의 피험자 중 70~90퍼센트가 고릴라를 놓쳤다. 곧 맥스의 할머니와 할아버지가 빨간 레고 블록이나 고릴라를 알아볼 확률은 나보다 낮은 것이다.

이미 한계가 있는 주의력이 나이 듦에 따라 감소한다는 점을 고려하면, 나이 든 사람들이 경험을 통해 가장 효과적이라고 깨달은 사고 전략을 활용하는 것은 (무의식적인 결정이라 해도) 지극히 합리적인 결정이다. 종합적으로 판단할 때, 적절할 수도 그렇지 않을 수도 있는 부가 정보에 매달리는 것은 시간과 에너지를 낭비하는 짓이다. (그리고 뇌가 일일 섭취 열량의 20퍼센트를 소비한다는 점을 고려하면, 에너지 사용은 중요한 문제다. 생각은 중노동이다.)

누구나 쉽게 이해할 수 있겠지만, 이런 적응 현상은 나이 든 사람들이 젊은 사람들보다 예상치 못한 해결책을 발견하거나 성공 가능성이 높은 새로운 접근 방식을 시도할 가능성이 낮다는 것을 의미한다. 젊은 뇌가 반드시 우월하다는 이야기가 아니다. 젊은 사람들은 다양한 가능성을 탐색하느라 길을 잃고 문제를 전혀 해결하지 못할 수도 있다. 어느 쪽이 잘못되었다는 게 아니라 양쪽 다 한계가 있다는 이야기다. 그러나 여러 세대가 협력해 레고 조립에 성공한 우리의 사례처럼, 집단을 이루어 문제 해결 능력을 발휘하면 이런 한계를 좀 더 쉽게 극복할 수 있다.

가족은 유전과 학습 모두를 통해 우리의 지능에 가장 먼저 그리고 가장 크게 영향을 미치는 존재다. 우리는 학교에 가기 훨씬 전부터 자연스럽게 부모, 형제, 조부모를 보면서 생각하고, 과제에 접근하고, 소통하고, 다른 사람들을 대하는 방법을 배운다. 나와 맥스 같은 한부모 한자녀 가정부터 여러 세대로 이루어진 대가족에 이르기까지 모든 형태의 가정은 레고 조립 활동이나 떼쓴 다음 진정하고 다툼을 해결하는 일 등 온갖 종류의 문제에 대처하는 방식에 그물망처럼 영향을 미친다. 특히 어린 시절을 함께 보내는 가족은 개인의 지능과 집단 지능을 시험하는 실험실이다.

먼저 개인 지능의 토대이자 우리의 집단 지능 성향을 형성하는, 부모로부터 물려받은 뇌의 신경회로를 살펴보자. 그다음 우리가 어떻게 서로 다른 뇌를 가진 가족 구성원의 상호작용을 통해 집단 지능을 활성화하는 데 필요한 사회적 기술과 의사 소통 기술을 배우는지 알아보자.

똑똑하게 태어나는 것일까, 배워서 똑똑해지는 것일까

전반적으로 가족은 서로 닮는다. 아니 적어도 자녀는 형제자매나 부모와 비슷하게 사고한다. 모든 사람의 뇌 지도는 부모로부터 물려받은 DNA의 유전적 청사진대로 만들어진다. 정자와 난자가 융합할 때마다 완전히 새로운 청사진이 탄생하기는 하지만, 우리는 키와 눈 색깔, 뇌 발달에 이르기까지 생물학적으로 부모에게 많은 빚을 지고 있다. 유전자 재조합과 돌연변이 같은 기전 덕분에 변이가 증가해도, 형제자매와 부모는 유전적 성향을 공유한다. 충동성, 회복탄력성, 지능과 같은 복잡한 성향은 모두 유전적 특질에 의해 형성된다.

유전자 검사와 심리 검사의 발전 덕분에 우리는 이제 IQ 검사로 측정 가능한 유형의 지능이 상당 부분 유전에 기인한다고 말할 수 있게 되었다. 이 확률은 약 55퍼센트로, 유방암의 유전 위험보다 훨씬 높다. 이와 관련된 유전자는 대부분 태아의 뉴런 연결과 성인기에 이르는 발달 과정에서 뉴런의 가소성을 좌우하는 것들이다.

인지 능력은 상당 부분 유전되며, '똑똑한' 부모는 '똑똑한' 자녀를 낳는 경향이 있다. 이것은 인지 능력 전반에 해당하는 현상으로 보인다. IQ 검사에서 한 가지 하위 영역의 점수가 높은 사람은 모든 영역에서 높은 점수를 받는 경향이 있다. 수리, 언어 추론, 기억과 같이 서로 다른 기량처럼 보이는 지적 능력은 동일한 뇌 기능에 토대를 두고 있다.

그러나 관행적 의미의 지능에서 55퍼센트가 유전에 기인한다면, 45퍼센트나 되는 부분은 여전히 설명되지 않는다. 이 나머지 부분은 어디에서 오는 것일까? 바로 우리가 평생 배우는 지식과 기술에서 나온다. 읽는 방법부터 모든 사람이 자기 생각을 이야기할 기회를 얻도록 돌아가면서 말하는 방법까지, 모든 것이 지능의 원천이다.

다른 모든 복잡한 특질과 마찬가지로, 지능은 수백 가지 유전자가 상호작용한 결과이며 여러 가지 환경 요인에 의해 형성된다. 그리고 이런 환경 요인은 모든 사람이 학습 기회를 얻는지, 아니면 특정 집단이 학습 기회를 빼앗기거나 재정적 여유가 없는지와 같은 수많은 사회적 상황에 영향을 받는다.

지능은 개인의 노력과 집단의 역동 둘 다에 매우 민감하게 반응한다. 가정에서 일어나는 비공식적 학습과 학교에서 받는 공식적 교육이 모두 중요하지만, 식이와 환경, 생활습관 변화도 작게나마 영향을 미친다. 무엇을 어떻게 먹고, 타인을 어떻게 대하며, 감정을 어떻게 다루고, 어떻게 배우며, 어떻게 자신을 돌보고, 그밖에 수많은 중요한 행동을 처음으로 가르쳐주는 존재가 가족이라면, 가족을 경험하는 과정에서 지능이 형성되는 것도 놀라운 일이 아니다.

학습은 지능 발달의 필수 요소이며, 생애 첫 2년 동안의 학습이 뇌 발달의 토대를 이룬다. 아기는 세상과의 온갖 상호작용을 통해 학습하는데, 대부분의 사람은 자기를 낳아준 부모의 돌봄을 받는다. 따라서 이때 일어나는 상호작용은 유전적 영향에 더해져 가족이 비슷하게 생각하는 경향을 강화한다.

두 돌을 맞이한다고 해서 뇌 발달이 멈추는 것은 아니다. 뇌는 평생에 걸쳐 변한다. 우리가 받아들이고 수정하는 모든 생각, 실행 목록에 포함하거나 제외하는 모든 행동이 우리의 지식 저장고에 영향을 미친다. 이 과정은 특정 행동과 연관된 유전적 성향에 따라 형성되므로, 우리의 문제 해결 능력과 사고 유형은 본성과 양육의 복합적 결과물이라 할 수 있다. 이처럼 가족이 지능에 미치는 영향은 유전과 학습을 통해 평생 파급된다. 어떤 의미에서 본다면 아동기를 벗어나기 전부터 근본적으로 우리의 능력은 다른 사람들로부터 습득한 기술의 집합체라고 할 수 있다.

공감은 운명이다: 아기

우리가 배울 수 있는 가장 중요한 삶의 기술은 다른 사람의 감정과 필요를 배려하는 것이다. 타인을 배려하고 공감하는 능력이 없다면, 우리의 성공은 우정에서 승진에 이르기까지 삶의 모든 영역에서 한계에 부딪힐 가능성이 높다. 공감은 우리의 가장 기본적인 사회적 기술과 정서 지능을 뒷받침하고, 모든 초연결 사고를 지탱해주는 행위이다.

사람마다 공감 능력에 차이가 있지만, 대부분의 아기는 태어난 지 며칠 또는 몇 시간 만에 주변 사람들의 표정과 기분을 따라가기 시작할 정도로 공감 능력이 뛰어나다. 아기들은 자신과 자신의 감정이 다른 사람들과 분리되어 있다는 사실을 깨닫지도 못한 채 다른 사람들에게서 관찰한 것을 따라 한다. 이는 다른 사람의 표정이나 기분을 나타내는 단서를 포착하면 본능적으로 그 사람의 감정을 느끼게 되는 현상으로서, 인지과학자들이 '정서적 공감'이라고 부르는 일종의 정서적 전염이다.

공감은 태아가 이미 가지고 있는 타고난 능력이다. 그러나 언어와 마찬가지로, 노출과 연습을 거쳐야 완성된다. 예를 들어, 우는 아기를 달래는 보호자의 공감적 행동은 아기가 이미 타고난 공감 능력을 강화한다. 말을 걸어주는 사람이 없으면 아기의 언어 발달이 지연되듯이 누군가 아기의 감정을 이해하고 함께 느껴주지 않으면 아기의 공감 능력도 제대로 발달하지 못한다.

두 번째 형태의 공감은 감정적이라기보다 인지적 작용에 가깝다. 아이는 다른 사람들이 나와 분리된 다른 존재이며, 그들의 감정과 필요, 의견이 나와 다를 수 있다는 인식인 '마음 이론'을 발전시켜야 한다. 그러므로 발달에 더 오랜 시간이 걸린다. 인지적 공감에는 다른 사람의 감정을 지적인 수준에서 이해하고, 그들의 상황을 고려하며, 그들이 어떻게 반응할 것인지, 또 기분이 나아지려면 무엇이 필요할지 탐색해보는 '역지사지'의 과정이 포함된다.

이런 기술은 아동기와 청소년기에 걸쳐 발달한다. 생후 12개월에서 18개월의 아이는 다른 아이가 속상해하는 모습을 보면 '자기 보호자'를 찾을 가능성이 높지만, 4세 아이는 '그 아이의 보호자'를 찾아갈 가능성이 높다. 6~7세 아이는 일반적으로 자기 감정을 더 잘 조절할 수 있으므로 정서적 전염에 압도당할 가능성이 줄어들며, 더 다양한 상황에서 타인과 공감할 수 있다.

보호자와 가족 구성원들은 아이가 성장하는 내내 공감을 가르치는 중요한 선생이지만, 여기에는 많은 시간과 인내가 필요할 수 있으며, 필연적으로 자신의 경험에 의해 형성된 공감 모델을 제시할 수밖에 없다. 우리 행동의 모든 측면이 그렇듯, 가족으로부터 물려받은 본성과 양육의 유산이 교사의 숙련도에 영향을 미친다. 물론 어린 시절 충분히 공감받지 못한 사람도 성인이 되어 더 잘 공감하는 법을 배울 수 있다. 협동 활동과 놀이, 함께하는 음악 활동 모두 공감을 배우고 가르치는 데 도움이 되는 방법이다.

토론토 대학교의 로라 시렐리Laura Cirelli 박사는 아이들을 노래하는 상황에 노출하면 낯선 어른에게 문제가 생겼을 때 그를 도와줄 가능성이 높아진다는 사랑스러운 실험을 했다. 시렐리 박사는 생후 14개월 정도의 자녀를 둔 부모들을 실험에 초대해 아이들에게 직접 노래를 불러주고 가사를 읊어주거나, 부모가 아이에게 이야기를 읽어주는 동안 자신은 가만히 있는 방식으로 상호작용을 시도했다. 그런 다음 빨래 널기와 같이 단순한 일을 하는 모습을 보여주었다. 박사는 빨랫줄에 빨래를 널다가 마치 실수인 것처럼 빨래집게를 떨어뜨리며 '어머'라고 말했다. 그러자 노래를 부르거나 가사를 들려주었던 아이들은 아무것도 들려주지 않고 침묵했던 아이들에 비해 벌떡 일어나 박사를 도울 가능성이 더 높았다. 후속 연구에서도, 과제를 받기 전 박사와 함께 움직이고 춤춘 아이들은 역시 박사를 도울 가능성이 훨씬 더 높았다. 시렐리 박사는 신뢰라는 유대감은 거의 모든 긍정적 상호작용을 통해 형성되지만, 익숙한 노래나 가사의 언어, 춤과 박수를 통해 음악을 공유하는 행동의 효과는 특히 강력하다고 믿는다. 이것은 서로의 뇌파를 동기화하는 능력 덕분인지도 모른다.

뇌의 동기화는 뇌가 짤막한 정보들을 받아들여 끊임없이 이어 붙이면서 실재하는 무언가를 막힘없이 그려낼 때, 이 작업이 누군가 다른 사람의 묘사와 발맞추어 일어나면서 발생한다. 이 현상은 암묵적으로 사람들이 알아차리지 못하는 동안 아주 어린 나이 때부터 일어난다. 그 결과 한 집단에 속한 사람들은 같은 시간 틀로 실재를 경험하고, 동일한 방식으로 세상을 바라볼 가능성이 높아진다. 이러한 동기화는 학습과 공감대 형성을 돕고 공감 능력의 토대가 되어준다.

싱가포르 난양공과대학 부교수 비키 렁Vicky Leong은 사회적 이해가 생겨나는 과정과 이것이 학습 및 지능과 연계되는 방식에 관심을 둔다. 비키는 뇌의 동기화가 박쥐나 쥐를 포함해 여러 종에서 관찰되었으며, "학습의 다양한 측면과 사회의 지배적 위계까지 예측할 수 있다"라고 설명한다. 뇌의 동기화는 사회적 조정을 통해 결속과 이해관계를 구축할 수 있게 하는 근본적인, 어쩌면 진화적으로 보존된 기전일지도 모른다. 비키 렁 박사는 한 살짜리 아기와 부모들을 대상으로 많은 연구를 수행했으며, 직접 눈을 맞출 때와 부모의 기분이 긍정적일 때 뇌의 동기화가 더 잘 일어나는 현상을 관찰했다.

역시 부모와 아기의 뇌 동기화에 관한 흥미로운 연구를 수행한 프린스턴 대학교의 케이시 류-윌리엄스Casey Lew-Williams 교수는 이 현상이 동시에 두 가지 방식으로 작동한다는 사실을 발견했다. 그는 "아기의 뇌가 종종 몇 초 앞서 어른의 뇌를 '선도leading'한다는 사실을 발견하고 놀랐다. 이는 아기가 수동적으로 입력을 받는 존재가 아니라, 어떤 장난감을 집을지, 어떤 단어를 이야기할지, 다음에 할 일을 정해두고 어른을 안내할 수도 있다는 의미다". 쌍을 이룬 사람들은 그중 한 명이 훨씬 어린 경우에도 교대로 주도권을 잡으며 춤추듯 상호작용하며, 이로써 보건대 힘의 역학관계는 불가피한 일만은 아닌 것 같다.

비키 렁 박사는 사람들이 상호작용할 때 여러 가지 생리작용이 동기화되며, 이 모든 것이 의사 소통에 관여할 수 있다고 생각한다. 심박수가 동기화되고, 같은 것을 바라볼 때는 시선도 동기화되며, 얼굴 표정까지 공유된다. 수많은 종이 활용할 수 있을 것으로 보이는 초보적 형태의 사회적 지식 전파도 흔히 관찰된다. 의사 소통은 마음만큼이나 몸에서 시작된다.

물론 인간은 무한히 추상적인 내용을 전파할 수 있게 해주는 언어도 가지고 있다. 아기는 발달 과정에서 도움이 되는 주요 의사 소통 기술을 연습하면서 부모를 흉내 내므로 아기와 보호자 사이의 동기화 현상은 언어 습득에 중요한 역할을 한다.

그러나 가족 내 집단 학습의 영향은 문자 그대로 말하는 방법과 말의 의미를 배우는 데만 국한되지 않는다. 최근 과학자들은 우리가 어떻게 집단적 기획을 통해 의미 그 자체를 구성하고 해독하는 법을 배우는지 연구하고 있다. 의미를, 특히 미묘하고 모호한 의미의 차이를 배우는 데는 여러 해가 걸릴 수 있다. 이 과정은 아동기부터 성인기까지 쭉 이어진다.

프린스턴 대학교의 유리 해슨Uri Hasson 교수는 집단이 대화를 통해 공통된 이해에 도달할 때 동기성synchrony이 매우 중요하다고 생각한다. 해슨 교수는 성인의 스토리텔링을 연구하며, 여러 사람들이 다른 누군가에게 복잡한 이야기를 들려주는 모습을 관찰했다. 이야기의 구조는 대체로 비슷했지만, 단어와 구절, 속도, 세부 배경은 매번 상이했다. 그럼에도 불구하고 큰 틀의 의미는 일정하게 유지되었으며, 뇌 영상에서는 서로 다른 화자와 서로 다른 청자 사이에서 동기화가 관찰되었다.

의미를 공유하고 행동을 동기화하는 존재는 인간만이 아니다. 벌은 벌집에 있는 다른 벌들에게 꿀이 있는 새로운 장소를 안내하기 위해 8자 춤을 추고, 생쥐는 기대와 흥분을 담은 찍찍 소리를 내며 감정을 공유한다. 심지어 식물도 뿌리를 이용해 이웃의 소리를 '엿들으며' 성장에 필요한 정보를 얻는다.

그러나 인간은 언어 능력 개발에 막대한 두뇌 능력을 투입한다는 점에서 독특한 존재다. 신경계 내에서 경쟁이 일어난다는 이론이 있는데, 서로 다른 뇌 영역이 저마다의 기술을 유지하기 위해 매일 영역 다툼을 벌인다는 뜻이다. 인간은 복잡하고 추상적인 생각을 언어로 전달하는 능력을 지키기 위해 많은 것을 투자한다.

비키 렁 박사는 "우리는 서로의 이해를 공유하고, 함께 의미를 구성하며, 행동을 조정하려는 성향을 타고났으며, 여기에 필요한 여러 가지 방법도 가지고 있다"라고 말한다. 결정적으로, 사람들 사이의 초연결 사고는 아기의 뇌에서 공감 능력, 정서 능력, 인지 능력이 함께 발달할 때 나타나는 것으로 보인다. 우리는 유아기에 집단 지능의 핵심 기술을 배우고 아동기 내내 다듬어나간다.

그러나 박사는 언어와 정서 능력에 대한 인간의 집중 투자에는 약점이 있다고 경고한다. "마음 이론에 의존해 다른 사람의 관점을 받아들이는 능력은 공감뿐 아니라 조작과도 관련이 깊다. 사람은 상대방이 모르는 것을 내가 알고 있다고 파악할 수 있을 때만 거짓말을 할 수 있다." 언제나 그렇듯, 정보와 감정을 공유하는 능력을 포함해 인간의 놀랍도록 정교한 인지 능력은 사회에 도움이 되는 긍정적 목적에도, 어두운 반사회적 목적에도 쓰일 수 있다. 인류의 잠재력이 어두운 방향으로 향할 가능성에 대해서는 좀 더 뒤에서 살펴보겠다.

창의성을 타고난 존재: 십 대

십 대에 관한 부정적 뉴스가 자주 언론의 소재가 되기도 하지만, 아침 내내 침대에 누워 있거나 별안간 위험한 결정을 내리는 등 청소년기의 걱정스럽고 자극적인 행동은 과학 이론으로 잘 설명할 수 있다. 핵심은 두뇌 발달 과정에서 청소년기가 놀라울 정도로 역동적인 (그리고 정신적으로 피폐해지기 쉬운) 기간이기 때문이라는 점이다. 예를 들어, 자기조절 능력 그리고 판단력과 가장 밀접하게 연관된 영역인 전전두엽은 이십 대 중반이 될 때까지 나머지 커넥톰과 충분히 연결되지 않는다. 침대에 누워 있는 십 대는 뇌를 포함해 그야말로 온몸이 변화하는 속도에 지쳐 있을 뿐 아니라, 보통 나이 든 사람들과 다른 일주기 리듬을 가지고 있다.

케임브리지 대학교 심리학과 교수이자 『나를 발견하는 뇌과학: 뇌과학이 말하는 자아감 성장의 비밀Inventing Ourselves: The Secret Life of The Teenage Brain』의 저자 사라-제인 블레이크모어Sarah-Jayne Blakemore의 연구에 따르면 청소년의 뇌는 기능이 떨어지거나 결함이 있는 성인의 뇌가 아니라, 다른 유형의 뇌다. 십 대는 신경 연결 경로가 유연하고 열정과 창의성이 넘치는, 독특하고 중요한 발달이 이루어지는 시기를 살아간다.

사춘기에서 (대략) 25세까지는 신경 가소성이 높은 시기다. 아동기의 신경 연결이 새로운 경험에 의해 재구성되는 까닭이다. 동시에 덜 사용되는 연결을 제거하는 '시냅스 가지치기'가 활발해지고, (단백질과 지방으로 이루어진 절연층인) 말이집이 일부 신경세포의 축삭을 감싼다. 이에 따라 일부 신경회로가 고속도로망으로 발전해 두뇌 효율을 높인다. 청소년기는 이 모든 과정이 밀도 높게 진행되며 인지적 잠재력을 높이는 독특한 발달 단계다.

인지과학자들은 일반적으로 두 가지 형태의 지능을 측정하는데, 이 두 가지는 모두 청소년기의 뇌에서 가파른 상승 곡선을 그린다. 이 중 '결정화된 지능'은 개인의 경험 목록, 세상에 대한 지식의 범위를 말한다. '유동적 지능'은 습득한 지능을 창의적이고 유연하며 합리적인 방식으로 적용할 수 있는 능력을 가리킨다. 십 대는 결정화된 지능이 부족하지만 거기에 도달하고 싶어 하고, 이를 개발하기 위해 새로운 경험을 추구하는 경향이 있다. 십 대의 강점은 유동적 지능과 그야말로 빠른 처리 속도다. 십 대의 뇌는 새로운 지식에 열려 있으며 세상에 대한 고정관념으로부터 비교적 자유롭다. 특히 수평적 사고lateral thinking에 강하고, 고도로 창의적이며, 지적 가능성이 넘쳐난다.

최근까지 창의성은 지능의 독립적 구성 요소로서 충분히 다루어지지 않았다. 캘리포니아 대학교 심리학과의 앨리슨 고프닉Alison Gopnik 교수는 이 분야를 주도하는 인물 중 하나로, 주로 어린이와 청소년을 연구한다. 박사는 어린이의 놀이 방식과 십 대의 탐색적이고 창의적인 학습 행동, 나아가 성인이 되어서 그들이 치르는 대가를 조사했다. 그 결과 성인은 일반적으로 새로운 지식을 탐색하기보다 이미 쌓은 지식을 활용하는 데 집중한다는 사실을 발견했다.

이 연구는 인간 어린이와 십 대의 뇌에서 나타나는 전전두엽의 장기적 발달을 다룬 사라-제인의 연구와 딱 들어맞는다. 다른 종과 비교할 때 인간의 전전두엽 발달 기간은 수명에 비해 지나치게 길다. 이마 바로 뒤에 있는 전전두엽은 세상을 탐구하고 창의력을 발휘하기보다, 지식을 잘 활용해 성취감을 느끼게 해주는 실행 기능이나 의사 결정과 관련된 영역이다. 사라-제인은 이처럼 뇌 발달 기간이 길어진 덕분에 우리 종의 경이로운 창의성이 발달할 수 있으며, 이것은 언어와 사회적 학습에도 결정적 역할을 한다고 주장한다.

뇌 실행 영역의 연결이 지연되는 것에는 단점이 있고 ADHD 진단과도 관련이 있지만, 전전두엽의 활성도 저하는 분명히 창의력을 강화한다. 중국 시난 대학교 심리학과의 장하오Zhang Hao 박사는 전전두엽의 활성을 낮추는 간단한 방법을 연구했다. 장 박사는 하던 일을 잠시 멈추고 산책하러 나가기만 해도 모든 연령대의 창의력이 향상된다는 사실을 발견했는데, 이때 정해진 경로를 따라가지 않고 목적지 없이 떠돌아다니는 것이 중요하다. 의사 결정을 담당하는 전전두엽 피질에서 근육의 움직임을 담당하는 운동 피질로 뇌의 활동 영역이 이동하면 정신 에너지가 해방되면서 수평적 사고가 가능해지기 때문으로 보인다. 이후 발표된 유사 연구에 따르면 설거지나 가벼운 조깅과 같이 정신의 방황을 허용하는 단순 작업은 알파파와 감마파를 강화해 더 맑고 창의적인 머리로 기존의 작업을 이어가게 돕는다.

청소년의 뇌에서 일어나는 수많은 변화를 인정한다는 것은 여기에 맞추어 생활 구조를 바꾸어야 함을 의미할 수 있다. 예를 들어 사라-제인은 뇌 구조 변화가 한창 격렬하게 진행되는 16세 무렵에는 학교 시작 시각을 늦추고 시험을 폐지해야 한다고 주장한다. 우리는 십 대의 뇌에 깃든 엄청난 창의성을 더 잘 활용할 수 있다. 전 세계 인구의 약 15퍼센트가 십 대다. 이들을 의사 결정 위원회와 운영 위원회에 초대한다면 어떤 일이 벌어질지 상상해보자. 우리에게 필요한 인류의 집단 지능을 북돋울 수 있지 않을까?

지혜와 전문성 : 나이 든 사람들

아기의 학습이 빠르고 십 대가 인지 기능의 마법사라 해도, 나이 든 사람들에게 나쁜 소식만 있는 것은 아니다. 아래 그래프는 생애 동안 나타나는 결정화된 지능과 유동적 지능의 변화를 보여준다.

결정화된 지능의 곡선을 살펴보자. 이것은 우리가 지식 또는 전문성이라고 부르는 것이 충분히 쌓일 때까지 점점 더 발달하는 경향이

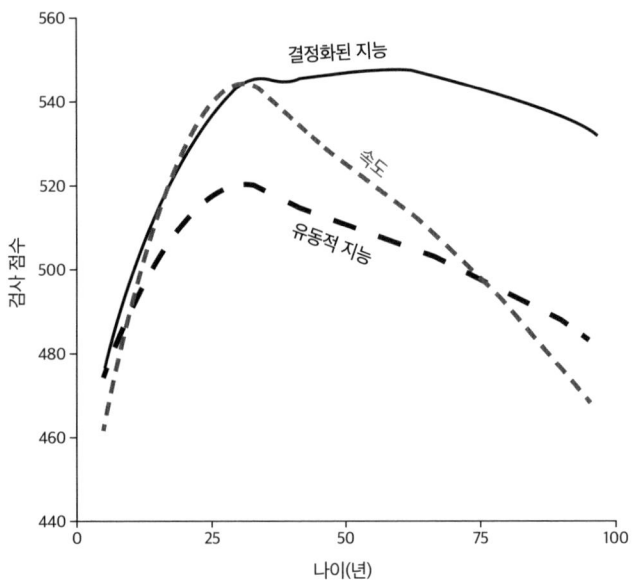

나이에 따른 인지 능력 변화. 2009년 터커 드롭Tucker-Drob의 허락을 받아 수정했으며 존 머레이 러닝John Murray Learning에서 출간된 스튜어트 리치Stuart Richie의 책 『왜 지능이 중요한가Intelligence Matters』에 실린 내용이다.

있다. 우리는 모두 삶의 특정 영역에서 전문가이며, 나이가 들수록 더욱 노련한 전문가가 된다. 시간을 들여 특정 분야의 기술을 깊이 연마하면 신경세포 사이에 새로운 연결이 대거 형성되고 효율적인 소통 경로가 생기면서 뇌에 변화가 일어난다.

예를 들어, 피아노를 배우는 사람의 운동 피질 영역을 촬영하면 헬스장에서 운동을 할 때 근육이 커지듯이 운동 피질이 확대되는 것을 볼 수 있다. (운동 피질은 매끄러운 연주에 필요한 복잡한 손동작을 조율하고 지시하는 뇌 영역이다.) 비슷한 예로, 유니버시티 칼리지 런던의 엘리너 맥과이어Eleanor Maguire 교수가 수행한 유명한 연구에서는 런던 택시 기사들의 해마 영역이 커져 있었다. 해마는 기억을 담당하는 핵심 영역이다. 택시 기사들은 런던의 어느 곳에서든 다른 곳으로 가는 모든 길을 외우도록 훈련받는 것으로 유명하며, 이것이야말로 '지식The Knowledge'이라는 전문성의 집합체다.

피아노 연주든 택시 운전이든, 집중 학습 기간이 끝나면 뇌에서는 대량의 신경 경로가 쓸모를 다하고, 가지치기를 통해 매우 효율적인 거대 경로가 재정립된다. 최근 이 매혹적인 조형 과정이 드러났다. 매사추세츠 공과대학의 신경과학자 므리강카 수르Mriganka Sur 교수는 뉴런 간 연결이 어느 정도 강화되면, 주위의 연결을 해제하는 유전적 스위치가 작동하기 시작한다는 사실을 밝혀냈다. 이런 방식으로 뇌는 신경회로를 최적화하고 효율성을 확보한다. 이제 당사자는 습득한 기술을 자연스럽게 사용할 수 있게 되고, 신경회로가 핵심 경로를 중심으로 정돈되며, 뇌의 부피는 다시 줄어든다. 이 우아한 기전은 우리가 일생 동안 다양한 기술을 배울 수 있다는 사실을 설명해준다. 감사하게도 우리에게는 뇌 발달에 맞추어 변하는 신경의 미로 안에 전문성을 간직할 방법을 갖추고 있다. 커다랗게 변한 뇌를 담아두느라 두개골 공간이 부족해질 일은 없다.

결정화된 지능에 관한 한, 우리는 일생 동안 상승 곡선을 그린다. 반대로, 이 사실을 잘 포장할 방법은 없지만 우리의 유동적 지능은 삼십 대 이후 감소하기 시작한다. (그래프의 두 번째 곡선에서 여러분의 연령을 짚어보면 두려움이 몰려올 것이다.) 이것은 앞서 살핀 유연성과 기억력 저하에 대한 적응 전략과 관련된 현상으로, 일반적으로 나이 든 사람들의 혁신성과 창의성이 낮은 이유를 설명해준다.

이미 유동적 지능 곡선의 정점을 지났다면, 다만 앞으로 치매에 무릎 꿇게 되지 않는 한 유동적 지능이 완전히 소멸되지는 않을 것이라는 안정적 데이터로 위안을 삼자. 실제로 청소년기에 (유동적 지능을 측정하는) IQ 검사 결과가 높으면 나중에도 점수가 높을 가능성이 매우 높다. 물론 80세가 되면 이십 대 때보다 점수가 낮아지겠지만, 이십 대에 또래에 비해 점수가 높았다면 80세가 되어도 높을 것이다.

또한 가족 생활은 노인들에게 완벽한 두뇌 강장제로 작용한다. 노인 자신에게도 유익할 뿐 아니라 여러 세대로 구성된 집단에 전문성과 지혜를 제공함으로써 집단 지능에 크게 이바지할 기회를 준다. 세대 간 상호작용이 서로에게 끼치는 인지적 유익은 엄청나다. 다른 사람들과 더불어 서로를 탐색하고 상호작용하는 행동은 몸과 마음의 건강에 도움이 된다고 입증되었다. 노인의 뇌는 놀이와 탐색을 통해 활동성을 유지한다. 새로운 도전이 뇌를 젊게 만든다는 우리 모두에게 익숙한 명제는 뉴런과 시냅스 수준에서는 절대적인 사실이다. 창의적이고 새로운 것을 추구하며 고도로 유연한 어린이나 청소년의 인지 능력은 노인의 뇌를 자극하며, 평생의 경험을 통해 축적된 지혜와 전문성을 접하는 경험은 어린이의 뇌에 유익하다.

세대 간의 정서적 유대와 이를 뒷받침하는 공감 능력 역시 노년기의 뇌 건강에 도움이 된다. 최근 과학자들은 손주의 사진을 보는 할머니의 뇌에서 정서적 공감과 관련된 영역이 활성화되는 것을 확인했다. 할머니들은 타인이나 자신의 자녀보다도 손주들의 감정에 훨씬 더 강하게 동기화되었다. 이런 경향은 손주와 시간을 많이 보내는 노인들의 평균 인지 기능 감소를 억제하는 것으로 나타났다.

가족 생활은 집단 지능을 기르는 살아 숨 쉬는 배지이며, 서로 다른 구조와 특성을 가진 뇌들이 어떻게 집단적 문제 해결 능력을 풍부하게 만드는지를 보여준다.

남성과 여성 사이에 인지적 차이가 있을까

우리는 인간을 성별(과 젠더)에 따라 분류하는 경향이 있다. 현재의 재생산 과정에는 남성과 여성 생식 세포라는 두 가지 상이한 요소가 있어야 아기가 태어날 수 있기 때문이다. 성과 젠더 정체성에 대한 우리의 이해와 가족 내 작동 방식은 생식과학reproductive science의 발전과 함께 진화해왔다. 오늘날 가족의 형태와 크기, 정체성이 다양해지기는 했다. 하지만 대부분의 가족에는 남성과 여성이 포함되어 있기 때문에 남녀의 문제 해결 방식이나 기술에 차이가 있느냐는 물음은 여전히 시의적절하다.

2019년 나는 〈가족 두뇌 게임The Family Brain Games〉이라는 BBC 텔레비전 프로그램에 과학 진행자로 참여하면서 생물학적 성별이 가족의 문제 해결 능력을 어떻게 이끌어내는지 관찰할 기회를 얻었다. 이 프로그램은 다양한 배경을 가진 가족들이 겨루는 토너먼트 형식으로 진행되었다. 삼대에 걸친 대가족도 있었고 두 명뿐인 가족도 있었다. 기발한 팀 게임이 가득한 실험실이 조성되었고, 참여자들은 제작진 앞에서 위축된 상태로 제한 시간 내에 여러 골치 아픈 문제를 해결해야 했다. 놀라울 것 없이, 특히 창의적 사고를 요구하는 문제 앞에서 주도권을 쥔 쪽은 어린이 참여자들이었다.

우승 팀은 성공하기 위해 무엇을 했을까? 인상적인 점은 서로 공감하고 소통하는 방식이었다. 그들은 기도하고 노래하며 서로의 기분을 파악하고 함께 긴장을 풀며 안정감을 유지하는 데 탁월했다. 서로를 믿고 차례로 귀를 기울이며 지위가 아닌 능력에 따라 역할을 나누었다.

대회가 시작될 때 우승 팀을 예측해달라는 요청을 받았는데, 다행히도 내 예상이 맞았다. 내가 그 팀을 지목한 이유는 여성 참여자가 많았기 때문이다(어린 두 딸과 엄마가 있었고, 유일한 남성은 아빠였다). 젠더에 대한 편견이 있다는 비난을 듣기에 앞서, 내 예측이 카네기 멜론 대학교의 심리학자 아니타 울리Anita Woolley 팀이 수행한 엄밀한 연구에 근거를 두었다는 점을 일러두고 싶다.

울리 팀은 699명의 개별 지능을 조사하는 두 가지 연구를 수행했다. 그리고 이들을 두 명에서 다섯 명 크기의 집단으로 나누어 각 팀에게 시각 퍼즐, 창의적 집단 사고, 의사 결정, 복합적 문제를 포함해 여러 가지 과제를 부여했다. 연구진은 다양한 과제에서 집단의 성적을 설명하는 일반적 집단 지능 요인이 존재한다는 증거를 발견했다. 가장 강력한 예측 요인은, 물론 높은 여성 비율이었다. 울리는 이것이 사회적 감수성이 예민하고 상대방의 말을 방해하기보다 경청하려는 여성적 (아마도 문화적) 성향과 관련이 있을지 모른다고 해석했다.

남성과 여성의 두뇌에 구조적 차이가 있는지, 아니면 서로 다른 강점과 선호를 지니도록 사회화되었는지의 문제는 뜨거운 감자다. 과학자들은 이에 대해 수년간 논쟁을 벌여왔다. 일부 연구에 따르면 아기가 자궁에 있는 동안 성호르몬이 뇌 발달에 미치는 영향 때문에 작지만 유의미한 차이가 생길 수도 있다. 다른 연구자들은 차이가 너무 적은 데다 개인별 편차가 너무 많이 겹치기 때문에 생물학적 성별을 분류 기준으로 삼는 것은 비과학적이라고 말한다.

점점 더 많은 과학자들이 뇌 연속체brain continuum라는 개념을 통해 생물학적 성별 차이를 이해하려 시도하고 있다. 케임브리지 대학교의 바버라 사하키안Barbara Sahakian 교수와 상하이 푸단 대학교의 동료들이 수행한 연구가 이 개념을 뒷받침한다. 이들은 서로 다른 뇌 영역이 연결되거나 정보를 섞는 방식을 나타내는 연결성 표지자를 평가해 뇌 신경회로의 특성을 '남성' '여성' '양성'으로 분류했다. 총 9,620명(남성 4,495명, 여성 5,125명)이 포함된 서로 다른 문화권의 대규모 데이터

세 종류가 연구에 사용되었다. 그 결과 뇌의 약 25퍼센트는 '남성', 25퍼센트는 '여성'으로 분류되었는데, 대다수인 50퍼센트는 그래프 가운데의 '양성' 구역에 분포했다.

인지적 '양성성'은 당사자의 생물학적 성별과 무관하게 명백한 이점이 있었다. 이런 사람들은 그래프 스펙트럼의 극단에 있는 사람들보다 불안이나 우울과 같은 정신 건강 문제가 적었다. '양성적' 뇌는 인지적 유연성(서로 다른 과제나 생각 사이를 오가는 능력), 사회적 역량, 창의성이 더 좋았다. 연구자들은 "학교와 직장에서 최적의 성과를 내고 보다 나은 삶을 누리기 위해서는 극단적 고정관념을 피하고, 자라나는 아이들에게 균형 잡힌 기회를 제공해야 한다"는 결론을 도출했다. 이견이 있을 수 없는 결론이다.

남성과 여성의 뇌가 신경학적으로 다르거나 그렇지 않을 수도 있지만, 이들은 아주 다른 방식으로 행동하기도 하며, 이 중 아주 많은 부분이 학습된 차이라는 견해가 널리 인정받고 있다. 이때의 학습은 종종 관찰과 조건화, 반복을 통해 무의식적으로 이루어진다. 예를 들어 요즘에는 과학과 공학이 어울리지 않는다는 말을 듣는 여학생들이 점점 줄고 있지만, 소녀들은 여전히 우리 사회에 만연한 이러한 통념을 받아들일 수 있다. 마찬가지로 소년과 남성들도 감정적 자기 인식을 우선시하거나 공감 능력을 기를 필요가 없다는 통념을 흡수하는 경우가 많다. 심지어 그런 것들은 결코 배울 수 없다는 교훈을 흡수할 수도 있다. 이런 신념은 남성 개인에게 심각한 부정적 결과를 초래하며, 또한 소년들에게 해를 끼치고, 우리 종의 집단 지능에 기여할 기회를 제한할 수 있다.

현 상황에서 전형적인 성인 여성은 남성보다 차례 지키기, 적극적 경청, 공감을 포함해 효과적인 집단 작업에 도움이 되는 모든 친사회적 행동에 능숙하다. 그리고 이런 성향은 집단의 성과를 개선한다. 기본적으로 여성이 많으면 문제 해결이 빨라진다는 의미다.

성별과 젠더는 우리가 세상을 이해하기 위해 사용하는 가장 기본적인 분류 범주 중 하나이다. 따라서 그것이 우리 삶에 강력한 영향을 미치거나, 무의식적 편향의 영향을 많이 받는다고 해도 놀랍지 않다. 그러나 편향은 무의식적 신념을 의식적 관심으로 전환함으로써 극복할 수 있다. 우리는 이렇게 다양한 기술과 능력을 이용해 우리 지능의 보다 많은 측면을 활용하는 법을 배운다. 우리는 새로운 사고 패턴을 만들고 새로운 행동을 학습할 수 있다.

그렇다면 〈가족 두뇌 게임〉에서 좋은 성적을 거둔 팀들이 사용한 학습된 행동은 무엇이었을까? 타고난 유전적 특질, 앞서 살핀 나이나 생물학적 성별과 관련된 다양성에 대한 질문 외에, 이들이 '학습한' 비결은 무엇이었을까?

권한과 책임 공유하기

성적이 좋았던 가족들은 무엇보다 구성원 모두 비위계적인 관계 맺기가 몸에 배어 있었다. 막내부터 조부모까지 모두가 과제에 참여했다. 세대를 아우르는 동맹이 형성되었고, 구체적인 지식을 갖춘 구성원에게 의견을 구했다. 필요할 때는 혼자 일하다가 가족에게 돌아와 의견을 나누었으며, 감정적 문제를 빠르게 해결했다. 말할 때는 서로 눈을 맞추고, 끼어들지 않았으며, 온전히 집중하며 경청했다.

이러한 행동은 단순히 예의를 갖추는 당연한 모습으로 보일 수 있지만, 진정한 집단 지능을 갖추려면 예의만으로는 부족하다. 모든 사람이 반드시 동등하게 존중받을 자격이 있다고 볼 수는 없으므로, 예의라는 규범에 의지하다가는 무의식적 편향에 노출될 위험이 있다. 우리 모두는 경청하고, 조언을 구하고, 비판을 받아들이고, 마음을 바꾸는 방법을 배워야 한다. 이러한 인지 습관은 세상에서 가장 의지가 강한 사람도 단번에 얻을 수 없다. 어린 시절 가족과의 상호작용을 통해 이런 습관을 (행동 목록 중 하나로) 갖추면, 이는 우리 정신의 일부가 되어 평생 동안 우리에게 필요한 사회적, 정서적 지능의 토대가 되어 줄 것이다.

| 기분을 조절하고 합의를 도출하기

참가 가족들은 문제 해결 과정에서 의사 소통 기술을 활용하고 권력과 책임을 공유하는 동시에, 기분을 조절하고 집단의 역동을 조성하기 위한 행동을 병행했다. 마지막 라운드에 진출한 가족들은 노래하고, 웃고, 명상하고, 함께 기도하며 차례를 기다렸다. 이러한 상호작용은 모두 개인과 집단의 성과에 긍정적인 영향을 미친다. 웃음은 세로토닌과 같이 행복감과 관련된 엔도르핀 분비를 자극하고 불안감을 해소하는 기분 강장제다. 모든 종류의 공동 활동은 신경 가소성을 저해하고 놀란 뇌를 얼어붙게 만드는 스트레스 호르몬 코르티솔의 축적을 억제한다.

이러한 활동은 또한 뇌의 전기적 활동을 강화해 신경망 연결을 촉
진하고 개인의 잠재력을 더 많이 활용할 수 있게 돕는다. 함께 노래하
거나 기도하는 행동은 사람들의 뇌파를 동기화해 말 그대로 같은 시
간 기준으로 세상을 보고, 짐작하다시피 더 쉽게 합의를 이끌어낼 수
있게 해준다.

명상을 통해 수평적 사고 유도하기

참가 가족들은 무대 뒤에서 집단 명상을 활용해 경쟁의 스트레스
에서 벗어났다. 흥미롭게도 가족 중 한 명이 평온을 찾으면 안내에 따
라 명상하는 다른 가족들에게도 그 마음이 전달되는 것 같았다. 공동
활동과 함께 촉발되는 뇌파의 동기화는 전염성이 있다. 그러나 이와
같은 안정 효과 외에도 명상은 창의적 사고를 촉진한다. 마음챙김은
지각의 범위를 확장하고 틀에서 벗어난 생각을 가능하게 해준다.

최고의 전문 명상가인 불교 승려들을 연구한 결과, 명상이 오래
이어지는 동안 다양한 인지 상태와 관련된 여러 가지 뇌파가 강화되
었다. 감마파는 뇌의 가장 빠른 전기 활동으로, 다양한 뇌 영역을 연
결해 전체 커넥톰을 형성한다. 이보다 더 느리고 규칙적인 세타파도
증가한다. 세타파는 학습 능력 및 기억력 강화와 관련이 있다. 세 번
째로 알파파가 증가하는데, 이는 뇌가 의도적이고 목적 지향적인 과
제에서 벗어나 휴식을 취하고 있음을 의미한다. 이렇게 다양한 속도
의 전기 활동이 교차하는 동안 뇌는 통찰의 순간을 맞이하고 이것을

지식의 저장소에 통합한다. 이런 과정은 결국 창의적인 문제 해결과 심층 학습뿐 아니라 휴식에도 도움이 된다.

가족 집단은 공유된 기억 저장소를 구축하여 서로를 돕고 각자의 능력보다 더 나은 결과를 얻을 수 있었다. 단기 기억력은 나이가 들수록 감소할 뿐 아니라 스트레스와 피로에 취약하다. 그러므로 우리 뇌가 과학자들이 말하는 '암묵' 기억 또는 '분산' 기억을 잘 만들어내도록 진화한 이유도 이해가 된다.

서로 잘 아는 사람들이 공동 창조하는 공유 기억 은행이라는 개념은 뉴욕 대학교의 폴라 레이먼드Paula Raymond와 대니얼 웨그너Daniel Wegner가 처음 연구했다. 레이먼드와 웨그너는 부부 59쌍을 대상으로 기억 검사를 실시했다. 이 중 절반은 부부가 함께 검사를 받았고, 나머지 절반은 서로 떨어져 낯선 사람과 함께 검사를 받았다. 연구팀은 모든 커플에게 각자의 개인사와 무관한 문장 64개를 5분 동안 무작위로 보여준 다음, 몇 분 동안 집중을 방해하는 과제를 주고 나서 가능한 한 많은 문장을 기억해내게 했다.

결과는 어땠을까? 서로를 잘 아는 커플은 처음 만난 커플에 비해 기억력이 14퍼센트 좋았다. 좋은 성적을 거둔 커플은 파트너가 어떤 항목을 잘 기억해낼지 자기도 모르는 사이에 예측할 정도로 서로를 잘 알았던 것이다. 이들은 그 외의 진술에 정신적 에너지를 집중해야 한다는 사실을 본능적으로, 아니 무의식적으로 알았다. 서로 모르는 낯선 커플은 공유 기억 저장소가 없었기 때문에 두 배로 많은 것을 기억해야 했다.

이것은 죽음이나 이혼으로 헤어진 커플들에게는 가슴 아픈 이야기다. 전이 기억 상실은 자기 마음의 일부를 잃는 일처럼 느껴질 수 있다. 임상 신경과학 용어로 표현하면, 관계가 끝날 때 느끼는 상실감은 부분적으로는 전이 기억의 상실 때문일 수 있다. 기억 파트너가 실제로 사라지면서 자신의 인지 능력도 감소했기 때문이다.

하지만 기억 통합은 평생이 걸리는 일이 아니어서, 약 3개월 뒤면 효과를 확인할 수 있다. 인지 능력의 결합은 비교적 단기간 내에 매우 강력한 효과를 발휘하기에 직장 동료들과 함께 공유 기억 저장소를 만드는 것은 충분히 가치 있는 일이다(대신 프로젝트가 끝나면 깊은 슬픔을 이겨내야 한다).

물론 모든 가족이 유전 형질을 공유하는 것도, 여러 세대로 구성된 전통적 가족 안에서 관계를 맺는 것도 아니다. 다양한 방식으로 잘 지내는 혼합 가정, 입양 가정, 위탁 가정이 얼마든지 있다. 이렇게 인지적으로나 사회적으로 다양한 가족은 구성원들에게 더 폭넓은 관점을 접할 기회를 주고, 두 명의 부모와 두 명의 자녀로 구성된 전통적 핵가족에 비해 더 혁신적인 사고방식을 길러줄 수 있다.

퀸즐랜드에 머무르던 봉쇄 기간에 나와 맥스는 정확히 이런 종류의 자생적 가족으로부터 도움을 받았다. 이 상황이 오래 지속될 가능성이 있다는 것을 깨달은 나는 지역 공동체에 자리를 잡고 새로운 유형의 가족을 만들기 위해 친구 네트워크를 조직하기 시작했다. 고맙게도(고슴도치 엄마의 생각일 수도 있지만) 맥스는 유난히 사교적이고 재미있는 일을 좋아하는, 아름다운 골든 리트리버 강아지 같은 아이다.

확실히 친구를 사귀기 좋은 성격이다. 우리는 공동 텃밭에 참여해 나무를 심고 채소를 기르며 온갖 사람들을 만났다. 그리고 맥스는 어떤 멋진 부부를 양할아버지와 양할머니라고 부르게 되었다. 우리가 노인들을 그리워했듯이 존과 로스 부부 또한 젊은 사람들과의 만남을 그리워하고 있었다. 손주가 왕래가 금지된 다른 주에 살고 있었기 때문이다. 우리는 팬데믹 입양 가정을 꾸렸고, 또 다른 가족과 함께 힘을 합쳐 그들의 정원에 있던 비어 있는 사랑채를 임대했다. 존과 로스는 관대하게도 우리와 다른 가족을 크리스마스에 초대해주었고, 우리는 새로운 조부모, 자매, 사촌, 이모들과 함께 성대한 점심 식사를 했다.

엄격한 국경 폐쇄는 많은 가족에게 힘든 일이었지만 바이러스를 차단하고 장기간의 봉쇄 사태를 예방할 수 있었다. 맥스와 나는 특별히 다정하고 친절한 공동체를 만났으며, 그 덕분에 과학자들이 팬데믹 생활과 관련 있다고 말하는 최악의 정신적 안개, 단기 기억 저하, 전신 권태감을 피할 수 있었다. 우리는 외로운 시기를 잘 보냈고, 예상치 못한 머무름에 더할 나위 없이 감사했다.

오늘날 우리는 만성적 외로움의 시대에 살고 있으며, 통계를 보면 어떤 사람들에게 사회적 고립은 끔찍한 현실임이 분명하다. 그러나 동시에 우리는 누구와 어떻게 살지 결정할 수 있는 자유를 그 어느 때보다 많이 누리고 있다. 우리는 가족과 친구 사이의 경계를 흐릴 수 있다. 우리가 태어난 원가족은 집단 지능의 토대를 마련해줄 수 있지만, 더 넓은 공동체와 분리되어 있지 않다. 운이 좋다면, 원가족은 인지적으로 풍요롭고 우리를 지지해주는 네트워크에 기여하는 방법을 가르쳐주고, 이 네트워크가 삶의 충격을 완충할 회복탄력성을 기르도록 도와준다는 사실을 보여주는 모델이 될 수 있다. 가장 중요한 점은, 원가족은 그 모습이 어떻든 삶과 배움을 즐겁게 만드는 데 도움이 된다는 사실이다.

║ 실습하기 ║

경청의 기술 연습하기

가족과 함께 앉아 이야기를 나누며 경청할 시간을 따로 마련해보자. 각자 5분 동안 방해받지 않고 자신이 선택한 주제에 관해 말할 수 있다. 말을 할 때 불편하지 않다면 가족들을 똑바로 바라보며 눈을 맞추는 연습을 할 수 있고, 원한다면 시선을 돌릴 수도 있다. 다른 구성원들은 말을 자르고 끼어들거나 질문을 던지지 않고, 말하는 사람에게 온전히 주의를 기울이는 적극적 경청을 연습할 수 있다. 대화를 주거니 받거니 하는 방식에 익숙하다면 처음에는 어색할 수도 있지만, 이 연습을 통해 엄청난 해방감과 자신감을 얻고, 깊은 유대감을 형성할 수 있다.

대화를 시작할 때 다음과 같은 질문 목록을 활용할 수 있다.

- 만일 내일 아침 초능력이나 새로운 능력이 생긴다면, 어떤 능력일까요?
- 유명해지고 싶나요? 어떻게요?
- 완벽한 하루를 보낸다면 무엇을 하고 싶나요?
- 인생에서 가장 감사한 일은 무엇인가요?

- 과거에 자라온 방식을 바꿀 수 있다면, 무엇을 바꾸고 싶나요?
- 인생 이야기를 가능한 한 자세히 들려주세요.
- 오랫동안 꿈꿔온 일이 있나요? 왜 그 일을 하지 않았나요?
- 가장 좋아하는 기억은 무엇인가요?

어린 가족 구성원이 있다면 함께 게임을 해볼 수 있다. 장난감 말, 자동차, 곰 인형 같은 물건을 앞에 놓고 차례로 바라보자. 그런 다음 한 가지 물건에 시선을 고정하고 아이에게 당신이 무엇을 보고 있는지 맞혀보라고 해보자. 한 가지 물건을 골랐다면, 그 물건을 가지고 번갈아가면서 상상의 시나리오를 만들어보자. 예를 들어 말을 골랐다면, 말의 기분이 어떨지, 어디로 함께 모험을 떠날지, 그날 말이 무엇을 하고 있었는지에 관해 이야기해볼 수 있다.

4장

직장: 적절한 팀 구성하기

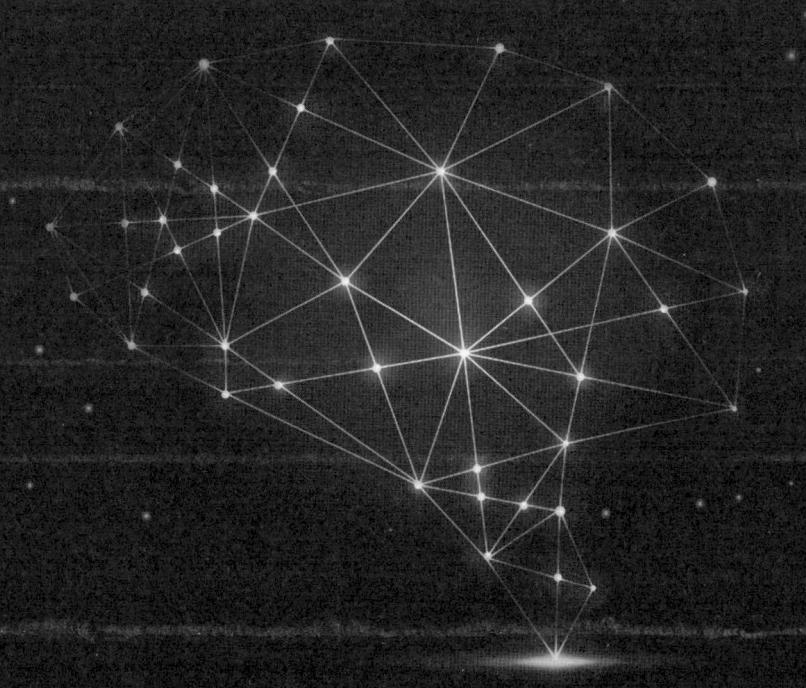

코로나 이전의 어느 상쾌한 가을 아침, 케임브리지 막달렌 칼리지의 정원에 한 무리의 학자들이 모여 있었다. 나는 몇몇 동료 교수들에게 집단 지능 실험에 참여할 의향이 있는지 물었고, 그들은 기꺼이 방탈출 과제에 참여하기로 했다. 방탈출 과제는 요즈음 엄청나게 인기를 끌고 있다. 일본에서 시작되어 아시아 전역으로, 이후 미국과 유럽으로 퍼져나갔다. 2020년 초 전 세계에 1만 개가 넘는 방탈출 카페가 생겨났다.

　과제의 전제는 단순하다. 사람들은 상당 금액을 지불한 대가로 어둡고 음침한 장소에 갇히고, 팀이 되어 일련의 수수께끼 같은 단서를 함께 찾아낸 다음 열쇠를 구해 탈출한다. 그동안 시계가 계속 똑딱거린다. 솔직히 나는 이것이 밀실공포증 지옥이라고 생각했다. 하지만 이동식 '방'을 가져다주는 방탈출 회사를 발견하자, 이 좋은 기회를 놓칠 수 없었다. 그리고 용기를 내어 탈출할 용의가 있는 희생자들을 모집했다.

그렇게 해서 산들바람이 부는 어느 날 아침, 우리는 조마조마한 마음으로 '수수께끼 체험'의 매니저 필 씨가 탈출 장비를 가지고 오기만을 기다리고 있었다. 우리 팀은 대학 교목校牧 한 명, 수학자 두 명, 역사학자 한 명, 그리고 나로 구성되어 있었다. 우리는 복잡한 퍼즐을 제시간 안에 풀고 탈출할 수 있을까? 아니면 머리를 쥐어뜯으며 영원히 방 안에 갇히게 될까?

여러분을 긴장시키지는 않겠다. 우리 팀은 효과적으로 협력해 합리적으로 무죄를 선고받고 풀려났다. 다행이었다. 그러나 최단 시간 탈출 기록을 세우지는 못했다. 필은 그 전주에 보험 회계사들로 구성된 팀이 우리보다 5분이나 빨리 탈출했다고 말해주었다.

집단 지능은 인지적 난관에 부딪힐 때마다 필요하지만, 직장처럼 가족이나 친족 간의 유대를 넘어서는 집단에 속해 있을 때 특히 중요해진다. 대부분의 사람들은 이런저런 과제를 완수하고 문제를 해결하는 대가로 보수를 받으며, 자신이 선택하지 않은 가족이나 친족 이외의 사람들과 다양한 규모의 집단을 이루어 함께 일한다. 이 장의 핵심 질문은 이런 상황에서 집단 지능이 어떻게 기능하느냐는 것이다.

나는 우리의 탈출 가능성을 가늠할 수 없었다. 우리 팀은 충분한 다양성을 확보하고 있었을까? 우리에게는 서로 다른 다양한 분야의 전문성이 있었고, 이것은 장점이었다. 하지만 전문성은 그 자체로 인지맹cognitive blindness의 위험을 높일 수 있다. 우리 중에는 여성이 두 명, 남성이 세 명 있었다. 나이는 비슷했지만 전 세계 다양한 나라에서 성장한 사람들이었다. 우리 사이에는 위계적인 권력 구조가 없었으며, 모두가 겸손하고 호기심이 많았다. 이 정도면 충분할까?

그렇다면 지능적인 전략을 사용해 초연결 사고를 강화하는 능력은 어땠을까? 우리는 기존 지식을 활용할 뿐만 아니라 창의적 사고를 발휘해야 한다. 편견을 억제하고 모호함을 인정함으로써 정보가 새로운 방식으로 연결되도록 허용해야 한다. 그리고 모든 사람이 무엇인가 기여할 수 있다고 믿고, 주의 깊게 귀 기울이며, 서로의 관점을 받아들여야 한다. 그래야만 폭넓은 전문 지식과 사고방식을 공유할 수 있다.

다행히도 우리는 질문을 명확하게 이해하고 정보를 공유했으며 가능한 해결책을 브레인스토밍하면서 기름칠이 잘 된 기계처럼 작업했다. 문제를 가지고 씨름하는 동안 본능적으로 눈을 많이 맞추었고, 이것은 뇌파를 동기화하고 합의를 이끌어내는 데 도움이 되었다. 또한 서로의 목소리에 귀를 기울였다. 이러한 존중과 자신감은 반드시 필요한 태도였다. 모든 구성원이 문제를 푸는 데 도움이 되는 핵심 아이디어를 적어도 한 가지 이상 제시했기 때문이다.

이 장에서는 사무실, 지역사회, 방탈출 시설을 포함해 어떤 프로젝트에서든 팀들 사이의 인지적, 사회적 다양성이 성공의 기초인 이유를 살펴보려 한다. 앞으로 다루겠지만, 집단의 성공 비결은 자기 능력에 자신이 있고, 인지 능력이 거의 동등하며, 자유롭게 의사 소통할 수 있는 다양한 경험을 가진 사람들을 한데 모으는 데 있다는 것이 일관된 연구 결과다.

이런 요소가 왜 중요할까? 다양한 관점을 확보하지 못하면 정보가 불충분하거나 필요한 능력이 누락될 위험이 있어서다. 집단의 시야가 너무 좁으면 맹점과 편향이 증폭된다. 의견 일치적 사고 consensus thinking 는 경직된 반향실 효과를 불러올 수 있다. 함께 모인 사람들이 전문가, 뛰어난 혁신가, 위대한 리더, 검증된 프로젝트 관리자라고 해도 마찬가지다. 예를 들어, 앞으로 우리는 전문가와 혁신가가 필요하지만 동시에 이들만으로는 부족하다는 사실을 살펴보고, 내향적인 사람과 외향적인 사람, 팀 플레이어와 리더가 모두 환영받고 가치 있는 존재인 이유를 검토할 예정이다. 또한 강력한 팀을 결성하고 힘을 합쳐 지적 능력을 충분히 발휘하는 방법을 다룰 것이다.

팀의 성공 준비하기

유전으로 결속된 가족이나 친족 집단을 벗어나면 집단의 크기 그리고 구성원들의 같음이나 다름에 대한 집단의 태도가 중요해진다. 이런 요인은 친구 모임에서부터 주택 협동조합에 이르기까지 온갖 종류의 이질적 집단에서 지능적 행동이 나타날 가능성을 높이거나 낮춘다.

먼저 집단의 크기부터 살펴보자. 집단의 크기는 효과적 의사 소통과 의사 결정, 유대감 형성, 공감, 임무 완수 능력에 영향을 미칠까? 집단이 커지면 의사 결정이 복잡해질 수밖에 없을까? 단체 여행 중 어느 식당에서 저녁을 먹을지 정하려고 애써본 적이 있는 사람이라면 아마 그렇다고 생각할 것이다.

옥스퍼드 대학교의 로빈 던바가 실험을 통해 보여주었듯이 인간은 놀라운 집단 행동 능력을 지닌 존재다. 던바는 자신의 '사회적 뇌 가설'을 종별로 분석해, (눈썹 바로 위와 뒤에 있는) 복내측 전전두엽 피질과 안와 전전두엽 피질의 상대적 크기가 사회적 집단의 크기와 관련되어 있다는 사실을 입증했다. 이들 영역은 포유류, 특히 영장류의 집행 추론과 관련된 부위다. 던바는 이 부위의 크기가 우리 인간종에서 정점에 달하며, 평균 150명 정도의 사람들과 안정적인 사회적 관계를 유지할 수 있게 해준다고 주장한다. 사회적 역동을 통제하려면 대략적인 공동체의 크기 외에도 좀 더 형식적인 규칙이 필요하다. 하지만 이미 살펴보았듯이 인간은 직능인 길드와 법정에서부터 리뷰 사이트 트러스트파일럿에 이르기까지, 상황에 맞는 규칙과 시스템을 능숙하게 고안해냈다.

던바 교수를 만나기 훨씬 전부터 나는 팀의 일원이 되어 집단으로 일하는 것이 삶의 기본 조건인 환경에서 10년 동안 살았다. 영국 케임브리지의 캠 강에 있는 주거용 보트에서 야외 생활을 했는데, 이곳에서는 유대 관계가 돈독한 공동체가 그야말로 필수였다. 소셜미디어나 광범위한 와이파이가 등장하기도, 성능 좋은 태양 전지판과 배터리 장치가 흔하게 보급되기도 전이었기 때문이다. 우리는 공동체 전체를 위해 자체 전기를 생산하고, 난방용 연료를 운반하며, 하나의 급수원을 공유해야 했다. 수 킬로미터 안에는 보트 정박지가 없었고, (불가피하게) 전기나 가스 문제가 발생하면 누군가를 밖으로 내보내 문제를 살펴보게 하느라 몇 주가 지나갔다.

비상사태가 발생하면 누구나 갑판에 나와 일손을 보탰다. 모두가 문제 해결 능력, 회복탄력성, 자원 활용 능력을 길렀고, 자신의 경험과 지식을 이웃에게 전수했다. 우리는 공동체 원로들이 물려준 집단적 지혜와 동료들 간의 정보 공유에 의지했다. 우리의 집단적 노력 덕분에 신뢰와 우정으로 이루어진 유대가 형성되었고, 이 유대는 다시 우리의 문제 해결 능력을 강화했다. 예상하다시피 보트 공동체는 150명이 조금 못 되었고, 그 이유는 보트 수에 대한 시의 규제 때문이었다.

보트에서 사는 동안 나는 불과 몇백 미터 상류에 있는 막달렌 칼리지의 연구교수로 일했다. 그리고 역시 짐작하다시피 막달렌 칼리지의 연구교수 규모는 현재 125명으로, 마법의 수 150명과 큰 차이가 없다.

이런 규모의 집단은 생각의 확산을 촉진하는 듯 보인다. 다양한 전문성과 관점을 포용할 수 있을 만큼 크지만, 토론이 가능할 정도로 작기 때문이다. 전 세계 어디에서나 집단의 규모는 비슷하다. 예를 들어 실리콘 밸리에는 분명히 150명 이상의 사람들이 살고 있지만, 성공의 이면에는 언제나 아이디어와 정보를 교환하는 작은 구심점이 있었다. 이 작은 구심점은 실리콘 밸리가 경쟁 관계에 있는 기술 중심지인 보스턴 루트Boston Route 128을 추월하는 데 도움이 되었다. 보스턴 루트의 회사들은 위계적이고 고립된 상태에서 자신들의 아이디어를 보호하느라 번창하지 못했다. 이후 실리콘 밸리의 성공담이 무수히 쏟아졌다. 상징적인 예로, 애플은 1975년 차고에서 잉태된 홈브루 컴퓨터 클럽Homebrew Computer Club이라는 모임에서 시작되었다.

그런데 만약 인간이 150명 이내의 집단으로 일하는 데 그렇게 뛰어나다면, 어느 식당에 들어갈지를 두고 다투는 이유는 어떻게 설명할 수 있을까?

확실한 것은 집단이 훨씬 작아도(아마도 8명이나 10명 정도), 우리는 서로 다른 것을 알거나, 믿거나, 원할 수 있다는 사실이다. 갖고 있는 정보, 의견, 원하는 결과에 차이가 있다는 사실은 위대한 해결책이 등장할 기회이기도 하지만, 성공의 걸림돌이기도 하다. 다양성 그 자체는 결코 초연결 사고를 보장해주지 않는다. 공감이나 명확한 의사 소통, 자신과 타인에 대한 인식(다시 말해, 사회적 지능)이 없는 다양성은 갈등과 혼란을 야기한다.

바로 이런 이유로 인간은 다양성을 제한하는 방법을 매우 잘 찾아낸다. 많은 면에서 자신과 다른 사람에게 마음을 열고 관계를 맺는 것보다 상호작용할 사람들의 차이를 제한하는 것이 인지적으로 더 수월하기 때문이다. 이런 행동은 대부분 파괴적이고 부당하며, 집단 지능이라는 잠재력을 제한한다. 이 모든 염려와 관련된 무의식적 편견에 대해서는 이 장 후반부에서 다루도록 하자. 하지만 그중 일부는 무해하다는 점도 인정해야 한다. 특히 '우리 모두'가 누구에게 귀 기울이고 누구와 대화할지 언제나 무의식적으로 선택하고 있다는 사실을 받아들이는 데 도움이 된다면 더욱 그렇다. 다행히 의지만 있다면 우리는 그런 편견들을 바꿀 수 있다.

친구 모임을 예로 들어보자. 유전적 유사성으로 연결된 가족과 달리 친구들은 사회적 유사성이라는 유대를 통해 연결되는 경향이 있다. 배경이든, 학교든, 취미든, 누군가를 선택하게 만드는 원인 혹은 여러 요소의 조합이든, 우리에게는 무엇인가 공통점이 있다. 이런 선택 과정은 의식적일 때도 있지만 대부분 무의식적이다. 이것은 뇌의 또 다른 에너지 절약 전략이다. 친구를 이해해보려고 인지 자원을 낭비하고 나서 결국 자기 스타일이 아니라는 사실을 깨닫는 일이 없도록, 이런 무의식적 판단을 통해 친구를 선택한다.

냉소적인 이야기처럼 들린다면 이 점을 기억하자. 첫째, 대부분의 경우 우리는 이런 판단 작용을 의식하지 못한다. 둘째, 지능과 마찬가지로 우정은 생존 전략이다. 호모 사피엔스에게는 갈등이나 질병을 포함해, 힘든 시기를 헤쳐나가도록 도와줄 친구가 필요하다. 무리에 소속되지 않은 사람은 우리가 살펴본 것처럼 정신적, 신체적 건강 문제에 극도로 취약하다. 그러므로 우정은 지능이 허락되는 한 참여할 가치가 있는 판돈이 큰 게임이다.

던바 교수는 "우리의 우정은 어떤 핵심 특성을 광고하는 슈퍼마켓 바코드와 같다. 우리는 주로 언어를 통해 다른 사람과 상호작용하면서 이 바코드를 스캔할 수 있다. 다른 사람들과 더 많은 특성을 공유하는 사람일수록 행운권 추첨에서 좋은 선물에 당첨되고 친밀한 우정을 형성할 가능성이 커진다"라고 말한다.

하지만 늘 그렇듯 결함 있는 우리의 뇌는 지름길로 가려다 실수를 저지르기 쉽다. 정신적 게으름은 에너지를 절약하는 동시에 학습 능력과 창의성, 혁신을 방해할 수 있다. 안전한 것을 선택하려는 우리 뇌에 저항하고 싶다면 친구를 선택하고 누구에게 먼저 주의를 기울일지 결정하는 과정에 의식적인 각성을 도입해야 한다. 상이한 관점을 의도적으로 찾아야 한다.

사회적 지능은 매우 기민하지만 편향되기 쉽다는 결함이 있어서, 지능적인 '해결책'을 도출하기 위해 다양성이 필요하지만 다양성 그 자체로는 지능적인 '집단 행동'을 충분히 이끌어내지 못하는 이유를 설명해준다. 다양성은 그 집단이 무의식적 편향의 해로운 영향에 대항하는 구조를 갖추었을 때만 온전히 힘을 발휘할 수 있다. 그래야 비로소 개인의 인지 세계가 확장되고 종의 정신적 진화가 가속된다.

물론 우리는 새로운 생각에 보상과 자극을 느끼는 강력한 성향을 타고났듯이 모두 어느 정도 편향되어 있다. 이런 역설은 이번 장과 다음 장에서 다룰 나머지 모든 이야기의 배경이다. 어떤 영역이든 우리가 어떤 목적을 달성하기 위해 함께 일하려고 노력하는 곳이라면, 다양한 유전적 유산, 행동 습관, 결점, 특이성을 한데 모으는 풍부한 인지적 태피스트리가 있을 때 더 많은 초연결 사고가 발휘된다. 그러나 다양성의 목적에 관심이 없거나 개개인의 진가를 알아보지 못한다면, 그 집단은 집단 지능을 발휘하기 어렵다.

똑똑한 팀의 열쇠는 다양성

다양성을 갖춘 팀의 결과물과 성과가 이렇게 다른 이유는 무엇일까? 첫째, 더 많은 정보와 관점을 이용할 수 있다는 것은 직관적으로도 명백히 유리해 보인다. 뉴욕 콜게이트 대학교 경제학과의 채드 스파버Chad Sparber 교수는 미국 블루칼라 인력의 인종적 다양성이 1표준편차만큼만 커져도 전반적인 생산성이 25퍼센트 이상 증가한다는 놀라운 분석 결과를 내놓았다.

스파버 교수의 자료에 따르면 미국 인구의 13퍼센트에 불과한 이민자들이 2000년 이후 미국 특허의 약 3분의 1을 취득했다. 또한 과학 기술 분야의 외국인 고용이 1퍼센트 증가하면 대학 교육을 받은 미국인의 임금이 5.6~9.3퍼센트 증가한다는 사실을 보여주는 자료도 있다. 전 세계에서 지원자를 채용하고 문화적 다양성이 높은 팀을 구성하면 장기적으로는 (특허로 측정된 예처럼) 혁신을 이루고 단기적으로는 생산성과 임금을 높일 수 있다.

다양한 사람들이 머리를 맞대면 다양한 지식과 관점(다시 말해 콘텐츠)이 모일 뿐 아니라 사고와 의사 결정 방식도 다양해진다. 이들은 서로 다른 지식을 가지고 있으며, 그 지식을 활용해 서로 다른 방식으로 새롭고 창의적인 해결책을 도출한다. 이미 알고 있듯이 뇌는 맥락에 매우 민감하게 반응하면서 새로운 세포를 생성하고 신경 경로를 재설계한다. 이 점을 생각해보면 다양한 경험이 다양한 강점을 낳는 것은 납득할 만하다. 이러한 사고 과정의 다양성은 다양한 관점에서 상이한 방식으로 문제를 바라보고 해결책을 도출하는 혁신 과정에서 특히 중요하다.

수평적 사고 능력은 아마도 21세기 지적 활동의 결정적 특징일 것이다. 이 능력은 사실을 아는 것과 그 사실을 창의적으로 활용해 무엇을 할 수 있는지 상상하는 것의 차이와 같다. 이런 상황에서는 서로 다른 생각을 가진 개인들이 그 자체로 가치 있는 존재다. 어떤 집단이 다양한 지식과 사고방식을 한데 모아 함께 작업하는 방법을 터득하면 '집단 수평적 사고'가 일어날 여건이 무르익는다. 드디어 생각의 다양성뿐 아니라 그 생각을 활용하는 의사 결정자와 창작자의 다양성이 집단 지능을 촉발하고 팀을 더 큰 규모로 운용할 수 있게 해준다.

과학 분야에서는 다양한 팀이 뛰어난 성공을 거두며 혁신 능력을 증명했다. 노스웨스턴 대학교 켈로그 경영대학원의 리더십 교수 브라이언 우지Brian Uzzi가 이끄는 연구진은 위대한 성공을 뒷받침하는 패턴을 찾기 위해 50년 동안 무려 210만 건의 특허와 거의 2,000만 건에 달하는 출판물을 샅샅이 살폈다. 연구진은 언제나 팀이 개인보다 뛰어나다는 일반적인 결론에서 한 걸음 더 나아가, 서로 다른 분야의 사람들이 모여 평범하지 않은 주제를 결합하는 팀이 동질적인 팀보다 훨씬 더 혁신적이라는 사실을 발견했다. 놀랍게도 이런 이점은 시간이 지나면서 더 두드러졌다. 아마도 과학 학술 분야가 점점 더 전문화되고 있기 때문일 것이다. 우지 교수는 "지식 생산 과정에 근본적 변화가 일어났다"는 결론에 도달했다. 이제 전문가가 되는 것만으로는 부족하다. 개인의 능력에 지나치게 의존하는 전략은 비효율적이다. 우리는 서로 다른 분야의 전문가들과 함께 일할 때 가장 효과적으로 문제를 해결할 수 있다.

다양성은 편견이나 편협한 관점, 맹점을 피하기 위해서도 중요하다. 우리는 개별 뇌의 지각과 현실 이해에 한계가 있다는 사실을 살펴보았다. 이것은 우리가 사회적 동물로서 집단 지능 성향을 타고난 주된 이유 중 하나다. 다양성은 모든 집단의 지적 기능에 중대한 영향을 미친다.

제인 구달Jane Goodall은 다이앤 포시Dian Fossey, 비루테 갈디카스Biruté Galdikas와 어깨를 나란히 하는 선구적인 여성 영장류학자였다. 우리와 가장 가까운 친척들의 행동에 대한 연구는 종종 인간의 행동을 결정론적으로 설명하려 든다. 다시 말해, 구달의 연구에서 나타났듯이 영장류학은 편견과 맹점에 유난히 취약하다.

침팬지의 행동에 대해 남성들이 수행한 연구는 수년간 침팬지의 사회 구조가 수컷의 계급에 따라 결정되며, 암컷들은 여기에 수동적으로 편입된다는 전제 아래 진행되었다. 이후 구달이 야생에 서식하는 침팬지들의 행동을 관찰하고 나서야, 암컷들이 지위가 높은 수컷뿐만 아니라 다양한 수컷들의 성적 활동을 유도한다는 사실이 확인되었다. 구달은 이런 행동을 연구하기 시작했고, 암컷 침팬지들도 자신의 지배력을 유지하기 위해 무리에 속한 어린 침팬지를 조직적으로 살해하고, 심지어 동종 포식까지 자행한다는 사실을 발견했다. 아마 구달의 남성 동료들도 이런 암컷 침팬지들의 행동을 보았을 테지만, 암컷 침팬지들의 행동이 일반적으로 받아들여지는 이론에 들어맞지 않으므로 의미가 없다고 무시했을 것이다. 남성 과학자들에게는 맹점이 있었다.

영장류학과 마찬가지로, 모든 연구 분야에는 맹점이 있다. 세부 사항을 제대로 알아보고 추적하며 가능한 질문을 모두 던지는 데에는 모든 종류의 다양성이 도움이 된다. 다양성이 없다면 우리의 맹점 때문에 집단 지능이 크게 훼손될 것이다.

다원적 팀의 작동 비법:
능력의 균형 맞추기

사회적 배경이 다양한 사람들을 한 팀 안에 모으면 혁신적인 해결책 도출부터 생산성 향상에 이르기까지, 어떤 잣대를 기준으로 평가하든 절대적으로 유리하다. 그런데 이런 일반적 장점 외에, 사회적 다양성을 갖춘 팀의 구체적인 '인지적' 다양성은 직장에서 가치 있다고 여겨지는 다양한 능력들과 어떤 관련이 있을까?

전문가들부터 살펴보자. 전문 지식과 경험을 갖춘 사람의 의견은 모든 프로젝트에 도움이 된다. 뇌종양을 제거하는 일에서부터 포뮬러 원 경주 도중 자동차 타이어를 교체하는 일에 이르기까지, 해결책을 도출하기 위해 전문 지식이 필요할 때가 많다. 전문가의 가치는 어느 정도 뚜렷하지만 단점이 없지 않으며(아무리 숙련된 기술자라고 해도 자동차 정비공에게 뇌수술을 받고 싶은 사람은 없을 것이다), 이들의 장점은 팀 안에 있을 때 점점 극대화된다.

앞의 장에서 살핀 뇌의 노화 과정에서, 축적된 지식은 자원이자 한계였다. 일반적으로 사람들은 전문가가 될수록 자신의 업적에 더욱 의지하며 새로운 정보를 들여다보려 하지 않는다. 과학 저널리스트이자 작가인 데이비드 롭슨David Robson이 『지능의 함정The Intelligence Trap』에서 지적했듯이, 높은 수준의 교육은 명석한 사고와 동의어가 아니다. 롭슨은 "예를 들어 지능이 높고 교육을 많이 받은 사람들은 실수를 통해 학습하거나 다른 사람의 조언을 따를 가능성이 낮다"라고 다소 날카롭게 비판한다.

고등 교육을 받은 사람들, 또는 그저 오래 살면서 지식을 많이 쌓은 사람들은 맹점에 휘둘리고, 인지적 성찰이 부족하며, 편견에 갇혀 잘못된 답에 도달할 수 있다. 이것은 물론 전문가 개인에게도 문제가 되지만, 그 사람이 다른 사람들의 조언을 거부할 뿐 아니라 애초에 그런 조언이 필요하다는 사실조차 깨닫지 못한다면 집단 지능에도 중대한 걸림돌이 될 수 있다.

롭슨은《뉴사이언티스트New Scientist》에 실린 '브레인-티저a brain-teaser'라는 논리 문제를 통해 이 현상을 잘 보여준다. 이 문제를 이해할 수 있는지 살펴보자. (정답은 책 끝부분의 참고문헌에 있다.)

> 질문: 잭은 앤을 보고 있지만 앤은 조지를 보고 있다. 잭은 결혼했지만 조지는 그렇지 않다. 기혼자가 미혼자를 보고 있는 것일까?
> 답: 그렇다, 아니다, 모른다

독자들은 대부분 틀린 답을 제출했다. 심지어 전에 없이 많은 독자가 잡지에 실린 답안이 틀렸다며 항의했다. 왜일까?《뉴사이언티스트》의 독자군은 교육 수준이 높은 오십 대 이상에 치우쳐 있었다. 다시 말해 전문가들이었다. 이들은 빨리 답을 찾으려는 의욕과 지나친 자신감 탓에 문제를 논리적으로 살피지 못했다.

우리 개인은 어떤 결정을 내리거나 어떤 일을 시도할 때 자신의 전문성을 활용하는 동시에 시야가 좁아지거나 맹점에 휘둘리지 않으려고 노력하면서 언제나 균형 있게 행동해야 한다. 이것은 가능할 때도 어려울 때도 있지만, 팀의 일원이 되면 훨씬 더 수월해진다. 집단 안에서는 지혜가 축적되고 오류가 서로 상쇄되는 듯하다. 이 생각은 '군중의 지혜'라는 개념과 직관적 지능의 연결고리를 살펴볼 때 다시 이야기하기로 하자.

전문성에 뒤따르는 편협함에 균형을 맞춰줄 기전이 하나 있다면 그것은 수평적 사고와 독창성을 함께 발휘하는 것, 다시 말해 기존의 지식을 유연하게 혁신적으로 적용하는 것이다. 이런 종류의 창의성은 여러 사업 분야와 우리 문화 전반에서 높은 평가를 받고 있으며, 앞서 살폈듯이 점점 더 과학자들의 관심을 모으고 있다. 그렇다면 개인뿐만 아니라 집단도 이런 창의성을 기를 수 있을까?

암스테르담 대학교 심리연구방법론 조교수 클레어 스티븐슨Claire Stevenson은 레이던 대학교의 인지신경과학 및 발달심리학 교수 에블린 크론Eveline Crone과 함께 이러한 문제를 연구했다. 이들은 수학적 모형과 심리검사를 결합해 청소년기의 뇌를 살폈다. 알다시피 젊은 뇌의 초가소성은 뛰어난 창의성을 발휘하기 때문이다.

어떤 실험 방법을 적용해야 예측하기 어렵고 길들지 않은 창의성의 발현 과정을 측정할 수 있을까? 스티븐슨과 크론은 일상적 물건의 창의적 활용법을 묻는 대체 용도 시험을 이용했다. 예를 들어 주방용 밀대로 무엇을 할 수 있을까? 물론 빵을 만들 수 있겠지만, 발산적 사고 능력을 발휘해 다른 가능성을 상상해보자. 이것을 누군가의 머리를 때리는 무기로 사용할 수도 있을까? 아니면 두 칸짜리 휴지 걸이나 땔감으로 사용하는 것은 어떨까?

결과는 명확했다. 집단의 인구통계학적 특성에 따라 창의성의 수준에 유의미한 차이가 있었다. 스티븐슨은 "몇 번을 확인해도 청소년들은 성인들보다 더 독창적이고 독특한 용도를 제안했고, 더 독창적인 도면이나 기하학적 구성을 생각해냈다. 창의성 과제를 수행하든 전혀 관련 없는 과제를 수행하든, [십 대는] 시간이 흐름에 따라 점점 더 독창적인 아이디어를 떠올렸다. 반면 성인들의 창의성은 향상되지 않았다"라고 보고했다. 이와 관련된 크론의 또 다른 연구에서는 15~16세 청소년이 성인보다 더 독창적인 기하학적 구성을 그려냈다. 이것은 십 대의 뇌에 깃든 창의성을 다룬 사라-제인 블레이크모어와 다른 연구자들의 연구 결과뿐 아니라 창의성도 기억이나 전문성처럼 연마할 수 있다는 사실을 보여주는 연구를 뒷받침하는 증거였다.

이 연구를 통해 우리는 집단의 수평적 사고와 관련된 중요하고도 흥미로운 유의점을 확인할 수 있다. 스티븐슨과 크론의 연구팀은 청소년들의 사고가 더 독창적이었다고 평가했지만, 실현 가능성이 높은 쪽은 주로 성인들의 사고였다고 언급했다. 스티븐슨은 "현실 세계에서는 독창성과 유용성이 결합된, 창의성의 최적점에 있는 생각을 해내는 사람들이 필요하다"라고 말했다. 또한 균형 잡힌 강점을 갖추고, 독창성과 지혜의 조화를 이루어내며, 참신하고 실용적이면서도 실현 가능한 해결책을 도출할 수 있는 다원적 팀이 필요하다. 또 스티븐슨은 "어쩌면 가장 좋은 접근법은 청소년과 성인이 머리를 맞대고 지역적, 세계적 문제에 대한 창의적 해법을 고민하면서 각자의 강점을 발휘하도록 장려하는 것일지도 모른다"라고 했다. 집단은 이런 방식으로 창의성을 체득해 학습된 행동에 통합한다.

모든 집단에는 전문가와 창의적인 사람 외에도 팀 플레이어, 네트워크 플레이어, 촉진자가 모두 필요하다. 이들의 뇌에서는 어떻게 이런 능력이 발현되며, 우리는 어떻게 의식적으로 이들을 불러모을 수 있을까? 사회적 뇌에 대한 로빈 던바의 연구에서 흥미로운 함의를 찾아볼 수 있다. 뛰어난 네트워크 플레이어를 길러내는 기술은 외향성과 관련이 있으며, 소규모 집단에서 잘 작동하는 능력은 내향성과 관련이 있다. 던바는 이 두 가지 사회적 성향이 유전적 요인과 밀접히 연결된 사회 지능에 해당한다고 보았다. 사회적 접촉을 활발히 하고 다양한 집단에 참여하는 것이 즐겁고 보람 있다고 생각하는 사람들은 이마 안에 자리한 전전두엽 피질이라는 뇌 영역이 더 넓은 경향이 있다. 실제로 이 영역의 넓이를 재보면 그 사람을 둘러싼 사회적 네트워크의 크기를 매우 높은 확률로 정확하게 예측할 수 있다.

사교와 집단 활동에 대한 이 두 가지 접근법은 모두 가치가 있으며, 각 집단은 자신들의 접근법을 통해 만족을 찾는다. 예를 들어 내향적인 사람은 친구가 적지만 더 가깝게 지낼 수 있다. 외향적인 사람은 관계를 얇고 넓게 확장하는 것을 좋아할 수 있다. 집단 지능과 관련된 가치는 동등하다. 신뢰가 쌓인 작은 집단이 더 편안한 사람은 이런 환경에서 최선을 다하는 뛰어난 팀 플레이어가 될 수 있다. 그러나 작은 집단은 새로운 생각이 유입되지 않으면 정체된다. 여러 집단 사이를 오가며 혁신과 협력을 촉진하는 외향적인 사람이 없으면 작은 집단의 집단 지능은 시들고 말 것이다. 이런 통찰은 집단 지능을 촉진하기 위해서는 개인이나 작은 집단이 독립적으로 일하게 한 다음 서로 연결시켜야 한다는 중요한 원칙을 제시해준다.

모든 재능을 활용하자: 신경 다양성

자폐증이나 ADHD로 진단받아 신경 전형성에서 벗어나는 사람들의 능력과 통찰은 어떤 것일까? 과거에 우리는 이런 '상태'를 장애와 동일시했고, 둘 다 심각한 문제를 일으키며 심지어 시한부 선고나 마찬가지라고 극단적으로 생각하기도 했다. 하지만 이제 사람들은 가벼운 자폐나 ADHD가 사실은 강점의 원천이 될 수 있다는 사실을 인식하기 시작했다. 예를 들자면, ADHD가 기업가 정신과 관련되어 있다는 증거가 축적되고 있다.

킹스 칼리지에 있는 쌍둥이 연구 및 유전 역학 연구소Twin Research and Genetic Epidemiology laboratory의 줄리엣 해리스Juliette Harris 박사는 최근 도파민 수용체 유전자 변이 및 ADHD 진단과 기업가가 되는 일 사이의 유전적 연관성을 발견했다. 간단히 말해 도파민은 우리 뇌에서 쾌락과 동기를 자극하는 화학물질로, 뇌의 보상 회로를 활용해 더욱 복잡한 행동을 유도한다. 도파민 수용체 유전자의 변이가 ADHD의 유일한 관련 요인인 것은 결코 아니다. ADHD 발생에 유전적 요인이 관여하는 비율은 약 80퍼센트로 추정되며, 여기에는 다양한 유전자들이 조금씩 기여한다. 그럼에도 도파민 수용체 유전자의 변이는 매우 중요한 요인으로 보인다.

이 연구는 1,000명 이상의 유전자를 조사한 결과 쾌락 회로를 활성화하는 도파민 수용체가 부호화된 DRD3 유전자에서 흥미로운 변이를 발견했다. 이 변이는 ADHD 진단과 부합하고, 가만히 있지 못하고 새로운 것을 추구하는 성향을 야기하기 때문에 '탐험 유전자'로 알려졌다. 실제로도 과거 인류의 진화 과정에서 문제에 대한 새로운 해결책을 찾아내는 성향을 발현시키면서 생존에 이로운 영향을 미쳤다. 오늘날 이 변이가 있는 사람들은 위기 상황을 잘 견디고 새로운 아이디어를 탐색하거나 사업을 시작할 때 동반되는 불안과 불확실성을 즐긴다.

2017년, 독일 뮌헨 기술 대학교에 있는 기업가 정신 연구소의 홀거 패첼트Holger Patzelt 교수는 혁신 및 리더십과 관련된 ADHD가 있는 사람들의 의사 결정을 연구했다. 이들은 종종 충동을 억제하지 못하고 직관적인 의사 결정을 내리는 경향이 있었지만, 사실 어떤 상황에서는 이것이 더 현명한 의사 결정 방법일 수 있다. 패첼트 교수는 "우리는 대체로 합리성과 성과에 기초해 기업가적인 의사 결정을 평가한다. 그러나 수많은 불확실성을 고려할 때도 항상 합리적인 의사 결정을 추구할 수 있을까? ADHD가 있는 사람들은 기업가 정신에 더 잘 부합되는 다른 논리를 보여준다"라고 했다.

ADHD가 창의성이나 기업가 정신과 관련되어 있듯이 자폐증은 전문성 및 꼼꼼한 세부사항 처리, 과업 몰입과 관련이 있다. 이것은 물론 많은 고용주가 높이 평가하는 기질이다. 마이크로소프트, SAP, HP, 렐릭을 포함한 많은 소프트웨어 회사가 일부 자폐인들의 논리와 분석, 집중 능력이 뛰어나다는 사실을 인정하고 '자폐증 채용 프로그램'을 운영하고 있다.

물론 자폐증이 컴퓨터 프로그래밍에만 도움이 되는 것은 아니다. 자폐 스펙트럼 장애 진단을 받은 기후 활동가 그레타 툰베리Greta Thunberg는 자폐증이 질병이라는 암시를 거부하고 이를 자신의 '초능력'이라고 부른다. 툰베리는 인간이 만들어낸 기후 변화를 흑백논리로 바라본다. 기후 변화에는 즉각적인 조치가 필요하므로 툰베리는 행동을 취한다. 이런 명확한 목적과 확실한 비전은 캠페인에 도움이 되었고, 툰베리는 17세 생일을 맞이하기도 전에 노벨 평화상 후보로 두 차례나 지정되었다.

툰베리는 아주 가벼운 자폐증을 앓고 있다. 툰베리의 사례는 내가 정신병원에서 간호조무사로 일할 때 만난 사람들과는 거리가 멀어서, 아마도 그들은 툰베리와 같은 일을 하거나 팀에 합류할 수가 없었을 것이다. 하지만 자신의 상황 탓에 삶의 경험이 심각하게 제한받는 사람들 중에, 조건이 받아들여지고 필요가 충족되는 한, 가치 있는 관점과 고유한 업무 처리 방식을 통해 집단의 탁월한 구성원이 될 수 있는 이들이 훨씬 더 많다.

다행히 지칠 줄 모르는 운동가들의 노력 덕분에 자폐증과 ADHD를 비롯한 여러 질환을 바라보는 태도가 바뀌고 있다. 이들 '조건'에 대한 과학적 이해가 넓어지고 상황에 따른 치료법을 고를 선택지가 늘어남에 따라 인지적 다양성의 가치에 대한 재평가가 더욱 활발하게 이루어질 것이다.

이러한 재평가는 생물학에 부합하는 일이다. '마음의 상태'를 질병이나 결점이 아닌 흥미로운 다양성으로 바라보면, 이러한 상태가 전 세계 인구 집단에 오래도록 남아 있는 이유가 이해되기 시작한다. 예를 들어, 나는 조현병을 깊이 연구하고 이것과 함께 살아가는 많은 사람들과 이야기를 나누면서 이 병이 환자와 그 가족, 친구들에게 파괴적인 영향을 미칠 수 있다는 사실을 알게 되었다. 조현병이 생기면 후손을 남길 가능성이 낮아지는데도 전 세계 인구의 유병률은 약 1퍼센트 수준에서 안정적으로 유지된다.

연구에 따르면 조현병에는 유전적 소인이 강력하게 관여하며 최대 100개의 유전자가 연관되어 있다. 그렇다면 이 유전자 중 적어도 일부는 유익한 영향을 미칠 수도 있는 것일까? 조현병 환자의 친척들은 창의적인 경향이 있다. 어쩌면 이 유전자 중 일부는 혁신이나 창의성과 같은 바람직한 지능적 특성과 관련되어 있기에 명맥을 잇고 있지만, 한 사람에게 너무 많은 유전자가 모이면 그 사람을 소진시키고 마는지도 모른다.

조현병 진단을 받은 사람들은 종종 자신과 타인을 구분하는 데 어려움을 겪으며, 이것은 사회적 기술이나 집단에 기여할 능력이 제한되어 있다는 의미다. 또한 이들은 현실과 환상을 구분하는 데도 어려움을 겪는다. 환각은 조현병의 주요 표지 중 하나이며 매우 고통스러울 수 있다. 하지만 환각을 경험하는 모든 사람이 정신 건강에 문제가 있는 것은 아니다. 전체 인구의 최대 17퍼센트가 환시와 같은 정신병 증상을 경험했으며, 이런 경험 중 상당수는 뛰어난 창의성이나 유연한 자의식과 관련이 있다. 우리는 모두 뇌가 구성해낸 세상에 살고 있으며, 대부분의 사람들은 뇌가 질병, 스트레스, 약물의 영향을 받을 때, 혹은 그저 사랑에 빠져 있을 때 망상을 경험한다. 지속적인 정신병은 매우 심각한 장애임이 분명하지만, 우리는 이런 질환에 대한 두려움 때문에 경험의 스펙트럼을 퇴색시키고 있는지도 모른다. 나는 언젠가 우리가 환각을 경험한 사람들을 적극적으로 불러모아 그들의 창의성과 혁신을 높이 평가하는 날이 올는지 궁금하다.

집단이 제대로 기능하려면 다양성이 얼마나 필요할까? 혹시 다양성이 지나친 경우도 있을까? 너무 동질적이지도, 너무 다양하지도 않은 최적의 범위는 존재하는 것 같다. 집단의 크기가 어떤 범위를 넘어서면 상호작용이 무질서해지듯, 관점의 범위도 어떤 한계 이상 지나치게 확장되어서는 안 된다. 자신과 매우 다른 사람을 이해해야 하는 일을 꺼리는 우리 뇌의 기질은 항상 팀에 도사리고 있는 걸림돌이다.

이런 위험을 낮출 한 가지 방법은 집단 전체가 비슷한 수준의 역량을 갖추는 것이다. 〈가족 두뇌 게임〉에 대한 우리의 분석 결과, 전원이 비슷한 능력을 갖춘(이 예에서는 IQ가 비슷한) 4인 집단은 가장 뛰어난 구성원과 가장 취약한 구성원 사이에 차이가 큰 집단보다 더 나은 성과를 내었다. 가장 유능한 구성원이 아무리 뛰어나도 마찬가지였다.

이런 현상은 이 분야에서 획기적인 연구를 수행한 유니버시티 칼리지 런던의 크리스 프리스Chris Frith 교수 연구팀에 의해 확인되었다. 이들은 동등한 수준의 역량과 자유로운 의사 소통 능력이 집단의 두뇌 능력을 증폭하는 데 도움이 된다는 사실을 발견했다. 그러나 이 두

가지 요소가 없을 때는 개별 두뇌가 거둔 성과가 더 나았다.

실험에서 연구진은 두 명씩 짝지어 실험실에 들어간 자원자들에게 컴퓨터 화면에 나타나는 매우 약한 신호를 감지해달라고 요청했다. 자원자들은 각자 본 것을 기록한 다음, 짝과 함께 자신이 본 것을 자유롭게 논의하며 공동 합의를 도출했다. 그 결과, 공동 의사 결정의 민감도는 혼자만의 성과가 더 나은 사람과 비교해보아도 약 30퍼센트 높았다. 크리스는 내게 "피험자들은 함께 작업하면서 점 개수 세기 검사에서부터 논리 검사에 이르기까지 모든 종류의 문제를 더 효과적으로 다룰 수 있었습니다"라고 설명했다. 하지만 집단 사고 능력의 뚜렷한 향상은 두 사람의 과제 수행 능력이 거의 동등하고, 의견 차이를 자유롭게 논의할 수 있을 때만 나타났다.

크리스는 이 연구의 마지막 실험에서 상대방이 잘못된 정보를 가지고 있을 때 어떤 일이 일어나는지 살펴보았다. 크리스는 무작위로 신호를 조작해 한쪽 파트너에게 더 난삽하고 부정확한 신호를 보여주었다. 이런 조작은 두 사람의 공동 의사 결정을 유의미하게 방해했다. 크리스는 "한 사람이 잘못된 정보를 갖고 있을 때, 혹은 업무 능력이 떨어질 때, 이것은 팀의 의사 결정에 매우 부정적인 영향을 미칠 수 있습니다"라고 경고했다. 즉 어떤 구성원이 실력이 없으면서도 그 사실을 모를 때는 초연결 사고가 발휘되지 않았다. 물론 사람은 자신이 모른다는 사실을 항상 인식하지 못한다. 따라서 이 실험은 우리가 집단 논의에 착수하기 전 잠시 마음의 준비를 할 수 있는 통찰을 제공해준다. 팀에 기여해야 한다는 부담감이 느껴질 때, 우리가 기여하기 좋은 위치에 있는지, 아니면 우리의 제한된 지식이 사실은 팀의 성공에 방해가 될지 돌아볼 필요가 있다는 것이다.

이 장에서는 협력하기 좋은 팀을 구성하는 방법을 살펴보았다. 특히 지식의 편중을 피하고 복제품이 모인 팀이 되지 않도록 다양성을 확보해야 한다고 강조했다. 이것은 직관에 반하는 말처럼 들릴 수 있지만 가치 있는 전략이다. 예를 들어, 우리는 특정 영역의 주제를 해결하기 위해 일류대 출신의 인재를 채용하고 싶을 수 있다. 그러나 이렇게 하면 결국 똑같은 생각을 받아들이고 같은 모형을 이용해본 사람들이 모여, 새롭고 창의적인 행동 방식을 도입하는 대신 편향된 사고를 키우거나 되풀이할 위험성이 있다. 그물을 멀리 던지는 편이 좋다. 그리고 집단의 크기를 관리할 수 있는 규모로 유지하자. 150명 이내로 구성된 소규모 집단은 친목 관계와 지식 교환을 촉진하는 데 도움이 된다. 사람들이 서로의 강점과 약점을 잘 알고, 누구에게 무엇을 요청하러 가야 하는지 바로 파악할 수 있다면 소중한 시간을 절약하게 된다.

하지만 다양한 사람들로 구성된 팀도 일을 끔찍하게 그르칠 수 있다! 전문성 편향이나 자기중심주의를 피하는 민감하고도 협력적인 리더십과 동시에 집단 전체의 적극적인 경청과 정직한 의사 소통이 필요하다. 그렇지 않으면 지배적 역동이 조금씩 침투해 편향을 증폭하고 집단의 합의를 완전히 잘못된 방향으로 이끌 수 있다. 어떻게 팀을 이끌고, 상호작용하고, 소통해야 우리의 사회적 지각을 기르고 집단 지능을 북돋울 수 있을까? 이 질문들은 다음 장에서 다루어보자.

침묵 속에 함께 앉아 있기

회의나 모임을 시작할 때 해결해야 할 쟁점을 확인하자. 그다음 침묵 속에 함께 앉아 있는 목적을 정하자. 다 함께 3분 동안 침묵을 지키자. 처음에는 어색할 수 있지만 이것은 침묵을 받아들일 수 있는 기회다. 마음 가는 대로 생각을 따라갈 시간을 갖다가, 모임의 목적을 상기하고 무엇이든 생각나거나 연상되는 것을 살펴본다.

이 연습은 언제 말할지, 언제 참을지 아는 능력을 길러준다. 또한 전반적인 토론을 앞두고 사색할 공간과 혼자 뇌를 사용할 시간을 허락해준다.

5장

두뇌 능력 활용하기:
똑똑한 팀에
필요한 전략

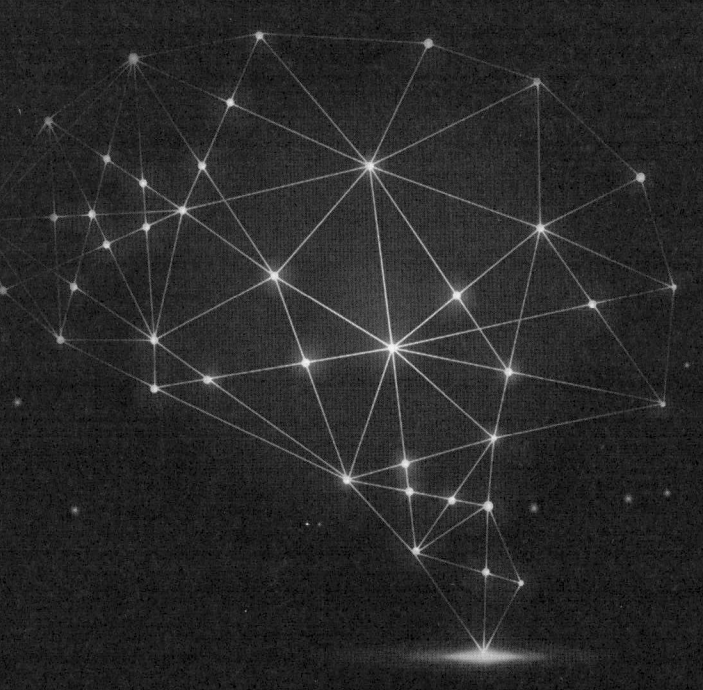

‘위원회의 디자인design by committee’이라는 냉소적인 표현을 들어보았
는가? 낙타를 두고 흔히 ‘위원회가 디자인한 말馬’이라고 한다. 낙타
의 독특한 특징(혹이 난 등, 고약한 성질, 침 뱉는 습성)은 동물을 타고 사막
을 가로질러본 적도 없고, 전혀 의견을 모을 줄 모르는 사람들이 만든
실패한 절충안처럼 느껴지기 때문이다. 위원회보다는 낙타가 더 억울
해할 일이다. 회의를 많이 겪어본 사람이라면 그 회의가 회사 이사회
든, 학교 운영 위원회든, 골프 클럽이든, 집단 지능이 표출되기보다는
어정쩡한 타협안에 머물거나 긴장된 교착 상태에 빠지는 경우가 많
다는 데 동의할 것이다.

　여러 사람이 모여 무엇인가를 토론하고 결정하고 설계할 때는 언
제나 혼란과 갈등이 발생할 수 있다. 집단이 함께 일하는 과정에서 불
편한 지배적 역동이 드러나면서, 가장 권력이 강한 사람에게서 나왔
다는 이유만으로 형편없는 발상이 계속 추진되기도 한다. 때로는 모

두를 만족시키려다가 처음의 발상이 평범해지기도, 의미와 지향을 잃기도 한다.

그렇다면 어떻게 해야 지저분하게 널린 다양한 생각을 의미 있는 (아니 심지어 품위 있는) 결론으로 다듬어낼 수 있을까? 인간은 의회의 공개 토론에서부터 법원의 배심원 제도에 이르기까지, 집단 지능을 이끌어내는 다양한 기전을 발명했다. 이런 기전이 언제나 성공적인 결과를 내놓는 것은 아니지만, 우리 정치 제도와 문화의 초석이 되기에는 충분하다. 감사하게도 인간이 갈등이나 혼란에 휩쓸릴 운명을 타고난 것만은 아니다.

그럼에도 집단의 협력은 언제나 복잡한 일이다. 집단 지능은 다원적 팀을 칸막이가 없는 개방형 사무실에 배치한다고 해서 저절로 발휘되지 않는다. 경청하는 태도, 의사 소통 능력, 모호함을 견디는 인내, 갈등 해결을 지원하는 시스템이 없다면 좋은 의도를 가진 다원적 팀도 일반적인 권력 구조로 회귀하거나, 의견 충돌의 늪에 빠지거나, 진퇴양난 상황에 놓일 수 있다. 무엇보다 집단 지능을 충분히 발휘할 수 없게 된다.

이 장에서는 다양성을 넘어, 그저 다양한 사람들을 많이 불러모으기만 하는 것이 아니라 대화에 참여할 능력을 부여하는 포용성에 대해 살펴보겠다. 다원적 집단의 효율성과 생산성은 이미 입증되었으므로, 이것은 우리의 합리적 이익에 부합하는 일이다. 포용성은 집단적 정의감과도 관련이 있다. 그저 있으면 좋은 것이 아니라 집단 지능의 근본적인 토대가 된다.

이제부터 다룰 전략에 즉각적인 성과나 요령을 기대해서는 안 된다. 집단 지능을 함양하기 위해서는 불확실성과 불편함을 견디는 인내와 관용이 필요하다. 이것은 중장기적인 게임이다. 앞으로도 살펴보겠지만, 다행히 이 여정을 이어가는 동안 어느 정도 즉각적인 성과도 있을 것이다.

우선, 집단 지능에 도움이 되는 문화를 만드는 데 리더십이 어떤 결정적 역할을 하는지 살펴보자. 집단이 원활하게 기능하는 데 가장 필요한 행동은 촉진자의 역할 없이 저절로 출현하지 않는다. 촉진 작용은 집단의 작업 방식을 바꿀 근거를 제시하고 새로운 방식을 추진할 권한이 있는 사람 또는 사람들에게서 나와야 한다. 리더의 역할과 집단 지능의 극대화 사이에는 흥미로운 역설이 있다. 리더의 역할은 매우 중요하지만 융통성이 있어야 한다. 리더는 협력적인 방식으로 일하면서도 의사 결정에 대해 명확하게 책임져야 한다. 그렇다면 이처럼 섬세하고 균형 잡힌 행동을 수행할 수 있게 해주는 구체적인 능력은 무엇일까?

다음으로는, 모든 참여자가 집단에 기여할 기회를 보장하기 위해 지배적 역동을 피하는 방법과 집단의 회복탄력성을 높이는 방법을 살펴볼 것이다. 회복탄력성이 좋은 뇌는 더 똑똑하기 때문이다. 다양성이 높은 집단에서는 신뢰를 조성하고 개방성을 확보하기가 더 어려우며, 이로 인해 마음이 불편해지고 의욕이 떨어질 수 있다는 사실을 고려한다면, 우리는 반드시 이런 감정들을 이해하고 대처하는 방법을 찾아야 한다. 집단 내에서 발생하는 이런 어려움에 대처하기 위해서는 역 멘토링, 무의식적 편견 훈련, 집단 마음챙김 시간에서부터 창의적 집단 사고가 아닌 창의적 집단 '글쓰기'에 이르기까지 여러 가지 훌륭한 인지 전략을 활용해볼 수 있다. 하지만 언제나 가장 중요한 것은 열린 의사 소통과 분명한 리더십이다. 하나씩 살펴보자.

집단 지능을 이끌어내는 리더십

집단 지능을 최대한 이끌어내려면 어떻게 팀을 구성해야 할까? 리더가 필요하기는 할까? 그냥 똑똑한 사람들을 모아놓고 스스로 팀을 조직할 수 있도록 권한을 부여하면 되지 않을까?

지난 20년 동안 여러 다양한 조직이 더욱 수평적인 구조를 선택했다. 이것은 정보와 아이디어를 더 쉽게 공유할 수 있게 해주는 새로운 커뮤니케이션 기술의 발전 덕분이자, 행동과학자들이 오랫동안 집단 업무의 장점을 강조해온 덕분이었다. 수평적인 집단은 지위가 낮은 사람들의 자율성을 더 많이 장려한다. 책임을 지는 위치에 있는 사람들에게도 보고를 전하는 동료들이 더 많아지는 경향이 있으므로 집단은 다학제적 조직이 된다. 이런 구조는 꼭대기에 권력이 집중되고 위계질서가 엄격한 과거의 모델보다 집단 지능을 활성화하는 데 훨씬 더 도움이 된다. 고위 관리자에게만 좋은 생각을 제시하거나 전략적 결정을 내리는 역할이 기대될 때는 집단 지능이 발휘되기 어려웠다.

그러나 다원적 팀과 마찬가지로 수평적 조직은 아무것도 보장해주지 않는다. 우리를 어느 지점까지 안내해줄 뿐이다. 단순히 '수평적일수록 더 좋다'고 말할 수는 없다. 구글을 살펴보자. 2001년 7월, 수

백만 명의 사용자와 400명 이상의 직원을 둔 구글의 창립자 래리 페이지Larry Page와 세르게이 브린Sergey Brin은 경영진을 모두 없애기로 결정했다. 페이지는 여러 계층의 경영진이 혁신적인 엔지니어들을 숨막히게 한다고 생각했다. 구글은 가장 뛰어난 재능을 갖춘 사람들만 고용하므로 관리감독이 도움이 되기보다 방해가 된다고 주장했다. 일부 엔지니어들은 곧 새로운 방식에 잘 적응했지만, 회사 전반은 혼돈과 혼란에 빠졌다. 관리자의 도움 없이는 문제가 해결되지 않았고, 프로젝트에는 자원이 공급되지 않았으며, 엔지니어들은 피드백을 받지 못했다. 구글은 1년 만에 이전 시스템으로 되돌아갔다.

이 이야기는 집단에는 어느 정도 책임과 감독이 필요하며, 이것이 없으면 혼란이 뒤따른다는 사실을 보여주는 아주 단순 명료한 사례처럼 들릴 수 있다. 하지만 이런 해석은 부분적으로는 지나고 보니 드는 생각일 수 있다. 결국 말도 안 되는 아이디어를 아무도 시험해보지 않으면, 사고가 정체되고 이내 집단 전체가 평범한 관성에 젖을 것이다. 한편으로, 어느 정도의 방향 제시가 적절할까? 수평적 구조 안에서 유연한 리더가 책임과 감독을 맡으면 되는 것일까?

역설적이게도 집단 지능이 필요할수록 프로젝트의 주요 순간마다 일종의 리더십이 더 절실해진다. 처음부터 집단 지능의 가치를 정의할 리더나 영향력 있는 사람이 필요하다. 이들이 집단을 지탱할 친사회적 가치를 옹호해주어야 한다. 또한 리더는 권력을 내려놓을 수도 있지만, 필요할 때는 다시 책임을 맡을 수 있을 정도로 아주 유연해야 한다. 집단을 이끄는 데 필요한 현명한 리더십의 첫 번째 요건은 공동의 목표, 공동의 정보, 공동의 성공 문화를 함께 창조하는 것이다. 이런 문화 없이는 갈등이 불가피하다. 이것은 인간뿐 아니라 로봇에게도 해당된다.

2017년, 인터넷 연구소Internet Institute, 옥스퍼드 대학교, 앨런 튜링 연구소Alan Turing Institute의 컴퓨터 사회과학자들은 온라인 백과사전 위키피디아의 페이지를 관리하는 편집 봇들의 행동에 관한 연구 결과를 발표했다. 이들은 13개의 서로 다른 언어 버전에서 나온 10년 치 데이터를 분석해, 라이벌 봇 간의 놀라운 갈등 양상을 발견했다. 봇들은 반달리즘 실행 취소, 금지 조치 시행, 맞춤법 검사, 링크 생성, 새 콘텐츠 자동 불러오기와 같은 다양한 작업을 자율적으로 수행하도록 프로그래밍되어 있었다. 연구 시작 전, 과학자들은 봇들 사이의 상호작용이 '상대적으로 예측 가능하고 별문제 없을 것'이라고 가정했다. 그러나 이들이 목격한 것은 전쟁터였다. 라이벌 봇들은 편집 과정에서 오랫동안 다툼을 벌였고, 상대방의 편집을 몇 번이고 덮어쓰기했으며, 자기 일을 뒤로한 채 이런 갈등에 완전히 매여 있었다.

2021년, 나는 이 논문의 저자 중 한 명인 타하 야세리Taha Yasseri에게 아직도 다툼이 격렬하게 진행되고 있냐고 물었다. 야세리는 수년에 걸쳐 봇 프로그램들을 더 상호 의존적이고 덜 자율적인 형태로 수정한 덕분에 상황이 많이 안정되었다고 말했다. 야세리의 표현에 따르면, 봇의 사회 지능 결여가 방해가 되리라고 아무도 예상하지 못했던 것이 문제였다. 봇들은 자신이 맡은 일에 막대한 권한을 부여받은 자유로운 행위자로 설계되었고, 저마다 매우 유능했다. 프로그래머들은 자신들이 방향을 제시해주지 않는다고 해서 봇들이 자기 작업이 다른 봇들의 작업과 어떻게 조화를 이루는지 판단하기 어려울 거라고는 상상도 하지 못했다.

위키피디아 봇들은 각자의 임무에 사로잡힌 나머지, 다른 봇들에게도 동등하게 가치 있는 임무가 있다는 사실을 받아들이지 못했다. 지나고 보면 이들에게는 친사회적 행동에 기반한 현명한 상호작용 능력이 없었으므로 충돌이 불가피했다. 지휘, 중재, 심판 역할을 할 로봇 리더가 있었다면 분명히 큰 도움이 되었겠지만, 인공 지능은 아직 이런 비분석적 인지 기능을 발휘하기 어렵다. 다행히 이런 일에는 인간이 엄청나게 유리하다. 집단 지능은 리더나 여러 명의 리더가 이를 촉진하고, 모든 구성원이 이러한 목표 아래 참여하는 집단에서만 발현될 수 있기 때문이다.

리더는 집단 지능을 추구하고 여기에 필요한 전략을 적용해야 하지만, 집단 지능이 실제로 발휘되도록 스포트라이트에서 벗어날 수도 있어야 한다. 권력을 쥐려는 개인이나 파벌은 집단 지능을 가로막는 커다란 장애물이다. 지배자가 되기보다 촉진자 역할을 하는 특별한 유형의 리더, 뛰어난 사회적, 감정적 지능을 갖춘 리더가 필요하다.

| 권력과 합의

'리더'에 대한 이야기가 시작되면 많은 사람들이 고정 관념 때문에 기업이나 정당 같은 특정 종류의 집단 또는 특정 유형의 사람을 떠올린다. 몇 년 전 CEO 다섯 명 중 한 명이 사이코패스라는 악명 높은 보도가 있었다. 그러나 리더십이 항상 개인의 권력과 동의어일까? 악인은 언제나 이를 악물고 꼭대기까지 올라가는 것일까? 최신 신경과학은 그렇지 않다고 말한다. 이것은 CEO가 아무리 천재라 해도 어떤 위계질서보다 집단 지능과 유연한 리더십이 더 큰 잠재력을 지니고 있다고 믿는 사람들에게 반가운 소식이다.

리더와 리더십에 대한 이해의 폭을 넓히면 더 집단적이고 덜 개인주의적인 방식으로 사고할 수 있다. 기존의 고정관념을 넘어서서 다시 생각하게 되기 때문이다. 어떤 식으로든 다른 사람에게 영향을 미치는 사람은 누구나 나름대로 리더이다. 부모는 가족을 이끈다. (우리 아이는 절대로 그렇지 않지만) 어떤 아이는 다른 아이들을 잘못된 길로 이끌기도 한다. 공동체에는 선출되거나 선출되지 않은 리더가 있다. 비공식적인 리더십도 있다. 리더십이 언제나 오래 지속되는 것은 아니다. 내 아들의 최근 생일 파티에서는 아이들 사이에서 다툼이 벌어지자 동석한 엄마가 개입해 사건을 중재했다. 이 엄마는 그 순간 집단에 필요한 리더였다.

성공적인 리더는 자신의 영향 아래 있는 집단의 초연결 사고를 북돋우기 위해 무엇을 할까? 그러기 위해 어떤 기술을 필요로 할까? 다른 동물 집단과 다른 문화권의 인간 집단에서 리더십이 발휘되는 방식을 살펴보면 이 질문에 대한 답을 찾아볼 수 있다. 권위주의적인 리더십이 항상 나쁘다고 단순하게 말할 수는 없다. 집단이 최적의 수평적 구조를 통해 유익을 누릴 수 있듯이, 상황에 따라 다양한 방식을 오갈 수 있는 유연하고 민첩한 리더십을 통해서도 유익을 누릴 수 있다.

잠시 앞으로 나서서 집단을 돕고 다시 물러서는 부모의 사례는 동물 집단에서 항상 관찰되는 모습이다. 이런 '일시적 리더십'은 구체적인 문제에 대한 즉각적이고 일시적인 반응이다. 동물의 리더십은 일시적인 경우가 많다. 예를 들어, 사냥하는 늑대 무리에서는 암수 한 쌍의 팀이 사냥과 육아를 함께 이끄는 것이 일반적이다. 이러한 위계 구조는 무리의 규모가 클수록 유동적이다. 상황과 능력에 따라, 다양한 커플이 갈등 없이 이 역할을 맡았다가 물러난다.

찌르레기 떼의 리더십도 전체 이동 과정에서 한 마리에게 고정되어 있지 않다. 한 개체가 전체 여정을 이끌기는 너무 힘들기 때문에, 출동 준비가 된 활기 있는 리더들로 구성된 태그 팀(구성원들이 교대로 출전하는 방식으로 운영되는 팀-옮긴이)을 구성하는 편이 합리적이다. 리더 교체는 리더십 투쟁이 아니라 집단의 필요와 지식, 개체의 물리적 역량에 따라 이루어진다.

베를린 공과 대학교 군집 지능 연구실을 이끄는 옌스 크라우제Jens Krause 교수는 로봇 물고기 실험을 통해 리더십과 집단적 의사 결정을 연구했다. "(물고기나 새 떼와 같은) 개방 집단에서 리더십은 서열이나 지배의 문제가 아니라 정보 지위의 문제다. 어떤 물고기나 새가 주변에서 무엇인가 적절한 정보를 발견하면, 그 개체의 행동이 다른 개체에 영향을 미친다. 또 다른 개체가 무언가를 발견하면 첫 번째 개체의 영향력이 줄어들고 '새로운' 리더가 자리를 차지한다. 이런 형태의 자동 구성적 정보 기반 리더십은 매우 흔하게 관찰되는 현상이며, 매끄럽게 전환된다."

물론 인간의 사회, 정치, 사업 분야에서도 일시적인 리더를 찾아볼 수 있지만, 권력이 이양될 때는 늑대나 찌르레기보다 품위가 떨어지는 경우가 적지 않다. 옌스의 연구는 인간도 이런 합리적인 전략을 채택할 수 있으며, 일반적으로 그럴 때 더 큰 성공을 거둘 수 있다는 사실을 입증한다. 때로는 에고$_{ego}$가 방해가 되기도 한다. 데이터로 입증할 수는 없지만, 리더십을 개인의 권력이나 위신과 강하게 연결 짓는 개인주의 문화에서는 개인의 필요와 집단의 필요가 충돌한다. 그러므로 '자기'보다 '집단'을 생각할 줄 아는 리더 개인의 사회적 지능은 초연결 사고를 일깨우고 북돋우는 역량과 직접적으로 연결된다.

두 번째로 중요한 리더의 기술은 집단이 위계질서와 개방성이라는 두 가지 장점을 최대한 활용할 수 있도록 유연하게 생각하고 조직화하는 능력이다. 예를 들면, 역할과 목표를 명확하게 규정해야 한다. 전문성에 근거한 일시적 리더십이 이끄는 개방 집단은 집단의 반응성을 기르고 소속감을 강화하며 창의성을 활용하는 경향이 있다. 리더십이 위계나 개방성 중 어느 한쪽으로 치우칠 때의 위험성을 경계해야 한다. 에베레스트 등반가들에 대한 연구에서 볼 수 있듯이 리더십은 생사를 가르는 문제가 될 수도 있다.

2015년, 뉴욕 컬럼비아 대학교와 스위스에 본사를 둔 비영리 경영대학원 인시아드$_{INSEAD}$의 애덤 갤린스키$_{Adam\ Galinsky}$ 교수와 동료들은 어떤 산악인 집단이 에베레스트 정상에 오를 가능성이 가장 높은지, 그리고 그 가능성과 개인의 사망률 사이에 어떤 상관관계가 있는지에 대해 흥미로운 연구를 진행했다. 이들은 5,000건 이상의 원정

자료를 분석해 국적의 영향과 위계질서 문화의 관련성을 살펴보았다. 연구진은 국적을 두 가지 가치 목록과 관련짓고 날씨, 등반가들의 나이, 경험 등이 미치는 영향을 통제했다. 결과는 뚜렷했다. 러시아나 중국처럼 위계질서가 강하고 권위주의적인 리더십이 우세한 나라에서 온 팀은 프랑스나 미국처럼 협력 문화가 강한 나라에서 온 팀보다 정상에 오를 가능성이 훨씬 높았다.

안타깝게도 이들은 사망 위험도 더 높았다. 사람들이 심각한 위험에 노출된 상황에서는 의사 소통과 의사 결정이 매우 중요했다. 리더의 역할이 물론 필수적이었지만, 지위가 낮은 구성원들이 기상 상황의 변화를 알아챘을 때 이런 정보가 의사 결정 과정에 반영되도록 발언 권한을 주는 것 역시 중요했다. 연구팀은 위계질서에 커다란 이득과 심각한 대가가 동시에 따르므로, 리더들은 이 점을 유념해 의식적으로 둘 사이의 최적 지점을 찾아야 한다는 결론을 내렸다.

한 가지 방법은 전문 분야가 다양하고, 경험의 맥락 그리고 수준이 상이한 사람들을 섞는 것이다. 이런 팀에는 한 명의 총괄 리더가 있지만, 업무가 세분화되면서 각각에 대한 리더십이 집단 전체로 분산된다. 이것은 수술팀에서 널리 사용되는 접근법으로, 수술실에서는 수석 외과의가 전반적인 의사 결정을 담당하지만 수술 전후의 안전 점검은 수간호사가 책임진다.

'사이코' CEO 신화와 친사회적 대안

지금까지 우리는 지능적 집단의 리더에게 필요한 핵심 역량으로 집단의 필요와 복지를 우선시하는 능력, 다양한 리더십 방식의 비용과 편익에 대한 이해, 그리고 그 둘 사이를 오갈 수 있는 유연성에 대해 알아보았다. 그렇다면 좀 더 개인적인 자질로는 어떤 것이 있을까?

UC 버클리의 캐머런 앤더슨Cameron Anderson과 올리버 존Oliver John은 기업의 위계적인 업무 환경과 문화가 반사회적 성격이 뚜렷한 사람들을 최고 자리로 끌어올리는 데 영향을 미치는지를 두고 수십 년에 걸쳐 연구했다. 연구자들은 미국 3개 대학에서 학부생 671명을 대상으로 성격 검사를 실시하고 이들의 무례한 성격 특성을 평가했다. 그리고 14년이 지나 이들의 경력이 쌓였을 때 직장에서 얻은 권력을 다시 평가했다. 연구진은 자가 보고에만 의존하고 싶지 않았으므로 (위험할 정도로 자기중심적인 사람도, 자기를 내세우지 않는 겸손한 사람들도 있다) 연구 참여자들의 동료들에게 사실 확인을 요청하고 함께 일하기가 어땠는지 물어보았다.

2020년에 발표된 연구 결과는 분명했다. 사람들을 조종하거나 거칠게 다루는 성향이 더 큰 성공으로 이어지지는 않았다. 관대하고, 믿을 수 있으며, 전반적으로 친절한 사람들도 무례한 성격 특성에서 높은 점수를 받은 사람들만큼 권력을 얻을 가능성이 높았다. 연구의 공동 저자인 캐머런 앤더슨은 "연구 결과는 놀라울 정도로 일관성이 있었습니다. 개인의 특성이나 상황과 무관하게, 심지어 더 치열한 '약육강식'의 조직 문화에서도, 무례한 성격 특성은 권력 경쟁에서 유리하게 작용하지 않았습니다"라고 말했다. 연구진은 무례한 사람이 위협적인 태도로 권력을 장악할 수도 있지만, 열악한 대인관계 탓에 이런 이점이 상쇄될 수 있다고 지적한다.

성공을 예측하는 핵심 속성은 외향성이었다. 적극적이고 에너지 넘치는 사람들은 기업 구조 내에서 좋은 성과를 내는 경향이 있었고, 연구진은 이것이 사교성 덕분이라고 해석했다. 앞에서 살펴본 것처럼, 지능적 집단에는 내향적인 사람과 외향적인 사람이 모두 필요하지만, 특히 오늘날의 기업에서는 다른 사람의 말을 경청하고, 나와 다른 관점을 수용하며, 집단 사이의 가교 역할을 하는 외향적인 사람들이 갖춘 추진력과 능력이 좋은 리더를 만드는 게 당연하다.

리더십과 리더에 대한 생각은 지난 몇 년 동안 많이 바뀌었다. 위계질서가 평등해졌듯이, 리더십에도 더 다양한 리더와 관련한 비즈니스 사례와 사회적 요구가 반영되었다. 최근 몇 년 동안의 화두는 '변혁적 리더십'이다. 변혁적 리더십이란 팀원들이 혁신과 변화를 이루어내고 팀에 이바지할 수 있도록 격려하고 영감을 주며 동기를 부여하는 것을 말한다. 이러한 유형의 리더십은 사람들이 목소리를 내고 적극적으로 참여할 수 있도록 정서적, 심리적으로 안전한 환경을 조성하며, 외향성뿐만 아니라 여성성과도 밀접한 관련이 있다.

우리는 이미 아니타 울리 교수의 연구를 통해 집단 지능의 가장 강력한 예측 변수가 집단 내 여성의 숫자라는 사실을 확인했다. 이것은 여성들이 공감에 기반한 친사회적 행동에 뛰어나기 때문인지도 모른다. 울리 교수는 과학자들이 여전히 정서 지능의 정확한 기전을 알아내기 위해 노력하고 있다고 말한다. "많은 연구에서 테스토스테론과 공감(또는 사회적 감수성) 사이에는 역상관관계가 나타나며, 이것은 물론 사회화의 역할이 언제나 중요하지만 생물학적 차이가 부분적인 영향을 미친다는 것을 의미"한다는 것이다.

또한 정서 지능은 여성의 변혁적 리더십에도 도움이 될 수 있다. 시카고 대학교 심리학과의 장 데세티Jean Decety 교수는 "공감 능력은 부모와 자식의 돌봄 관계, 그리고 집단 생활에 도움이 되는 친족 유대 안에서 진화해왔습니다"라고 말한다. 다시 말해, 여성은 인류 역사 내내 주 돌봄 제공자였던 덕분에 타인의 감정과 필요를 파악하는 기술을 전문적으로 습득했을 수 있다. '평균적으로' 여성은 남성보다 사람들이 자신의 마음을 표현하고 의견을 제시할 수 있을 만큼 충분히 안전하다고 느끼는 분위기를 더 잘 조성하는 듯하다.

그러나 이러한 능력이 Y염색체에 의해 뇌에서 지워졌거나, 남성이 공감이나 정서 지능을 발휘할 수 없는 것은 아니다. 인간은 일반적으로 공감할 줄 아는 사회적 동물이며 아무리 정체성이 다른 사람들도 차이점보다 유사점이 훨씬 더 많은 뇌를 가지고 있다. 학습된 행동은 언제나 중요하다.

이러한 친사회적 기술이 어디에서 비롯되었든, 분명 삶의 여러 영역에서 의미 있는 참여를 뒷받침하고 있다. 우리는 다음 세대에 도움이 되도록 우리 모두가 타고난 능력을 기르고 연습하고 보상해주어야 한다. 특히 이들의 생물학적 특성을 고려해야 한다. 우리가 후손들에게 공감과 직관, 의사 소통, 권력 공유와 같은 재능을 계발하도록 격려하지 않는다면 이것은 인류에 해를 끼치는 일이다. 결국 이러한 주요 인지 능력이 약화되면 이것은 후손들의 능력, 특히 변혁적 리더가 되는 능력에 영향을 줄 것이다!

물론 공감만이 현명한 집단의 현명한 리더십을 뒷받침하는 유일한 인지 능력은 아니다. 앤더슨과 존의 최근 연구로 돌아가보면, 성공하는 기업의 가장 강력한 예측 요인은 외향성이었다. 외향성은 능력이 아니라 특성이지만 리더십과 관련된 구체적 행동과 강한 연관성이 있다. 외향적인 사람들은 집단 지능의 토대인 아이디어와 기술 공유를 촉진한다. 이들은 이 꽃에서 저 꽃으로 꽃가루를 옮기는 벌과 같은 인간 수분 매개자이다. 그러면 집단 지능을 극대화하고 싶은 집단에 어울리는 이상적인 리더는 공감 능력이 뛰어나고 외향적인 여성인 것일까? 그럴지도 모른다!

우리는 이미 집단 지능에서 매우 중요하다고 알려진 다양성의 문제로 다시 돌아오게 된다. 문제는 리더의 위치에 있는 여성이 아직도 너무 적다는 것이다. 2019년 6월 《하버드 비즈니스 리뷰Harvard Business Review》는 전 세계 국가 리더의 7퍼센트 미만, 《포춘Fortune》500대 기업 최고경영자의 5퍼센트만이 여성이라는 사실을 조명했다. 어떤 복잡한 이유가 있든 간에 우리의 집단적 역량이 충분히 활용되지 못하고 있다는 사실은 분명하다.

이 문제를 어떻게 해결할 수 있을까? 노스웨스턴 대학교의 리더십 교수 브라이언 우지를 포함한 여러 연구자들은 우리가 진퇴양난에 빠져 있다는 것을 보여준다. 멘토링을 해줄 역할 모델 없이 리더십의 다양성(또는 참여)을 확보하기는 어렵다. 예를 들어, 여성은 여성 멘토를 통해 비할 데 없는 유익을 얻는다. 통계적으로 볼 때 명석한 여성이 검증된 자격과 두터운 인맥을 갖추고, 남성 위주의 챔피언과 멘토로 구성된 내부 집단에 속하는 것만으로는 충분하지 않다. 이 모든 조건이 갖추어져도, 여성은 여기에 더해 여성 위주로 구성된 지지 집단을 갖고 있을 때보다 여전히 낮은 직책을 맡는다.

이것은 전통적으로 영향력 있는 위치에 있지 않은 다른 사회 집단에서도 마찬가지다. 차세대 리더들을 돕기 위해서는 높은 지위에서 중추적 리더십을 발휘하는 여성과 유색인종, 그리고 장애인이 필요하며, 이들이 가능한 한 빨리 자리를 잡아야 점점 늘어나는 글로벌 문제 앞에서 더욱 폭넓은 인지 능력을 확보할 수 있을 것이다.

리더는 우리 사회의 발전과 번영을 가능케 하는 중요한 존재이다. 이들은 혁신가, 변화의 주체, 성공의 아이콘이 될 수 있다. 4분 안에 1마일(1.6km) 달리기라는 비교적 무해한 도전을 살펴보자. 적어도 1886년부터 1954년 5월 6일 로저 배니스터Roger Bannister가 마침내 이 목표를 달성할 때까지 전 세계의 경쟁자들이 이 목표를 좇았다. 전일제 학생이었던 배니스터는 자기만의 훈련법을 고안해냈고, 옥스퍼드에서 열린 작은 경주에서 춥고 축축한 트랙을 달리며 마침내 이 위업을 달성했다.

배니스터의 비범한 성취는 가능성의 창을 여는 듯했다. 다음 달에는 호주 육상선수 존 랜디John Landy가 1마일을 3분 58초 만에 완주했다. 그리고 불과 1년 만에 단 한 번의 경주에서 무려 세 명의 선수가 4분 벽을 깨뜨렸다. 이후 전 세계에서 천 명 이상의 선수들이 배니스터의 성취를 모방하고 향상시켰다.

위대한 리더십은 집단 의식을 변화시킨다. 위대한 리더십이 집단의 성공에 초점을 맞추는 친사회적 사고방식과 조화를 이루면, 인류는 다음 세대의 도전을 극복하고 살아남는 데 도움이 되는 기술과 행동의 혁명을 주도할 수 있을 것이다. 더 단순한 예로는, 아이들의 생일 파티에서 집단 지능에 필요한 기본 기술을 배우도록 누군가 나서서 도울 수 있을 것이다. 모두 다 유용하고 필요한 일이다.

시야를 넓혀 다양한 사람들을 모으고, 평등한 구조와 강력한 정서 및 사회적 지능을 바탕으로 선택된 리더가 필요하다는 사실을 이해했다면, 다음 단계는 무엇일까? 협업을 증진하는 데 어떤 인지과학적 지식이 필요할까? 어떻게 해야 집단에 필요한 다양한 지능을 충분히 확보할 수 있을까? 지능적 집단에는 다양한 의견이 필요하고, (때로는) 이런 다양성이 갈등으로 이어져 의견 충돌과 교착 상황이 발생하게 마련이다. 의견 충돌의 단점을 최소화하면서 토론의 이점을 극대화하려면 어떻게 해야 할까? 다른 사람들과의 상호작용에 내재한 불확실성 탓에 유발되는 자연스러운 불편감을 어떻게 줄일 수 있을까? 모든 것은 열린 의사 소통에서 시작되지만, 그러기 위해서는 우선 개인이 안전하다고 느껴야 한다.

집단 역학, 지배, 차례 지키기

집단 지능은 구성원들 사이의 대화, 생각과 피드백의 흐름에 크게 좌우된다. 공통의 언어에서 서로에 대한 신뢰까지 많은 변수가 여기에 영향을 미친다. 알다시피 심리적 안정감을 조성하는 것이 언제나 중요하다. 그런데 목표를 향해 협력하는 데 도움이 되는 다른 절차와 관행에는 무엇이 있을까?

무엇보다 목적의 명확성과 협력의 원칙에 대한 헌신이 필수적이다. 집단의 리더는 이 두 가지를 강조할 필요가 있다. 또한 집단 전체의 참여를 독려하고 지배적 역동에서 벗어나는 대화 방식을 장려해야 한다. 집단의 역동을 지배하는 구성원들이 부분적인 정보만 가지고 의견을 표명하면 집단의 사고가 심각하게 왜곡될 수 있다. 다른 참여자들은 바보처럼 보이거나 상사 혹은 집단의 호감을 잃을 것이 두려워 잠재적 가치가 있는 아이디어를 (의식적으로든 무의식적으로든) 안으로 담아두기 시작한다. 지식이 낭비되고 집단의 인지 대역폭이 축소된다. 영향력이 큰 인물이 팀의 어른일 때는 문제가 더 심각하지만, 그렇지 않더라도 창의성과 의사 결정 능력, 문제 해결 능력이 크게 위축된다. 게다가 대개 가해자들은 무슨 일이 일어나고 있는지도 모르는 경우가 많아 이러한 사태에 대처하기가 더욱 어려워진다.

매슈 사이드Matthew Syed는 『다이버시티 파워Rebel Ideas』에서 노스웨스턴 대학교 켈로그 경영대학원의 분쟁 해결 및 조직 교수 리 톰슨Leigh Thompson의 말을 인용했다. 톰슨은 이 현상을 대담한 통계적 언어로 표현했다. 그는 "지금까지의 근거에 따르면, 전형적인 4인 집단의 경우 두 명이 대화의 62퍼센트를, 6인 집단의 경우 세 명이 대화의 70퍼센트를 차지합니다. 집단의 규모가 커질수록 상황은 점점 더 나빠집니다. 아마도 가장 놀라운 사실은 사람들이 자신이 그렇게 하고 있다는 사실조차 깨닫지 못한다는 것입니다. 그들은 모두가 균등하게 발언하고 있으며, 모임이 평등하다고 믿어 의심치 않아요. 당신이 이 사실을 지적한다면, 그들은 즉시 불쾌감을 드러내고 결국 갈등이 고조될 것입니다"라고 말했다.

지배적 역동은 모든 환경, 모든 규모의 집단에서 발생하며 이사회나 의식적으로 집단을 통제하려는 사람들의 전유물이 아니다. 이것은 무의식적으로 발현되는 현상이며, 영향력이 큰 구성원들이 인정하고 바로잡기 어려운 만큼 문제 삼기도 힘들다. 특히 리더들은 자기 인식과 민감성을 길러야 한다. 집단의 모든 구성원이 지배적 역동을 인식하고, 이를 뿌리 뽑기가 얼마나 어렵고도 중요한지 인식하는 것이 도움이 된다. 이것은 결국 개개인의 정서 지능과 신뢰 수준에 달려 있다. 이를 통해 집단 지능의 모든 행동 요소가 상호 의존적이라는 사실을 다시 한 번 확인할 수 있다.

여기에 도움이 되는 실용적인 전략도 있다. 우리는 (매주 같은 사람이 아니라 여러 사람이 교대로 회의를 진행하면서) 회의에서 한 사람의 발언이 일정 시간을 초과하지 않도록, 그리고 발언 기회가 연차 순서대로 돌아가지 않도록 주의하면서 공식적인 대화를 사려 깊게 촉진할 수 있다.

회의에서 다양한 목소리를 이끌어내는 일은 당연한 것 같지만 실천하기 어렵다. 실제로는 인지 피로 현상이 나타나고, 종종 효율성이라는 명분 아래 결론에 빨리 도달하고 싶은 욕구가 앞선다. 이런 현상들이 결합되어 사람들은 '말이 너무 많은 것'을 견디기 힘들어한다. 마라톤 회의에 참석하고 싶은 사람은 아무도 없다. 시간 관리의 미덕은 인지적 다양성의 이점을 누릴 필요성과 균형을 이루어야 한다. 회의 참석자들에게 여유가 있다면, 하급 직원이나 내향적인 직원들에게 먼저 발언을 요청하는 간단한 전략을 활용해 다양한 의견을 들어보기도 전에 해결책을 찾으려는 욕구를 물리칠 수 있다.

이것은 아마존 창업자 제프 베조스Jeff Bezos가 회사의 성공에 핵심적인 역할을 했다고 인정하는 여러 가지 전략 중 하나다. 지난 10년 동안 아마존의 모든 회의에서는 토론이 위축되지 않도록 회의실에서 가장 지위가 높은 사람이 가장 마지막에 발언하는 전략이 적용되었다.

연공서열을 의도적으로 파괴하는 것은 규모를 불문하고 모든 사업장과 지역사회 집단에서 사용되는 여러 전략의 핵심 요소다. 저연차 직원이 고연차 직원의 멘토 역할을 하는 역멘토링reverse mentoring 정책에서 이런 예를 찾아볼 수 있다. 이것은 서로 다른 사람들 사이에서 바람직하지만 때로는 이끌어내기 어려운 대화를 촉발하는 방법 중 하나다. 만약 고연차 직원이 저연차 동료에게 다가가 어떤 분야에 대해 도움을 요청한다면, 양쪽 모두 커다란 혜택을 누릴 수 있다. 예를 들어, 고연차 직원은 최신 동향을 접하거나 새로운 소셜미디어 분야의 기술을 익힐 수 있다. 잠시 초보자가 되어 새로운 것을 배우고, 학습이라는 신경 가소성과 신경 생성의 온갖 혜택을 누리는 것이다. 저연차 직원은 서로를 존중하는 개방적인 분위기 안에서 선배들의 전문 지식을 접할 수 있다. 이 과정에서 신뢰와 소속감이 깊어진다.

집단 사고에서 벗어나기

지배적 역동을 피하기 위해 위계질서를 뒤집는 방법 외에도, 혁신적인 아이디어를 놓치거나 성급한 합의에 이르지 않도록 도와주는 실용적인 방법들이 있다. 성공적인 집단에 관한 연구에서 가장 반복적으로 발견되는 특징 중 하나는 이들이 공동으로 노력하는 시간과 함께 개인의 작업 시간을 허용한다는 것이다. 가장 효과적으로 초연결 사고를 발휘하는 집단은 개인에게 전문성을 쌓을 시간과 공간을 허용하고 나서 그 결과를 종합하는 방법을 찾아낸다. 다른 사람의 지시 없이 독립적으로 생각할 수 있는 능력을 갖춘 개인들이 먼저 있고, 이들의 아이디어와 정보가 함께 모여야 집단 지능이 가능해진다.

아마존도 이 원칙을 활용한다. 아마존의 모든 회의는 전원이 안건을 읽고 숙고하는 '황금빛 침묵golden silence'의 시간으로 시작된다. 그리고 안건에 대한 반응은 창의적 집단 사고 대신, 말이나(물론 저연차 직원이 먼저 말한다) 창의적 집단 글쓰기를 통해 수집된다.

이 기법은 여러 가지로 변형이 가능하다. 핵심은 사람들에게 자신의 생각을 말로 뱉는 대신 포스트잇이나 카드에 적을 수 있도록 어느정도 시간을 주는 것이다. 여기에는 두 가지 장점이 있다. 첫째, 이 방법은 가장 연차가 높거나 자신감이 넘치는 사람이 전체 분위기를 좌우하는 지배적 역동을 완화할 수 있다. 둘째, 10분에서 15분 정도 각자 조용히 숙고한다는 것은 본격적인 토론에 들어가기 전에 생각을 끄집어내고 발전시킬 시간을 갖는다는 뜻이다.

숙고의 시간이 끝나면 진행자가 카드를 회수하고, 여기 적힌 아이디어를 차례로 읽은 다음 집단 토론을 진행한다. 카드는 익명으로 처리되고 진행자는 토론에 참여하지 않으므로, 이 방법은 각각의 아이디어가 그 자체로 가치를 평가받도록 보장해준다. 상호작용이 더 강화된 형태에서는 카드를 한 번에 한 사람씩 옆으로 전달한다. 카드를 받은 사람은 아이디어를 수정할 수도, 다른 아이디어를 추가할 수도, 그대로 다음 사람에게 전달할 수도 있다.

이렇게 상호작용이 추가된 형식의 창의적 집단 글쓰기는 아이디어나 해법의 양과 질을 높이는 데 특히 강력한 효과를 발휘한다. 그러나 이 방법은 익명성이 보장되지 않는 까닭에 구성원들의 정서적 안정감과 신뢰가 확립되어 있어야 더 잘 작동한다. 두 가지 방법 모두 살펴볼 가치가 있다. 2015년 티미쇼아라 대학교의 마르셀라 리트카누Marcela Litcanu가 발표한 연구에 따르면, 독립적인 평가자들의 평가 결과 창의적 집단 글쓰기는 아이디어의 양과 질을 두 배로 끌어올렸다.

회복탄력성이 뛰어난 뇌가 훨씬 더 현명하다

스트레스와 불확실성, 갈등은 모두 피로를 유발하고 불안을 부추겨 집단 지능을 억제한다. 초연결 사고를 촉진하고 싶다면 팀의 회복탄력성을 훼손하는 요인들을 방치해서는 안 된다. 사람들을 돌보는 것은 결코 쉬운 일이 아니다. 회복탄력성이 좋은 뇌는 더 똑똑하고 생산적이다. 장기적인 스트레스는 해마 세포를 파괴해 기억력을 떨어뜨린다. 만성적 압박은 신경 가소성을 낮추고 소위 '뜨거운 인지와 차가운 인지hot and cold cognition'를 마비시킬 수 있다. 이로 인해 뇌의 공포 중

추인 편도체가 과활성화되고 과민해지는 반면 장기적 사고와 이슈 탐색에 관여하는 대뇌섬과 대상피질 영역이 억제된다. 결국 우리는 함께 문제를 해결할 새로운 발상이나 방법을 떠올리기보다 화재 진압 모드에 갇히게 된다.

나와 동료들이 방탈출 게임을 시작할 때 게임 운영자가 이야기했듯이, 약간의 스트레스는 동기 부여와 사고의 기민성을 자극할 수 있다. 스트레스 호르몬인 코르티솔과 아드레날린은 위협의 원인에 대처할 수 있도록 유연한 사고와 집중력에 불을 붙인다. 그러나 이로운 효과는 일시적이어서, 스트레스가 자주 반복되거나 오래 지속되면 기억력에서 공감 능력에 이르는 모든 인지 능력에 심각한 피해를 준다.

집단은 프로젝트 사이사이에 휴식과 회복 시간을 두어야 한다. 운동과 사회 활동이 개인과 집단, 직원들의 충성도, 수익에 미치는 효과가 입증되었으므로 구글 같은 거대 기술 기업들은 사내에서 이런 활동 기회를 제공한다. 운동은 성인의 뇌에서 새로운 뇌세포 성장을 촉진할 유일한 방법일 뿐 아니라 우울증이나 피로에 대한 저항력을 길러준다는 사실이 입증되었다. 사회적 상호작용은 혁신의 가능성을 높이고 직장에서 느끼는 외로움을 줄여준다.

전혀 다른 조직인 멸종저항도 비슷한 이유로 이와 비슷한 철학을 가지고 있다. 이런 활동이 구성원 개인에게 유익하고 조직 전체의 기능을 지속시키기 때문이다. 멸종저항은 활동가들의 번아웃을 피하고 사람들의 온존wellbeing을 우선시하는 재생 문화regenerative culture를 바탕으로 설립되었다. 활동 기간에는 여러 집단이 서로 피드백을 주고받고,

서로에게서 배우며 휴식을 취하는 시간이 주어진다.

회복탄력성을 손상하고 업무 능력을 저해하는 요인은 스트레스와 번아웃만이 아니다. 불확실성과 의견 불일치 역시 개인의 에너지를 빼앗고 집단 지능을 약화하는 인지적 고갈 요인이다. 불확실성은 불가피한 삶의 조건임에 틀림없지만 역동적이고 복잡하며 예측할 수 없는 상황에서, 그리고 무엇인가를 잃을 수 있거나 위기에 처했을 때 증가한다. 집단 프로젝트를 수행할 때는 일반적으로 이 모든 상황을 동시에 겪는다. 팀의 입찰 결과나 몇 달 동안 작업한 프로젝트의 출시 여부를 알 수 없는 한, 우리는 불확실성을 경험하게 된다.

사람들은 여기에 다양한 방식으로 반응한다. 어떤 사람들에게는 불확실성이 낮게 웅얼거리는 수준의 염려나 안절부절못하는 흥분 상태 정도로 느껴질 수 있다. 또 어떤 사람들은 이보다 더 견디기 힘들어하면서 스트레스를 받고, 망설이다 진퇴양난에 처하거나, 동료들에게 퉁명스럽게 굴거나, 성공적인 결과를 얻는 데 도움이 되지 않더라도 어떻게든 불확실성을 해소해보려고 애쓴다.

집단의 사회적, 인지적 다양성이 증가하면 불확실성이 증폭되고, 이와 함께 팀원들 사이의 마찰도 늘어난다. 알다시피 우리의 뇌는 게으르고 편향되어 있어서, 자신과 비슷하다고 인식되는 사람들을 더 쉽게 이해하고 함께 어울리고 싶어 하도록 설계되어 있다. 그러므로 팀의 다양성이 증가할 때는 모호함이나 불확실성, 갈등을 견디는 능력을 향상시킬 전략을 마련해야 한다.

인지과학자들은 '불확실성 불내성Uncertainty Intolerance'이라는 척도를 개발해 가벼운 불안에서 공황 상태에 이르는 다양한 스펙트럼의 반응을 측정한다. 불확실성 불내성이 심하다는 것은 불확실성을 위협으로 인식한다는 뜻이다. 이런 사람은 압도당하는 느낌, 이 상황에서 벗어나고 싶은 느낌, 혹은 어떤 대가를 치르더라도 확실성을 부여하고 싶은 느낌을 받는다. 이때에도 편도체가 전방 대상피질을 억누르고 통제권을 쥐게 된다.

불확실성 불내성은 장애라기보다는 성격 특성이지만 불안장애, 정서장애, 강박장애ocd, 섭식장애 등 여러 정신 건강 문제에 기여한다고 알려져 있다. 반면 불확실성에 대한 '내성'이 강하면 사고가 유연하고 감정 관리 능력이 뛰어나, 새롭거나 불확실한 상황에 놀라기보다는 호기심을 가지고 접근하며, 새로운 것을 학습할 기회나 다른 방식으로 대처할 기회를 모색하는 경향이 있다.

사람의 성격을 구성하는 복잡한 행동이 모두 그렇듯이 불확실성을 견디는 능력도 고정된 특성이 아니라 조정과 훈련이 가능한 여러 경향의 집합체다. 이 능력은 누구에게나 도움이 되지만, 집단의 다양성을 확대하고 집단 지능을 최대한 활용하려는 사람들에게 특히 중요하다. 그러면 이제 어떻게 해야 할까?

레일라 모프라드Layla Mofrad는 컴브리아, 노섬벌랜드, 타인-위어 NHS 재단 조합Cumbria, Northumberland, Tyne and Wear NHS Foundation Trust에서 근무하는 심리치료사로, 불확실성이 정신 건강에 미치는 영향을 연구한다. 모프라드는 불확실성을 불편해하는 것은 정상적인 반응이며, 특히 불확실성이 우리 삶의 토대나 사랑하는 사람들에게 영향을 미칠 때, 그리고 오랫동안 지속될 때는 더욱 이상할 것이 없다고 강조한다. 모프라드와 맥락 내 불확실성 연구 네트워크Uncertainty in Contexts Research Network의 동료들은 많은 사람들, 어쩌면 대부분의 사람들이 앞으로 무슨 일이 일어날지 모르는 상황에 적응하기 힘들어하던 코로나바이러스 팬데믹 기간에 연구를 시작했다. 그러나 불편감이 지나친 나머지 불확실하다고 느껴지는 일을 모두 피하려 하거나 다른 사람들을 통제하려 드는 등 건강하지 못한 방법으로 대처할 때는 문제가 발생할 수 있다.

레일라는 "불확실성 불내성이 심한 사람들의 대처 전략은 크게 두 가지로 나뉩니다. 이들은 문제에 과소 또는 과잉 관여하는 경향이 있습니다. 우리가 병원에서 주로 하는 일은 과소 관여자들이 조금씩 더 관여하면서 안전지대를 확장하고, 과잉 관여자들이 조금씩 덜 관여하도록 장려하는 일입니다. 우리의 목표는 사람들이 불편한 감정에 반응하지 않고 이런 감정을 견디는 능력을 기르는 것입니다. 그러면 시간이 지나면서 회복탄력성이 높아집니다"라고 말한다.

모프라드는 불확실성에 대처하는 능력을 기르기 위해 재미있고 부담이 적은 접근 방식을 개발했다. 언젠가는 탑이 무너지지만 그게 정확히 언제일지는 아무도 알 수 없는 젠가Jenga 같은 게임에 사람들을 초대해 약간의 불확실성이 존재하는 상황을 조성한다. 그밖에도 익숙한 길을 운전할 때 자동차의 내비게이션을 끄거나 테이크아웃 음식점에서 무엇인가 평소와 다른 음식을 주문하는 것과 같은 전략은 혼자 수행하는 일이지만 치료 집단 내에서는 특히 강력한 효과를 발휘한다. 이런 전략은 참여자들의 감정을 정상 상태로 회복시키고, 서로 배우면서 지지할 수 있게 돕는다. 타인과의 상호작용과 토론은 본질적으로 불확실한 과정이어서 함께 연습한다는 사실 자체만으로도 안전지대를 넘어가는 일이지만, 이 작업은 정서적으로 안전한 곳에서 일어난다.

이것이 바로 집단 지능을 북돋우기 위해 우리 모두가 조성해야 할 조건이다. 집단 구성원들이 저마다 가치를 인정받고 있다고 느끼고, 어떤 모험이 실패하더라도 처벌받지 않는다는 것을 이해하면 큰 발견으로 이어질 가능성이 있는 작은 위험들을 감수할 수 있다.

갈등에 대처하는 현명한 방법

레일라 모프라드는 의견 충돌로 인한 불편감에 대처하는 전략도 다루었다. 알다시피 효과적인 집단 활동에서 의견 차이는 피할 수 없는 일이며, 피하려 해서도 안 된다. 《하버드 비즈니스 리뷰》의 편집자 에이미 갤로Amy Gallo 는 토론을 "새로운 해결책이 나올 수 있는 창조적 마찰"이 일어나는 과정이라고 설명한다. 그러나 토론은 신중하게 장려될 때는 환영받을 만한 생산적인 일이지만, 때로는 의견 충돌을 유발하고, 심지어 갈등으로 변질되어 집단 지능을 훼손한다.

토론과 의견 충돌을 언제나 명확하게 구분할 수 있는 것은 아니다. 어떤 사람들은 아이디어를 교환하면서 활력을 얻지만, 어떤 사람들은 이런 일을 피하려 한다. 서로 다른 사람들은 동일한 대화도 전혀 다른 방식으로 인식할 수 있다. 어떤 사람의 건설적인 비판이 다른 사람에게는 노골적인 적대감으로 느껴질 수 있다. 이러한 인식 차이는 불확실성에 대한 개인의 저항력, 편도체의 민감성부터 온갖 환경적, 사회적 고려사항에 이르기까지 많은 요인에 의해 결정된다.

또한 지위의 영향을 받기도 한다. 캘리포니아 대학교 버클리 캠퍼스의 리더십 및 커뮤니케이션 교수 캐머런 앤더슨은 집단 내의 다양한 의견 충돌을 연구했다. 그는 의견 충돌의 당사자 양쪽 모두가 자신의 지위가 상대방보다 더 높다고 생각할 때는 집단에 기여하기보다 사적인 싸움에서 이기는 쪽에 에너지를 집중할 가능성이 크다는 사실을 발견했다. 자신의 지위가 더 높다고 생각하는 구성원들 사이에서 이런 갈등이 발생하면 집단의 성과를 크게 저하할 수 있다.

앤더슨은 집단을 계층 대신 각자의 기술에 따라 분류해 전문 분야별 소그룹을 만들면, 지위 다툼을 줄이고 집단의 기능을 개선해 성과를 향상시킬 수 있다고 제안했다.

건강하고 지적인 집단에서는 어느 정도의 의견 충돌이 불가피하지만, 누군가 선의를 가지고 행동하지 않는다는 의심이 들 때는 더욱 마음이 불편하고 좌절감에 빠져들 수 있다. 누구나 의도적인 도발이나 심지어 무례한 행동을 즐기는 것처럼 보이는 사람을 만나본 적 있겠지만, 이들이 분명한 소수라는 사실을 기억하면 도움이 될 것이다. 일반적으로 사람들은 의견 충돌보다 의견 일치를 통해 신경화학적 차원의 보상을 얻을 가능성이 크다. 유니버시티 칼리지 런던의 크리스 프리스 교수와 동료들은 사람들이 서로 의견이 일치한다는 사실을 깨달았을 때 어떻게 뇌의 보상 회로가 활성화되는지 실험을 통해 보여주었다. 사실 대부분의 사람들은 거의 모든 경우 협력할 방법을 찾고 있다.

차이와 토론을 반기면서도 충돌의 가능성을 줄일 방법이 있다. 리더가 구성원들에게 지적인 집단은 대화를 가로막지 않지만 충돌은 피한다는 사실을 상기시킴으로써 바람직한 분위기를 조성할 수 있다. 또 집단의 모든 구성원에게 공동 목표와 상호 존중의 가치를 실천하라고 요구할 수도 있다. 리더와 집단은 모두를 위해 정서적 안정감을 주는 틀을 갖추어야 할 공동 책임을 지고 있다. 집단의 역학에 이러한 기대가 포함되어 있으면, 충돌 빈도와 강도가 크게 줄어든다.

우리는 또한 자신이 집단의 역학에 미치는 영향에 책임을 질 수 있다. 우리는 종종 불편한 느낌에 과민 반응하면서 이런 느낌을 즉시 차단하려 든다. 모프라드는 호흡 운동과 가벼운 스트레칭을 통해 마음과 몸을 불편한 느낌에 개방하는 연습을 하라고 제안한다. 이런 연습은 투쟁-도피 반응을 누그러뜨리고 뇌의 실행 기능을 재활성화하는 데 도움이 된다. 예를 들어 긴장 상황이 예견되는 회의를 앞두고 내면의 안정감을 찾으면 회복탄력성과 인내심을 기를 수 있다. 좋아하는 소울 푸드를 먹거나 따뜻한 물에 오래 몸을 담그는 일까지, 위안을 주는 모든 활동이 도움이 된다. 이러한 의식적인 자기 위안은 갈등을 겪고 난 뒤에도 효과가 있다.

개인적 갈등이든 정치적 갈등이든, 어떤 갈등은 조화로운 해결이 불가능하다. 이 책의 뒷부분에서 우리는 개인이나 집단의 권력 의지 또는 감정 전염 때문에 집단 지능이 훼손될 때 어떤 일이 일어나는지 더 자세히 살펴볼 것이다. 사이코패스나 나르시시스트 같은 사람들의 뇌는 초연결 사고에 합류할 수 없는 독특한 특징을 가지고 있다.

그러나 당장은 우리에게 괴롭힘이나 학대가 발생할 때 그 자리에 머물러 상황을 타개할 의무가 없다는 점을 기억하자. 때때로 갈등을 해결하는 가장 좋은 방법은 갈등에서 벗어나는 것이다. 진화생물학 분야에는 인간이 음식과 자원을 구하고 새로운 아이디어를 찾기 위해 이동한 덕분에 진화했다고 보는 '이동 우선주의movement chauvinism' 라는 견해가 있다. 어떤 상황이나 환경이 우리에게 적합하지 않을 때, 가만히 있지 못하고 새로운 것을 추구하는 우리의 뇌가 우리를 다른 곳으로 이동시켰다는 것이다. 그러므로 다음에 지속적인 긴장이나 갈등에 맞닥뜨리게 되면 이동 우선주의자들이 책에서 말하는 것처럼 그냥 그곳에서 걸어 나가 환경을 바꾸는 것을 고려해보자. 이것은 그 상황에서 영원히 떠나버리는 것을 의미할 수도 있지만, 팀이 불편하다고 해서 직장을 바꾸기는 어렵듯이, 그것이 불가능하다면 잠시 변화를 주는 정도만으로도 충분할 수 있다. 그 자리에서 벗어나 여유를 가진 다음 다시 돌아오자.

물리적 이동이 불가능하다면 갈등에서 벗어날 다른 방법을 시도해볼 수 있다. 주의를 돌려 다른 곳에 관심을 쏟아보자. 혐오감을 느끼는 능력보다 호기심을 느끼는 능력을 활용해보자. 다름은 불편하지만 생산적일 수 있다는 사실을 기억해야 한다. 직관적 지능과 체화된 인지를 신뢰하면서 뇌가 좋은 해결책을 찾아내도록 도와주자.

정서 지능의 범위를 확장하자

우리가 의존하는 정서와 관련된 인지적 기량에는 공감적 인지 외에도 내수용 감각 자각 수준과 같이 여러 가지 기량이 있다. 이것은 다음 장에서 살펴볼 거대하고 흥미로운 인지 연구 분야다. 자신의 감정을 억제하고 조절하는 능력은 매우 중요하다. 다른 사람들이 감정을 통제하지 못하거나 감정을 전략적으로 활용하고 있다는 사실을 알아차리는 능력도 마찬가지다.

알다시피 높은 수준의 정서 지능은 집단 지능의 토대이다. 반면 정서적 전염에 민감한 집단은 불안감에 마비되거나 조작에 취약할 수 있다. 인간은 감정을 동기화하는 경향이 있으며, 이 경향은 집단 행동에 큰 영향을 미친다. 그러므로 당연히 우리가 속한 집단이 감정을 이해하도록 장려하고 싶어질 텐데, 여기에는 감정이 항상 무해하지는 않으며, 생각과 마찬가지로 쉽게 확산될 수 있다는 사실을 이해하는 것이 포함된다.

소셜미디어에서 긍정적이거나 부정적인 콘텐츠가 뉴스피드를 휩쓸고 그 영향을 실시간으로 확인할 수 있게 되면서, 감정 전염은 훨씬 더 가시적으로 드러나고 있다. 하지만 페이스북이 등장하기 훨씬 전부터 인지과학자들은 감정이 언어를 통해 공유될 뿐만 아니라 비언어적 행동과 호르몬 신호를 통해서도 전파될 수 있다는 사실을 알고 있었다.

1986년 서던 캘리포니아 대학교의 행동심리학자 피터 카르네발레Peter Carnevale와 앨리스 아이센Alice Isen은 감정이 행동, 특히 쌍을 이룬 집단의 협상과 협력에 미치는 영향에 대해 중요한 연구를 수행했다. 이 연구에는 40쌍의 집단이 참여했다. 연구자들은 실험 시작 전 이 중 절반에게 달콤한 간식과 재미있는 만화를 제공해 긍정적인 기분을 유도했다. 나머지 절반에게는 이런 대접 없이 텅 빈 공간에 앉아서 잠시 기다리라고 지시했다. 그런 다음 모든 집단에 협상 과제를 제시했다.

결과는 놀라웠다. 행복한 기분을 유도한 집단은 정보를 교환하고 창의적인 해결책을 도출하기 위해 협력했다. 그들은 50 대 50의 분할을 넘어서는, 양측이 모두 만족하는 결과를 이끌어낼 가능성이 높았다. 긍정적인 기분을 유도하지 않은 집단은 경쟁적이고, 비협조적이고, 적대적이었으며, 이로 인해 협상 결과가 좋지 않을 가능성이 높았다. 이런 결과는 이후에도 여러 번 입증되었다. 집단 구성원들은 긍정적인 기분을 느낄 때 훨씬 더 잘 협력하고 창의적인 해결책을 도출할 가능성이 높았다.

감정 유도는 일대일 상호작용 상황이 아니어도 효과를 발휘한다. 사실, 전염성이 있는 유도 효과를 내기 위해 진실한 감정이 필요한 것도 아니다. 펜실베이니아 대학교 와튼 스쿨 경영학 교수인 시걸 바르사데Sigal Barsade 박사는 비즈니스 세계에서 감정 유도가 의사 결정에 미치는 영향을 연구했다. 바르사데 박사는 여러 사람을 네 개의 집단으로 나눈 다음, 이들에게 자금 배분 방법을 결정하는 급여 위원회의 역할을 해야 한다고 말해주었다. 각 집단은 서로 다른 감정이 투영된 같은 프레젠테이션을 받았다. 열정, 온정, 짜증, 침체라는 네 가지 감정

중 한 가지를 전달하도록 배정된 배우들이 프레젠테이션을 맡았다.

배우가 꾸며낸 가짜 기분은 그대로 위원회 구성원들에게 전파되었을 뿐만 아니라 집단의 협력 방식과 이들이 도달한 결정에도 영향을 미쳤다. 배우가 긍정적인 감정을 전달한 집단은 부정적인 감정을 전달한 집단보다 더 협력하고 덜 다투었으며, 궁극적으로 자신들의 성과에 더 만족했다. 집단이 인지하지 못하는 상태에서 배우의 가짜 감정이 집단의 행동에 영향을 주었다는 점을 고려할 때, 이 연구는 의도적인 감정 전염이 부도덕한 조작을 이끌어낼 수 있음을 시사한다. 집단의 인지적 취약성과 집단적 어리석음의 가능성에 대해서는 7장에서 더 자세히 살펴볼 예정이다.

이제 긍정적이든 부정적이든 감정이 실질적인 성과 차이로 이어진다는 사실을 알게 되었을 것이다. 그렇다면 감정의 영향을 인식하기 위해 무엇을 할 수 있을까? 긍정적인 측면에서, 바르사데 박사는 열정과 감사가 모든 상호작용의 초석이 되어야 한다고 주장한다. 리더와 인플루언서는 자신의 집단에 가능한 한 부정적 감정이 아닌 긍정적 감정을 유도해야 할 특별한 책임이 있다. 예를 들어, 팀원들에게 성공뿐만 아니라 노력 자체에 대해 고맙다고 말하는 것은 사기를 높이는 데 크게 도움이 된다. 2010년, 펜실베이니아 대학교 교수 애덤 그랜트Adam Grant와 하버드 경영대학원 부교수 프란체스카 지노Francesca Gino는 감사가 사람들에게 자신이 사회적으로 가치 있다고 느끼고, 자기 자신이 아니라 집단의 관점에서 생각할 수 있게 해줌으로써 광범위한 친사회적 행동을 촉진한다는 사실을 발견했다. 우리 모두는 정서적 전염의 힘을 의식적으로 활용할 수 있다. 이때 필요한 주문은 이 것이다. 당신이 불어넣기를 원하는 그 감정을 전달하라.

열정과 감사 외에, 피드백을 전달하는 방식에 주의를 기울이는 것 도 도움이 된다. 피드백은 평가가 아니라 개인과 집단이 과거의 경험 을 통해 학습하게 해주는 도구로서 제공되어야 한다.

스탠퍼드 대학교 심리학 교수 캐롤 드웩Carol Dweck은 어린이의 학업 성취도에 대한 다양한 유형의 피드백이 미래의 지능 점수에 어떤 영 향을 미치는지 연구했다. 아이에게 똑똑하다며 '내재적' 자질을 칭찬 하는 것은 우리의 지능이 고정되어 있으며 결과가 반드시 노력에 부 응하지 않는다는 뜻을 전달한다. 이런 유형의 피드백은 스스로 똑똑 하다고 생각하는 아이에게는 열심히 노력할 필요가 없고, 자신이 똑 똑하지 않다고 생각하는 아이에게는 더 나아지기 위해 할 수 있는 일 이 없다고 믿게 만드므로 종종 의도에 반하는 효과를 낳는다. 어린이 도, 아니 그 누구도 자기 능력을 계발할 수 있다고 믿는 편이 분명 더 낫다. 드웩 교수를 비롯한 많은 연구자들은 성장 마인드셋이 지속적 인 성공의 강력한 예측 요인이라고 주장한다. 이것은 개인뿐만 아니 라 집단에도 적용된다. 호기심을 장려하고, 실험의 안전을 보장하며, 학습의 가치를 인정하는 긍정적이고 고무적인 문화는 집단 지능을 북돋기 위한 필수 조건이다. 그러나 앞서 살펴보았듯이 집단의 목적 과 상호 신뢰, 결속력을 약화시키는 감정 전염의 힘도 인식해야 한다. 카리스마 있는 개인이나 집단이 감정적 분위기를 좌우하도록 허용할 때 이런 일이 발생할 수 있다.

카리스마는 정의하기 어렵지만 일단 마주치면 쉽게 알아볼 수 있는 또 다른 성격 특성이다. 어떤 사람들은 다른 사람을 편안하게 해주는 데 매우 뛰어나다. 이들은 재치 있고 주의 깊고 매력적이며, 훌륭한 엔터테이너이자 설득력 있는 대화 상대이며, 창의적이거나 혁신적으로 사고한다.

카리스마의 신경학적 토대에 대한 최근 연구에 따르면, 카리스마는 높은 정서 지능(지배적 역동을 파악하고 그곳의 분위기를 재빨리 읽는 능력)과 정신적 기민성 또는 번뜩이는 재치로 구성되어 있다. 2015년 퀸즐랜드 대학교의 윌리엄 폰 히펠William von Hippel과 동료들이 발표한 연구에서 400명 이상의 참여자들은 (독립적인 평가자가 아닌, 서로 가깝지만 비판적인 친구들에 의해) 자신이 얼마나 카리스마 있고 유머러스하고 재치 있는지에 관해 평가받았다. 이어서 "보석의 이름을 말할 수 있나요?"와 같이 일반적인 지식을 묻는 속사포 같은 질문 세례를 받았고, 패턴 식별과 같은 간단한 시간 제한 과제를 수행해야 했다. 친구들로부터 매우 카리스마 있다는 평가를 받은 참여자들은 전반적인 지능과 성격을 감안해도 인지 과제 처리 속도가 더 빨랐다. 인지 과제 처리 속도는 정말로 IQ보다 카리스마를 더 잘 예측했다.

카리스마는 특히 리더와 인플루언서들에게 필요한 전문화된 형태의 사회 지능이라고 생각해볼 수 있다. 한편, 카리스마는 정서적 전염의 근원이 될 수도 있다. 카리스마가 집단적 동기 부여의 동력이 될 수 있지만, 다른 사람들의 정서 지능과 사회 지능을 무력화하는 조작무기가 될 수도 있다. 이 점에서 보면 카리스마 있는 리더를 둔 집단이 종종 덜 효과적인 이유가 설명된다.

오르후스 대학교의 우페 슈예트Uffe Schjoedt와 안드레아스 롭스토프 Andreas Roepstorff는 이런 현상을 야기할 수 있는 신경학적 기전을 한 가지 확인했다. 이들은 카리스마가 강한 사람과 접촉했을 때 나타나는 뇌 활동의 변화에 주목했다. 먼저 기독교도인 참여자들을 스캐너에 눕히고, 치유 능력이 있다고 믿는 교회 설교자들의 오디오 파일을 들려주면서 뇌 영상을 촬영했다. 스캔 결과 치유자들의 설교를 들려주면 기억, 계획, 추론, 사고 유연성 등의 실행 기능에 관여하는 전전두엽 피질의 활성이 저하되었다. 연구자들은 전전두엽 피질이 얼마나 비활성화되는지에 근거해 설교자의 카리스마에 대한 참여자들의 평가와 기도 중에 느낀 신의 임재臨在 경험을 예측할 수 있었다.

카리스마의 영향력은 부분적으로 대상 집단의 뇌에서 실행 기능이 둔해지기 때문인 것으로 보인다. 해당 집단이 카리스마적 인물의 힘과 권위를 어느 정도 믿는지도 중요하다. 종교적 신념만이 카리스마적 영향력의 유일한 통로는 아니다. 이 연구가 지적하듯이 학교, 청소년 단체, 기업, 정당 등 다양한 조직에서 카리스마와 권위가 결합되면 좋든 나쁘든 집단에 극적인 영향을 미칠 수 있다.

그 누구도 조작적이거나 카리스마적인 힘에 의한 정서적 전염과 무의식적 영향에 면역력을 갖추고 있다고 생각해서는 안 된다. 우리 자신을 보호하고 정서적 회복탄력성을 기를 수 있는 방법 중에는 규칙적인 마음챙김 명상이 있다. 마음챙김 명상은 감정을 이해하는 능력에 유의미한 차이를 만들어낸다고 밝혀졌다. 또한 마음챙김은 특히 집단으로 연습할 때 연민을 길러주며, 정서적 전염에 대한 저항력까지 키워준다.

오늘날 기업들은 팀워크 훈련에 정기적인 명상을 도입하고 있다. 보스턴 컨설팅 그룹은 셸Shell, 골드만삭스Goldman Sachs, 유럽위원회와 같은 다양한 조직들과 협업하면서 정서적 안정감과 상호 지지 문화를 형성하기 위한 직장 내 명상을 제안했다. 구체적으로 개인별로 10주간의 명상 강습을 제공한 다음, 집단이 매일 함께 명상하도록 장려했는데, 이 결과 팀 회의를 시작할 때 단 2분만 명상을 해도 적극적인 경청과 협력이 촉진되는 것으로 나타났다. 회의의 시작과 끝에 참여자에게 짧게 느낌을 물었는데, 이것도 존중과 경청을 받고 있다는 느낌을 주었다. 지금까지 살펴본 모든 방법은 정서 지능을 높이고 무의식적인 영향으로부터 어느 정도 우리를 보호해주는 것으로 보인다.

복잡성은 집단 지능을 북돋우는 데 따르는 부산물이지만, 여기에 대처할 수 있도록 마음을 훈련하는 것은 불가능한 일이 아니다. 회복탄력성과 인내심, 공감 능력을 키우기 위해 채택할 수 있는 전략은 여러 가지가 있다. 아마도 그중 가장 도움이 되는 전략 중 하나는 인지적 마찰이 실패 신호가 아니라 함께 무엇인가를 제대로 하고 있다는 신호라는 사실을 기억하는 일일 것이다. 초연결 사고는 누구나 기를 수 있는 습관이다.

두려움 대신 호기심 기르기

　무언가에 압도당하거나 스트레스를 받는 느낌이 든다면, 각각의 뇌 영역이 우리의 사고방식에 어떻게 관여하는지 떠올려보자. 공포 반응은 편도체라는 뇌 한가운데 있는 작은 아몬드 모양 구조물에서 유발되지만, 차분하고 이성적인 사고는 전전두엽이라는 이마 쪽의 넓은 영역에서 이루어진다. 5분간 뇌의 이 부위들을 상상하면서 차분하게 집중해보자.

　이제 타이머를 맞추고 편안한 자세로 앉는다. 눈을 감고 최근에 불안감을 느낀 상황을 떠올린다. 충격적인 상황이 아니라, 파트너와 날 선 대화를 주고받았거나 동료와 의견 충돌이 생긴 상황이어도 좋다. 이제 깊이 숨을 들이쉬고 내쉰다. 그 시나리오를 다시 떠올리면서 짜증, 위협, 불안감이 이는 것을 느껴보자. 이 감정들이 조금 가라앉을 때까지 1~2분 정도 시간이 필요할 수 있다. 이제, 그때와 다르게 반응하는 자신의 모습을 상상해보자. 그때 동료의 관점을 무시했다면, 이제는 그들이 왜 그렇게 생각하는지 궁금해할 수 있을까? 무엇을 배울 수 있을까? 만약 동료들이 여러분의 관점을 무시했다면, 그 동기가 무엇이었을지 최대한 공감하며 상상해볼 수 있는가? 그때와 다른 반응을 탐색하는 동안 아몬드 모양의 작은 편도체가 수축하면서 활동이 줄어들고, 이마의 전전두엽 피질이 활성화되면서 뇌에서 새로운 연결이 형성되는 모습을 상상해보자. 우리의 뇌가 상호작용을 차단하기보다 이를 통해 바삐 학습하는 모습에 주의를 집중하자.

6장

직관적 지능:
미개발
차세대 기술

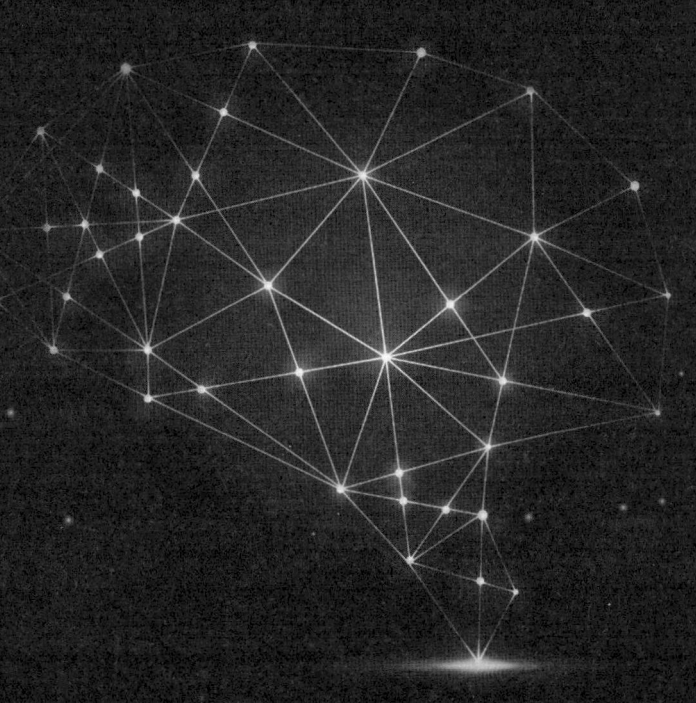

누구나 주위에서 직관적이라고 할 만한 사람을 한 명쯤 알고 있을 것이다. 이들은 바로 타인을 잘 이해하는 것처럼 보이는 정서 지능이 높은 친구이거나, 복잡한 난제를 해결하고 무슨 일이 닥쳐도 잘 헤쳐 나가는 현명한 동료이다. 직관은 불가사의한 능력처럼 여겨질 수 있다. 이것은 실제로 존재하는 능력일까, 아니면 정의하기 어려운 성격 특성일까? 그저 우연의 일치일까, 아니면 우리 뇌에 각인된 무작위 데이터에서 질서를 찾아보려는 성향 때문에 일어나는 사후 합리화일까? 그리고 직관이 정말로 존재한다면, 지능과 어떤 관련이 있을까?

'집단 지능'이라는 용어를 만들어낸 사람은 20세기의 선구적인 심리학자 칼 융Carl Jung이었다. 그는 직관이 집단 의식을 활용하는 능력이라고 생각하면서 이 현상을 집중적으로 연구했다. 융에게 직관은 지각의 근본이었고, 알다시피 지각은 뇌가 실재감을 구성하는 능력의 토대다.

융의 발상은 신비주의의 영역으로 넘어가 오랫동안 지적인 광야에 남아 있었다. 그런데 최근 그의 연구 중 일부 영역이 다시 관심을 받고 있다. 2017년 저널리스트 브루스 카사노프Bruce Kasanoff는 《포브스Forbes》에 〈직관은 가장 고도의 지능〉이라는 기사를 실어 130만 회가 넘는 조회수를 기록했다. 그는 직관에 대해 이렇게 묘사했다. "직관은 집단 지능에 대한 명확한 이해다. (…) 오늘날 거의 모든 웹사이트는 대부분의 사람들이 쉽게 이해하고 탐색할 수 있도록 직관적인 방식으로 구성되어 있다. 이런 접근법은 온라인상에서 수년간 혼란을 겪은 끝에 어떤 정보가 불필요한지, 어떤 정보가 필수적인지에 관한 상식적 지혜가 생겨나면서 진화했다."

무엇인가를 직관적으로 활용할 수 있어야 한다는 발상은 당연한 말 같지만, 대체 어떤 능력이 있어야 직관이 발휘되는지 궁금하지 않을 수 없다. 직관은 다른 사람들의 행동이나 감정에 대한 섬세한 이해에 달려 있는 것일까? 장에 있는 소위 '제2의 뇌second brain'에서 발휘되는 또 다른 감각과 정보에서 비롯되는 것일까? 직관의 신경학적 토대가 밝혀지면 이 능력의 활용법을 익힐 수 있을까?

최근 몇 년 동안 인지과학자들은 이런 질문과 관련한 흥미로운 답을 내놓았다. 내성introspection에 대한 새로운 과학은 심장과 소화관이 인지 체계의 중요한 요소이고, 어떤 사람들은 실제 극도로 민감할 수 있다는 사실을 보여주며, 어떻게 사람과 사람 사이에서 생각이 무의식적으로 전파되는지 밝혀준다. 직관적 지능은 개인의 건강이나 은행 잔고, 인간관계에서부터 우리가 속한 집단의 성공에 이르기까지 우리 삶의 많은 영역에서 심오한 영향을 미친다. 그렇다면 우리가 무엇인가를 직관할 때 몸과 뇌에서는 정확히 어떤 일이 일어나며, 이것이 무의식적인 현상이라면 어떻게 측정할 수 있을까?

직관은 초능력이다

직관은 우리 몸의 장 신경계에서 시작되는 내수용 감각 능력과 연결되어 있다. 직관은 심장을 장, 뇌, 면역계와 연결하고 심박수, 소화, 체온 조절 같은 내부 기능을 감시해 순간순간 신체 풍경의 지도를 그린다. 이 지도는 의식적 또는 무의식적 차원에서 우리의 감정을 조정하는 데 활용되고 이로 인한 행동 변화는 우리를 위험에서 벗어나게 하기도, 더 시원하거나 따뜻한 환경으로 데려가기도 한다.

직관은 복잡하고도 대부분 무의식적으로 발휘되는 전 유기체적 기능이어서 우리는 이것을 이제 막 이해하기 시작했을 뿐이다. 뉴사우스웨일스 대학교의 선구적인 내수용 감각 연구자 조엘 피어슨의 말에 따르면, 직관적 지능은 준신비적 통찰의 순간이 아니라, 방대한 양의 정보 가운데 무의미한 것과 유용한 것을 분리해내는 무의식적인 과정에 의해 좌우된다. 물론 이것은 뇌에서 항상 일어나는 일이지만, 우리의 체화된 인지 체계가 뇌의 지속적인 작업을 보완해줄 수 있다.

직관의 필요성은 뇌에서 다루기에는 너무 많은 정보가 쏟아져 들어온다는 사실에서 비롯된다. 앞에서 보았듯이, 이런 정보의 상당 부분은 그냥 흩어져버린다. 나머지 정보는 의식적 자각 없이 처리되지만 감정이나 직감, 가슴 떨림, 촉과 같은 감각으로 등록된다.

무의식 영역의 실체를 파악하기는 어려울 수 있지만, 1974년에 심리학자 로렌스 바이스크란츠Lawrence Weiskrantz가 기록한 환자 DB의 사례를 살펴보면 도움이 된다. 이 환자는 자신의 한쪽 눈이 보이지 않는다고 확신하고 있었지만, 그쪽 시야에 제시되는 다양한 자극을 우연이라고는 설명할 수 없을 정도로 정확히 감지하고 분류할 수 있었다. 바이스크란츠는 이것을 '맹시blindsight'라고 불렀다. 환자 DB의 뇌는 의식적 인지 없이도 정보를 인식하고 처리할 수 있었다.

시각이 완전히 손상되거나 망상에 사로잡혀 있지 않아도 우리의 직관은 모두 이런 방식으로 작동한다. 우리의 무의식은 끊임없이 정보를 평가해 결정을 내리고, 의식은 이것을 자신이 내린 결정이라고 느낀다. 우리가 그 결과를 이성보다 감정적인 수준에서 느끼며, 직관의 바탕에 이런 현상이 깔려 있다는 생각이 점차 지지를 얻고 있다.

어떤 사람들은 다른 이들보다 자신의 직관적 반응을 잘 의식하는 것처럼 보인다. 이런 초감각자들은 본능적 직감에 자유자재로 자주 접근할 수 있으며, 자신의 촉을 더 잘 신뢰할 수 있다. 그래서 의심이 들거나 불확실한 상황에 더 잘 적응하고, 부정 편향이라는 최악의 상황을 가정하는 뇌의 보편적인 경향에 덜 취약하다. 이것은 잠재적으로 유용한 안전장치이지만, 새로운 것을 시도하거나 가치 있는 위험을 감수하는 능력을 차단할 수도 있다. 초감각은 의사 결정에서 엄청난 이점이 되고, 매우 가시적인 결과를 낼 수 있다.

노스캐롤라이나 듀크 대학교 경영학 교수 잭 솔Jack Soll은 경제학자들의 예측과 그 성공률을 연구해, 최고의 예측가가 평균보다 약 5퍼센트 더 정확하다는 사실을 발견했다. 수년간의 경험을 통해 기술을 연마한 전문가들 사이에서도 다른 사람들보다 유의미하게 뛰어난 예측가들이 있었다. 일부 사람들의 이런 탁월한 능력을 어떻게 설명할 수 있을까? 이것은 어디에서 비롯되었을까?

투자자에서 인지과학자로 변신한 존 코츠John Coates는 자신에게 어떻게 행동해야 할지 아는 촉이 있었기 때문에 이에 대한 연구에 착수했다. 코츠는 월스트리트에서 금융 투자자로 일하며 막대한 수익을 내는 한편으로, 일부 투자자들이 다른 투자자들보다 더 나은 성적을 거두는 이유가 무엇인지 궁금해지기 시작했다. 계산 능력이 빨랐기 때문이었을까? 그래서 더 빨리, 더 나은 결정을 내릴 수 있었을까?

코츠는 자신과 주변 사람들을 평가해보고 더 개연성 높은 다른 설명이 있다고 생각했다. "투자자들은 수익성 있는 거래를 선택할 때 직감이 중요하다고 강조하곤 한다. 이들은 가능한 범위의 거래 가운데 그저 '맞다고 느껴지는' 거래를 선택한다." 코츠는 여기에 내성 능력이 관여하는지 궁금해졌고, 자신의 촉이 이끄는 대로 금융업의 안식년을 얻어 케임브리지 대학교에서 신경과학 및 생리학 강의실에 머물던 2016년에 나와 만났다.

코츠는 48명의 고기능 비투자자 대조군(즉 대학생)과 18명의 투자자들을 비교 분석한 소규모 연구를 통해 금융 투자자들이 대조군보다 자신들의 '직감'을 훨씬 더 잘 읽는다는 사실을 발견했다. 코츠는 연구 참여자들에게 자기 심박수를 세도록 요청하는 심박수 감지 과제를 내주어 그들의 내성 능력을 측정했다. 이 실험에서 투자자들은 대조군보다 유의미하게 나은 성적을 거두었다. 놀랍게도 심박수 감지 과제를 더 잘 수행한 투자자들은 투자 성과도 뛰어나 더 큰 수익을 창출했다. 더욱 놀라운 점은 어떤 사람이 내수용 감각 능력을 이용해 그해 후반에 발생한 경기 침체를 견디고 금융 시장에서 더 오래 살아 남을지 예측할 수 있었다는 사실이다. 코츠는 가장 성공적인 투자자 들은 "자신도 모르는 사이에 실질적이고 가치 있는 생리적 거래 신호를 읽어낼 수 있다"라고 말했다.

직관적 지능은 실제 세계에서 유의미하게 성과를 개선하고 전문적 경험을 통해 확립된 결정화된 지능에 부가적 능력을 더하는 듯 보인다. 또한 직관적 지능은 우리가 다른 사람들과 접촉할 때 향상되는 것 같다. 코츠는 "내수용 감각의 단서는 절대적으로 사회 집단에서 나온다. 예를 들어 혼자서 거래를 하기란 어려운 일이다. 다른 사람 들에게서 명시적 거래 정보를 얻지 못하더라도 거래소에 있는 것만 으로도 자신도 모르게 수많은 정보를 얻을 수 있다"라고 알려주었다. 코츠는 많은 나 홀로 투자자들이 사람들 사이에 직접 머물러야 한다 는 강한 확신을 갖고 있으며, 실제로 런던이나 뉴욕의 거래소에 자리 를 얻기 위해 돈을 지불할 것이라고 말했다. 코츠의 연구가 믿을 만하 다면, 그들은 이 문제에 있어서 자신의 직감을 신뢰해야 한다.

초감각자들은 회의나 거래소의 분위기를 읽으면서 어떤 유형의 정보를 얻는 것일까? 바로 온갖 비언어적 의사 소통 정보다. 우리 신 체에서 개인과 집단을 무의식적으로 움직일 수 있는 신호가 발산된 다는 사실은 오래전부터 알려져 있었다. 땀 속의 화학 신호를 통해 다른 사람들에게 잠재적 위험 상황을 무의식적으로 경고하는 공포의 냄새, 가장 가임력이 높은 시기에 마음이 끌리는 사람을 바라보는 여성의 동공이 크게 확장되는 것과 같은 사랑의 표정이 그 예이다. 우리 모두는 의식하지도 못한 채 이런 정보를 이용해 다채롭고 상세하게 세상을 이해한다. 기술과 지식의 공유는 의식적 수준에서 언어를 통해 일어날 뿐 아니라 뇌가 처리할 수 없는, 그러나 우리 몸이 처리할 수 있는 수백만 바이트의 데이터를 통해 이루어진다.

군중의 지혜 업데이트하기

사람들은 적어도 일부 상황에서는 군중이 그중 일부의 지혜를 합친 것보다 더 큰 지혜를 발휘할 수 있다는 사실을 수백 년 동안 알고 있었다. '군중의 지혜'는 18세기 지능 연구자이자 다재다능한 박식가였던 프랜시스 골턴Francis Galton이 처음 제시한 개념으로, 군중에게 어떤 질문에 대한 최선의 답이 무엇인지 묻고 이들의 추정치를 평균내면 정확한 답을 얻을 수 있다는 의미다. 골턴은 품평회에서 787명의 사람들이 황소의 무게를 맞히는 대회에 참가하며 이 우연한 사례를 발견했다. 정답(1,198파운드)을 맞힌 사람은 아무도 없었지만, 참여자 787명의 응답 평균은 놀라울 만큼 정답에 가까운 1,197파운드였다. 이에 놀란 골턴은 이 현상을 재현하고 여기에 '군중의 지혜'라는 이름을 붙여 새로 발간된 과학 정기 간행물《네이처Nature》에 발표했다.

그 후 많은 연구가 이루어졌다. 잭 솔은 아주 정확하기로 유명한 일군의 경제학자들이 내놓은 경제 전망을 동료들의 전망과 비교했다.

그러기 위해 약 2만 8,000건의 예측을 분석해 평균을 계산했다. 이것은 황소의 무게를 알아맞히는 것보다 훨씬 더 복잡하고, 더 많은 배경지식과 전문성이 필요한 문제였다. 따라서 잭은 상위 경제학자들의 평균이 더 큰 집단의 평균보다 약간 더 나을 것이라 예상했고, 실제로 그런 결과를 얻었다. (비슷한 이유로 농부 집단은 도시 거주자 집단보다 황소의 정확한 무게에 근접할 가능성이 더 높았다.) 솔은 소규모 집단의 평균이 구성원 개인들의 점수보다 더 나을 것이라고도 예상했지만, 얼마나 더 나을지에 대해서는 알지 못했다. 그가 발견한 것은 상위 집단의 평균적 예측이 그 구성원들의 예측보다 무려 15퍼센트 더 정확하다는 사실이었다. 나아가 문제가 더 복잡해져도 엘리트 집단이 내놓은 예측치의 평균은 언제나 다른 어느 구성원의 예측치보다 나았다.

지금쯤이면 평균을 계산할 수 있는 수학적 문제에 대해서만, 또는 개별 구성원이 모두 전문가일 때만 군중이 현명하다고 생각하고 싶어지겠지만, 그렇지 않다. 예를 들어, 〈누가 백만장자가 되고 싶은가?Who Wants to Be a Millionaire?〉의 참가자가 '방청객 찬스'를 선택하면 스튜디오에 모인 방청객들은 평균 91퍼센트의 놀라운 확률로 정답을 맞힌다.

어떻게 된 일일까? 부분적으로는 어떤 문제에 대한 답을 크라우드소싱할 때 특정 조건이 충족되도록 보장하면 통찰을 유지하면서 오류를 걸러내는 효과를 얻는다고 설명할 수 있다. 이때 질문은 각 개인에게 동시에 직접 전달되어야 하며, 서로 의견을 나누는 일이 없어야 한다. 질문은 난초의 라틴어 학명 같은 고도의 전문적 내용이 아니라, 개인이 자신의 지식이나 주어진 정보의 매개변수를 이용해 평가할 수 있는 종류여야 한다. 예를 들어, 18세기 농부들에게 황소의 무게를 묻는 것과 같이 일반적 지식 영역에 속하는 질문이어야 한다.

《뉴요커New Yorker》의 비즈니스 칼럼니스트 제임스 서로위키James Surowiecki는 2005년에 쓴 『대중의 지혜The Wisdom of Crowds』에서 이 현상을 가능하게 하는 네 가지 핵심 속성을 발견했다.

1. **독립성**: 사람들이 잘못된 합의에 이끌리지 않도록 다른 사람들의 생각을 알지 못하는 상태에서 추측해야 한다.
2. **다양성**: 집단은 폭넓은 사고방식을 확보하고 한 가지 편향이 복제품 같은 팀 내에서 증폭되지 않도록 다양한 인구통계학적, 문화적, 전문적 배경을 가진 개인으로 구성되어야 한다.
3. **분권화**: 각자 자신의 전문 지식이나 경험에 자신감을 가지고 자신의 지식에 근거해 추측한다.
4. **종합**: 예를 들어 황소의 무게에 대한 모든 추측을 평균화하거나 〈누가 백만장자가 되고 싶은가?〉에서 다수의 답을 뽑는 것처럼 추정치를 종합하는 방법이 있어야 한다.

매우 복잡한 문제에 군중의 지혜를 적용하는 데는 몇 가지 분명한 한계가 있지만, 이것 때문에 집단이 특정한 방식의 행동과 의사 소통을 통해 정보와 인지 자원을 공유할 수 있다는 핵심 주장이 무효화되지는 않는다. 군중의 지혜라는 친숙한 개념은 다양성과 집단 지능에 대한 과학적 설명과 일치하는 듯 보인다.

촉이 편견에 불과할 때는 언제일까

부분적으로 집단 지능은 구성원들이 몸짓과 표정을 해석하면서 무의식적으로 서로의 정보원을 활용하는 능력에 달려 있다. 그러나 이러한 추론이 상당 부분 의식적 자각 없이 일어난다면 이것을 어떻게 통제할 수 있을까? 믿을 수는 있을까? 결국 우리 모두가 무의식적인 편견의 지배를 받는다는 사실을 알고도, 정말로 촉이나 본능적 직감에 의지할 수 있을까?

우리는 내수용 감각 능력이 좋을수록, 즉 자신의 심장 박동, 체온 조절, 위장 기능을 더 잘 의식하는 사람일수록 자신의 감정적 반응을 잘 인식하고 직관적 능력도 더 예민하다는 사실을 알고 있다. 그러나 놀랍게도 이 능력은 사람들이 정확한 결정을 내리는 데 도움이 되는 강력한 협력자가 될 수도, 오히려 방해자가 될 수도 있다. 만약 주변 환경의 무엇인가에 대한 감정적 반응이 부정확하다면, 아마도 현재 상황과 거의 관련이 없는 과거의 경험에 근거한다면, 이들의 촉은 부정확하고 오해를 불러일으킬 수 있다. 직관의 유익은 엇갈린다. 때로 촉이란 그저 편견에 불과할 수도 있다.

스탠퍼드 대학교 심리학 교수 제니퍼 에버하르트Jennifer Eberhardt는 뇌 영상을 활용해 무의식적 편견의 작동 과정을 입증해냈다. 그리고 《사이언스Science》와 한 인터뷰에서 "편견은 우리 뇌의 사물을 분류하는 경향 때문에 생기는 현상입니다. 이것은 무한한 자극이 난무하는 세계에서 매우 유용한 기능이지만, 특히 서두르거나 스트레스를 받을 때는 차별이나 근거 없는 가정, 더 나쁜 상황을 야기할 수 있습니다"라고 설명했다.

에버하르트는 주로 흑인들이 사는 오하이오 교외에서 자라다가 백인이 대부분인 지역으로 이사했던 자신의 성장 경험에서 영감을 얻었다. 에버하르트는 자기 가족이 백인 이웃들과 눈에 띄게 다른 대우를 받는다는 사실을 알아차렸다. 예를 들어 아버지와 형제들은 일상적으로 경찰에게 끌려가 수색을 당했다. 최근 연구에서 에버하르트는 백인 학생 10명과 흑인 학생 10명에게 얼굴 사진을 보여주면서 이들의 뇌 활동을 분석했다. 학생들은 자기와 같은 인종의 얼굴을 볼 때 얼굴 인식에 관여하는 뇌 영역이 활성화되었고, 시간이 지나서도 세부 사항을 더 잘 기억했다. 인종 배경이 다른 사람들의 얼굴을 볼 때는 그만큼 세부 사항을 잘 기억하지 못했다.

에버하르트는 이것이 어린 시절의 감각 인식에서 시작해 누적 학습된 지각 편향의 예라고 믿는다. 뇌의 여과 기전은 우리가 평생 쌓아올린 데이터 도서관에 기반해 입력 정보를 걸러낸다. 얼굴을 인식할 때는 성장 과정에서 겪은 인종적 다양성이 우리의 정보 처리 능력에 영향을 미친다. 백인들 사이에서 자란 사람은 백인들 간의 미묘한 차이를 구분하는 법을 배웠을 것이다. 인종적 맹시는 생물학적으로 각인된 형질이 아니라 환경적 미세 조정의 결과다.

편향의 경험은 다양한 방식으로 한 사람의 결정과 선택에 부정적인 영향을 미칠 수 있다. 또한 피할 수 없는 비극적인 결과를 초래할 수도 있다. 독일 라이프치히에 있는 막스 플랑크 진화 인류학 연구소 Max Planck Institute for Evolutionary Anthropology의 코디 로스Cody Ross 박사가 2011년 에서 2014년 사이에 있었던 미국 경찰의 총격을 광범위하게 분석한 결과에 따르면, 무기를 소지하지 않은 흑인이 경찰이 쏜 총에 맞을 확률은 무기를 소지하지 않은 백인보다 3.49배 더 높다.

에버하르트는 이 놀라운 통계에 자극을 받아 지각 조정이 어떻게 이런 끔찍한 결과를 낳을 수 있는지 조사하기 시작했다. 그녀는 점탐사 패러다임dot probe paradigm이라는 기법을 사용했다. 이것은 자원자들에게 컴퓨터 화면 속 점을 응시하게 하면서 부지불식간에 머릿속에 이미지를 심는 기법이다. 경찰관과 학생을 포함한 백인 집단이 실험에 참가해 점을 응시하는 동안, 에버하르트는 이들이 감지할 수 없을 만큼 빠른 속도로 일련의 이미지를 비추었다. 이미지는 검은 얼굴, 흰 얼굴, 공백으로 구성되었고, 각각의 이미지 사이에 물체의 윤곽이 흐릿하게 등장해서 점차 초점이 잡히며 뚜렷해졌다. 이 물체는 총이나 칼처럼 위협적이거나 선글라스처럼 안전한 것일 수도 있었다. 참여자들에게는 물체를 인식하자마자 버튼을 눌러달라고 요청했다.

무의식적으로 흑인의 얼굴을 접한 참여자들은 백인의 얼굴을 접한 참여자들보다 무기를 유의미하게 빨리 인식했다. 실험 방식을 반대로 뒤집어도 똑같은 현상이 관찰되었다. 무기 이미지가 슬쩍 지나간 다음 얼굴 이미지를 짧게 비추자, 이번에는 무의식적으로 지나간 무기 이미지가 검은 얼굴의 인식 속도를 높였다. 하지만 흰 얼굴의 인식 속도에는 영향을 미치지 않았다.

실험 참여자들에게는 검은 얼굴과 무기의 개념을 뚜렷이 연관 짓는 인종적 편견이 뿌리박혀 있었다. 에버하르트는 부정적인 인종 고정관념이 흑인을 위협과 연관 짓는 경향이 있으며, 이는 종종 흑인이 들고 있는 무해한 물건을 무기로 잘못 인식하게 만든다고 밝혔다.

심지어 (혈압 변화를 유발하는) 심장 박동의 단계도 무의식적인 정보 처리와 추론 방식에 영향을 미칠 수 있다. 유니버시티 칼리지 런던의 사라 가핀켈 교수는 제니퍼 에버하르트의 연구를 발전시켰다. 가핀켈은 인종과 관련된 위협 고정관념이 사람들의 심장 박동에 맞추어 활성화되며, 인종적 편견 때문에 물체를 무기로 오인하는 현상이 심장 수축기에 더 많이 발생한다는 사실을 발견했다. 수축기는 심장 근육이 수축해 혈액을 동맥으로 뿜어내는 심장 박동 단계를 말한다. 이때 혈압이 잠깐 상승하면서 심장에서 뇌로 전달되는 압력이 최고치에 도달한다.

이 놀라운 발견은 매우 구체적인 심장 박동 신호와 위협 판단 및 인종적 편향이 반영된 의사 결정과의 관련성을 보여준다. 가핀켈은 보고서에서 불안과 스트레스가 심장 박동을 높이고 "집단 간 편견을 심화할 수 있으므로, 이 연구 결과는 경찰관과 의료 종사자 교육에서 매우 중요한 정보로 활용될 수 있을 것"이라고 결론지었다.

하지만 이 발견의 함의는 여기에서 그치지 않는다. 오늘날 스트레스와 식생활 변화, 장시간 앉아서 지내는 정적인 생활 방식, 처방약의 부작용과 관련해 일반 인구의 혈압이 상승하고 있다. 혹시나 이것이 두려움의 확산을 부채질하지는 않을까? 가핀켈의 연구 결과는 우리 사회가 두려움에 기반한 상호작용과 이로 인한 차별을 어떻게 완화할 것인지와 관련해 중요한 의문을 제기한다.

두려움이 뇌 건강에 미치는 영향도 주목해보아야 한다. 가핀켈이 이끄는 연구팀은 인체의 내부 기능을 더 민감하게 자각할수록 직관적 능력이 향상되고 공포 반응이 더 민감해진다는 사실을 발견했다. 위협에 반응할 때 몸의 심박수를 측정해보면, 심박수가 증가할 때는 공포와 불안의 감정이 고조되는 한편 통각이 차단되어 투쟁-도피 반응이 좀 더 쉬워질 수 있다. 이러한 공포 반응에 관여하는 뇌 영역은 대뇌섬으로, 일반적으로 감정 조절과 관련이 있으며, 이 부위의 크기와 민감도는 자신의 심장 박동을 감지하는 능력과 상관관계가 있어 보인다.

여기에는 분명한 양면성이 있다. 부정적 측면은 우리의 내수용 감각 자각이 과민하거나 오작동하면, 뇌가 우리를 놀라게 하는 모든 신호에 과민 반응하거나 부정확하게 인식하기 쉽다는 것이다. 이는 우울증, 불안, 섭식장애, 자폐증을 촉발하는 생물학적 요인 가운데 하나일 수 있다. 긍정적 측면은 직관적이고 체화된 인지 지능에 귀 기울이는 능력이 있는 사람들이 무의식적으로 심장과 내장에 등록되는 많은 추가 정보를 알아차릴 수 있다는 것이다. 이는 상당한 강점이 될 수 있다. 미묘한 분위기를 읽고 다른 사람들이 어떻게 느끼는지 감지해서 이에 따라 결정을 내려야 하는 상황에 필요한 사회적, 감정적 지능의 측면에서 특히 그렇다.

특별히 직관적인 사람들은 민감하지만 과하지 않은 내성 시스템을 정교하게 조율한 것으로 보인다. 그들은 체화된 인지를 통해 인식된 추가 정보를 과민 반응이나 왜곡 없이 유익하게 활용할 수 있다.

초감각을 학습할 수 있을까

이러한 입력 신호를 더 많이 소화하기 위해 우리의 내성 기능에 의식적 자각을 적용해볼 수도 있을까? 본능적 직감을 더 신뢰할 수 있도록 훈련을 통해 공포 반응을 줄일 수 있을까? 오스트레일리아 뉴사우스웨일스 대학교의 미래 정신 연구소Future Minds Lab 소장 조엘 피어슨이 이끄는 팀이 이러한 연구를 시작했다.

2016년 이들은 내성 기능이 직관적 의사 결정에 미치는 영향을 측정하는 방법을 발견했다고 발표했다. 연구진은 무의식적 편향을 다룬 에버하르트의 연구와 유사한 기법을 활용했다. 먼저 자원자를 모집해 20명 안팎의 소규모 집단을 구성한 다음, 각 참여자에게 컴퓨터 화면에 쌓인 눈보라 같은 점들을 보여주면서 이 점들이 좌우 어느 쪽으로 움직이는지 기록하라고 요청했다. 이와 동시에 자원자들에게 알리지 않고 지속적인 플래시 억제를 통해 눈에 보이지 않게 만든 감정 자극용 이미지들을 노출했다. 이것은 2004년 신경과학자 크리스토프 코흐Christof Koch가 처음 기술한 방법으로, 한쪽 눈에는 정적인 이미지를, 다른 한쪽 눈에는 빠르게 바뀌는 일련의 이미지들을 보여주는 형태로 진행된다.

실험 결과 잠재의식적 이미지를 제시해 뇌를 예열한 참여자들은 점이 어느 방향으로 움직이는지 약 10퍼센트 더 정확하게 판단했다.

또한 반응 속도가 빨랐고, 더욱이 자신의 선택에 좀 더 자신감을 느꼈다고 보고했다. 잠재의식적 이미지를 공급받지 않은 참여자들에게서는 이런 기능 향상을 관찰할 수 없었다.

조엘 피어슨은 뇌가 아닌 몸이 이런 잠재의식적 정보에 어떻게 반응하는지, 그리고 이것이 개인마다 어떻게 다를 수 있는지에 관심이 있다. 이런 유형의 잠재의식적 반응을 측정하는 한 가지 방법은 피부의 전기적 활성, 즉 특정 자극에 노출되었을 때 땀샘이 활성화되는 경향을 평가하는 것이다.

우리를 무섭게 하거나 화나게 만드는 등의 감정적 각성 신호가 뇌에 입력되면 자율신경계가 작동해 호흡, 심박수, 각성 상태를 조절한다. 이것은 땀샘을 자극하고, 이어서 피부에 부착된 전극을 통해 감지되는 피부의 전기 전도 능력을 증가시킨다. 이 모든 현상이 강렬한 감정에서부터 예상치 못한 사건이나 해결하기 어려운 지적 과제에 이르기까지 수많은 자극에 대한 무의식적 반응으로 나타난다.

피부 전기 반응 검사electrodermal response tests, EDA는 미국 사법 시스템에서 사용되어온 소위 거짓말 탐지 검사의 바탕이 되지만, 그 자극원이 무엇인지는 구체적으로 알려주지 못한다. 그럼에도 불구하고 EDA는 무의식 차원에서 어떤 일이 일어나고 있는지 판단하는 데 매우 유용한 도구다.

먼저 조엘 피어슨의 연구에서는 EDA 결과를 어떤 사람이 내면의 잠재의식적 단서를 얼마나 잘 포착하고 좋은 '직관적' 결정을 내리는지 추론하는 데 사용했다. 따라서 전자기 반응 검사는 직관의 표지 역할을 했다. 실험 참여자들은 시간이 지나면서 직관에 더 잘 접근하고 이를 더 잘 사용하게 되었으며, 세 차례의 시험을 거치면서 의사 결정 능력이 약 5퍼센트 향상되었다.

조엘 피어슨은 이 부분에 대해 매우 커다란 기대를 품고 있다. "이 검사는 사람들이 논리적이고 의식적인 정보보다 뇌와 신체에 입력되는 감정적 정보에 더 의존하도록 훈련하는 데 사용할 수 있다. 향후 우리는 직관 활용 훈련법을 개발하고 이 훈련을 통해 직관이 향상되는지 검사할 수 있을 것이다."

사라 가핀켈의 연구도 훈련을 통해 내수용 감각 능력을 향상할 수 있는 가능성을 시사한다. 2021년 가핀켈은 자폐증 환자들을 대상으로 자신의 심장 박동에 주의를 기울여 불안을 경감시키는 것을 목표로 하는 선구적인 치료법을 시험했다. 이것은 예를 들어 집단 안에서 심한 불안을 경험해 사회생활에 자유롭게 참여할 수 없는 사람들에게 필요한 새로운 치료법이 될 수 있다. 이때의 불안은 지나치게 주의를 분산시켜 명료한 사고나 차분한 상호작용을 방해할 수 있다. 가핀켈의 실험에 참여한 한 참여자는 이 치료법을 열렬히 반겼다. 이 여성은 심장 박동에 대한 자각을 강화하는 것과 외부 자극에 대한 민감성을 낮추는 것 사이의 긍정적 상관관계를 이렇게 설명했다. "내부 채널의 소리가 명료해질수록 외부 채널은 조용해져요."

가핀켈은 외부 또는 내부 소음이 너무 많아 압도된다고 느끼는 사람 누구에게나 이 치료법이 도움이 될 수 있다고 설명한다. 이 치료법을 시도해보고 싶은 사람들을 위해, 내수용 감각 인식을 검사하고 훈

련하는 가핀켈의 프로토콜을 이 장의 마지막 부분에서 소개할 예정
이다.

직관적 지능은 원격 작동이 가능할까

만약 우리가 화상회의로만 동료들을 만나는 탓에 이들이 부지불
식간에 발산하는 정보에 전혀 접근할 수 없다면 직관적 지능은 어떻
게 기능할까? 더 기본적인 단계에서, 다른 부서 동료들과 우연히 만
나 유용한 생각을 떠올릴 기회에는 어떤 변화가 생길까? 모든 지능적
집단 행동을 유발하는 대화, 사회적 유대, 주도권 협상은 어떻게 될
까? 아무리 내성 기능이 민감한 사람들로 다양하게 구성된 팀이라도
원격으로만 연결되어 있을 때 정말로 지능적으로 협력할 수 있을까?

코로나19로 인한 봉쇄 기간에 재택근무를 했던 사람들은 이 문제
에 나름의 의견을 가지고 있을지 모른다. 일부 사람들에게 재택근무
는 좌절을 불러일으켰다. 우리는 그동안 사무실 동료들과 함께하는
상호작용에 우리가 얼마나 많이 의존해왔는지를 깨달았다. 봉쇄 기간
에 많은 사람들이 원격 기술로는 상쇄할 수 없는, 명백히 측정 가능한
인지 저하를 겪었다.

그러나 어떤 사람들은 꽃을 피웠다. 이들은 번잡한 사무실에서 벗
어나 고요하게 재택근무를 하면서 안도감을 얻었다. 더 집중했고, 더
많이는 아니어도 일정 수준의 생산성을 유지했다. 외향적인 사람들은
고군분투하고 내향적인 사람들은 물을 만났던 것일까? 아마도 프로
젝트에 참여하는 개인의 업무에는 상대적으로 영향이 적었겠지만, 여

러 사람의 산출물을 하나의 프레젠테이션에 모으는 일은 원격 근무로 인해 더 어려워졌을 것이다.

과학적 증거는 엇갈린다. 듀크 대학교 의공학과의 미겔 니코렐리스Miguel Nicolelis 교수 연구팀은 원숭이들이 짝을 지어 협력하며 과제를 완수하는 과정에서 이들의 뇌 활동이 어떻게 동기화되는지 관찰하는 흥미로운 연구를 수행했다. 원숭이들이 과제에 매달릴 때는 두 개체의 뇌에서 뉴런들이 동시에 활성화되기 시작하고, 둘 사이의 물리적 거리가 가까워질수록 동기화가 증가했다.

비키 렁 박사는 3장에서 아기들의 학습 방식과 관련하여 살펴보았던 뇌파의 동기화와 이것이 우리의 의사 소통 능력에 미치는 영향을 연구했다. 원숭이들이 서로 가까워질수록 문제 해결 능력이 높아지는 이유를 설명하는 데 이 발견이 도움이 될까?

렁 박사는 개체들 간의 직접적인 눈맞춤이 정보 전달과 학습 속도에 놀라울 정도로 긍정적인 영향을 미친다는 사실을 발견했다. 이것은 아기들의 언어 습득과 사회화, 아기와 보호자 사이의 유대감을 촉진하는 뇌파의 동기화를 유도하는 간단하고도 강력한 방법이다. 그러나 이것은 대면 의사 소통에서만 가능하며, 화면을 통한 의사 소통만으로는 부족하다. 차이를 만들어내는 것은 동기화된 뇌파가 직접적인 눈맞춤을 통해 전달되면서 생겨나는 실시간 피드백 고리다.

그렇다면 이것은 원격 근무가 개개인의 선호와 무관하게 일반적으로 집단의 지적 활동에 방해가 된다는 의미일까? 그렇지 않을 수도 있다. 2021년 5월, MIT 집단 지능 센터Centre for Collective Intelligence의 토마스 말론Thomas Malone 교수를 포함한 아니타 울리 교수 연구팀은 집단의 성과를 다룬 22개의 연구를 메타 분석했다. 이들은 개인의 지능지수IQ 측정 검사만큼 믿을 만한 집단 지능지수collective intelligence quotient, CI를 도출할 수 있기를 희망했다. 연구 결과 놀랍게도 울리와 말론은 원격 근무가 집단 지능에 유의미한 영향을 미치지 않는다는 사실을 발견했다. 집단이 물리적으로 같은 공간에 있든 온라인으로 모이든 큰 차이가 없는 것 같았다.

이 연구에는 1,300개 이상의 집단에 속한 5,000명 이상의 개인 데이터가 포함되었다. 이들은 군인, 온라인 게이머, 대학생을 포함해 다양한 분야에서 모집된 사람들이었으며, 근무 환경도 대면 근무에서 온라인 근무까지, 지인 집단에서 낯선 사람들의 집단까지 다양했다. 과제도 가능한 한 많은 아이디어를 도출하는 일에서부터 하나의 문제에 하나의 정답을 찾는 일, 가능한 한 정확하고 신속하게 특정 업무를 수행하는 일에 이르기까지 상이했다.

이 모든 다양한 데이터를 함께 분석했을 때 연구자들은 집단 내 여성의 비율이 일관되게 나타나는 가장 적절한 예측 요인이며, 이전과 마찬가지로 사회적 지각이 그 이유라고 결론 내렸다. 사회적 지각이 적정 수준으로 높고 집단 전체에 걸쳐 비슷할수록 집단 지능지수가 더 높았다. 흥미롭게도 높은 수준의 연령 다양성은 집단 지능지수에 부정적인 영향을 미쳤다. 물론 틀릴 수도 있지만, 나의 촉에 따르면 이것은《뉴사이언티스트》독자들이 자신에게 한계가 있다는 사실을 인식하지 못했던 전문성 편향을 보여준다!

원격 근무의 영향이 미미하다는 것은 뜻밖의 결과지만, 이는 우리 종의 환경 적응 능력이 놀라울 정도로 뛰어나다는 사실을 말해주는 게 아닐까? 만약 그렇다면 코로나 팬데믹 봉쇄 기간에 있었던 전면적인 줌 회의로의 전환은 집단 업무의 유창성이 향상되는 이야기에 터보 엔진을 달아주었을 것이다.

팬데믹은 인류가 개별성을 강화하는 방향에서 인지적 초유기체가 되는 방향으로 한 번 더 진화하도록 떠미는 사건이었을까? 우리가 새로운 환경에 얼마나 잘 적응하는지, 그리고 직접 현장에 있지 않아도 얼마나 정보를 잘 습득할 수 있는지를 보여주는 데이터가 점점 더 많이 발표되고 있다. 2022년 4월에 발표된 내수용 감각 연구에 따르면, 우리는 사람이 말하거나 움직이지 않고 눈만 깜빡이는 영상을 보고도 녹음된 그 사람의 심장 박동 소리를 정확하게 골라낼 수 있다. 이것은 우리가 아직 활용하지 못하고 있는 직관적 지능의 규모에 감탄하게 만드는 연구 결과 중 하나다.

집단 지능에 관한 데이터는 그 자체로 빠르게 진화하고 있다. 만약 우리가 진화적 전환의 시기에 접어들었다면, 분명히 우리의 직관과 내수용 감각 능력이 큰 역할을 하게 될 것이다.

내성 능력 훈련하기

조용한 장소를 찾아서 편안하게 자리 잡는다.

타이머를 1분으로 맞춘다.

눈을 감고 심호흡하면서 몸에 집중한다. 심장 박동 소리에 귀를 기울이거나 느끼면서 자신의 심장 박동을 감지해볼 것이다. 쉽지 않을 수 있으니 인내심을 가져보자.

준비가 되면 타이머를 맞추고 1분 동안 심장 박동을 세어본다.

이번에는 손목이나 경동맥을 짚은 상태로 심박수를 세는 연습을 반복한다. 심박수 세기가 얼마나 쉬워지는지, 이전 평가가 정확한지 살펴보자.

팁: 심장 박동이 잘 감지되지 않는다면 심장이 두근거릴 때까지 계단을 오르내리거나 별 모양으로 팔다리를 벌리며 뛰는 스타 점프 운동을 해볼 수도 있다. 그런 다음 심장 박동이 정상으로 돌아올 때까지 감각을 집중한다.

7장

군체 의식과
인간성의 그늘

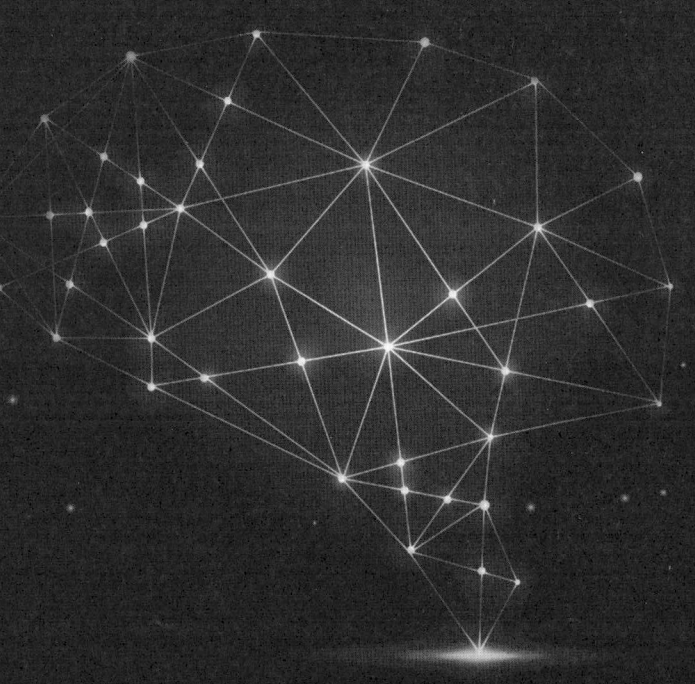

지구상의 어떤 생명체가 인류에게 가장 큰 해를 입힐까? 상어는 피에 굶주려 있고, 바다 악어는 품에 안을 수 없으며, 모기가 앵앵거리는 소리는 혈관에 독이 주입되는 신호일 수 있다. 그럼에도 불구하고 인류에게 가장 치명적인 종은 안타깝게도 바로 인류다. 우리는 약 1만 년 동안 동족을 죽여왔다. 지금까지 전쟁으로 사망한 사람만 1억 5천만 명에서 10억 명에 달한다고 추정된다. 암, 당뇨, 뇌졸중, 비만의 위험을 높이는 엄청난 양의 독성 물질은 말할 것도 없고, 인간이 초래한 기후 변화와 오염, 자연 파괴, 이와 관련된 글로벌 팬데믹 모두가 이미 큰 숫자를 더욱 늘리고 있다. 이런 관점에서 보면 인류의 궤적은 암담해 보인다. 자연스레 이런 의문이 고개를 든다. 과연 집단 지능이라는 것이 존재하기는 할까? 차라리 '집단 어리석음'이라는 말이 더 어울리는 것 아닐까?

　무시할 수 없는 진실의 세계에 뛰어들 시간이 되었다. 집단은 자기 잇속만 차리고 스스로 설 곳을 없애버리는 방식으로 행동할 때가 있다. 모든 집단적 승리의 사례에는 그만큼의 집단적 무관심과 상상력 실패, 사고 오류의 사례가 존재한다. 때로는 자기 파괴적이거나 비극적인 결과만이 남기도 한다. 역사는 집단 학살과 전쟁, 수많은 원주민 탄압으로 얼룩져 있다. 비극적이게도 우리 종에게는 극악무도한 집단적 사고와 행동 사례가 너무 많다.

나는 우리가 이런 위험을 인식하고 다른 방향으로 나아갈 수 있도록, 일종의 집단적 어리석음이 어떻게 나타나는지 살펴보려 한다. 집단 학살이 일어나기 훨씬 전부터 무관심이나 의견 양극화, 부족주의, 공모, 조작, 억압으로 이어지는 다양한 행동이 선행된다. 이런 것들은 감탄할 만하거나 영리한 행동은 아니지만 그 개인이나 소속 집단의 단기적 이익에 도움이 된다는 점에서 실용적일 때도 있다. 물론 권할 가치조차 없을 때도 있다. 이런 행동은 우리의 맹점과 습관적 사고, 편견, 조작에 대한 취약성 때문에, 그리고 어떤 집단이 아무리 기만적이거나 악질적이라 해도 그 무리에 소속될 때 느껴지는 기쁨과 안락함 때문에 촉발된다.

하지만 이런 부정적인 집단 역학의 작동 방식을 더 잘 알게 되면 우리는 이런 행동에 영향받지 않기로 결단할 수 있다. 우리는 결정을 내릴 때 즉각적인 만족 욕구에 저항하도록 자신을 훈련하고, 그 대신 더 폭넓은 집단의 이익과 더 장기적인 자신의 이익이라는 프리즘을 적용할 수 있다. 모두에게 이익이 되는 방향으로 의사 결정을 유도하는 시스템을 설계하고 적용하며, 우리 모두가 생각보다 훨씬 덜 합리적이라는 사실을 이해함으로써 전염과 순응에 대해 면역력을 기를 수도 있다. 우리는 조종이나 분열, 무력화를 꾀하는 힘에 취약하다. 우리 종은 집단의 평판을 예민하게 살피는 경향을 타고났으며, 이것은 집단에 순응하려는 욕구에 면역이 있는 사람이 거의 없음을 의미한다. 군체 의식에 대한 사전 경고야말로 진정한 사전 무장이다.

전염: 집단이 나쁜 생각에 감염되는 방법

인간은 사과와 매우 비슷하다. '썩은 사과 한 개가 상자에 든 사과 전체를 망친다'는 말처럼 부정행위자 한 명이 집단 전체에 부정행위를 퍼뜨린다. 행동, 감정, 아이디어, 가치는 사과를 썩히는 에틸렌 가스와 곰팡이 포자처럼 집단 전체에 퍼질 수 있다.

집단을 이룬 사람들은 다양한 방식으로 감정을 동기화한다. 예를 들어 누군가가 우리를 보고 미소 지으면 우리도 미소를 짓게 되고 기분이 좋아질 가능성이 높다. 안타깝게도 이와 똑같은 모방 충동이 특정 집단에 퍼져 연쇄 자살 충동을 일으킬 수도 있다. 이런 상황에서는 미소가 오갈 때보다 훨씬 복잡한 요인이 작용하지만 확산이 일어나는 방식은 비슷하다.

감정은 무의식적 사고를 일깨우는 열쇠이므로 전염에 특히 취약하다. 일단 어떤 감정이 집단 안에 퍼지면, 집단 전체의 의식적 사고와 행동에 영향을 미친다. 커플, 소규모 집단, 대규모 집단에서 모두 이런 확산 현상이 관찰되었다. 확산은 '실제 세계'에서뿐 아니라, 온라인에서도 매우 효과적으로 작동한다. 그리고 이미 살펴보았듯 감정이 전염되는 데 진실성이 필요한 것도 아니다. 영화관이나 극장에서 비극적인 장면에 감동을 느껴본 사람이라면 무대 위에서 사건이 벌어질 때 거짓으로 만들어낸 감정도 객석을 휩쓸 수 있다는 사실을 잘 알 것이다. 문자 메시지 이모티콘에 노출되는 것만으로도 누군가의 감정 상태가 바뀔 수 있다는 연구 결과도 있다.

감정 전염의 효과가 영화관에서 흘리는 눈물처럼 언제나 즉각적으로 나타나는 것은 아니다. 세계보건기구WHO는 행복이 건강의 요소라고 강조한다. 정신 건강에 대한 보호 효과가 있기 때문이기도 하지만 흡연 습관이나 과식 습관을 '잡으면' 행복이 '잡힌다'고 생각하기 때문이다. 여러 연구에 따르면 비만이나 흡연처럼 사회적 규범에 크게 영향을 받는 위험 행동은 전염성 질병이라고 볼 수 있다. 1948년에 시작된 프레밍험 심장 연구Framingham Heart Study에 따르면 기분에 대해서도 같은 설명 모델이 적용된다. 개인의 행복은 그 사람과 연결된 다른 사람들의 행복에 달려 있다.

이 연구의 가장 흥미로운 해석 중 하나는 "행복한 집단은 단지 행복한 사람이 비슷한 사람들끼리 어울리는 경향이 있어서가 아니라 행복의 확산 덕분에 생겨난다"는 것이다. 따라서 "1킬로미터 안에 사는 친구가 행복해지면 [당신도] 행복해질 확률이 25퍼센트 증가한다". 이에 비해 배우자가 행복해질 경우 당신이 행복해질 확률은 겨우 8퍼센트 증가한다. 이런 반직관적 관찰 결과는 반복적인 노출을 통해 정서적 전염에 면역이 생길 수 있으며, 조심스러운 저강도 노출을 통해 이런 면역을 의식적으로 강화할 수 있음을 암시한다. 자세한 내용은 이 장의 뒷부분에서 다시 다루어보자.

이 결과는 중요한 사실을 조명한다. 우리는 감정이 어떻게 전이되는지 완전히 이해하지 못한다. 볼 수는 있지만 자신 있게 설명하기 어렵다. 프레밍험 심장 연구의 저자들은 "행복 확산의 진정한 인과적 기전을 알 수는 없지만 다양한 기전이 작동할 수 있다. 행복한 사람들은 자신의 행운을 나누거나(예를 들어, 타인에게 실용적으로 도움을 주거나 경제적으로 관대하게 대함으로써), 타인을 대하는 행동에 변화를 주거나(더 친절하거나 덜 적대적인 태도로), 아니면 정말로 전염성이 있는 감정을 발산하는 것일 수도 있다(그러나 이전의 심리학 연구에서 밝혀진 것보다 더 오랜 기간)"라고 솔직하게 이야기한다.

일부 과학자들은 뇌의 특정 영역에서 전체 신경세포의 약 10퍼센트를 차지하는 거울 뉴런mirror neuron에 그 해답이 있다고 생각한다. 거울 뉴런은 1992년 자코모 리촐라티Giacomo Rizzolatti 교수가 원숭이의 뇌와 행동을 관찰하는 과정에서 발견되었다. 연구진은 원숭이가 어떤 행동을 할 때나 다른 원숭이가 같은 행동을 하는 것을 볼 때 모두 특정 뇌세포가 활성화된다는 사실을 발견했다.

거울 뉴런은 모방을 통한 학습에 관여하는데, 예를 들어 아기가 양육자의 표정을 흉내 내거나 몸짓을 따라 할 때 활성화된다. 이 거울 뉴런은 다른 사람의 경험을 상상하는 능력에도 관여한다. 배우자가 발가락을 긁을 때 여러분이 움찔하게 되는 '신경 공명' 현상이 일어났다면 방금 거울 뉴런이 작동한 것이다. 이런 상상 행동은 누군가 우는 모습을 보거나 그들이 겪는 괴로움에 대해 이야기할 때 그 사람의 감정적 고통에 공감하는 능력으로 확장된다.

거울 뉴런은 감정 전염의 발생 기전 중 하나인 정서적 동기화에도 관여하는 듯 보인다. 정서적 동기화는 긍정적인 측면에서 건강한 사회적 발달을 돕고, 공감이나 합의 도출 같은 정서 지능의 핵심 기술을 축적해준다. 부정적인 측면으로는 공포와 적대감을 확산하는 기전이 될 수도 있다.

바스 대학교의 타냐 윙겐바흐Tanja Wingenbach는 2020년에 사람들이 감정 표현에 지극히 짧게 노출되었을 때조차 어떻게 해서 그것을 모방하게 되는지에 관해 기술한 연구를 발표했다. 연구 참여자가 어떤 얼굴 표정을 1초간 목격하자(의식적인 유대감을 형성하기에는 부족한 시간이지만) 그 표정을 따라 짓는 데 필요한 얼굴 근육의 전기 활성이 증가했다. 이러한 모방 현상은 슬픔, 놀라움, 행복, 자부심에서부터 분노, 두려움, 공포, 혐오에 이르기까지 다양한 감정에서 관찰되었다.

흥미롭게도 이런 모방 과정이 사회적 지위와 연관되어 있다는 증거도 있다. 리촐라티 교수의 원래 연구에서 지위가 낮은 원숭이는 지위가 높은 원숭이를 자주 모방했지만 우두머리 원숭이는 지위가 낮은 원숭이로부터 큰 영향을 받을 가능성이 적었다. 이러한 발견은 인간에게도 적용될 수 있다. 앞서 살펴보았듯 일반적으로 카리스마 있는 사람은 더 효과적으로 감정을 전파해 자신의 영향권 내에 있는 사람들에게 정서적 영향력을 발휘한다. 결국 이들은 카리스마 덕분에 집단 내에서 더 높은 지위를 얻을 가능성이 커진다.

감정은 점차 과학적 연구의 대상이 되고 있다. 심리학자들은 항상 감정을 자신과 타인에 대한 유용한 정보의 원천으로 취급하면서도, 말이나 행동으로 표현되는 다른 정보 이상으로 신뢰할 만한 정보는 아니라고 강조한다. 최근의 연구는 이런 관점에 기반해 감정이 문화를 초월하는 일종의 보편 언어이자 얼굴에서 읽을 수 있는 타당한 정보라는 견해를 부정하고 있다. 노스이스턴 대학교의 리사 펠드먼 배럿Lisa Feldman Barrett과 드 몽포르 대학교의 카를로스 크리벨리Carlos Crivelli는 표정이란 우리 마음속 느낌을 '진실하게' 보여주기보다 타인과의 소통과 상호작용을 돕는 도구라고 결론 내렸다. 감정을 표현하는 얼굴의 움직임은 상황이나 상대, 문화적 맥락에 따라 달라진다.

배럿과 크리벨리 연구팀은 소규모의 외딴 정착지에 사는 사람들에게 서양식 고정관념에 부합하는 표정(예를 들어 분노에 차 노려보거나, 슬픔으로 일그러지거나, 공포로 눈이 커지고 숨이 멎는 표정)이 담긴 사진을 잔뜩 찍어 보여주었다. 그러나 서양 문화의 영향에서 멀리 떨어진 외딴 정착지에 사는 사람들은 사진 속 얼굴에서 서양인들과 동일한 감정을 읽어내지 못했다. 그 외에도 여러 연구가 보편적인 얼굴 표정 같은 것은 존재하지 않는다고 주장한다. 우리는 성장 과정에서 주위의 얼굴을 통해 감정의 암호를 익히고 감정에 대한 신념을 습득하며, 이를 근거로 위협, 공격성, 두려움, 혐오와 같은 감정을 인지한다. 감정을 표현하는 얼굴 근육의 움직임은 언어나 방언처럼 전 세계에 걸쳐 다양하며, 무엇보다 다른 사람들의 반응에 영향을 미치고 조종하는 데 사용될 수 있다. 예를 들어 트로브리안드 제도 주민들은 얼굴 표정이 진실한 감정을 투명하게 드러낸다고 믿지 않는다. 오히려 원하는 것을 얻거나 원하지 않는 것을 피하기 위해 '표정을 짓는다'고 믿는다. 당연한 말처럼 들릴 수 있지만, 표정을 통해 사람들이 무엇을 느끼는지 적절히 알 수 있다는 신념은 학교와 사법 체계, 자폐증 검사, 심지어 감정 인식 소프트웨어 알고리즘에 이르기까지 온갖 분야에 적용되고 있다.

감정의 역할과 목적이 지속적으로 재평가되면서 정서 지능에 대한 접근 방식도 크게 달라지고 있다. 나는 모든 감정이 원래 믿을 것이 못 된다고 말하고 싶지는 않다. 우리는 자신과 다른 사람들의 감정을 들여다보면서 분명 많은 것을 배울 수 있지만, 이때도 학습된 경험과 느낌을 현명하게 적용해 미묘한 차이를 해석해야 한다. 감정은 부분적으로 사회적 구성물이자 행동 변화의 도구다. 우리는 감정을 느끼고 표현하는 방법을 배울 수 있다. 자신의 감정을 가장하고 다른 사람의 감정을 조종할 수도 있다.

이런 지식은 우리를 더 똑똑하고 강하게 만들어준다. 예를 들어, 우리는 실제로 자신감이 생기기 전까지 의식적으로 자신감을 가장할 수 있다. 이런 지식은 또한 집단의 이익을 저해하는 의도를 가진 사람들도 있다는 사실을 상기시킨다. 감정이 조작되고, 과장되고, 전달될 수 있다는 사실을 알게 되었다고 해서 냉소주의에 빠질 필요는 없지만, 감정을 감상적이거나 순진한 태도로 받아들이는 것 또한 현명하지 못한 일이다.

전염에 관한 한, 집단 지능을 저해하는 것은 감정만이 아니다. 집단의 기능에 영향을 미치는 많은 행동에는 전염성이 있다. 무관심을 예로 들어보자. '방관자 효과'라는 말을 들어보았을 것이다. 널리 연구된 이 현상은 사람들이 괴롭힘이나 강도 현장을 목격했을 때 개입하지 않는 경향을 설명해준다. 예를 들어 주변의 다른 사람들도 그 사건을 목격했으면서 개입하지 않고 있을 때 그렇다. 연구에 따르면 혼자 있는 사람은 같은 상황에서 사건에 개입할 가능성이 훨씬 더 높다. 주변에 사람이 많으면 책임감이 증발하는 듯 보인다.

집단 내에서 무관심이나 거리 두기가 시작되면 이것이 공모로 이어질 수 있다. 모두가 다른 사람들을 따라 하거나 누군가 나서겠거니 하고 책임을 포기할 때, 무관심이 확산되고 자기 강화하는 경향이 있다. 침묵하는 다수는 이런 식으로 자신이 능동적으로 지지하지 않는, 최선이 아니라고 생각되는 결정과 행동을 견딘다. 이런 힘은 집단의 결속을 직접적으로 저해하고, 합의 가능성을 차단하며, 심지어 집단의 붕괴를 초래한다. 상황이 더 나빠질 수도 있는 것이다.

넬슨 만델라Nelson Mandela는 아파르트헤이트를 설계, 통치, 감시하고 기소한 사람들을 비난하는 데 대부분의 힘을 쏟았지만, 그 밖의 다른 누구에게도 면죄부를 주지 않았다. 그는 아파르트헤이트 체계의 실상을 못 본 척하고 반대하지 않기로 마음먹은 사람들이 잔혹한 시스템에 공모하는 셈이라고 말했다. 그런데 의도적인 눈감기와 무관심이 어떻게 그렇게 거대한 집단, 즉 사회 전체를 장악할 수 있을까?

권력과 순응: 동전의 양면

대부분의 사람들이 순응에 매우 취약하다는 것은 우리 종에 관한 불편한 진실이다. 우리는 대세를 따른다. 게다가 몇몇은 권력욕이 매우 강하다. 이 두 가지를 합하면 (항상은 아니어도 때로는) 권력을 갈망하면서도 그것을 책임감 있게 행사하는 능력을 상실한 리더, 그리고 무관심하면서도 소속 욕구 때문에 리더의 지시에 취약해지는 추종자들이 만나는 해로운 조합이 등장한다. 여기에 리더십이 감정 전염을 이용한 조작 능력과 카리스마와 관련이 있다는 증거까지 더하면, 어떻게 집단 내의 일부 권력 역동이 집단 지능을 저해하게 되는지 이해할 수 있을 것이다.

리더의 뇌에서는 어떤 일이 벌어지기에 위계가 높아지면서 반사회적 행동이 강화되는 것일까? 추종자들의 뇌에서 어떤 일이 일어나기에 리더의 반사회적 지침에 휘둘리게 될까?

지금까지 우리는 권력은 부패하는 것이고 사회적 압력이 집단을 폭도로 만든다고 단순하게 생각해왔다. 1971년 악명 높은 스탠퍼드 교도소 실험에서는 24명의 남성 자원자를 모집한 다음, 동전 던지기를 통해 모의 감옥의 '간수' 또는 '죄수' 역할을 맡겼다. 2주 동안 진행될 예정이었던 이 실험은 6일 만에 중단되었다. '간수'들이 가학적인 역할을 받아들이게 되면서 죄수들에게 알몸으로 자도록 강요하고, 벌칙으로 감방의 매트리스를 치웠으며, 한 명의 죄수를 독방에 감금하고 나머지 수감자들에게는 반복적으로 문을 두드리도록 강요했다. 많은 참여자들이 이 실험으로 정서적 상처를 입었다. 실험의 설계자 필립 짐바르도Philip Zimbardo는 이 실험이 "사회적 역할과 외부의 압력이라는 권력이 우리 행동에 미치는 영향을 과소평가하면, 우리 중 누구에게나 이런 일이 벌어질 수 있다는 것을 경고하는 이야기"라고 설명했다.

하지만 여기에는 또 다른 흥미로운 해석이 있다. 당시 스탠퍼드 대학교의 심리학과 교수였던 짐바르도는 이 실험의 시작과 진행을 맡았으며, 교도소장으로서 건강하지 못한 권력의 역동을 부추기는 핵심 역할을 담당했다. 그가 역할극에 적극적으로 참여했다는 점은 과학의 객관적 관찰과는 거리가 멀었음은 물론이고, 오히려 카리스마 넘치는 리더가 집단을 휩쓸며 일으키는 감정 전염의 교과서적인 사례로 보인다.

그렇다면 권력은 집단 지능을 촉진하거나 저해하는 의사 결정과 공감, 그 밖의 중요한 행동에 어떤 영향을 미칠까?

우선 많은 연구가 그저 힘이 있는 자리에 앉는 것만으로도 사실상 모든 사람에게, 심지어 그가 성자라 해도 자기중심성이 증가한다는 사실을 보여준다. 노스웨스턴 대학교의 애덤 갤린스키 교수 연구팀은 명료한 실험을 통해 이를 보여주었다. 갤린스키와 동료들은 권력 투쟁 중인 사람들은 자신이 얻을 수 있는 지식에 접근하지 못하는 다른 사람들을 인정하고 배려하기 어려워진다는 가설을 시험하고자 했다. 연구진은 우선 실험 참여자 절반에게 회의의 의장이나 축구 경기 심판처럼 다른 사람들을 책임지는 역할을 맡았던 경험을 가능한 한 자세히 떠올려보라고 요청함으로써 스스로 권력이 있다고 느끼게 만들었다. 그리고 나머지 절반에게는 무력감을 느낀 경험을 떠올려보라고 요청했다. 그런 다음 참여자들에게 여러 가지 시나리오를 제시하면서 그 사건에 대한 제삼자의 반응을 추측해보라고 요구했다.

한 시나리오에서 참여자들은 동료와 함께 그 동료의 친구가 추천한 고급 레스토랑에 갔다. 그리고 그곳에서 아주 형편없는 식사를 했다. 다음 날 참여자의 동료가 친구에게 이메일을 보냈다. "그 레스토랑 정말 좋았어. 더할 나위가 없었지." 이때 참여자들은 "식당을 추천해준 친구가 그 말을 어떻게 받아들이겠는가?"라는 질문에 매우 빈정거림(1)에서 매우 진심임(6) 사이의 척도로 답해야 했다. 이메일에는 진심 이외에 다른 정보가 표현되어 있지 않았으므로 '빈정거림'이라고 추측할 만한 단서가 없었다.

권력감을 느낀 참여자들은 식당을 추천해준 동료가 자신이 알고 있는 것, 다시 말해 그 식당이 형편없었다는 사실을 모른다고 생각하지 않는 경향이 있었다. 이들은 자신이 이메일을 빈정거리는 투로 해석했으므로 제삼자도 그럴 것이라고 가정했다. 다른 사람의 지식과 관점을 이해할 수 있도록 자신의 반응을 충분히 조정하지 않은 셈이다.

스탠퍼드 대학교의 데보라 그룬펠드Deborah Gruenfeld는 여기에서 한 단계 더 나아가 자기중심성의 결과 중 하나가 사람들을 자기 목적을 이루기 위한 수단으로 보는 것이라는 결론을 도출했다. 그룬펠드는 여섯 번의 실험을 진행하면서 비슷한 방식으로 참여자들에게 권력감을 불어넣었다. 그러자 참여자들은 다른 사람을 대할 때 자신이 이들을 좋아하거나 존중하는지보다는 이들이 자신에게 도움이 되는지에 따라 다른 방식으로 접근했다. 요컨대 그룬펠드가 권력감을 자극하면 참여자들은 타자를 객체로 바라보기 시작했다.

이제 이 결과를 또 다른 연구 결과와 결합해보자. 사람들은 위계적 지위가 높아질 때 자신의 도덕적 결함을 변명하면서도 다른 사람들이 같은 행동을 하면 계속해서 비난할 가능성이 더 크다. 캘리포니아 대학교 버클리 캠퍼스의 캐머런 앤더슨은 16년간 1만 1,000명 이상을 대상으로 수행한 권력의 효과에 관한 연구 자료를 분석했다. 그리고 권력이 사람들을 개인적인 목표와 보상에 집중하게 하고 자신의 위반 행위를 정당화한다고 결론 내렸다. 또한 권력을 거머쥔 사람들이 어떤 행동의 잠재적 위험을 제대로 자각하지 못하고 충동적으로 행동할 가능성이 더 크다는 연구 결과도 있다.

그러면 이런 행동 변화를 어떻게 설명할 수 있을까? 캘리포니아 대학교 버클리 캠퍼스의 대처 켈트너Dacher Keltner 교수도 권력과 충동성에 대한 연구를 수행했다. 켈트너 교수는 사람들이 권력감을 느낄 때 미주신경이 비활성화되는 현상을 포착했다. 2장에서 살펴보았듯이, 미주신경은 뇌가 심장, 내장, 그 밖의 장기에 저장된 우리의 주변 상황에 대한 무의식적 정보를 감지할 수 있게 해주는 신경 선이다. 권력은 다른 사람들의 지각과 감정을 비롯해 주변 세계의 풍부한 정보를 처리하고 통합하는 두뇌 능력을 약화시키는 듯 보인다.

신경과학 분야의 연구가 초기 단계임에도 불구하고, 권력이 집단 지능을 뒷받침하는 인지 능력을 어떻게 무력화하는지 설명하는 증거가 점점 늘어나고 있다. 이런 경향은 절대적인 것이 아니라 일반적인 추세일 뿐이다. 영향력 있는 권력자 중에는 분명히 영감을 불어넣고 변혁을 주도하는 사람들이 있다. 그렇다면 일부 사람들이 부패를 유발하는 권력의 힘에 면역이 생기는 이유는 무엇일까?

트리니다드 토바고에 있는 세인트 어거스틴 서인도제도 대학교의 의과학부 강사 파리드 유세프Farid Youssef 박사는 사회적 기술을 잘 개발하면 권력의 부정적 영향에 어느 정도 면역이 생긴다는 생각에 관심을 두었다. 박사는 남성과 여성에게 최후통첩 게임을 시켰다. 이 게임은 공정하거나 불공정한 방식으로 돈을 나누자고 제안했을 때 사람들이 어떻게 반응하는지 관찰함으로써 공감과 관점 이해 능력을 연구할 때 사용하는 행동과학 실험이다. 남녀 간의 초기 성적에는 통계적 차이가 없었으며, 이어서 평가자 앞에서 시간에 맞추어 복잡한 지능 검사를 수행하는 스트레스 테스트가 진행되자 예상대로 남녀 모두 코르티솔 수치가 치솟았다.

그런 다음 최후통첩 게임이 시작되었다. 스트레스의 영향은 성별에 따라 달랐다. 여성은 조정과 관계 구축 전략이 강화된 반면, 남성은 공정하든 불공정하든 제안을 거절할 가능성이 높아졌다. 기본적으로 여성들은 '도와주고 친구 되기' 전략을 택하면서 더 협조적인 태도를 보인 반면, 남성들은 '투쟁-도피' 전략을 택하면서 덜 협조적인 태도로 대응했다. 이 결과는 보상 및 처벌, 불확실성과 관련된 상황에서 갑작스러운 스트레스가 남성의 위험 감수를 자극하고 여성의 위험 감수를 억제한다는 다른 연구 결과와도 일치한다. 흥미롭게도 남녀 모두 옥시토신이나 세로토닌 수치를 조정하거나, 명상과 마음챙김을 통해 반응 방식을 바꿀 수 있는 것으로 보인다. 이러한 연구 결과는 변혁적 리더 가운데 여성의 비율이 높은 이유를 설명해줄 수 있다.

일반적으로 여성의 사회성이 더 잘 발달되어 있기 때문이다.

　모든 리더는 집단 지능에서 중요한 역할을 담당한다. 리더는 집단을 자멸로도 성공으로도 이끌 수 있다고 해도 과언이 아니다.

순응 욕구: 집단 어리석음의 위험 요인

　추종자들은 어떨까? 여러분은 모두 십 대 시절 또래와 어울리는 일이 얼마나 중요했는지 기억할 것이다. (십 대의 부모가 될 때까지 이 사실을 기억하고 싶다.) 청소년기는 신경 발달이 뚜렷이 일어나는 시기이며 십 대의 뇌는 빠른 학습을 통해 스스로를 재구성하는 매우 역동적인 기관이다. 위험 평가 기능은 공사 중이며 정체성도 마찬가지다. 십 대와 초기 성인기는 가족으로부터 물려받은 역할에서 벗어나 다양한 경험과 관점을 탐색하면서 사회적 정체성을 시험하는 시기이다. 이중 일부 경험은 유익하고 유쾌하지만, 때로는 파벌과 괴롭힘에 시달리며, 때로는 집단에 순응하는 것이 폭압처럼 느껴질 수도 있다.

　어른들은 동료 간 압력에 민감한 십 대를 염려하거나 폄하할 때가 많다. 집단에 순응하려는 충동이 성장 과정에서 겪는 자연스러운 일이라고 생각하고 싶을 수 있지만, 사실 이런 충동은 결코 사라지지 않는다. 앞에서 살펴보았듯 인간은 사회적 동물이다. 진화는 그럴 만한 이유가 있기 때문에 우리가 다른 사람들이 자신을 어떻게 생각하는지 신경 쓰도록 만들었다. 순응은 도덕적 결함 아니면 적어도 개성 결여로 여겨지지만 약삭빠른 생존 전략이며, 반드시 나쁜 것만은 아니다. 모든 것은 우리가 순응하는 집단의 규범에 달려 있다.

폴란드계 미국인 심리학자 솔로몬 애쉬Solomon Asch는 50년 동안 사회심리학 분야의 다양하고도 획기적인 연구를 수행했다. 그는 폴란드에서 유년기를 보내고 십 대 시절 미국으로 이주했는데, 처음에는 새로운 곳에 정착하고 새로운 언어를 배우며 새로운 문화를 이해하는데 어려움을 겪었다. 이방인이라는 지위 때문에 애쉬는 사회적 정체성 형성, 집단 규범에 대한 순응, 제한된 정보에 근거해 타인에 대한 인상을 형성하는 과정에 평생 관심을 기울였다.

유명한 일련의 실험에서 애쉬는 사람들이 눈에 보이는 증거가 있는데도 주위 사람들에게 맞추기 위해 얼마나 쉽게 자신의 판단을 바꾸는지 보여주었다. 애쉬는 시각적 판단에 관해 연구한다며 자발적 참여자를 모집했다. 각각의 자원자들은 다른 사람들이 5~7명씩 모여 있는 집단에 배정되었고, 이들 역시 실험에 참여하고 있다고 믿었다. 사실 이들은 첩자였다. 이들 모두 실험의 진짜 목적이 순응에 대한 연구라는 사실을 알고 있었다. 집단에 속한 사람들은 세 장의 종이에 각각 그려진 세 개의 선 가운데 어떤 것의 길이가 실험에서 제시하는 선과 같은지 목소리를 내어 알려달라는 요청을 받았다. 첩자들에게는 명백하게 틀린 선 하나를 지목하라는 지시가 전달되었다. 피험자는 마지막 또는 끝에서 두 번째로 답변을 하도록 요청받았다.

약 120명의 남학생을 대상으로 12번의 (소규모) 실험이 진행되는 동안 참여자의 약 75퍼센트가 틀린 선의 길이가 같다며 최소 한 번 이상 순응 행동을 나타냈다. 소수인 4퍼센트 정도의 참여자들은 12번 모두 순응했다. 대부분이 처음에는 자기 의견을 제시했지만 나중에는 순응했다. 25퍼센트가 조금 안 되는 참여자들만 순응하지 않았고, (아마도 점점 더 당황하며) 자신의 생각이 동료들과 다르다고 주장했다.

대다수 참여자들은 실험의 진짜 목적이 밝혀지고 자세한 질문을 받기 전까지 자신이 집단의 의견을 수용하고 있다는 사실을 인정하지 않으려 했다(심지어 인식조차 하지 못했다). 이들은 조롱당하거나 특이한 사람으로 비칠까 봐 두려웠고 집단에 속하고 싶었다고 설명했다. 이런 감정에는 심리학자들이 '규범적 영향'이라고 부르는 현상이 반영되어 있다.

일부 참여자들은 집단이 자신보다 많은 정보를 갖고 있다고 생각해서, 선 길이의 차이가 미미할 때는 다른 사람들이 자신이 보지 못하는 것을 볼 수 있다고 믿었다('정보적 영향'). 이유가 무엇이든 결과는 똑같았다. 동료 집단의 압력은 실제로 존재하며 청소년기에만 국한되는 일이 아니다. 순응 충동은 우리 안에 아주 깊이 뿌리내리고 있어서 네 명 중 세 명은 자기 눈에 보이는 증거를 무시하고 명백히 틀린 평가를 내놓는다.

학술 연구가 아니더라도, 순응이 이렇게 혹평을 받는 이유는 실제 삶에서 끔찍한 결과를 초래할 수 있기 때문이다. 역사적으로 "나는 그저 명령을 따랐을 뿐"이라는 말은 끔찍한 결정을 내리고 악랄한 범죄를 저지르는 사람들이 내놓는 핑계로 악용되어왔다. 이 말은 명시적 명령의 형태든 암묵적 영향력의 형태든 리더의 지시에 맥락과 순응의 힘이 결합하면 어떻게 해서 형편없는 결정이나 심지어 매우 부도덕한 결정을 내리도록 우리를 몰아붙이는지 압축적으로 표현하고 있다. 어떤 경우에는 집단의 규칙에 순응하는 것이 살인 가담 행위로 이어질 수도 있다.

1942년 7월 13일, 독일 예비 경찰 대대가 폴란드의 작은 마을 외곽에 주둔하고 있었다. 사령관 빌헬름 트라프Wilhelm Trapp는 동트기 직전 병사들을 깨워 긴급 브리핑을 했다. 트라프는 명시적인 명령이 하달되었다고 설명했다. 명령의 주요 내용은 인근 마을에 빨치산 연루자로 추정되는 1,800명 이상의 유대인이 살고 있으니, 즉시 유대인 남성 전원을 소집해 작업장으로 데려가라는 것이었다. 여성, 어린이, 노인은 그 자리에서 총살해야 했다. 트라프는 누구든 이 임무를 수행하기 어려운 사람은 열외로 물러나도 좋다고 제안했다. 병사들 중 10명 정도가 물러났고 나머지 490명은 그러지 않았다. 그들은 민간인 수백 명을 학살하는 편을 선택했다. 왜 기회가 있었는데도 더 많은 사람이 물러나지 않았을까?

미국의 저명한 홀로코스트 역사학자 크리스토퍼 브라우닝Christopher Browning은 『아주 평범한 사람들Ordinary Men』이라는 책에서 이 질문에 대한 대답을 탐색했다. 브라우닝은 그날의 기록과 관련자들이 쓴 일기, 사건 이후의 증언을 샅샅이 뒤졌다. 대대원들은 대부분 열성적인 나치주의자가 아니라, 정치적 활동을 하지 않는 노동자 계급 출신의 중년 가장들이었다. 트라프 소령이 아무런 조건 없이 물러나라는 선택권을 주었기 때문에 명령 불복종에 대한 두려움이 영향을 미치지는 않았을 것이다. (브라우닝은 아버지인 병사들이 그 전에도 영아 살해를 거부한 일이 있었지만 아무런 징계나 문책이 없었다는 증거를 찾아냈다.) 브라우닝은 사회적 압력이 가장 중요한 설명 요인이라는 결론을 내렸다. 집단에 대한 충성심과 동료를 도와야 한다는 의무감이 명백히 비도덕적인 행동에 대한 혐오감을 이긴 것이다.

사회적 압력은 이 사례처럼 내집단과 외집단이 존재하는 특정 맥락에서 더 중요해진다. 대대의 병사들은 이상주의자가 아니더라도 다양하게 반유대주의의 영향을 받았을 것이다. 순응은 군대처럼 사람들이 각자의 정체성을 어느 정도 포기해야 하는 곳에서 더 중요하다. 그리고 애쉬의 실험에서 드러났듯이 순응 충동을 견디는 능력은 반복에 의해 약화된다. 한 번, 두 번, 열 번 버텨도 50번은 버티지 못할 수 있다. 또 다른 요소는 명령을 내리는 상사의 존재이다. 네덜란드 연구소의 에밀리 캐스파Emilie Caspar 박사와 동료들이 최근 증명했듯이 이는 공감과 죄책감을 강력하게 억제하는 요인이다.

캐스파 박사의 연구진은 비도덕적인 행동을 하도록 요구받았을 때 사람들의 뇌에서 무슨 일이 일어나는지 조사했다. 스탠퍼드 교도소 실험의 핵심 전제로 돌아가서 "왜 명령에 복종하는 것이 도덕적 행동에 그렇게 큰 영향을 미치는지 이해"하기를 원했다. 연구자들은 참여자들이 다른 사람에게 고통을 가할 때의 두뇌 활동을 측정했다. 한 사람은 '요원', 다른 사람은 '피해자' 역할을 맡았다. 연구진은 요원을 fMRI 스캐너에 넣고, 두 개의 버튼 중 하나를 누르는 동안 뇌의 활동을 기록했다. 첫 번째 버튼을 누르면 요원이 돈을 받는 대가로 피해자의 손에 약간의 통증이 느껴질 정도의 전기 충격이 가해졌다. 두 번째 버튼을 누르면 피해자에게 가해지는 전기 충격도 요원에게 돌아오는 금전적 보상도 없었다. 요원은 두 가지 실험 조건 아래서 어떤 버튼을 누를지 지시를 받거나, 혹은 자유롭게 선택할 수 있었다.

연구팀은 참여자들이 행동 방침을 자유롭게 선택할 때보다 지시를 받을 때 전기 충격을 더 많이 가하는 경향이 있다는 사실을 발견했다. 전기 충격을 가하라는 지시를 받은 집단은 정말로 그렇게 할 가능성이 높았으며, 50퍼센트는 적어도 한 번 이상 명령을 따랐다. 또한 명령을 따를 때는 자유로운 선택을 따를 때보다 공감과 죄책감을 담당하는 뇌 영역의 활성도가 저하되었다. 연구팀은 명령에 복종해 타인에게 고통을 가했을 때는 대부분의 사람들에게 마음에 남는 불쾌감이 줄어든다는 결론을 도출했다.

이 연구 결과의 긍정적인 측면은 자유롭게 선택하도록 놔두면 사람들은 경제적 이득을 놓치더라도 타인에게 자주 전기 충격을 가하지 않는다는 것이다. 하지만 집단적 어리석음을 촉발하는 위험 요인이 작용하는 특정 상황에서는 타인을 생각하고 집단의 도덕 기준을 우선시하는 인간 본래의 능력이 작동을 멈춘다. '자신'보다 '집단'을 생각하는 능력이 잠식당하는 조건에서도 면역력을 갖춘 사람은 4명 중 1명꼴로 흔치 않다.

사이코패스에서 초이타주의자까지: 윤리적 사고

지금까지 우리는 일반적인 뇌에서 의사 결정이 이루어질 때 정보와 감정이 어떻게 처리되는지 살펴보았다. 그러나 사회성의 스펙트럼에는 한쪽 끝에 있는 사이코패스와 나르시시스트에서부터 반대쪽 끝에 있는 초이타주의자까지 다양한 뇌 유형이 존재하며, 대다수 뇌는 그 사이 어디쯤에 걸쳐 있다. 아무튼 전염의 역학은 어떤 뚜렷한 성향을 지닌 개인이 영향력을 행사하는 위치에 있으면 이들의 가치관이 집단 전체로 퍼져나감을 의미한다. 이것은 중요한 문제다. 연민과 이타주의는 조화로운 집단 생활을 실현해주고, 이를 통해 집단 인지 능력을 전체적으로 활용하고 집단 지능의 발현 가능성을 극대화할 수 있기 때문이다. 사이코패스와 초이타주의자의 뇌에 대해 더 많이 알게 되면, 이 지식을 활용해 미래의 도덕적 가치에 수정을 가하고, 도덕성을 강화하는 생명공학 혁명을 일으키는 데까지 나아갈 수 있을까?

이타주의는 결코 인류에게만 관찰되는 성향이 아니다. 지구상의 여러 생명체가 타자들이 입을 해를 덜어주기 위해 자신의 고통을 견디는 능력을 진화시켰다. 이타주의는 연민 어린 행동과 함께 까치와 쥐, 원숭이, 코끼리 등 여러 동물종에서 관찰되는 지능적인 생존 전략이다. 이타주의는 개인에게도 상당히 이익이 된다. 예를 들어, 인간 대상 연구에서 자원봉사는 신체적, 정신적 건강 증진 및 수명 연장과 관련이 있었다.

타인에 대한 관심 그리고 이들의 필요를 자신의 필요보다 앞세우는 능력은 적어도 일상생활의 실질적 측면에서 윤리적 의사 결정의 토대다. 최근 신경과학은 이타적 행동과 개인적, 사회적 규범 위반에 대한 죄책감이 유발되는 기전을 밝혀내면서 뇌에서 어떻게 이타심이 발현되는지 알아가기 시작했다.

몰리 크로켓Molly Crockett은 예일 대학교에서 고도의 추상적 행동이나 감정과 관련된 생물학을 연구하고 있다. 크로켓의 연구실에서는 죄책감, 도덕적 정의, 사회적 고통을 나타내는 생체 표지자, 그리고 조급함과 이기심의 신경학적 상관관계를 연구한다. 그 전에 크로켓은 유니버시티 칼리지 런던의 신경정신의학과 교수 레이 돌란Ray Dolan과 함께 연민에 관한 흥미롭고도 신뢰할 만한 연구를 수행했다. 그 결과 대부분의 사람들은 전혀 모르는 낯선 타인을 대할 때 자기 자신을 대할 때보다 더 높은 수준의 이타심을 보이며, 심지어 자기 희생을 감수한다는 사실이 밝혀졌다.

이 연구에서도 사람들이 어느 정도의 금전적 이익을 얻기 위해 얼마나 많은 고통을 감내하거나 가할 준비가 되어 있는지 조사하기 위해 전기 충격과 경제적 보상이 이용되었다. 참여자들은 보너스를 덜 받기로 하고 다른 참여자에게 전달되는 전기 충격 횟수를 줄일 수 있었다. 구체적으로 말하자면 참여자들은 매 실험 자신이 받는 보너스와 다른 참여자에게 가하는 충격을 함께 줄이거나, 보너스를 더 받으면서 더 많은 전기 충격을 가하는 것 중 한쪽을 선택할 수 있었다. 참여자들은 대부분 UCL 유학생 공동체에서 모집된 사람들이었다. 이들은 자신의 고통을 면하려 할 때보다 낯선 사람에게 똑같은 수준의 고통을 면하게 해주기 위해 두세 배 더 많은 돈을 기꺼이 지불했다.

이 연구의 공동 저자인 레이 돌란은 이런 결과를 보고 놀랐다고 인정했다. "우리는 참여자들에게 전기 충격을 받는 사람을 만날 필요가 전혀 없다고 분명히 말해주었습니다. 아무런 사회적 여파도, 평판이 손상될 일도 없었지요. 이런 수준의 이타주의는 전혀 예상하지 못했습니다."

크로켓과 돌란은 실험 중 뇌의 활동을 관찰했고, 사람이 다른 누군가에게 물리적 위해를 가하는 대가로 금전적 보상을 받을지 말지 가늠할 때 전전두엽 피질의 활동이 증가한다는 사실을 발견했다. 전전두엽 피질은 보상 인식, 동기 부여, 의사 결정에 관여하는 선조체腺條體의 활성을 억제해 금전적 보상에 대한 뇌의 평가 가치를 깎아내리고 있었다. 전전두엽 피질과 선조체 사이의 연결 민감성은 우리가 자신의 욕구와 다른 사람의 욕구를 어떻게 비교하는지 설명해준다.

만약 여러분이 친구에게 빌린 자전거를 잃어버렸는데, 그 자전거가 친구의 할머니께서 살아생전 남긴 마지막 선물이었다면 어떤 기분이 들까? 이것은 대인관계와 관련된 죄책감을 연구할 때 사용되는 질문의 예이다. 캘리포니아 대학교 산타바버라 캠퍼스의 위홍보Yu Hongbo 조교수는 우리가 이타적 규범을 위반할 때 어떤 일이 일어나는지에 관심을 두고 크로켓과 함께 공동 연구를 진행하고 있다. 위 교수는 압박감 하에서 행동 변화를 유도하는 요인이 무엇인지 밝혀내고 싶었다. 그래서 참여자들이 타인에게 불필요한 신체적 고통을 주었다는 죄책감을 느끼도록 유도했다. 그리고 이들의 뇌를 fMRI 영상으로 스캔하자 사람들이 죄책감을 느낄 때 활성화되는 영역이 드러나면서, 이 복잡한 감정에 상응하는 신경 신호가 나타났다. 이런 양상은 중국과 스위스처럼 서로 다른 문화권에서 자란 대다수의 사람들에게서 똑같이 나타났다. 아직은 초기 단계지만 이 검사는 법적인 상황에서 죄책감을 확인하는 데 도움을 줄 수 있다.

이 실험은 비윤리적인 행동이 우리의 가치관과 같은 집단에 속한 다른 사람들의 가치관을 어떻게 바꾸는지 밝혀주었다. 레이 돌란은 우리가 일단 '어두운 곳에 발을 들여놓으면' 자신의 도덕적 가치, 이 가치관을 배반할 때 드는 죄책감, 그리고 이렇게 해서 얻는 보상 사이의 불일치를 조화시키기 위해 뇌에서 선조체의 민감도가 높아지고 (보상 및 동기 부여 체계를 자극해) 다른 사람들의 고통보다 자신의 이익을 우선시하는 것을 편안하게 느끼게 된다고 설명했다. 이러한 재조정은 자신의 행동에 대한 사후 정당화를 부추기고, 규범을 재차 위반할 때 생기는 불편감을 덜어주며, 궁극적으로 우리를 점점 더 이기적인 사람으로 만들 수 있다.

레이는 이런 기전이 도덕적 전염에 영향을 미친다고 주장한다. 그리고 단순한 상호작용을 통해서도 누군가의 가치에 대한 단서를 무의식적으로 포착할 수 있다는 사실을 보여주었다. 상호작용은 어떤 사람의 가치가 다른 사람의 가치에 조금 더 가까이 다가가게 해주며, 이런 변화는 암묵적이고 자동적으로 일어나는 듯 보인다. 이것은 어떤 집단에 공감대가 형성되는 방식 중 하나이지만, 여전히 둘 중 하나의 방향으로 전개될 수 있다. 도덕적 전염은 정서적 전염과 마찬가지로 집단을 매우 이기적인 방향으로 이끌 수 있다. 집단의 가치는 일반적으로 권위가 있거나 영향력이 큰 사람, 그리고 종종 외향적인 사람을 중심으로 수렴된다. 극단적으로 행동하는 경향이 있는 두뇌 프로파일을 가진 사람은, 특히 그가 리더인 경우에는 좋은 집단을 나쁜 방향으로 이끌 수도 있고, 그 반대의 경우도 가능하다.

일관되게 친사회적 행동을 나타내는 초이타주의자들도 있다. 친사회적 행동에는 유전적 기반이 있으며, 이런 성향은 생애 초기부터 나타나기 시작해 아동기를 거치며 더욱 발달한다. 여기에는 도파민계(보상), 세로토닌(감정 및 억제), 옥시토신(다른 사람들과의 유대 형성), 바소프레신(심장과 뇌의 관계를 조절하고 사랑의 감정과 연관됨)과 같이 일반적으로 뇌 전반의 의사 소통과 관련된 유전자들이 관여한다. 이런 특정 유전자 변이에 의해 형성된 뇌를 가지고 있는 사람들은 일관성 있게 자신의 도덕적 기준에 부합하는 결정을 내리고 더 이타적으로 행동한다. 이들은 '나'보다도 '우리'가 중요한 사람들이다.

반면 사이코패스는 도덕적 의사 결정에 관여하는 여러 뇌 영역 사이의 연결이 현저히 약한 뇌 프로파일을 갖고 있다. 사이코패스는 다른 사람들의 감정과 관점을 인식하지만 이로 인해 동요하지 않으며, 죄책감을 느끼거나 공감하는 능력이 심각하게 결여되어 있다. 사이코패스는 카리스마가 넘치고 그럴듯해 보이는 경우가 많아서 집단 어리석음을 조장하는 위험한 매개자가 될 수 있지만, 집단 지능에 긍정적으로 기여할 수는 없다.

나르시시스트도 사이코패스와 비슷한 뇌 프로파일을 갖고 있다. 이들은 다른 사람들을 자신의 의제와 관련된 객체가 아닌 독립적인 행위자로 인식하기 어려워한다. 사이코패스는 유전되는 경향이 뚜렷하고, 모든 문화권에서 100명 중 1명꼴로 일관되게 나타나고 있지만, 고도로 발달한 소비 지상주의 사회에서는 나르시시즘이 늘고 있다.

나르시시즘은 현재 100명 중 5명꼴로 나타난다고 추정되며, 미국 대학생들의 나르시시즘 성향 자가 보고에 근거하면 2006년까지 40년 동안 30퍼센트 증가했다. 나르시시즘 성향에는 놀라운 특권의식이 동반된다. 2013년에는 응답자의 65퍼센트가 "내가 열심히 노력하고 있다고 설명하면, 교수는 내 학점을 올려주어야 한다"는 진술에 그렇다고 답했다. 또한 응답자의 3분의 1이 "나는 대부분의 수업에서 적어도 B 학점을 받을 자격이 있다"는 진술에 그렇다고 답했다.

베를린 자유 대학교의 임상심리학자 알린 바터Aline Vater 박사는 환경과 문화가 이러한 변화에 어떤 역할을 하는지 관심을 두었다. 바로 박사의 집 앞에 사회적, 경제적, 정치적으로 완벽한 조사 환경이 펼쳐져 있었다. 1989년 통일이 될 때까지 서독 사람들은 40년 동안 개인주의 문화 속에서 살아온 반면, 동독 사람들은 이보다 집단주의적인 문화에 물들어 있었다. 바터 박사의 연구팀은 사회주의적인 독일민주공화국 및 자본주의와 민주주의에 기반한 독일연방공화국에서 자란 1,000명 이상의 성향을 분석했다. 조사 결과, 통일 이전의 서독에서 성장한 사람들은 과거의 동독 사람들에 비해 과대망상적 나르시시즘 진단율이 유의미하게 높은 반면 자존감은 훨씬 낮았다. 통일 이후 초등학교에 입학한 사람들 간의 차이는 훨씬 더 적었다.

이 결과는 동독이 서독에 비해 명백히 '더 좋은' 사람들을 배출했음을 의미하지 않는다. 특히 전체주의적 정치 체제가 매우 반사회적이고 편집증적인 가치관에 순응하라고 요구했다는 점을 고려하면 더욱 그렇다. 그러나 이 결과는 의도적인 집단주의 사회에서 성장한 경험과 집단을 고려하는 행동 방식 사이에 일종의 연관성이 있음을 시사한다.

나르시시즘이 증가하는 초개인주의 사회에서 자신에게 과도하게 초점을 맞추는 경향은 자기 파괴적인 집착으로 변질된다. 역설적이게도 이것이 위험할 정도로 자존감을 낮추고 자아를 취약하게 만들 수 있다. '우리'의 가치관은 약해지고 자기에게 매몰된 매우 취약한 '나'가 남는다. 이는 개인의 행복과 성공을 잠재적으로 위협하며, 자제력을 발휘하면서 공동의 목적을 위해 협력하는 집단의 능력에도 해를 끼친다.

일부 생명윤리학자들은 특정 집단에 생명공학을 이용해 더 깊은 도덕 감각을 부여해야 한다고 주장하기 시작했다. 크로아티아 리예카 대학교의 엘비오 바카리니Elvio Baccarini와 루카 말라테스티Luca Malatesti는 최근《의료윤리학회지Journal of Medical Ethics》에서 이것이 필수적인 '사회적 도덕성 처방'이라면서 "생명공학을 이용한 사이코패스의 도덕적 생체 강화를 의무화하는 것은 정당하다"라고 주장했다. 이들이 말하는 처방에는 사람들이 타인에게 유대감을 느끼도록 돕는 옥시토신과 같은 정신 작용제 투여, 공감 및 연민과 관련된 뇌 영역에 대한 자기 자극술, 도덕적 의사 결정과 관련된 특정 신경회로를 억제하거나 활성화하는 신경외과 수술 등이 포함될 수 있다.

하지만 사이코패스도 아니고 나르시시스트도 아닌 나머지 사람들은 어떻게 해야 할까? 분석적 인지 능력을 강화하기 위해 머리 좋아지는 약을 복용하는 경우가 있듯이, 사회적 지능을 높여주는 수술을 받아야 할까? 집단 지능에 기여하는 개인의 능력이 더 중요해짐에 따라, 아마도 우리는 이런 능력에 더 큰 가치를 매기게 될 것이다. 역설적이게도 우리의 경쟁 본능이 협력 능력에 도움이 되는 시술을 유도할 수 있다. 어쩌면 이런 치료법은 레이저 안과 수술, 소량의 환각제, 진지한 명상 수련처럼 궁극적으로 우리의 번영을 돕는 또 다른 도구가 될지 모른다.

옥스퍼드 대학교의 윤리학 교수인 줄리안 사불레스쿠Julian Savulescu는 우리가 복잡한 문제를 해결하기 위해 긴급한 집단 행동이 필요하다는 사실을 더디게 깨닫고 있기 때문에, 우리 모두에게 생체 강화를 이용한 도약이 필요하다고 생각한다. 그는 2012년과 2017년에 문제의 중요성을 설명하는 논문을 발표했다. 사불레스쿠에 따르면, 우리는 우리의 생물학적 도덕성으로는 따라잡을 수 없는 방식으로 환경을 변화시켰다. 이제 우리는 '거대한 도덕적 문제'에 직면하고 있으며, 이를 해결하려면 생물학적인 도덕성 강화가 필요할지도 모른다. 사불레스쿠는 이렇게 말했다. "인간이 처한 곤경은 이제 너무 불길해서, 실제로 도움이 될 수 있다면 현대 과학이 제공할 수 있는 그 어떤 수단도 거부해서는 안 된다."

도덕성의 과학은 아직 걸음마 단계에 있으며, 명백한 윤리적 진흙탕을 제외하면, 생체 강화의 효과를 안정적으로 입증하는 데이터는 없다. 설사 효과가 있다 해도, 예측하지 못한 바람직하지 않은 결과를 초래할 가능성이 있다. 연구 범위가 확대되면서 연구 결과를 재평가하게 되는 사례가 수없이 많다. 옥시토신은 처음 발견되었을 때, 사람들 사이에 친밀한 관계를 형성하고 유대감을 느끼는 데 도움이 된다는 이유로 '사랑의 화학 물질'로 홍보되었다. 하지만 최근 들어 옥시토신의 어두운 면이 드러났다. 옥시토신은 소수의 사람들 사이에 공감대를 형성할 수 있지만, 이것은 집단 외부에 있는 모든 사람을 희생시키는 대가다. 외부인에 대한 적대감을 유발할 수 있기 때문이다.

생물학적 도덕성 강화는 실제 실현되기보다는 흥미로운 철학적 논의로 남을 수도 있지만, 이것이 제기하는 핵심 쟁점은 타당하고도 중요하다. 우리가 다른 사람들에게 얼마나 많은 가치를 두는지가 이들을 향한 우리의 결정과 행동에 직접적인 영향을 미친다면, 우리의 관심 범위는 얼마나 커질 수 있으며, 얼마나 커져야 할까? 우리는 진화 과정에서 약 150명 규모의 집단을 이루고 사는 데 도움이 되는 이타심을 타고났지만, 기후와 생태적 비상사태에 관해서만큼은 전 세계 수십억 명의 사람들뿐 아니라 다른 종에게까지 관심을 기울여야 한다. 우리는 시급히 '우리'의 사고방식을 재발견하고 '나'라는 사고방식을 내려놓아야 한다.

다행히 의사 결정과 감정, 가치와 행동에 전염성이 있다는 사실은 우리가 이를 위해 함께 노력하면, 이 인지적 노력이 우리의 행동을 실제로 변화시키고, 다른 사람들에게 영향을 미친다는 것을 의미한다. '우리'의 사고는 매우 전염성이 강하다. '우리'의 사고는 집단 전체에 복합적인 효과를 전파하며 집단 밖으로까지 퍼져나간다. 그레타 툰베리가 말했듯이 "변화를 일으키기에 너무 어린 사람은 없다". 신경과학은 이러한 이상주의적 발언을 뒷받침하고, 공동체와 사회라는 큰 집단이 집단 지능을 유지할 수 있도록 해주는 생물학적 실체를 보여주고 있다.

집단 지능을 발현하기 위해 우리 모두가 동시에 같은 선택을 해야 할 필요는 없다. 집단 지능은 좋은 아이디어를 집단 전체에 퍼뜨리고 이에 따른 보상을 제공하면서 작은 집단에서 큰 집단으로 뻗어나갈 수 있다. 또한 긍정적인 사회적 행동이 더 쉬워지게 만들거나 심지어 기본값이 되는 환경을 조성함으로써 우리의 의사 결정을 유도할 수도 있다. 나는 우리가 비록 자기 앞길에 장애물을 놓는 경향이 있지만, 그럼에도 불구하고 집단 지능을 외면하기보다는 추구하는 역량이 있다는 낙관적인 기대를 품고 있다. 그러니 오직 장애물을 명확히 살펴보고 우회로를 찾으면 된다.

‖ 실습하기 ‖

권력의 영향 인식하기

이 실습을 통해 효과를 거두려면 다음 지침을 단계별로 읽으면서 실시간으로 실행해야 한다. 건너뛰면 안 된다!

먼저 눈을 감는다. 자신이 힘 있는 자리에 있었던 때를 떠올리자. 축구 경기의 심판이었거나 회의의 의장이었던 때가 있을 수도 있겠다. 시간을 들여 책임자가 되는 느낌을 음미해보자. 중요한 결정을 내렸었나? 다른 사람들에게 업무를 지시했었나? 그때 어떤 기분이 들었나?

이제, 눈을 감고 글씨 쓰는 손을 들어 검지로 이마에 대문자 E를 그리자.

다 그렸나?

눈을 뜨자.

E를 어떻게 그렸는가? 다른 사람들이 여러분을 바라보고 있을 때 읽을 수 있는 방향으로 그렸는가? 아니면 여러분 자신이 이마에 붙은 종이를 들여다볼 때처럼 그렸는가?

애덤 갤린스키의 연구팀이 이 실험을 했을 때, 권력감을 음미한 지원자들은 자기 (내부의) 관점에서는 맞지만 상대방의 관점에서는 거울상으로 뒤집힌 E를 그리는 경향이 있었다. 반대로, 권력감을 음미하지 않은 지원자들은 상대방의 관점에서 생각하고 이들이 바로 알아볼 수 있도록 거울상의 E를 그릴 가능성이 훨씬 더 높았다.

이 실험은 리더들의 뇌가 권력이 미치는 영향에 얼마나 취약한지 보여준다. 우리는 '우리'의 사고를 연습하게 해주는 활동을 통해 이런 영향에 대해 어느 정도 면역을 기를 수 있다. 능동적 경청과 상호작용에 대한 성찰, 마음챙김 명상, 자원봉사, 심지어 소설 읽기도 모두 효과가 있다고 밝혀졌다.

8장

집단 지능을
북돋는 환경

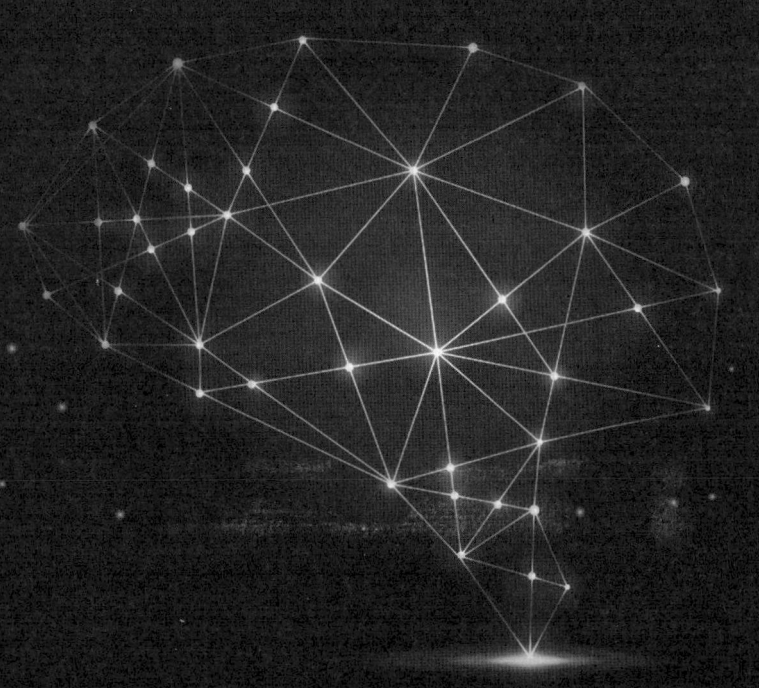

지난 300년 동안 우리는 18세기를 살았던 사람들이 거의 알아볼 수 없을 정도로 생활 환경을 새롭게 재구성했다. 이러한 거대한 물리적, 기술적, 사회적 변화가 우리의 행동에 어떤 영향을 미치는지, 다소 어렵지만 신경과학의 도움을 받아 이해를 시도해보자. 환경의 압력은 모든 유기체의 행동에 지대한 영향을 미치며, 이것은 우리에게도 예외가 아니다. 우리가 다른 동물들과 다른 점은 이런 환경적 맥락을 우리조차 이제 겨우 이해하기 시작한 방식으로, 전격적으로 변화시켰다는 데 있다. 우리의 식단과 주거 환경, 생활 방식, 약에 대한 접근성, 그리고 무엇보다도 디지털 기술을 통한 정보 접근성과 같은 모든 요인이 집단 역동에 영향을 미치며, 집단 지능의 가능성을 극대화할 수도, 혹은 그 반대로 작용할 수도 있다. 값싸고 안전한 진통제나 디지털 미디어처럼 집단 지능의 정점을 이루는 의료 및 의사 소통 분야의 가장 훌륭하고 유용한 혁신들까지 우리 뇌의 기능을 제한하는 장벽이 될 수 있다.

앞에서 우리는 집단을 이룬 사람들이 스스로 자신들의 앞길을 가로막는 이유를 이해하기 위해 의사 결정과 감정, 윤리의 생물학적 기전을 살펴보았다. 이제 환경의 역할을 살펴볼 차례다. 맥락은 그저 집단 행위의 배경이 아닌 능동적 참여자다. 우리가 일하고, 여럿이 어울리고, 연인을 만나고, 생각을 나누고, 기업이나 국가와 상호작용하는 방식이 빠르게 변하고 있다. 우리의 인지 능력은 이런 변화를 따라잡을 수 있을까? 아니면 여기에 압도당하지 않으려고 고군분투하고 있을까?

일단, 우리가 만나는 물리적 환경을 개선해 초연결 사고를 극대화할 수 있는 방법을 몇 가지 살펴보자. 그런 다음, 대대적인 처방약 사용이 미치는 영향을 검토하고, 오늘날 약보다 더 많이 쓰이는 소셜미디어와 디지털 커뮤니케이션의 영향을 더 자세히 들여다보자. 이런 새로운 환경 요인은 기억력, 주의력, 공감 능력, 감정 조절 능력, 정보 평가 능력, 의사 결정 능력, 생각을 바꾸는 능력, 다른 사람들의 관점에 귀 기울이는 능력에 어떤 영향을 미칠까? 우리가 만들어낸 새로운 환경의 단점을 극복하고 이점을 활용하기 위해 우리는 무엇을 할 수 있을까?

초연결 사고를 촉진하는 환경 가꾸기

소규모 회의실만으로 집단 지능을 이끌어낼 수는 없겠지만, 이런 곳 없이는 집단 지능이 발현되기 어려운 것도 사실이다. 어수선하고 탁 트인 사무실에서 생각의 끈을 이어가느라 애써본 사람이라면 누구나 알겠지만, 집단이 모이는 공간의 구조는 그 집단이 기능하는 방식에 유의미한 영향을 준다. 의사 소통이 원활하려면 공식적인 회의실이 아닌 다른 곳에서도 우연한 만남과 비공식적 만남이 쉽게 일어날 수 있어야 한다. 작은 구석과 틈새 공간, 많은 사람이 지나다니며 마주치는 복도, 구내식당, 오락이나 점심 식사를 즐기는 야외 공간이 모두 다양한 종류의 만남을 촉진한다. 구성원들이 쉽고 편안한 방식으로 소통할수록 팀과 직급의 구분을 초월한 개방적 의사 소통 가능성도 커진다.

또한 (개인이나 집단의) 업무 공간은 환기가 잘되고 공기 정화 식물이 많은 곳이어야 한다. 사람이 많고 환기가 잘 되지 않는 교실이나 사무실, 에어컨이 가동되는 비행기와 기차에서는 모두 이산화탄소 농도가 권고 수준인 1,100ppm을 초과했다.

유니버시티 칼리지 런던의 에너지 및 환경학과 교수 타지 오레스친Tadj Oreszczyn은 이산화탄소 농도가 인지 능력과 생산성에 미치는 영향을 연구해왔다. 한 소규모 연구에 따르면 근로자들이 근무 중 1,400ppm의 이산화탄소에 노출되면, 550ppm에 노출되었을 때보다 IQ 검사 점수가 50퍼센트 낮아졌다. 산소에 굶주린 우리의 뇌는 대기 중 이산화탄소 농도가 너무 높아지면 숨이 막히기 시작하며, 얼마 안 있어 졸음과 혼란에 빠진다. 오레스친 교수는 모든 새 건물의 환기 시스템에 탄소 포집 기술을 적용해야 한다고 주장하면서, 기후 위기가 심화할수록 이 문제가 더욱 심각하게 다가올 것이라고 경고한다. 당분간은 창문을 열어 산소가 풍부한 공기를 공급하는 것이 최선의 방책이다. 주변 여기저기에 공기 정화 식물을 놓아두는 것도 나쁘지 않다.

온도도 두뇌 활동에 영향을 미친다. 너무 춥거나 더우면 생각하기가 어려워지므로 쾌적한 온도는 누구에게나 중요하다. 그런데 이런 당연한 사실을 조금 더 자세히 들여다보면, 온도가 남성과 여성의 뇌 기능에 영향을 미치는 방식에는 작지만 중요한 차이가 있다는 것을 알 수 있다. 여러분은 집이나 직장에서 중앙 난방 장치나 에어컨을 두고 벌어지는 남녀 사이의 다툼에 이미 익숙할 것이다. 여성들은 더 따뜻한 온도를 원하지만 남성들은 더 차가운 온도를 선호한다. 이런 차이는 측정 가능한 현상이며 인지 능력에도 유의미한 차이를 야기한다. 베를린 사회과학센터의 아그네 카자카이테Agne Kajackaite와 USC 마샬 경영대학원의 톰 창Tom Chang은 543명의 참여자를 대상으로 실내 온도를 섭씨 16도에서 33도 사이로 조절하면서 수 계산, 언어 및 자기 성찰 능력을 시험했다.

재미 삼아 예제를 하나 살펴보자.

"여러분이 할 일은 두 자리 숫자 다섯 개를 더하는 것입니다(다음 예시 참조). 가능한 한 많은 문제를 푸십시오. 감독관이 시작하라고 말한 다음 5분이 주어집니다. 펜과 종이는 사용할 수 있지만 계산기는 사용할 수 없습니다."

예제					답
88	21	79	78	16	282

문제					답
18	76	37	51	23	
73	70	27	50	35	
43	69	31	71	96	
63	79	48	12	13	
23	23	71	28	52	
31	64	48	48	45	

이런 문제도 출제되었다. "야구 방망이와 공을 합친 가격은 모두 1.10달러이고 방망이는 공보다 1달러 더 비쌉니다. 이때 공의 가격은 얼마일까요?"

10센트라고 생각했다면 여러분은 틀렸다(풀이는 참고문헌 참조).

실험 결과 실내 온도가 1도 높아지면 여성의 정답률은 수 계산 문제에서 거의 2퍼센트, 언어 과제에서 1퍼센트 증가했다. 반면 남성은 온도가 낮은 곳에서 점수가 더 높았지만, 온도가 높아질 때는 여성의 향상 폭만큼 점수가 떨어졌다.

2퍼센트가 별것 아닌 듯 보여도, 당사자에게는 커다란 차이를 야기할 때가 있다. 예를 들어 시험에서 A학점과 B학점을 가를 수 있다. 또한 집단 차원에서는 작은 차이가 모여 큰 차이를 낳는다. 연구팀이 언급했듯이, 사무실 온도를 조금만 조절하면 남녀가 함께 일하는 집단의 생산성과 수행 능력을 눈에 띄게 개선할 수 있다.

이러한 세부 조정의 효과 외에, 이제는 사람들에게 특정한 결정을 내리도록 유도하는 데 초점을 맞추는 행동과학 분야가 생겨났다. 데이비드 캐머런David Cameron 전 영국 총리 시절, 정부 정책에 행동과학을 적용하기 위해 넛지 유닛Nudge Unit 이라고 널리 알려진 행동통찰팀 Behavioural Insights team 이 설립되었다. 사람들이 특정 선택을 하도록 환경을 조정하면 자신과 사회에 최선의 이익이 되는 결정을 내리도록 부드럽게 유도할 수 있다는 발상이 그 근거였다. 일례로 현재 영국에서는 연금에 대한 기본 설정을 자동 탈퇴에서 자동 참여로 바꾼 덕분에 400만 명 이상이 은퇴 연금을 확보하게 되었다. 슈퍼마켓 계산대에서 달콤한 간식류를 치우자 부모에게 단것을 사달라고 조르는 아이들이 줄면서 설탕 섭취량이 유의미하게 감소했다.

선택이 이루어지는 환경을 바꾸면, 사람들이 이 사실을 의식하지도 못한 채 어떤 결정을 내리도록 유도할 수 있다. 우리의 의사 결정은 대부분 감정적이고 반응적이어서 어떤 요인이 자신의 행동에 영향을 미치는지 스스로 알아차리지 못한다. 이런 종류의 넛지 공학은 분노를 사기도 하지만, 공중 보건과 조세 제도 등의 분야에서 사회 전체의 이익에 부합하는 의사 결정을 촉진하는 데 널리 사용된다.

많은 사람들이 우리가 우리 행동을 특정 방향으로 유도하려는 행위자들에게 휘둘리고 있다는 사실을 인정할 것이다. 이것이야말로 광고의 기본이기 때문이다. 문제는 환경을 조정하는 방법 중 일부가 다른 것들보다 더 광범위한 영향을 미치고 잠재적으로 도움이 되지 않는 결과를 초래할 수 있다는 데 있다.

약 때문에 초연결 사고와 멀어진다고?

영국에서는 65세 이상 인구 열 명 중 한 명이 이미 매주 여덟 가지 약을 복용한다. 이런 약 가운데 일부가 우리의 행동에 광범위한 변화를 유발하고 있다는 증거가 점점 쌓이고 있다. 심근경색과 뇌졸중을 예방하기 위해 널리 처방되는 스타틴계 약물은 분노 폭발이나 변덕스러운 행동과 관련이 있다. 천식 치료제는 과잉행동이나 주의력 문제와 관련이 있고, 파킨슨병 치료에 쓰이는 약물은 위험하고도 새로운 자극 추구와, 항우울제는 신경증적 성향과 관련이 있다. 당연히 안전하리라 여겨지던 파라세타몰 같은 일반의약품도 뇌에 영향을 미쳐 친사회적 행동을 억제하고, 그 결과 집단의 관점에서 생각하는 능력을 떨어뜨릴 수 있다.

최근 들어 흔한 처방약이나 복합 제제들이 기분과 행동을 크게 변화시킨다는 데이터가 쏟아져 나온다. 이것은 연구가 매우 부족한 사안이다. 물론 모든 약은 첫째, 효과를 입증해야 하고, 둘째, 독성 부작용을 일으키지 않는지 확인하는 일련의 임상실험을 거쳐야 한다. 이런 임상실험은 일반적으로 엄격하게 진행되고 신뢰할 만하지만, 뇌에 미치는 영향을 기본 조사 항목에 포함시키지는 않는다. 간 독성, 신장 기능, 근육 기능, 단백뇨 같은 것들은 모두 기본적으로 조사하지만 신경회로의 기능이나 신경화학적 전달물질 수준의 영향에 대해서는 그렇게 하지 않는다. 원래 약물 사용 승인 절차에는 기본적으로 뇌나 행동에 주는 영향을 검토하는 과정이 포함되어 있지 않다. 이것은 당황스럽고도 걱정되는 일이다.

파라세타몰은 전 세계 수백만 명에게 가장 사랑받는 진통제이지만 그 부작용은 이제 막 드러나기 시작했다. 파라세타몰은 감정, 공감, 의사 결정에 중요한 역할을 하는 대뇌섬 피질과 등쪽 전방 대상피질 영역의 신경 활동을 억제해 신체적 통증을 완화한다. 최근 파라세타몰이 거절당한 사람의 비참한 심정 같은 정서적 고통까지 완화할 수 있다는 사실이 밝혀지면서, 오하이오 대학교 심리학과 조교수 도미닉 미슈코프스키Dominik Mischkowski는 이것이 연민을 느끼는 능력이나 다른 사람들과 감정을 공유하는 능력을 약화시킬 수 있는지 의문을 품기 시작했다. 미슈코프스키 교수의 연구팀은 2019년 114명의 학생들을 두 집단으로 나누어 실험을 진행했다. 한 집단에는 표준 용량인 1,000밀리그램의 파라세타몰을, 다른 집단에는 위약을 투여했다. 이어서 참여자들에게 다른 사람들의 희망적인 경험에 관한 이야기를 읽어보게 했다. "수지는 지금의 직장을 구하기 위해 열심히 일했다. 마침내 아들을 돌볼 수 있게 되었고, 아들이 원하는 생일 선물을 사줄 돈을 거의 다 모았다. 오늘 사무실에서 수지의 상사는 그녀에게 일을 잘해서 급여가 인상되었다고 말했다."

연구 결과 파라세타몰 1회 용량은 공감 능력과 긍정적인 감정을 느끼는 능력을 약 30퍼센트 떨어뜨렸다. 영국에서 연간 6,300톤의 파라세타몰이 판매된다는 사실, 다시 말해 1인당 연간 70개의 알약을 복용하고 있다는 점을 고려하면 이것은 염려할 만한 결과다. 미국에서는 1인당 약 298알에 해당하는 4만 9,000톤의 파라세타몰이 매년 팔리고 있다.

우리가 걱정해야 할 약은 진통제만이 아니다. 흔히 처방되는 항우울제, 특히 선택적 세로토닌 재흡수 억제제SSRI는 수백만 명의 우울증과 불안증을 매우 효과적으로 치료하고 있지만, 감정을 무디게 만든다고 알려져 있다. 정서적 무감각은 무관심의 중요한 예측 변수이다. 정서적 분리는 트라우마를 겪는 사람들에게 커다란 위안이 될 수 있지만, 세상이나 다른 사람들로부터 분리되는 경험은 당사자와 이들이 상호작용하는 집단에 장기적으로 부정적 영향을 미친다.

이것은 몰리 크로켓과 예일 대학교 연구팀의 또 다른 관심 분야다. 이들은 SSRI가 우울증 진단으로 약을 처방받은 사람들뿐만 아니라 이 약에 노출된 모든 사람들의 공감과 도덕적 의사 결정에 어떻게 영향을 미치는지 살펴보기 위해 일련의 실험을 진행했다.

몰리 크로켓은 건강한 실험 참여자들에게 SSRI 계열의 시탈로프람Citalopram('셀렉사®'라고도 함) 또는 플라세보를 1회 투여했다. 그런 다음에는 고전적인 트롤리 딜레마를 제시했다. 이 딜레마는 도덕적 의사 결정에 관한 연구에 널리 활용되는 유명한 사고실험이다. 시나리오는 다음과 같다. 다섯 명의 사람이 모여 있는 방향으로 트롤리가 질주한다. 트롤리에 치이면, 이들은 분명히 죽는다. 당신은 레버를 당겨 트롤리를 다른 선로로 유도할 수 있다. 그곳에는 역시 트롤리에 치이면 분명히 죽을 사람이 한 명 있다. 참여자들은 한 사람을 죽음으로 내몰고 다섯 사람을 구하기 위해 레버를 당길지, 아니면 아무 일도 하지 않을지 결정해야 한다. 이 실험은 다양한 변형을 통해 사람들이 느끼는 행위성의 강도를 높이거나 낮출 수 있다. 예를 들어, 레버를 아예 다른 사람으로 대체하면, 그의 몸을 떠밀어 트롤리의 질주를 멈출 수는 있지만 밀린 사람은 당연히 죽는다.

이 사고실험은 수없이 재현되어왔으며, 대부분의 사람들은 다가오는 트롤리 앞으로 사람을 밀어 넣기보다는 레버를 당기는 쪽을 훨씬 덜 불편해한다. 어떤 시나리오든, 이들의 행위는 다섯 명을 구하기 위해 다른 한 명을 죽이는 일이지만 평가는 매우 달라진다. 레버를 당겨 개입할 때는 공리주의 원칙이 영향을 미치고, 일반적인 사람들은 하나의 생명을 희생하는 것이 다른 다섯 명의 생명을 구하는 것과 맞바꿀 만큼 가치 있는 일이라고 생각한다. 직접적으로 어떤 사람을 손으로 밀어 죽음으로 떠민다고 상상해야 하는 경우에는 이런 결론을 내리기가 훨씬 힘들어진다.

이것은 인지적으로 곤혹스러운 문제이다. 다양한 가능성을 충분히 고려하고 이것들을 우리의 신념과 견주어보려면 뇌는 열심히 일해야 한다. 이런 계산은 스트레스를 가중시킨다. 그래서 아무것도 하지 않고 다섯 명을 죽게 내버려두는 사람들도 상당수 있다.

크로켓의 연구팀은 시탈로프람을 1회 투여하면 레버를 이용하는 첫 번째 시나리오에서조차 여러 사람을 구하기 위해 한 사람을 희생시키는 경향이 감소한다는 사실을 발견했다. 나는 삶의 영역에서도 과학의 영역에서도 확고한 공리주의자다. 그래서 모든 사람이 평등하다는 가정 아래 최대 다수의 사람들에게 최대의 선을 제공해야 한다는 생각에 근거해 결정을 내리는 경향이 있다. 이런 관점에서 보면 크로켓의 실험 결과는 경종을 울린다. 시탈로프람은 문제의 복잡성을 붙들고 씨름하면서 그 주변을 더듬어 앞으로 나아가는 정신 작업 능력을 약화할 수 있다. 시탈로프람은 무관심을 부추기고 방관자 효과가 나타나는 사례를 훨씬 더 많이 만들어냈다.

크로켓은 다음과 같이 다소 절제된 어조로 결론을 마무리했다. "향후 10년간은 이런 질문을 체계적으로 연구하고 처방약이 도덕성에 미치는 영향을 논의하는 일이 중요한 과제가 될 것이다." 2017년에서 2018년 사이 영국 성인의 17퍼센트가 항우울제를 처방받았고 이 비율이 팬데믹 이후 뚜렷이 증가했다는 사실을 고려하면, 약물이 우리의 정서 지능과 도덕적 의사 결정에 어떤 영향을 미치는지는 매우 중요한 문제다.

이 같은 영향이 약을 처방받은 사람들에게만 국한되지 않는다는 점을 고려하면 더욱 그렇다. 상당량의 잔여 화학물질이 하수 시스템으로 들어가 마침내 수로에 스며든다. 결국 여기 연결된 수돗물을 마시는 사람은 누구나 이 약을 섭취하게 되는 셈인데, 이것이 행동에 미치는 영향은 알려지지 않았다. 거의 20년 전 미국 지질조사국이 실시한 연구에서는 30개 주의 하천 139개에서 추출한 수질검사 시료 가운데 80퍼센트에서 측정 가능한 양의 약물 성분이 검출되었다. 성분이 확인된 약물로는 항생제, 항우울제, 항응고제, 심장약, 호르몬, 진통제 등이 있었다.

과학자들은 호르몬 피임약과 테스토스테론 크림이 하천으로 흘러 들어가 물고기와 다른 수생 생물의 생식 기능에 부정적 영향을 미칠 수 있다고 오랫동안 경고해왔다. 최근에는 약물 오염이 행동에 미치는 영향에 대한 연구가 시작되었다. 스웨덴 농업 대학교의 토마스 브로딘Tomas Brodin 교수는 정신과 약물로 인한 수질 오염이 수생 생물에 미치는 영향에 주목했다. 브로딘 교수는 유럽 전역의 수로를 오염시키고 있는 항불안제 옥사제팜에 농어와 잉어, 대서양 연어를 포함한 여러 어종을 노출시켰다. 실험용 수조에서 약물에 노출된 물고기는 대조군에 비해 더 많이 움직이고 더 많이 먹었으며, 사회적 상호작용이 유의미하게 줄어들었다. 평소에는 꽤 친밀한 행동을 보이던 물고기들이 다른 동종 물고기들과 나누는 상호작용에 점점 더 흥미를 잃어갔다.

나는 토마스에게 정신과적 약물로 인한 수질 오염이 인간에게 영향을 미치는 수준이라고 생각하는지 물어보았다. "하천의 물을 마시면서 약물을, 다시 말해 치료적 용량을 섭취하게 되는 곳이 분명히 있습니다. 그러나 이렇게 농도가 높은 곳은 생산 현장이나 대형 병원과 가까운 곳들이었어요. 수돗물에는 몇 가지 약이 들어 있더라도 농도가 매우 낮을 가능성이 큽니다. 그래도 저는 스웨덴 북부의 외딴 지역에 있는 우리 집 말고 다른 곳에서는 거의 절대로 수돗물을 마시지 않고, 제가 먹는 물고기가 어디에서 잡힌 것인지 알아보는 데 더 신경을 씁니다."

2011년 하버드 의과대학은 약물 오염이라는 주제를 조명하는 공개 서한을 발표했다. "수생 생태계에서 얻은 염려할 만한 여러 단서에 따르면 지금이 예방 조치를 취할 때이다." 이후 별다른 조치가 시행되지는 않았는데, 2018년에는 발륨이나 자낙스 같은 항불안제에 노출된 2년생 대서양 연어들이 확실히 부정적인 영향을 받고 있다는 사실이 입증되었다. 이 연어들은 계절적 상황이 유리해지기도 전에 충분히 발달하지 않은 상태로 바다에 도착했다. 약물에 노출되지 않은 다른 연어보다 거의 두 배나 빠른 이동이었다. 약물 오염은 우리가 아직 알지 못하는 방식으로 행동을 변화시킨다.

우리는 이 모든 약이 개인의 고통을 덜어주고 고유한 관점으로 집단에 기여하는 능력을 길러준다는 사실을 유념할 필요가 있다. 약으로 우울증이나 불안증을 완화하면, 누구나 더 효과적이고 생산적인 방식으로 생각하고 행동할 수 있게 된다. 공포에 떨어야 한다거나 처방받은 약을 복용하지 말아야 한다는 이야기가 아니다. 이런 주장은 심각한 파장을 불러올 수 있다. 그럼에도 불구하고 우리 중 일부가 자신도 모르는 사이에 사회적 지능을 어느 정도 잃을 위험에 놓여 있다면 어떨까? 나는 약물 허가 과정에서 이 부분을 조사해야 한다고 생각한다. 모든 일에는 균형이 필요하다. 약물 오염이 개인과 집단의 행복에 미치는 부정적 영향은 무엇이며, 우리가 이것을 충분히 인지하고 보호 조치를 취할 수 있을까? 나는 아직 그렇지 않다고 생각한다.

온라인상의 뇌:
좋거나 나쁘거나 추하거나

디지털 정보는 오늘날 어디에나 퍼져 있어서 우리 마음이 헤엄쳐 다니는 물이 되었다. 정보와 감정을 모두 주고받는 소셜미디어는 집단 지능이나 집단적 어리석음의 출현과 관련해 가장 유의미한 새로운 요인이다.

온라인 생활로의 전환이 우리에게 좋은 일인지 나쁜 일인지를 두고 많은 연구가 이루어졌다. 답은 '둘 다'일 것이다. 초연결 사고와 관련된 가장 흥미로운 발전은 인류의 위대한 집단적 성취 중 하나인 디지털 네트워크 없이는 불가능하다. 디지털 네트워크가 보편화된 이후 성인이 된 사람들은 대부분 다른 방식의 삶을 상상할 수 없다. 수백만 명이 인터넷에서 직업, 사랑, 친구, 공동체, 안식처를 찾았다. 그러나 인터넷은 적대감과 편협한 태도를 부추겨 우리를 소외시키는 환경을 조성할 수도 있다. 트위터와 인스타그램은 느린 사고가 아닌, 감정적이거나 비이성적으로 신속하게 반응하는 빠른 사고를 보상하도록 설계되어 있다.

나는 디지털 환경이 기억과 의사 결정, 감정 전염에 이어 공감, 정보 평가, 타인의 관점에 대한 경청, 의견 형성 능력에 어떤 방식으로 영향을 미치는지 살펴보고 싶다. 이제 주의 집중 시간 감소, 반향실 효과, 확증 편향이 감정 전염과 어떻게 결합되어 비판적 사고 능력뿐만 아니라 친사회적 행동에 필요한 기술을 좀먹는지 살펴보자. 새로운 환경에서 우리 뇌가 활동하는 방식을 더 많이 이해할수록 온라인

생활 방식을 더 현명하게 결정할 수 있을 것이다.

스마트폰, 기억력, 인간미 상실

디지털 기기에 의존하면서 뇌의 기민성이 떨어진다고 느끼는 사람들이 많아졌다. 우리는 구글에 여러 가지 정보와 버스 노선에 대한 기억을, 디지털 주소록에 친구들의 전화번호를 아웃소싱한다. 우리는 진짜 친구나 가족보다 스마트폰과 더 쉽게 소통하고, 화면 시청 시간이 계속 늘어난다며 중독을 염려한다. 또한 계속되는 스크롤과 새로고침의 압박 탓에 한 가지 일에 길게 집중하는 능력이 줄어든다고 느낀다. 이 모든 것이 소셜미디어를 자세히 이해하기도 전에, 이것이 우리 자신과 아이들의 뇌에 어떤 영향을 미치는지 알기도 전에 벌어지는 일이다. 스티브 잡스Steve Jobs가 자녀들에게 아이패드 사용을 허락하지 않았다는 기사를 읽으면 우리도 그래야 할지 고민하게 된다.

이런 우려를 얼마나 심각하게 받아들여야 할지는 알 수 없다. 기술과 우리의 관계가 아직 걸음마 단계이고 전문가들 사이에서조차 의견이 갈리는 것처럼 보일 때는 더욱 그렇다. 2019년, 왕립 정신의학회가 주최한 국제 회의에서 어떤 대표자가 "과도한 화면 시청 시간이 우리의 주의 집중 시간을 금붕어보다 1초 짧은 8초로 줄였다"라고 주장했다는 보도가 있었다. 2019년 학회에 대해 논평한 케임브리지대학교의 심리학자 에이미 오벤Amy Orben 박사는 여기에 선뜻 동의하지 않고, 왕립 정신의학회 대표자들에게 그 주장을 뒷받침할 증거를 제시하라고 촉구했다. 박사는 스마트폰이 중독성이 있다는 이야기에 강력히 반발했다. "스마트폰이 도파민 분비를 촉진하고 도파민 분비는 중독으로 이어진다는 신념이 널리 퍼져 있습니다. 그러나 친구와 수다를 떨든 피자를 먹든 (…) 쾌락을 느끼게 해주는 모든 일에는 도파민 분비가 동반됩니다." 박사는 스마트폰을 음식에 비유했다. "저는 가끔 문제를 회피하기 위해 소셜미디어를 이용하지만, 그것이 제게 좋지 않다는 사실을 압니다. 그러나 크리스마스에 민스 파이(속에 과일을 다져 넣어 만든 파이-옮긴이)를 먹을 때처럼, 저는 제 행동을 스스로 조절하려고 노력합니다."

오벤 박사의 주장에도 일리가 있다. 중독이라는 비유는 자주 남용된다. 그러나 음식도 기술도 건강하게 활용할 수 있는 박사와 달리, 세상에는 그렇지 못한 사람들이 많다. 인간은 뇌의 동기와 보상 회로를 가로채는 모든 요인에 지극히 취약하다. 중독이 발생하는 데 걸리는 시간은 물질의 종류와 여기에 노출되는 사람의 유전적 특성에 따라 다르지만, 일부 사람들에게는 분명히 민스 파이 같은 달콤한 음식과 스마트폰이 그런 역할을 한다.

음식에 관한 한 수많은 요인이 복잡하게 관여하겠지만, 칼로리가 높고 고도로 가공된 음식을 쉽게 구할 수 있게 되면서 음식을 통제하기 어려워하는 사람들이 많아진 것만큼은 분명하다. 비만의 유행이 그 증거다. 현대의 음식이 비만 위험을 높이는 것처럼, 기술 발전이 우리 뇌를 무기력하게 만들고 있는 것은 아닐까? 가능성은 다분하다.

기억은 이런 영향을 확인할 수 있는 영역이다. 기억은 모든 지능과 관련된 아주 중요한 기능이다. 기억하지 못하는 정보는 사용할 수 없다. 근본적으로, 새로운 정보를 오래된 정보와 비교하고 이에 따라 업데이트하지 않으면 학습 자체가 불가능하다. 치매가 사랑하는 사람에게 미치는 파괴적인 영향을 지켜본 사람이라면 누구나 수긍하겠지만, 기억이 없으면 우리는 자신이 누구인지조차 느낄 수 없다. 기억은 인지 전반에 걸쳐 대단히 중요한 요소이지만, 대부분 잃어버리기 전까지 많은 비용을 치르게 만들고, 늘 과소평가되는 기능 중 하나다. 인간은 언제나 기억에 도움이 되는 도구들을 찾아다녔다. 각운, 머리글자, 벽에 붙인 표시, 종이와 펜, 휴대폰 음성 메모가 그 예이다. 때로는 기억을 다른 사람에게 외주한다. 명시적으로 비서에게 일정 관리를 맡기기도 하고, 배우자와 대화를 나누는 과정에서 무의식적이고 본능적인 방식으로 분산 기억 은행을 형성하면서 인지적 부담을 나누어 지고 뇌의 능력을 향상시킨다.

분산 기억이라는 개념이 처음 만들어진 1985년은 인터넷이 막 대중에게 개방되기 시작한 때였다. 분산 기억은 주소록 같은 정적 형태의 외부 기억 장치와는 달랐다. 분산 기억을 통해 기억을 불러내고 진화시키는 과정에는 사람들 사이의 역동적인 양방향 의사 소통이 결정적으로 기여했다. 하지만 지금은 인터넷이 사람들과 거의 똑같은 방식으로 분산 과정에 참여할 수 있다. 인터넷은 역동적이고 상호작용이 가능하며 변화무쌍하고 자극적인 야수 같은 존재가 되었다. 이제 대부분의 사람들은 진짜 사람들보다 인터넷에 더 많이 의존한다.

하버드 대학교 심리학과 교수 대니얼 웨그너는 분산 기억이라는 개념을 처음으로 정의했다. 웨그너의 연구에 따르면, 자기 자신이나 신뢰할 만한 파트너의 두뇌 능력이 아닌 구글에 의존해 즉각적이고 지속적으로 정보에 접근할 수 있다고 기대하면, 기억 회상률이 점차 감소한다. 우리는 자신의 뇌에 정보를 저장하려는 욕구와 능력을 모두 잃어버린다.

구글이 있는데도 평범한 일을 기억하느라 인지 능력을 낭비할 이유가 있을까? 다음 세 가지 이유가 아니라면 문제가 없을 수도 있다. 첫째, 휴대폰 배터리가 방전되면 어쩌나? 둘째, 앞서 말했듯이 기억은 외주가 불가능하며 잃어버리고 싶지 않은 다른 주요 인지 능력을 뒷받침한다. 셋째, 다른 사람들과 함께 형성한 분산 기억을 포기하는 일은 그들과 협력하는 능력도 포기하는 것이다. 우리의 집단 지능이 손상된다.

디지털 커뮤니케이션은 수백만 명을 전 세계 사람들과 연결해주고 코로나 대유행 기간에 고립을 막는 데 중요한 역할을 한 것이 분명하지만, 위험할 정도로 유혹적인 미끼가 될 수 있다. 기술의 존재만으로도 사람들은 물리적으로 함께 있는 때마저 각자의 화면에 몰두한 채 서로 분리되는 소위 '가상 거리'를 형성한다. 인간과 기계의 상호작용은 친밀감을 줄이고, 인간들 사이의 상호작용을 많은 부분 대체하는 경향이 있다. 기술 의존도가 증가함에 따라 인간의 일상적 집단 지능이 약화되고 있는 것으로 보인다.

호주에 살던 지난해, 나는 다른 도시에서 열리는 회의에 참석하기 위해 대중교통에 올랐다. 모든 것이 낯선 곳에서 깜박하고 출발 전에 버스 정류장에서 사무실까지 가는 길을 확인하지 못했다. 휴대폰이 작동하지 않아서 나는 버스에 타고 있는 낯선 사람에게 길을 물었다. 알고 보니 그 사람은 방금 야간 근무를 마친 완화 의료 간호사였다. 막 더블샷 라테를 마신 간호사는 정신이 매우 또렷했다. 우리는 그녀의 직업을 화제 삼아 삶과 죽음에 관해 이야기를 나누기 시작했다. 그로부터 한 시간이 지나 상실의 과정, 삶의 연약함, 호주의 의료 문화, 운명과 생물학에 이르기까지 흥미롭고도 낯선 대화를 나눈 우리는 각자의 목적지에서 내려 헤어졌다.

나는 그 간호사로부터 의미 있는 것을 배웠다고 생각한다. 그것은 죽음과의 밀접한 접촉이 어떻게 삶을 최대한 누리고, 사소한 일에 연연하지 않으며, 주어진 것에 감사할 수 있게 해주는지 알려주는 신선한 통찰이었다. (그 간호사도 나만큼 심오한 깨달음을 얻었는지는 잘 모르겠다!) 이 우연한 상호작용은 그동안 들어본 어떤 팟캐스트보다 훨씬 더 큰 여운을 남겼지만, 내 휴대폰이 제대로 작동했다면 아마 일어나지 않았을 일이다.

공공 장소를 여행할 때는 평소 경험하던 좁은 세상 밖에 있는 사람들과 마주칠 기회가 생긴다. 이론적으로 보면 기술은 온라인으로 세계를 여행하게 해주고, 신선한 관점과 지식을 가진 사람들을 만날 수 있게 돕는다. 하지만 모두 알다시피 실제로는 온라인 세계를 구축하는 알고리즘이 우리를 양극화된 부족으로 만들고 있다. 시민적 소통은 와해되고, 음모론을 증폭시키는 반향실이 너무 많아졌다. 분노와 공포가 끊임없이 흐르고, 몇 초 만에 네트워크 전체로 감정이 전염된다. 이런 것들은 우리 개개인의 뇌에 해를 끼치고 집단 지능을 가로

막는 장벽이 된다.

하지만 지식은 힘이 되어준다. 디지털 의존의 위험성과 이점을 더 많이 알수록, 디지털과 나누는 상호작용 방식에 대해 더 폭넓은 반성적 의사 결정이 가능해진다. 우리는 시간 설정을 이용해 무한 스크롤에서 벗어나고, 휴대폰에서 불필요한 앱을 삭제하며, 아예 휴대폰을 멀리 치우고 마음챙김을 연습할 수 있다. 이점을 더 많이 누리고 단점을 덜 경험하면서 온라인 세계와 현명하게 관계 맺는 방식은 많이 있다. 뇌 건강을 위해서는 스마트폰을 영리하게 사용해야 한다.

두려움:
나쁜 뉴스를 너무 많이 들으면 바보가 된다

21세기를 산다는 것은 대부분 나쁜 뉴스의 홍수 속에서 사는 것을 의미한다. 전 세계에서 무슨 일이 일어나도, 자신들만의 작은 세상에서 상대적인 행복을 누리고 있어도, 이제 모두가 스마트폰을 통해 24시간 쏟아지는 뉴스에 파묻혀 지내면서 이와 함께 뇌에 전달되는 정보와 감정에서 벗어날 수 없게 되었다. 대중매체에서부터 친구들의 소셜미디어 게시물에 이르기까지, 빗발치는 실시간 업데이트의 폭격은 기본 조건이 된 지 오래다.

문제의 일부는 이 해일이 엄청나게 크다는 것이다. 또 다른 문제는 이 해일의 지배적인 분위기가 선정적이며 분열과 고통을 몰고 오는 경향을 띤다는 사실이다. 페이스북과 인스타그램이 삶의 어두운 면에 이끌리는 인간의 관심을 이용해 수익을 올리려고 부정적이고 선동적인 콘텐츠를 장려한다는 주장이 제기되어왔다. 전직 CIA 분석가이며 외교관이자 페이스북 내부 고발자였던 야엘 아이젠스타트Yaël Eisenstat는 이렇게 말했다. "우리를 계속 붙들어 매는 것을 목표로 삼는한, [소셜미디어] 알고리즘은 인간의 가장 추한 본능과 약점을 자극하는 독을 먹일 것이다." 미국 심리학회의 최근 조사에 따르면, 미국인의 절반 이상이 뉴스가 스트레스와 불안, 피로, 수면 부족을 유발한다고 응답했지만, 성인 열 명 가운데 한 명은 여전히 매시간 뉴스를 확인하고, 20퍼센트는 소셜미디어 피드를 '지속적으로' 모니터링한다고 보고했다.

우리는 이모티콘에서부터 라이브 공연에 이르기까지 모든 종류의 미디어 노출 과정에서 감정적 전염이 일어나며, 온라인 플랫폼은 단지 이 현상을 증폭시켰을 뿐이라는 사실을 알고 있다. 또한 부정적 기분은 긍정적 기분보다 전염성이 강하다는 사실도 알아둘 필요가 있다. 옥스퍼드 대학교의 퍼 블록Per Block 박사와 버밍엄 대학교의 스테파니 버넷 헤이즈Stephanie Burnett Heyes 박사는 일주일 동안의 합숙 과정에서 청소년들 사이에 기분이 전염되는 과정을 살펴보는 소규모 연구를 수행했다. 연구팀은 참여자들의 기분을 평가하고 일주일 동안 이들의 사회적 상호작용을 기록했다. 이 결과에 따르면 참여자들은 실제로 사회적 접촉 과정에서 상대방의 기분을 '포착'하는 경향이 있지만, 긍정적 기분보다 부정적 기분의 전염률이 유의미하게 높았다. 긍정적인 사실은, 부정적 기분을 느낀 사람은 이 기분이 네트워크 전체에 퍼지면서 나타난 희석 효과 덕분에 기분이 나아졌다고 보고할 가능성이 높았다는 사실이다. 여기에는 정서적 완충 기전이 작용했을 가능성이 있다. 부정적인 점은, 이들의 부정적 기분을 포착한 사람들이 사회적 지원을 제공하면서 뚜렷한 대가를 치른다는 사실이다. (우리가 유독 해로운 친구와의 관계에 매여 있지 않았는지, 그 관계에서 전달된 기분을 과도하게 부풀려 느끼고 있지 않았는지 돌아볼 필요가 있다.)

친구나 공동체 구성원들의 고통이나 두려움을 어느 정도 함께 짊어지는 일은 그들에게 위안을 준다. 그러나 그것도 인간이 비교적 작은 집단 안에서만 지내고, 그 집단으로 유입되는 정보와 감정의 양을 통제할 수 있을 때 의미가 있다. 이제는 환경이 달라졌다. 스테파니가 지적했듯이, "소셜미디어로 촉진된 네트워크는 더 넓을 뿐만 아니라, 친밀감과 지지도가 약하다. 그리고 이것은 모든 사람이 받아들여지고 가치를 인정받으며, 모든 집단 구성원이 공동의 목표를 위해 일하는 소규모 집단과는 매우 다르다". 만약 우리가 세상은 적대적이고 무서우며 예측할 수 없는 곳이라는 메시지에 언제나 노출되어 있다면 여기에 두려움을 느끼는 것이 당연하다. 그리고 공포는 우리 뇌에 끔찍한 영향을 미친다. 공포는 개인과 집단의 어리석음을 유도한다.

끊임없이 쏟아지는 불안 유발 뉴스는 우리 뇌와 행동에 심각한 영향을 줄 수 있다. 문제는 이런 스트레스 호르몬을 결코 몸 밖으로 배출하지 못하는 데서 비롯된다. 미국 심리학회의 설문 조사 결과에 따르면, 스트레스가 높은 사건을 극복하면 우리는 오히려 더 강해지고 회복탄력성과 자존감이 높아지지만, 종말에 관련된 뉴스를 반복적으로 확인할 때와 같은 만성적이고 낮은 수준의 스트레스는 몸과 뇌에 모두 해로울 수 있다.

스트레스는 몸에 지속적인 염증을 유발해 당뇨와 심장병을 불러올 수 있는 중요한 위험 요인이다. 스트레스가 뇌를 압도해버릴 수도 있다. 정상적 상황에서는 혈액-뇌 장벽이 순환하는 염증성 단백질로부터 우리 뇌를 보호해주지만, 스트레스가 반복되면 이 장벽에 누출이 일어난다. 해마는 학습이나 기억, 세상을 살아가는 방침을 정하는 데 중요한 역할을 하는 부위인데, 스트레스의 영향에 유난히 취약하다. 우리는 부정적인 생각에 갇힐 수 있고, 이런 되새김질은 사고의 유연성을 떨어뜨린다. 긍정적이고 실용적인 태도로 문제를 해결하기 점점 더 힘들어지고, 점점 무관심하고 우울해진다. 이로 인해 부정적인 정보에 대한 주의 편향이 생기며, 이 세상은 점점 더 사기를 떨어뜨리고 스트레스를 주는 곳이 된다.

만성 스트레스는 뇌의 빠른 사고 시스템에 통제권을 넘겨 소위 '뜨거운 인지와 차가운 인지'를 무력화하며 이성적 사고와 감정 사이의 균형을 깨뜨릴 수도 있다. 그리고 운동 조절, 언어 및 인지 기능, 우리 자신의 감정에 대해 생각하는 데 필수적인 조가비핵(피각, putamen) 같은 뇌 영역을 더 많이 활성화한다. 또한 코르티솔 수치가 높으면 뇌가 위축되고, 새로운 정보를 받아들이기 힘들어지며, 특히 기억을 담당하는 해마가 취약해진다. 마지막으로, 높은 코르티솔 수치는 생체 시계를 교란하고 수면에 영향을 주어 뇌에 독소를 축적시키면서 우리의 기분을 점점 더 우울하게 만들 수 있다.

끝없이 스크롤을 유도하는 디지털 미디어, 긍정적인 감정보다 더

끈적끈적하게 달라붙는 부정적인 감정, 그리고 지속적인 낮은 수준의 불안이 미치는 파괴적인 생리적 영향을 결합해보면, 어떻게 해서 우리가 매일 밤 새벽 3시에 불행의 쳇바퀴에 갇히게 되는지 어렵지 않게 알 수 있다.

이것은 개인은 물론 집단에도 좋지 않은 일이다. 앞서 살펴보았듯이 두려움과 스트레스는 배타성을 키우고 의심과 불신을 부추기기 때문이다. 개인차가 크겠지만, 우리 중 누구도 이런 영향에서 자유롭지 않다. 두려움에 사로잡힌 이들이 다른 사람들에게 공감하고 미래를 계획하는 데 어려움을 겪는다는 사실은 수많은 연구를 통해 입증되었다. 이들의 몸과 뇌는 생존 모드에 갇혀 있다. 다시 말해 당장의 위협에 너무 몰입한 나머지 그 밖의 다른 프로젝트에 기여할 여력이 없다는 뜻이다. 그렇기에 전쟁에서는 언제나 적군의 사기를 꺾고 지치게 만드는 전술이 사용되어왔다.

디지털 기술은 아직 새로운 기술이고 우리는 여전히 이것을 어떻게 사용할지 고심하고 있다. 디지털 기술의 긍정적인 힘을 활용하고 해로운 영향에서 벗어나는 관건은 우리에게 있다. 개인 차원에서는 가능할 때마다 지속적인 노출을 차단하는 것이 합리적이다. 우리는 디지털 정보를 신중하게 소비하는 법을 배워야 한다.

집단 차원에서는 배포 가능한 콘텐츠의 범위를 설정하는 법안을 추진할 수도 있다. 인터넷 이상주의자들은 정보가 자유롭게 흘러야 한다고 강조하지만, 이 기술이 어색한 사춘기 모드에 접어들자 어느 정도의 통제가 유익할 것이라는 실용적인 주장이 제기되고 있다. 세계 최초의 소셜미디어 법안은 2019년 4월, 51명이 사망하고 그 장면이 생중계된 크라이스트처치 모스크 총기 난사 사건에 대한 대응으로 시행되었다. 호주 법무장관 크리스천 포터Christian Porter는 상업적 TV 방송국의 살인 장면 방송이 불법이라는 점을 고려할 때, 페이스북과 트위터 또한 "살인 영상을 틀어서는 안 된다"라고 말했다. 이 법안은 폭력적인 콘텐츠를 퍼뜨리는 플랫폼 경영진을 징역형에 처하도록 규정하고 있다.

양극화와 적대감:
우리는 어떻게 토론을 파괴했는가

디지털 생활은 두려움과 스트레스를 부채질할 뿐만 아니라 공격성을 표출할 통로를 열어젖히면서 관점의 양극화를 심화하고 부추겼다. 사람들이 화면 뒤에 숨고, 과거 존중과 예의라는 사회적 규범이 지배하던 상호작용에 둔감해짐에 따라, 뉴스피드에는 괴롭힘과 위협, 선동, 경멸의 언어가 넘쳐난다. 어리석고 엉뚱하고 불쾌한 다른 사람들의 모든 행동과 말, 신념에 대해 온라인에서 분노를 느끼고 표현하기가 그 어느 때보다 쉬워진 것 같다.

이에 대한 책임의 일부는 분명히 우리에게 있다. 싱크탱크 데모스Demos의 소셜미디어 분석 센터 센터장이자 작가인 제이미 바틀렛Jamie Bartlett은 온라인 사회운동 그리고 기술이 사회에 미치는 영향을 전문으로 다룬다. 바틀렛은 의견 양극화와 반향실 효과가 일어나는 과정에서 우리 모두가 어떤 역할을 하고 있는지와 관련해 흥미로운 사실을 지적한다. "완전한 개인 미디어의 가장 나쁜 점 중 하나는 '미디어가 그것을 다루지 않았다'와 '피드에서 그것을 보지 못했다'가 혼동되는 것이다. 모두가 미디어의 편향성에 대해 불평하지만, 문제는 대개 자기 자신의 큐레이션 편향이라는 사실을 깨닫지 못한다." 다시 말해, 모든 종류의 집단에 현명하게 참여하려면 정보 출처의 균형을 맞추기 위해 적극적으로 노력해야 한다. 의견이 양극화되고 가짜 뉴스가 범람하는 세계에서, 이것은 자신의 확증 편향을 의식하고, 선동적 자료가 유발하는 감정적 전염에 취약하다는 사실을 인정하는 겸손한 태도를 요구한다. 우리는 대안적인 관점을 찾고, 호기심을 품고, 냉소적이지는 않지만 의심하는 태도를 견지해야 한다.

책임의 상당 부분은 소셜미디어 회사에 있다. 2021년 《월스트리트 저널Wall Street Journal》은 페이스북이 자신들의 플랫폼에서 극단주의 집단의 성장을 장려하고 있다는 2018년의 내부 발표 자료 내용을 보도했다. 한 슬라이드에는 다음과 같은 경고가 적혀 있었다. "우리 알고리즘은 인간의 뇌가 분열에 주의를 빼앗긴다는 점을 활용한다. 이대로 두면, [페이스북은] 이용자들의 시선을 끌고 더 오래 잡아두기 위해 분열을 부채질하는 콘텐츠를 점점 더 많이 공급하게 될 것이다." 경영진은 이 연구를 대부분 보류했다고 해명했으며, 이후 페이스북은 성명을 통해 연구 결과가 확실하지 않으며 사람들을 양극화하려 했다는 의혹은 사실이 아니라고 부인했다. 또 이 문제에 대응하기 위해 지속적으로 노력하고 있다고도 밝혔다.

전 세계적으로 견해의 다양성을 견디지 못하는 경향이 심화되고 있다. 이러한 부족주의는 인터넷에서 비롯된 일도, 온라인 토론에만 국한된 현상도 아니지만, 무한한 정보 네트워크의 기술적 역량 덕분에 확산된 것만은 분명하다. 이제 이것이 우리의 대화 방식이 된 것 같다. 아니, 소리 지르는 방식이라고 해야겠다. 상호 존중, 표현의 자유, 독립적 탐구에 대한 우리의 공통된 믿음은 허물어지고 있다.

2019년 3월 토론토 대학교 심리학과의 조던 피터슨Jordan Peterson 교수는 2개월의 안식월을 케임브리지 대학교 신학 대학에서 보내겠다고 발표했다. 종교와 사회적 갈등의 심리학에 초점을 맞춘 피터슨의 연구는 많은 결실을 맺었고, 동료 학자들에게 자주 인용되고 있다. 피터슨은 유명 인플루언서이자 논란이 많은 인물이기도 하다. 베스트셀러 자기계발서『12가지 인생 법칙: 혼돈의 해독제12 Rules for Life: An Antidote for Chaos』의 저자인 피터슨은 트위터에서 백만 명이 넘는 팔로워를 거느리고 있으며, ('그'와 '그녀' 이외의 대명사를 거부하는 것을 포함해) 성별에 대한 자신의 견해를 밝히고, 기후 운동이 지나치게 정치화되어가고 있다며 비난의 목소리를 높여왔다.

그가 케임브리지에서 안식월을 보낸다는 트윗이 게재된 뒤, 공개 강연이 끝나고 찍은 사진 한 장이 공개되었다. 피터슨은 노골적인 반反이슬람 티셔츠 차림 청중과 나란히 서 있었다. 두 사람이 아는 사이였는지는 알 수 없지만, 이 사진을 계기로 피터슨의 거침없는 견해에 대한 우려의 목소리가 일파만파 퍼져나갔다. 대중의 항의가 이어지자 곧이어 케임브리지 대학교의 펠로우십 제안이 철회되었다. 41퍼센트의 학생들이 이 조치를 지지했으며, 44퍼센트의 학생들은 저메인 그리어_{Germaine Greer}(호주의 페미니스트 작가-옮긴이)에게도 젠더에 대한 견해를 이유로 비슷한 금지 조치가 내려진 것을 지지했다.

문제는 여기서 끝나지 않았다. 대학과 온라인에서 펠로우십 취소 또는 취소 요청 문화가 확산하자 케임브리지 대학교는 언론의 자유에 관한 사명 선언문을 수정해 발표했다. 모든 관점을 '존중'해야 한다는 내용이었다. 이것은 타오르는 불길에 기름을 부었다. 많은 학자들은 이 선언문이 정작 보호받아야 할 견해의 다양성과 탐구의 독립성을 억압할 것이라는 우려를 표명했다. 그러자 스티븐 프라이_{Stephen Fry}가 BBC에 출연해 '존중'을 요구하는 의도는 좋지만, 다른 사람들에게 자신의 견해를 항상 존중해달라고 '요구'할 수는 없다고 말했다. 결국 격렬한 논쟁 끝에 언론의 자유에 관한 정책은 '존중'보다는 '관용'을 지지하기로 결정되었다.

상아탑에서는 언론의 자유 수호를 둘러싸고 격렬하면서도 정중한 논쟁이 벌어지지만, 온라인에서는 훨씬 덜 예의 바른 논쟁이 이루어질 수 있다. 그런데 혐오스럽거나 사실이 아니라고 알려진 견해에 분노로 대응하는 것이 얼마나 효과적이겠는가? 도대체 어디에 도움이 되겠는가?

펜실베이니아 주립 대학교의 심리학 박사 과정생 빅토리아 스프링_{Victoria Spring}은 공감이나 분노와 같은 사회적 감정, 그리고 감정과 집단 역동의 상호작용이 도덕적 판단을 이끌어내는 과정에 관심을 두고 있다. 빅토리아의 연구팀은 도덕적 분노의 '긍정적인 면'을 조명했다. 도덕적 분노는 집단 행동을 촉발해 긍정적인 사회적 결과를 이끌어낼 수 있다. 시민권 운동가이자 페미니스트인 오드리 로드 _{Audre Lorde} 가 말했듯이 분노는 사회운동의 유용한 동력이다.

몰리 크로켓은 로드의 관점을 어느 정도 지지한다. "정교하게 집중된다면 [분노는] 진보와 변화를 추동하는 강력한 에너지원이 될 수 있다." 하지만 크로켓은 분노의 긍정적인 면이 온라인 소셜미디어에서도 여전히 유효하느냐는 의문을 제기했다. 특히 분노가 정치적 좌파보다 우파, 여성보다 남성, 소수 인종보다 백인에게 더 유리하게 작용한다는 증거를 고려할 때, 온라인에서의 분노가 사회적 가치를 창출하는 집단 행동을 촉진할 수 있는지는 아직도 불분명하다. 온라인상의 분노가 오히려 사람들의 참여를 제한한다면 실제로는 집단 행동의 효과를 떨어뜨리지 않을까? 크로켓은 분노의 핵심 요소인 화 _{anger}가 장기적인 결과를 고려하는 능력과 위험을 평가하는 능력을 저해함으로써 전략적 의사 결정을 방해한다고 주장한다. 분노는 타인에 대한 불신을 조장하고, 책임을 미루거나 복잡한 문제를 지나치게 단순화하려는 경향을 강화한다.

소셜미디어에서 화를 내면 실제 삶에서 화를 냈을 때보다 훨씬 적은 사회적 비용을 치르기 때문에 분노 표출의 역치가 낮아진다는 증거도 있다. 그래서 온라인에는 실제로 분노가 더 많이 출현하고, 이것은 다른 감정과 마찬가지로 멀리까지 퍼질 수 있다. 크로켓은 공적 영역에 분노의 소음이 넘쳐나면 중요한 이슈를 놓치거나 무시하게 될 위험이 있다고 주장한다. 온라인상의 분노는 이타적 행동과 분리된 게으른 형태의 공감 또는 가식으로 변질될 수 있다. 또는 분노로 인한 신경 *끄기*가 자신이 동의하지 않는 견해를 차단하거나 무효화하도록 부추기며, 획일적인 의견과 순응적 사고로 이루어진 위험한 반향실을 만들어내기도 한다.

선전과 가짜 뉴스: 정보를 무기 삼기

공포나 분노 같은 감정적 반응은 뇌의 느린 반성적 사고 체계를 약화하고, 차분하게 비판적으로 생각하는 능력을 손상한다. 결국 우리는 사방에서 밀려오는 감정 전염에 휘둘린다. 온라인에서는 스스로 생각하기가 지극히 어려워질 수 있다. 온라인 토론에 참여하거나 소셜미디어에 콘텐츠를 게시하면 감정적 전염에 노출될 뿐만 아니라 그 어느 때보다 교묘해진 선전 기계의 조작에 취약해진다.

온라인상의 우리는 물건을 팔려는 기업과 표를 얻으려는 정당에 다양한 방식으로 노출된다. 온라인 상호작용은 주로 반향실 내에서 일어나므로 다양한 관점이 모여 집단 지능을 창출할 가능성이 낮아진다. 데이터 수집 기법이 발전해 어떤 개인이나 행위자가 고도로 개별화된 방식으로 메시지를 전달할 수 있게 되면, 집단을 조작으로부터 보호해주는 연대도 약해진다. 전 지구적 플랫폼을 통해 거대한 집단에 참여해도 온라인에서 우리는 언제나 혼자다. 우리의 모든 생각이 우리에 관한 데이터를 통해 노출되어 악용될 수 있다.

정부와 기업이 자신들의 메시지를 달콤하게 가공해 정확하게 전달하는 기술을 가지고 있다는 사실을 알고 나면 우리가 음모론의 시대를 살고 있다는 말이 놀랍지 않다. 이렇게 뒤에 숨어서 정보를 통제하는 것은 위험한 능력이며, 이 능력을 경계하고 위협으로 간주하는 것은 지극히 합리적인 반응이다. 그러나 안타깝게도 이 반응은 너무나 쉽게 망상적 사고로 이어질 수 있다. 선전과 조작이 만나면 상호 불신을 조장하고 정보 전쟁의 판을 키운다. 가짜 뉴스가 확산되면 주류 집단 내의 신뢰가 약해지고 소규모 반대파들이 연합하는 위험한 상황이 조성된다. 반향실에서 망상적 이론이 출현해 증폭되고 확산한다. 이러한 정보에 동의하지 않는 사람들은 의미 있는 신념을 가지고 있어도 집단 바깥에 있는 사람들에게 점점 묵살당하고, 결국 집단의 부족적 경향이 모든 합의를 눈사태처럼 덮어버린다.

디지털 기술이 정서적 전염과 잘못된 정보가 대거 공존하는 생태계라면, 코로나 팬데믹은 음모론을 가속화한 사건이다. 주위 환경에 스트레스 요인과 불확실성이 만연해지면 우리의 판단력은 손상된다. 전례 없는 사건들의 포격이 빗발치는 가운데 우리 뇌는 입력 정보를 분석하기가 어려워진다. 이런 혼란과 압도감 외에도, 강제적 고립 상태가 우리 뇌의 해로운 반추 경향을 악화할 수 있다. 우리와 다른 관점을 제시해줄 타인과의 접촉이 차단되면, 자신의 생각을 점검하기 어려운 인터넷의 반향실에 갇히기가 너무나 쉬워진다.

세계가 팬데믹의 정점에서 멀어지고 있는데도, 불확실성은 우리 시대의 일반적인 풍조가 된 것 같다. 서로 교차하는 여러 위기가 한데 모이면서 환경이 점점 더 복잡해지고 있지만, 세상을 이해하려는 우리 뇌의 근본적인 욕구는 전혀 사그라들지 않고 있다. 많은 이해 당사자들이 우리를 돕겠다며 기꺼이 콘텐츠를 가지고 몰려들지만, 이것들을 모두 신뢰할 수는 없다.

설득력 있는 음모론은 비록 그것이 우리에게 모든 해답을 제공해준다고 약속하더라도, 단순히 정보 차원에만 국한되는 이야기가 아니다. 오히려 사회적 압력과 순응, 부족의 일원이 되는 기쁨 같은 감정적 차원이 더 크게 작용한다. 비슷한 신념을 공유하는 사람들로 이루어진 공동체의 매력은 위협의 시기에 점점 더 우리를 유혹한다. 음모론 신봉은 해답을 찾는 우리 뇌의 필요를 채워주고 '아는 사람들'로 구성된 엘리트 집단에 소속되게 해주는 보호 기전이다.

일단 사람의 마음과 생각이 잘못된 정보와 음모론에 사로잡히면 이를 반박하기가 극도로 어려워진다. 케임브리지 대학교의 사회적 의사 결정 연구소 소장 샌더 반 데어 린든Sander van der Linden 교수는 그 이유를 설명하는 글을 웹사이트 더컨버세이션닷컴TheConversation.com에 게재했다. "음모론자들은 온갖 점을 연결해 패턴을 찾아낸다. 무작위적인 사건을 음모에 의한 사건으로 재해석하고, 이를 활용해 더 광범위하고 상호 연결된 패턴을 엮어낸다." 우리 뇌는 일단 하나의 이론에 이끌리면, 아무리 모순되는 정보가 나타나도 그 이론에 집착하는 경향이 있다. 이런 확증 편향은 자신이 옳다고 믿으려는 욕구, 그리고 그 신념을 밀어붙여 공격을 막아내려는 욕구와 결합된다. 그래서 누군가의 의견이 틀렸다고 밝히려는 시도가 의도한 것과 정반대의 결과를 낳는다.

여러분은 누구나 자신의 결정이나 신념을 강하게 확신하는 사람이 이와 반대되는 관점을 가진 사람과 대립하는 상황을 목격해보았을 것이다. 타협은 고사하고 토론도 불가능해진다. 2020년 유니버시티 칼리지 런던의 웰컴 인간 신경 영상 센터 연구자 맥스 롤웨이지Max Rollwage 박사는 뇌 스캔과 행동 및 신경 모델링을 통해 이런 행동을 조사했다. 그는 사람이 자신의 입장에 확신을 가지면 뇌의 정보 여과 방식에 놀라운 변화가 일어난다는 사실을 발견했다. 확신이 강할수록 뇌는 이와 모순되는 모든 전기 신호를 말 그대로 걸러낼 가능성이 높았다. 이렇게 선택적으로 정보를 여과하는 신경 게이팅neural gating은 우리의 신념을 강화한다. 확증 편향은 단순히 선택에 기반하는 심리적 현상이 아니다. 바로 신경 차원에서 일어나는 현상이다.

우리의 신념도 이러한 비합리적 소용돌이에 휘말릴 수 있다는 사실을 기억하자. 모든 사람의 뇌에서는 자신의 입장과 반대되는 증거를 선택적으로 무시하는 확증 편향이 일어난다. 기본적으로 세상에 대한 인식이 한번 자리 잡히면 우리 뇌에서는 이와 반대되는 새로운 정보가 무시된다. 의견이나 신념이 우리 마음속에 있는 여러 가지 틀 안에 포장되어 있고 사회적 상황이나 일상적 절차, 습관과 결부되어 있을 때는 사고방식을 바꾸는 데 인지적 비용뿐만 아니라 사회적 비용이 많이 든다. 사람들은 마음을 바꾸고, 다른 선택을 하고, 행동을 수정하기도 한다. 그러나 단 한 번의 공격적 도전 때문에 이런 변화가 일어나는 경우는 거의 없다.

친절이 최선의 방어다

이 장에서는 의도적으로 어둡게 묘사되었지만, 인간의 의사 결정이 반드시 우울한 모습이어야 하는 것은 아니다. 이 경우 나는 지식이 진정한 힘이 되어줄 것이라고 믿는다. 우리 모두가 본래 얼마나 편향되고 편협한지, 얼마나 비이성적이고 결함이 있는 사고를 거치는지, 얼마나 동료 집단의 압력과 감정 전염에 취약한지 이해한다면 이런 영향에 대한 회복탄력성을 의식적으로 기를 수 있다. 우리는 소셜미디어의 유해한 측면으로부터 자신을 보호하고, 불안을 부추기는 뉴스 세례에 면역력을 키울 수 있다. 우리와 다른 관점을 가장 열성적으로 지지하는 사람들과도 예의를 지키며 이성적으로 대화하는 법을 배울수 있다. 입력되는 정보가 우리의 기존 신념 체계와 어긋날 때도 뇌가이것을 분석하도록 지원할 수 있다.

기술은 우리 종이 집단적 어리석음에 빠지는 성향을 부추겨 새로운 취약점을 만들어낸다. 이런 발전 가운데 일부가 우리의 정신 건강, 사랑하는 사람들의 행복, 우리가 공유하는 집단적 가치, 심지어 민주주의 체제의 안정성을 분명히 위협할 거라고 불안해하는 것도 어쩌면 당연하다. 우리의 뇌는 의심할 여지 없이 편향과 오류에 취약하고조작에 노출되어 있다. 하지만 우리는 개인과 집단의 회복탄력성을기르고, 연민과 이타심을 발휘하고, 시간을 들여 다른 사람들의 기술을 알아보고 모방하며, 긍정적인 영향력 아래 우리 삶을 조직하기로의식적으로 선택함으로써, 이런 결점을 피해 가는 전략을 점점 더 많이 찾아내고 있다.

장기적 전략과 단기적 구제책을 결합한 다각적 접근이 필요하다.반 데어 린든 교수의 연구에 따르면 잘못된 정보를 의심하는 저항력을 가장 강력하게 예측할 수 있는 요인은 과학자들에 대한 높은 신뢰, 그리고 일반 대중의 적절한 수리 능력이었다. 이 두 가지 요소는 근거에 기반한 지식을 이해하는 탄탄한 토대가 되어준다.

비판적 사고란 우리 뇌의 느린 사고 체계를 활용해 정보의 출처와 목적, 타당성에 대해 스스로 질문하는 능력이자, 학습할 수 있는 기술이다. 우리는 부모에게 놀이터의 불한당들이 바보라거나 못난이라고 놀리는 말을 신경 쓸 필요가 없다는 이야기를 들으면서 비판적 사고를 배운다. 학교 프로젝트에 쓸 자료를 조사하는 과정에서 다양한 출처에서 여러 정보를 얻으면서 비판적 사고를 배우기도 한다. 우리는 어릴 때부터 비판적 사고 기술을 배워 필요할 때 바로 사용할 수 있어야 한다. 권위자에 대한 적대감과 자신의 의견을 고수하려는 방어적 태도가 굳어진 사람은 비판적 사고를 기르기 어렵다.

백신을 이용해 질병을 막아내듯이 가짜 뉴스와 음모론에 대해서도 면역력을 기를 수 있다. 전통적인 백신은 저용량 병원체를 주사하여 면역계의 항체 생성을 자극하는 방식으로 작용한다. 이렇게 해서 면역계가 공격자를 기억해 더 신속하고 적절하게 반응할 수 있게 되면 미래의 감염에 저항력이 생긴다. 정보와 관련해서도 같은 전술을 적용할 수 있다. 사람들을 잘못된 정보에 조금씩 노출하면서 미래의 가짜 뉴스에 대한 정신적 항체를 기르는 것이다. 반 데어 린든은 이 방법이 어떻게 해서 다양한 맥락에서 작동하는지 설명한다. 여기에는 유방 촬영을 이용한 유방암 선별 검사를 늘리고, 십 대 흡연율을 줄이고, 백신 접종을 늘리는 등의 사례가 포함된다.

다른 사람(또는 우리 자신)이 신념을 버리도록 돕기란 어려운 일이다. 언제나 누군가의 '눈을 뜨게' 하려는 공격적인 시도보다 부드러운 침식이 성공할 가능성이 높다. 단순한 교정만으로는 충분하지 않으며, 인내심을 발휘하는 것이 핵심이다. 사람이 그릇된 서사를 포기하면, 뇌에는 내적 정합성을 다시 갖추기 위해 채워야 할 인지적 구멍이 생긴다. 설득력 있는 반대 서사가 필요하다. 여러 연구 결과에 따르면, 백신 접종이 공동체에 미치는 긍정적 영향이든 가족이나 친구에게 돌아가는 이득이든, 개인이 어렵게 일구어낸 인지적 노력이 소속 집단에 미치는 긍정적인 사회적 영향을 강조함으로써 마음의 변화를 지지하는 것이 중요하다. 정서 지능과 사회적 인식에 호소하면 뇌가 새로운 신념에 만족하도록 도울 수 있다.

이렇게 분석적 측면에서 접근할 수도 있겠지만, 집단적 어리석음에 빠지지 않도록 정서적 기술을 먼저 적용해도 좋다. 스트레스를 받거나 공포에 휩싸이면 제대로 생각할 수 없다. 그러므로 가장 먼저 해야 할 일은 두려움을 완화하는 전략을 개발하는 것이다. 부정적인 뉴스를 끝없이 검색하는 습관을 자제하고, 몸을 움직이는 운동이나 요가 또는 명상을 하며, 라벤더향 수면 스프레이를 꺼내는 등, 편도체의 활성을 진정시키는 습관이라면 무엇이든 활용할 수 있다.

일단 공포 반응이 가라앉기 시작하면 우리는 긍정적인 영향과 감정을 제대로 인식하는 능력을 기를 수 있다. 행복은 전염력이 있지만 불행만큼 강력하지 않다는 사실을 기억하자. 그러므로 (가능하다면) 즐겁거나 평화로운 사람들과 시간을 보내고, 에너지를 소진하기보다 채

위주는 활동을 선택하는 것이 도움이 된다. 연민을 느끼는 능력은 의식적으로 친절을 베풀고 다른 사람들의 연민 어린 행동을 알아채는 연습을 통해 강화할 수 있다. 친절에 관한 이야기를 읽거나 시청하는 것도 마찬가지로 효과적이며, 소설을 읽는 것은 실제로 공감 능력 향상과 관련이 있다. 사람들이 할 수 있는 일에 대한 낙관적 기대감을 높이고 다른 사람들의 어려움을 더 깊이 이해하는 연습이라면 무엇이든지 인지과학자들이 말하는 '도덕적 고양감'을 느끼는 능력을 끌어올린다.

이러한 감정은 투쟁-도피 반응을 담당하는 원시적 감정 회로에 대한 전전두엽 피질의 통제력을 높여 실행적 의사 결정이 공포와 위협에 휘둘리지 않게 해준다. 또한 도덕적 고양은 옥시토신 분비를 촉진하고 코르티솔 농도를 낮추며, 신경 가소성을 높여 예기치 못한 경험을 통해 세상에 대한 이해를 확장할 수 있도록 도와준다. 종합하면, 도덕적 고양이라는 긍정적 감정은 내가 받은 은혜를 다른 사람에게 베푸는 삶의 태도를 길러준다. 시간을 들여 호의를 베풀고 이를 알아보는 연습은 말 그대로 사회 전체로 연민을 확산하는 데 도움이 된다.

이 모든 전략은 함께 상승 작용을 일으킨다. 낙관적인 태도를 기르고 두려움에서 벗어날수록, 우리 뇌에서는 생각의 속도를 늦추면서 덜 자기중심적이고 더 집단주의적인 방식으로 사건을 평가하는 능력이 개발된다. 우리는 집단의 상호작용에 더 많이 참여하고, 더 많은 아이디어에 기여할 수 있게 된다. 친사회적 행동은 불확실성과 두려움 앞에서도 편견과 오류에 저항하면서 비판적으로 사고하는 능력을 길러준다.

우리 종이 어두운 면에 저항하는 능력을 가지고 있다는 낙관론에는 근거가 있다. 말 그대로, 낙관주의는 키워낼 수 있는 선천적 특성이기도 하기 때문이다. 몰리 크로켓과 동료들은 이 문제를 활발히 연구하면서, 정도의 차이가 있지만 대다수의 사람들에게 낙관적인 학습 편향이 있다는 결론에 도달했다.

부정적 감정이 긍정적 감정보다 더 끈질기다 해도, 좋은 일보다 나쁜 일을 기억하고 예측하는 부정적 편향이 있다 해도, 다행히 우리는 이미 이와 같은 불리한 경향에 저항하는 인지 기전을 가지고 있다. 크로켓과 동료들의 연구에 따르면 사람들은 기대 이상의 좋은 소식을 접하면 자신의 신념을 수정하지만 기대 이하의 나쁜 소식은 무시하는 경향이 있다. 우울증 진단을 받은 경우를 제외한 대부분의 사람들은 이와 같이 긍정적인 방식으로 학습한다.

과학자들은 각각 83명에서 285명 사이의 참여자를 대상으로 한 네 가지 연구 결과를 통해 낙관주의가 자기 이익이 아니라 타인에 대한 관심에서 비롯된다는 사실을 보여주었다. 구체적으로 실험 참여자들이 모르는 사람에게 갖는 관심의 정도를 조작함으로써(그 사람을 알아볼 수 있게 하거나 호감을 더함으로써) 그 사람을 대신해 느끼는 낙관적 태도를 강화할 수 있었다. 우리는 자신만이 아니라 모르는 사람에 대해서도 (그 사람의 얼굴을 볼 수 있는 한) 가장 좋은 것을 바라고, 희망하고, 믿는다.

낯선 타자의 인간성을 알아보고 동일시하는 능력은 매우 중요하다. 연구자들은 이렇게 결론 내린다. "낙관적 학습은 자기 자신에게만 국한된 태도가 아니다. 사람들은 얼굴을 식별할 수 있는 낯선 사람에 대해 낙관적인 학습 편향을 드러내며 친구들에게는 더욱 그렇다. (…) 우리는 자신의 삶뿐만 아니라 우리가 아끼는 사람들의 삶까지 장밋빛 안경을 끼고 바라본다." 나쁜 소식을 걸러내고 좋은 소식을 알아보는 이러한 경향은 감정 전염을 일으키는 신경학적 기전과 연계되어 사회 전반에 긍정적인 관점의 씨앗을 심고 퍼뜨린다.

우리의 마음을 중독시키는 음모론, 감정 전염, 편향, 무관심에 굴복하지 않는 한, 대부분의 사람들은 대부분의 경우 다른 사람들에게 가장 좋은 일이 일어나기를 바란다. 이런 기질은 우리의 집단적 어리석음을 바로잡아주며 우리가 속한 집단, 궁극적으로 우리 종의 번영에 도움이 되는 이타심이라는 접착제의 원료가 된다. 그러니 현재에 안주할 수는 없지만, 낙관주의를 발휘할 이유는 충분하다.

시니어스와 집단의 연금술

이 장에서 우리는 다른 사람들과 주고받는 상호작용의 효과를 극대화하고 마찰을 최소화하는 방법을 몇 가지 살펴보았다. 우리는 우리의 선택, 결정, 감정에 강력한 영향을 미치는 고도로 설계된 환경에 살고 있다. 이런 환경을 다룰 수 있는 전략을 갖춘다면 도움이 될 것이다.

그러나 때로 우리의 상호작용은 전략보다 연금술에 가깝게 느껴진다. 집단 작업은 동료들이 지쳐 있고 리더의 요구가 많을 때는 까다

롭지만, 잘 기능할 때는 영예로운 일일 수 있다. 서로 파장이 맞는, 예를 들어 관심사가 같은 집단의 일원이 되어 함께 일하는 동안 생산적이고 조화로우며 활기차고 즐겁다고 느껴본 적이 있는가? 내가 운 좋게 참여하게 된 몇몇 집단에서는 서로에게서 최고의 성과를 이끌어내는 특별한 마법이 펼쳐졌다. 이런 일이 어떻게, 왜 일어나는지 언제나 정확하게 알 수는 없다. 이때 경험하는 상호작용은 보람 있고, 재미있고, 편안한 일종의 집단적 카리스마처럼 느껴지며, 공동의 프로젝트는 고유한 생명력을 얻는다.

때로는 여러 가지 적절한 기술과 관점을 갖춘, 완벽하게 상호 보완적인 집단이 적절한 시기, 적절한 장소에 모이기도 한다. 이런 조합은 창의적 충동을 공유하면서 형성되는 경우가 많으며, 약간의 저항이나 반대 사고가 고개를 드는 일도 빈번하다. 록시 뮤직Roxy Music의 창립 멤버이자 음악 프로듀서, 시각예술가, 문화이론가인 브라이언 이노Brian Eno는 창의적이거나 혁신적인 집단 주위에서 특정 장소와 특정 시간에 어떤 상황이 연출되는 이유를 설명하기 위해 '시니어스scenius(scene과 genius의 합성어-옮긴이)'라는 신조어를 만들었다. 이 용어는 '고독한 천재lone genius'로 표현되는 성취 모델을 의식적으로 비판하고 반박한다. 이노는 2009년 시드니에서 열린 축제에서 이렇게 말했다. "저는 미술 전공 학생이었고, 다른 모든 학생들과 마찬가지로 피카소와 칸딘스키, 렘브란트, 지오토 같은 위대한 인물들이 느닷없이 등장해 예술적 혁명을 일으켰다는 생각에 길들어 있었습니다." 이노는 이와 같은 성취 모델에 만족하지 않았고, 결국 "재능의 생태계 안에서 훌륭한 작품이 탄생한다"라는 이론을 만들어냈다.

이노가 말하는 시니어스는 예술가, 수집가, 큐레이터, 사상가, 이론가, 유행을 잘 알고 선도하는 사람 등 많은 사람들에게 의존한다. 시니어스는 집단인 동시에 집단의 생각이다. 집단 전체의 지능인 동시에 새로운 생각과 새로운 작품을 만들어내는 아이디어의 생태계다.

시니어스는 집단이 개별 구성원들의 합보다 훨씬 큰 성과를 거두는 집단 지능의 연금술에 관한 이야기다. 이때의 '상황들'에는 창의성과 혁신이 집중되지만, 20세기 초 런던 블룸즈버리 그룹Bloomsbury Group의 작가, 예술가, 사상가들이나 1970년대 뉴욕 음악계처럼 반드시 예술적인 결과물이 나와야 하는 것은 아니다. 얼마든지 실리콘 밸리 같은 혁신의 허브가 될 수도 있다.

《와이어드Wired》의 공동설립자 케빈 켈리Kevin Kelly는 이노의 아이디어를 발전시켰다. 켈리는 시니어스가 출현하기 위해서는 집단에 공동의 언어, 과감함과 섬세함을 동시에 추구하는 열의, 상호 존중, 약간의 우호적인 경쟁이 필요하다고 주장했다. 새로운 도구와 발견이 자유롭게 통용되고 모든 성공은 집단에 귀속되어야 한다. 켈리는 시니어스가 이론적으로는 (사무실이든 도시 한구석이든) 집단이 모이는 곳 어디에서든 출현할 수 있지만, 눈에 띄지 않는 곳이나 주변부에서 등장할 가능성이 높다고 말한다. 핵심 구성원들은 외부인과 구별되는 독특한 열정을 공유하고 있으며, 또한 이 집단에는 이단아적인 행보에 크게 당황하지 않으면서도 켈리 자신이 표현하듯 '박애주의적 몽상가, 상사, 경찰, 그밖에 간섭하는 당국(!)'의 관심을 막아줄 관대한 외부인으로 구성된 완충 지대가 필요하다. 모든 대학이나 스타트업이 시니어스의 중심지가 되기를 열망하지만, 시니어스의 출현은 뜻밖의 사건이며 계획할 수 없는 일이라고 켈리는 믿는다. 만약 시니어스의 일원이 되는 행운을 얻는다면, 우리는 감사해하면서도 앞으로 우리가 어떻게 될지 궁금할 것이다. 그러나 그렇지 않다면, 그저 흘러가는 대로 내버려두는 것이 최선이다. "불쑥 나타날 때는 억누르지 말자. 일이 벌어지고 있을 때는 틀에 가두지 말자."

록 음악이나 컴퓨터 프로그래밍에 대한 새로운 해석을 함께 만들어내는 이단아들로 가득한 변두리 공간. 이런 발상에는 이상적일지라도 꽤 아름다운 무언가가 있다. 켈리의 말이 맞는 것 같다. 탁월한 집단적 성취는 마치 마법처럼 느껴질 수 있으며, 적어도 부분적으로는 예기치 못한 사건일 가능성이 크다. 그럼에도 불구하고 켈리와 이노가 언급한 많은 요소는 우리가 발전시키고 최적화할 수 있다고 확인된 것들이다. 먼저, 열린 마음과 적극적인 태도를 갖춘 다양한 배경의 사람들로 집단을 구성하자. 공동의 목적을 정의하자. 자원과 아이디어, 성공을 공유할 뿐 아니라, 도움과 수고에 감사하고, 호기심을 자극하면서 서로의 가치를 인정하는 문화를 조성하자. 선의의 경쟁을 조금 집어넣고 잘 저은 다음 마법이 일어나기를 기다리자.

긍정적으로 살면서 되돌아보기

일주일 동안 매일 저녁 시간 10분을 할애해 긍정적인 기분이 들었던 상호작용이나 순간을 목록으로 정리하자. 기쁨을 주었거나 호기심을 자극한 대화도 좋고, 평온함이나 행복감을 느끼게 해준 공간도 좋다. 종이의 뒷면에는 좌절, 짜증, 실망, 분노 등 부정적 감정이 든 순간을 적어보자.

한 주를 마무리하며 이 목록을 살펴보고 다음 주를 어떻게 보낼지 정할 때 참고 자료로 활용하자. 긍정적인 기분을 느끼게 해준 공간에 다시 찾아가자. 비슷한 긍정적인 상호작용을 찾아 나서자. 만나면 기분이 좋아지는 사람들과 약속을 만들자. 부정적인 순간의 목록에 대해서는 그런 사람이나 장소, 상황을 피하거나, 더 긍정적인 방식으로 경험할 수 있도록 재구성할 방법을 고민해보자.

9장

대성당을 짓는 마음: 대규모 집단 지능

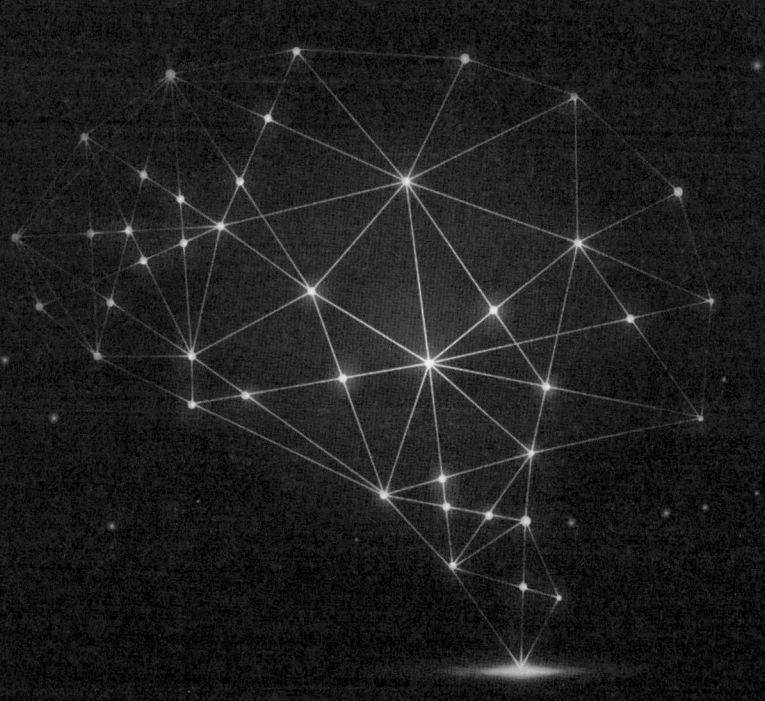

중세의 대성당을 건설하는 데는 수천 명의 사람들과 수 세대에 걸친 인류의 노력이 필요했다. 파리 노트르담 성당의 가고일(빗물받이 출수구를 장식하는 작은 조각상-옮긴이)을 조각하거나 하늘을 나는 요새를 설계한 석공들은 자기 눈으로 프로젝트의 완성을 볼 수 없다는 것을 알면서도 몇 해에 걸쳐 열심히 일했다. 끝이 다가오는 것도 보이지 않았다. 그래도 일했다. 이들은 자신의 기술을 다음 세대에 전수했다. 자신들의 기여가 집단적 노력의 중요한 부분이며, 작지만 훨씬 더 큰 전체의 일부가 되어 아직 태어나지 않은 수백만 명을 위해 쓰일 것이라고 믿었다.

　동시대인뿐 아니라 후손의 필요와 이익을 고려해야 하는 크고 복잡한 장기 프로젝트에 대해서도 똑같이 이야기할 수 있다. 대성당을 짓는 마음은 제임스 웹James Webb 망원경, 국민 보건 서비스, 시민권 운동을 이루어냈다. 인류의 성공은 자기 자신을 넘어서 생각하는 다양한 기관과 부문, 국가, 그리고 시간이 지남에 따라 협력하는 능력을 갖추어 수년, 필요하다면 수십 년 동안 돌조각을 쪼아내듯 끈질기게 문제를 해결해온 수많은 집단에 의해 실현되었다.

물론 이런 낭만적인 관점은 대성당이 (문자 그대로든 은유적으로든) 고귀한 자기희생과 공익에 대한 열정만으로 지어지지 않았다는 사실을 인정함으로써 균형을 맞추어야 한다. 여러 세대 동안, 집단적 노력은 권위주의적인 지도자의 요구에 따라 노예나 계약제 하인들에 의해 수행된 경우가 많았다. 이들의 참여는 단순히 생활비를 벌기 위한, 또는 개인의 필요와 신념과 같은 사적 동기를 구현하기 위한 행동의 결과였다.

그렇다고 해서 우리가 과거의 집단적 성취로부터 영감을 받을 수 없는 것은 아니다. 대성당을 짓기 위해서는 케임브리지 대학교 웰컴 생어 연구소Wellcome Sanger Institute의 연구팀이 유전자 데이터베이스 구축 과정에서 경험한 것과 같은 상상력의 도약이 필요하다. 연구자들은 영국에 있는 '모든 생명체'의 DNA 염기서열을 분석하고 있다. 생각만 해도 머릿속이 어지러워지는 방대한 작업이다. 궁극적 포부는 지구상 모든 생명체의 염기서열 분석이다. 이들은 전 세계와 미래의 과학자들을 위한 지식 데이터베이스를 만드는 중이다. 이 고무적인 프로젝트의 설계자 중 한 명인 줄리아 윌슨Julia Wilson은 여러 조직과 세대를 아우르는 대형 프로젝트를 수행하는 모든 집단에 필요한 핵심 속성은 회복탄력성과 유연성, 신념이라고 지목한다. 이러한 복잡한 사고 과정은 과거와 미래로 정신적 시간 여행을 할 수 있을 정도로 정교한 우리 종의 시간 인식에 크게 의존한다. 우리가 아는 한 과거를 놀랍도록 자세히 기억하고 미래를 놀랍도록 생생하게 그릴 수 있는 인지 능력을 갖춘 동물은 인간뿐이다.

'정신적 시간 여행'이 추상적인 말처럼 들릴 수 있지만 우리는 매일 이런 여행을 한다. 이 능력이 없다면 끊임없이 단기적 욕구를 채우느라 바빠 과거로부터 학습할 수도, (자녀나 손주는 고사하고) 자신의 미래를 계획할 수도 없을 것이다. 따라서 기억과 상상은 모든 학습과 계획의 핵심이며, 초연결 사고를 꿈꾸는 우리에게는 특히 중요한 정신 작용이다. 와인을 한 병 더 마시고 싶을 때 '미래의 자신'에게 무엇이 필요한지 저울질해보는 것이 영리한 일이듯이, 탄광을 한 곳 더 개발할지 말지 평가할 때도 후손들에게 무엇이 필요한지 고려하는 편이 현명하다. 과거를 돌아보고 미래를 그리는 능력 없이는 대규모의 지능적 작업이 불가능하다. 우리의 문제 해결 노력이 단기적 사고에 갇혀버릴 것이기 때문이다.

신경과학자들은 최근에야 우리 마음의 이 중요한 작용이 어떻게 이루어지는지 이해하는 작업에 참여하기 시작했다. 뇌의 시간 인식에 대한 과학적 이해는 매우 새로운 주제다. 이제 우리는 시간을 가늠하는 세 개의 상이한 회로와 나머지 뇌 영역의 연결로를 관찰할 수 있다. 이 회로들은 기억의 중추이자 학습의 필수 영역인 해마, 시간을 동기나 쾌락과 연관 짓게 해주는 보상 회로, 미래에 대한 불안을 유발하는 편도체, 과거에 대한 후회를 불러일으키고 결론 도출과 계획 수립 등의 실행 기능을 지원하는 안와 전전두엽 피질로 연결된다.

수조 개의 뇌세포 시냅스로 이루어진 놀랍도록 정교한 연결망 덕분에 인간은 시간이 흐른다는 사실을 알아차리기만 하는 것이 아니라 이 사실에 일종의 의견과 감정을 품게 되었다. 우리의 의식은 과거의 경험을 성찰하고, 가장 깊은 감정에 기억을 통합하며, 세상 속에서 자신의 위치를 자각하고, 미래를 구상해 방향을 잡기 위한 결정을 내리며, 우리의 생각과 희망을 다른 사람들과 공유할 수 있게 해준다. 기억과 상상력 없이는 개인이나 집단의 정체성도, '우리'라는 생각도, 집단 지능도 존재할 수 없다.

미래 지향적 사고:
우리가 필요로 하는 미래 만들기

어떤 일은 끝내는 데 수년이 걸린다. 어떤 일은 너무 거대해서 아무리 큰 무리를 이루어 달려들어도 평생 끝낼 수 없다. 그리고 물론, 진정으로 성공적인 프로젝트는 지속성을 갖추도록 구축되어야 한다. 미래를 계획하는 일은 개인과 집단이 성공하기 위해 수행해야 하는 가장 근본적인 과제 중 하나다. 가족을 위해 장기 재정을 확보하는 일이든 인간 게놈 프로젝트의 성공을 위해 노력하는 일이든, 중요한 프로젝트를 진행할 때는 출발 시점과 도착 시점 사이에서 여러 단계의 불확실한 과정을 헤치며 나아가야 한다.

모든 장기적 과제는 시간 인식이 내재된 복잡한 인지적 기량에 의존한다. 문제에 더 관심을 쏟고, 당장의 만족을 미루며, 좌절을 딛고 일어서는 우리의 능력에 기대고 있는 것이다. 이런 능력은 프로젝트

성사 여부뿐만 아니라 성공적인 관계 형성에도 중요해서, 우리가 평생 우정을 유지하고, 아이들이 성장해 공동체의 일원이 되는 과정을 이끌 수 있게 해준다.

인류가 마주친 커다란 도전 중 많은 것들이 대성당을 짓는 마음을 요구한다. S. J. 비어드S. J. Beard는 케임브리지 대학교 실존적 위험 연구 센터Centre for the Study of Existential Risk의 선임연구원이다. 이 센터는 "인간의 멸종이나 문명의 붕괴를 초래할 수 있는 위험을 연구하고 완화하는 역할을 담당한다". 비어드 박사는 BBC 4 라디오와 한 인터뷰에서 센터에서 연구하고 있는 과제 중 하나를 이야기했다. "5,000년 뒤 인류의 서식지는 어떤 모습일까요? 우주선일까요, 과거의 수렵 채집 사회일까요, 아니면 지금과 비슷한 사회일까요? 시나리오 간의 매력에는 차이가 있지만, 어떤 시나리오든 대성당을 짓는 마음과 인류 전체에 대한 고려가 필요합니다."

문제는 우리 인간이 인내심을 갖고 조심스럽고 장기적으로 인류 전체를 생각하는 일에 서툴다는 것이다. 지금의 시대는 우리에게 단기적 사고를 종용하고 집중력을 공격한다. 우리는 선거 주기가 짧고 분기별로 성과를 검토하는, 땜질과 유혹이 난무하는 시장 주도 경제 사회에 살고 있다. 대가족과 함께 사는 사람은 점점 줄고, 혼자 사는 사람이 늘어나며, 외로운 사람들이 많아졌다. 고소득 국가에서 안락하고 특권적인 삶을 누리는 사람들에게도 '충분한 시간'은 환상에 불과한 경우가 많다. 자신이 속한 공동체를 누리는 것도 마찬가지다.

이런 상황에서는 집단 지능을 활용하는 심오한 작업을 뒷받침하거나, 지혜를 모으거나, 장기적이고 불확실한 프로젝트와 씨름하는 기술을 습득하고 유지하기가 쉽지 않다. 대성당을 짓는 마음이 필요하다고 말하기는 쉽지만, 이것을 우리의 사고방식에 재통합해내는 방법을 알기는 어렵다. 무엇보다 대성당은 지금과 매우 다른 시대의 산물이다. 하지만 우리는 노력해야 한다.

당시에 영감을 불어넣은 종교적 신념은 더 이상 그때만큼 강력한 동기가 될 수 없지만, 인지과학자들은 인간을 움직이는 동기와 도덕성의 근본적인 기전을 점점 더 많이 알아내고 있다. 우리가 이런 기전을 활용해 집단 지능을 발휘할 수 있을까?

인간의 뇌는 결국 의미를 만들어내는 기계이며, 많은 사람들은 자신의 일에서 얻을 수 있는 것보다 더 의미 있는 활동을 갈망한다. 정도의 차이는 있지만, 우리는 새로운 것을 개발하고 숙련된 기술을 익히면서 동기를 부여받는다. 어떤 사람들은 창의적 활동을 하면서 자신을 잊어버리고 몰입 경험을 통해 시간과 자아를 초월하기를 갈망한다. 이타주의와 친사회적 행동은 진화 과정에서 부호화된 생존 전략의 일부로서, 집단 지능을 향상시키는 동시에 개인에게 쾌락과 이익을 제공한다. 이것은 우리의 환경을 지배하는 단기적이고 즉각적인 만족에 저항하기 위해 기를 수 있는 여러 가지 뇌 기능 중 일부이다.

다른 사람, 다른 부족, 아직 태어나지 않은 다른 세대, 심지어 다른 종을 포용하는 데까지 관심의 범위를 확장하려는 인지적 노력은 아마도 우리의 미래를 가꾸기 위해 필요한 도덕성의 한 형태일 것이다. 조너선 색스Jonathan Sacks는 "당장 우리를 유혹하지만 장기적으로는 파괴적인 것들, 즉 마약, 값싼 플라스틱 제품, 자동차 플랫폼, 그밖에 아이들의 미래를 희생해가면서 우리의 현재를 즐기는 수단을 거부할 수 있는 도덕적 용기가 필요하다. 우리 삶에서 공동선에 대한 집단적 지혜를 모으고 다음 세대의 이익을 위해 지금의 희생을 고려할 수 있는 공간이 필요하다"라고 말한다.

여기에는 신념에 대한 흥미로운 질문이 포함되어 있다. 우리에게는 할 수 있다는 믿음이 필요하다. 2019년 노트르담 대성당을 집어삼킨 화재가 발생한 며칠 후, 그레타 툰베리는 유럽 의회에 기후 위기를 해결하기 위한 접근법을 강화하는 사고방식과 작업 관행을 채택해달라고 간청했다. 이것은 독창성보다 신념을 요구하는 과제다. 툰베리의 표현에 따르면 "어떻게 지붕을 올릴지 알지 못하는 채로 기초를 건설하겠다는 신념"이다. 우리에게는 우리 몫의 일을 할 수 있는 능력과, 우리 뒤를 이을 다른 사람들이 자기 몫을 할 것이라는 믿음이 필요하다. 이 과제의 모든 단계를 계획하기란 불가능하지만, 유연성을 바탕으로 도전에 대응할 수 있다는 사실을 받아들이는 것이다.

유연성은 회복탄력성으로 이어진다. 변화하는 환경에 대한 적응력이 회복과 파멸, 성공과 실패를 가를 수 있다. 우리가 만드는 결과물은 폐기 대신 용도 변경이 가능해야 한다. 진부해질 수밖에 없는 설계는 중단하자. 우리는 작업과 학습을 통합하며 나아가는 방식으로 일해야 한다. 비어드 박사의 말처럼 "미래를 대비하는 방법은 미래가 어떻게 될지 아는 것이 아니라, 우리가 아직 상상할 수 없는 변화에 유연하게 적응할 시스템을 만드는 것이다. 이것이 회복탄력성을 갖추는 방법이다".

이와 같이 세속적이지만 신념에 기반한 장기적 사고는 조직 및 기업, 국가가 현재 대규모 프로젝트를 운영하는 방식과는 정반대이다. 관리주의적 사고에서는 업무의 세부 단계, 일정과 예산을 계획한다. 지금 필요한 것은 전혀 다른 방식이다. 우리에게는 협력과 신뢰에 가치를 두는 탐색적 작업 철학이 필요하다. 자기 자신이 아니라 우리 종을 위한 야망이 필요하다. 대성당을 짓는 마음이 어렵지만 필요하고도 흥미로운 인지적 과제라는 사실을 인정해야 하며, 무엇보다도 이것을 기꺼이 감행할 의지가 필요하다.

다윈 생명 나무Darwin Tree of Life 유전자 염기서열 분석 프로젝트의 줄리아 윌슨은 BBC 4 라디오에서 이렇게 말했다. "우리는 대성당을 짓는 마음으로 일합니다. 기술이 아직 준비되지 않은 상태에서 일찍 시작하지만, 무엇을 해야 하는지 알고 있지요." 이 말 안에 우리에게 꼭 필요한 초연결 사고가 압축되어 있다. 기꺼이 준비가 되기 전 시작해 목표를 향해 나아가면서 배우겠다는 의지, 전 세계와 미래의 수많은 사람에게 도움이 될 목적을 위해 일하겠다는 의지다. 초연결 사고는 위험을 받아들이지만 회복탄력성이 목표라는 사실을 이해한다. 통합적 사고는 기껏해야 입바른 말이며, 최악의 경우 무책임하고 비윤리적인 핑계가 될 수 있는 '더 빠르게 실패하고 더 잘 실패하자fail faster, fail better'라는 실리콘 밸리의 신조와는 거리가 멀다.

21세기의 대성당을 짓는 마음은 신이 아니라 우리 안에서 일어나는 신념의 도약이다. 우리는 선조들의 노력에서 영감을 받아 스스로도 더 나은 조상이 될 수 있을까? 아메리카 원주민의 전통적인 의사 결정 방식처럼 미래 세대의 지속 가능성을 위한 '7세대의 청지기'라는 개념을 우리의 계획에 통합할 수 있을까? 개인의 발전이 아니라 우리 종을 위한 포부를 품을 수 있을까?

철학자이자 작가인 로먼 크르즈나릭Roman Krznaric은 2021년에 출간한 『좋은 조상The Good Ancestor』에서 정의를 언급하며 이 문제를 중요하게 생각할 것을 촉구했다. "우리의 정치 체계는 과거 노예와 여성의 권리를 박탈했던 방식으로 미래 세대의 권리를 박탈하고 있습니다. 미래 세대는 정치적 권리나 대표성을 인정받지 못합니다. 이들의 이익은 투표소나 시장에 아무런 영향도 미치지 못합니다. 그래서 해수면 상승이나 인공 지능이 통제하는 치명적인 자율 무기에서부터, 자연 발생적이든 유전적 조작에 의해서든 곧 발발하게 될 다음 팬데믹에 이르기까지 여러 가지 장기적 위협에 취약해집니다."

S. J. 비어드와 왕실 천문학자 마틴 리스Martin Rees를 포함한 동료들은 이러한 근본적인 부정의를 인식하고 2018년 케임브리지 대학교 학부생들과 함께 정부를 압박해 미래 세대를 위한 초당적 의원 모임을 설립하도록 촉구했다. 리스는 이렇게 말했다. "미래 세대는 가장 대표되지 못하는 유권자입니다. 지금의 많은 아이들이 22세기에도 살아 있을 것입니다. 우리가 선조들의 유산에 얼마나 많은 빚을 지고 있는지 생각해보면, 대부분의 의사 결정이 얼마나 단기적인 판단에 의지해 이루어지는지 부끄러워질 노릇입니다. 이 의원 모임은 자원이 고갈되고 더 위험한 세상에 미래 세대를 내버려두지 않기 위해 장기

적인 관점에 초점을 맞춥니다.”

　나는 이 사례에서 영감을 받아 전 세계 수많은 사람들이 세대와 분야를 아우르며 대성당을 짓는 마음을 기르고 후손들의 집단적 번영에 도움이 되는 프로젝트에 접목하는 모습을 보았다. 로먼 크르즈나릭은 이러한 미래 지향적 프로젝트를 돕는 사람들을 ‘시간 반란군 Time Rebels’이라고 부른다. 일본의 미래 설계 운동은 시간 반란군들이 대성당을 짓는 마음을 실행할 때 일어나는 혁신적이고 실용적인 작업의 예다.

　이들의 목표는 도시계획 분야에서 단기적이고 편협한 정치적 사고를 극복하는 것이다. 첫 번째 단계에서는 도시 설계를 도와줄 대표성 있고 다양한 주민 집단을 초청해 시민 회의체를 구성함으로써 집단적 지혜를 모아들인다. 시민 회의체는 상이한 관점을 가진 전문가들로부터 다양한 관련 정보를 제공받은 다음 이 정보를 평가하고 전략을 수립하게 된다.

　미래 설계 시민 회의체는 큰 문제를 성공적으로 해결한 아일랜드의 낙태 개혁이나 콜롬비아 시의회 예산 사례 등과 달리 미래 세대를 생각하고 이들을 위해 사고한다. 참여자들의 절반은 자신이 2060년 이후의 주민이라고 상상하라는 요청을 받는다. 이들은 ‘시간 영주’로 지명되고 미래 세대의 대표자 역할에 어울리는 예복을 받는다. 시간 영주들은 의료 서비스에 대한 투자부터 기후 위기 예방 조치에 이르기까지 모든 영역에서 현재에 초점을 둔 동료들보다 훨씬 더 혁신적인 도시계획을 옹호하는 경향이 있다. 크르즈나릭은 이렇게 묻는다.

"전 세계의 크고 작은 도시가 미래 설계Future Design를 채택하여 민주적 의사 결정에 활력을 불어넣고 현재 너머 먼 미래로 비전을 확장한다면 무슨 일이 일어날까요?"

정말로 무슨 일이 일어날까? 이것은 집단 지능, 다시 말해 다양한 조언과 상이한 인지적 강점을 활용하고 진정한 집단 민주주의 체계를 통해 여러 세대를 아우르며 집단적 성공을 이끌어내는 능력에 관한 근사한 상상이자 실용적인 비전이다. 미래 설계는 우리가 후손들의 절실한 요청에 따라 미래의 대성당을 세우는 시간 반란군이 될 수 있다고 믿게 해주는 여러 프로젝트 중 하나다.

조상들에게 배운 교훈

대성당을 짓는 마음과 미래 지향적 사고는 확장된 집단과 더 큰 사고의 틀을 짜는 데 영감을 준다. 또 다른 방법은 과거로 눈을 돌려 조상들에게 배운 교훈을 살펴보는 것이다.

지식은 어떻게 한 세대에서 다른 세대로 전달될까? 호주 원주민이나 아마존의 야노마미족 같은 부족은 특정 환경에서 생활하는 데 필요한 기술과 지식의 유산을 대물림한다. 이러한 전승 일부는 모방을 통해, 그리고 명시적인 가르침 형태의 언어를 통해 이루어지는 것이 분명하다. "이런 버섯은 먹지 마라. 먹으면 병에 걸린단다. 이 열매는 봄에 나가야 딸 수 있어." 또 스토리텔링을 통해 전승되는 정보와 교훈, 기억도 있다. 이것들은 문화 안에 스며 있는 지식이다. 호주 원주민 사회는 이런 전승을 집단적 사고의 중심으로 삼았다. 그들은 꿈과 이야기를 통해 여러 세대를 거치며 전해 내려오는 지식 덕분에 오늘을 사는 우리의 시간 척도가 끝없이 광대하다고 상상한다.

또한 지식은 생물학적 과정을 통해 우리 몸과 뇌에 각인되며 여러 세대의 집단에 전승되기도 한다. 인류는 진화 과정에서 조상들이 마주친 위협과 그들이 얻은 지식에 대해 배웠고, 이들의 경험을 통해 혜택을 누릴 수 있었다. 최근 후성유전학(DNA 염기서열의 주변 환경에 의해 유전자 발현이 조절되는 현상을 연구하는 학문을 통칭함-옮긴이) 분야의 놀라운 발견은 어떻게 실제 경험의 여파가 세대 너머로 전달되어 집단 지능과 집단 어리석음의 영향이 시간을 관통해 전달되는지 보여준다. 예를 들어 홀로코스트 생존자의 자녀와 손주들은 조상들의 고통과 회복탄력성을 반영하는 생체 지표를 지니고 있다.

뇌와 몸에 경험이 저장되거나 지워지는 생물학적 기전에 대한 이해가 지금 우리의 행동을 설계하는 데 도움이 될까? 오늘날 우리의 생각과 행동이 다음 세대에 영향을 미친다는 사실을 알고 나면, 우리는 더 나은 집단 지능을 미래 세대에 물려주는 일에 마음을 쏟을 수 있을지 모른다.

핵심은 우리 집단에 반사회적 행동이 아니라 긍정적인 사회적 행동을 심는 것이다. 만약 어떤 집단이 다른 집단과 전쟁을 벌이거나 이들을 노예로 만들기로 결정한다면 어떨까? 앞으로 살펴보겠지만 이렇게 심각한 반사회적 행동은 직접 영향을 받은 사람들뿐 아니라 후손에게까지 트라우마를 남긴다. 트라우마는 개인의 지능에도 집단의 지능에도 심각하게 해롭다. 겁먹고, 자신감을 잃고, 스트레스를 받고,

화가 난 사람들은 좋은 결정을 내리지 못하며, 당장의 생존에 필요한 것 이상의 어떤 문제도 해결하지 못한다. 이렇게 시간 척도가 축소되면 인지적 지평이 심각하게 제한된다. 이것은 가해자에게도 해롭다. 공격성에 초점을 맞추는 한, 집단의 두뇌 능력은 협력과 창의성보다는 파괴에 집중된다. 이에 따라 모든 사람의 성과가 줄어든다.

유대인이나 아프리카 노예 후손의 예와 같이 모든 계층이 경험하는 트라우마는 집단적 어리석음을 받아들인 결과이다. 그리고 이러한 트라우마를 치유하는 것이야말로 집단 지능의 한 형태다. 성공한 집단의 집단적 노력을 뒷받침하는 모든 행동이 이런 치유를 이끌어낸다. 낙관주의, 공감, 연민을 통해 트라우마에서 회복한 사람들에게서 무엇을 배울 수 있을까? 사람들은 어떻게 고통스러운 기억에서 벗어날까? 어떻게 용서가 가능해질까? 우리가 집단과 후손에게 두려움과 스트레스가 아닌 회복탄력성과 지혜를 물려주고 있다고 자신하려면 무엇을 해야 할까?

이런 질문에 답하기 위해 우리는 트라우마와 회복탄력성의 신경생물학적 기전을 살펴보고, 후성유전학으로 넘어가 어떻게 이와 관련된 생체 표지자가 한 세대에서 다음 세대로 전달되는지 살펴볼 것이다. 이제 신경과학은 뇌에서 기억을 지워 트라우마에서 회복시키거나 후손에게 대물림되지 않게 하는 기술을 개발하는 중이다. 나아가 더 나은 미래를 만들기 위해 과거의 상처를 치유하는 것이 인류 집단 지능의 정점 중 하나라는 사실을 조명하고 있다.

체화된 경험:
트라우마를 회복탄력성으로 전환하기

지난 10년 동안 신경과학자들은 심리학자들이 100년 이상 축적해온 지식을 이해하는 작업에 함께 기여할 수 있었다. 핵심 내용은 달라지지 않았다. 트라우마 경험, 특히 어린 시절의 경험은 사람의 뇌 발달과 인지 능력, 온존, 삶의 기회에 파괴적인 영향을 미칠 수 있다. 하지만 모든 경우 반드시 그런 결과를 낳는 것만은 아니다. 트라우마 경험과 약물 중독, 자해, 기타 행동과 같은 부정적인 결과 사이에 직접적인 인과관계는 없다. 왜 어떤 사람들은 괴로움이 야기하는 최악의 영향에서 벗어나고 어떤 사람들은 그러지 못하느냐는 질문은 회복탄력성의 생물학적 근거를 찾으려는 신경과학자들의 연구 주제이기도 하다.

최초의 사례는 1995년에서 1997년 사이 빈센트 펠리티_{Vincent Felitti} 박사와 로버트 안다_{Robert Anda} 박사가 수행한 아동기의 부정적 경험이 미치는 영향에 대한 ACE_{Adverse Childhood Experience} 연구였다. 이들은 펠리티 박사가 일했던 샌디에이고의 CDC-카이저 퍼머넌트 건강 보험에서 1만 7,000명의 자발적 참여자를 모집했다. 그리고 이들에게 정서적 방임, 신체적 또는 성적 학대, 약물 남용, 가정 폭력 등 유년기에 겪은 10가지 부정적인 경험에 대해 물었다. 이 연구는 지금까지도 참여자들의 일생을 추적하고 그 결과를 기록하고 있으며, 수십 건의 논문과 학회 발표의 근거가 되는 탄탄한 데이터를 생성하고 있다.

연구 결과는 충격적이다. 첫째, 어린 시절의 역경은 생각보다 훨씬 더 흔하다. 둘째, 많은 사람들에게 어린 시절의 부정적인 경험은 단순히 '극복' 가능한 대상이 아니다. 연구 참여자 중 거의 3분의 2가 17세 이전에 적어도 한 가지 유형의 ACE를 경험했으며, 5명 중 1명 이상이 세 가지 이상의 ACE 범주를 경험했다고 보고했다. 이들이 유난히 취약한 집단이었을까? 그렇지는 않을 것이다. 연구 참여자들은 캘리포니아 남부에 살면서 건강 보험을 가지고 있는 주로 백인 중산층에 대졸 학력의 미국인이었다. 전 세계 다양한 인구 집단에서도 비슷한 결과가 관찰되었다.

트라우마는 뇌 발달, 면역계, 내분비계, 심지어 DNA를 읽고 전사하는 방식에까지 생리적 변화를 일으킨다. 이것은 효과적인 치유 능력을 손상시키고 암과 심장질환 발생 위험을 높인다. 또한 평생에 걸쳐, 특히 어린 시절에 뇌의 해부학적 구조와 기능에 심각한 영향을 미친다. 의사 결정 체계, 감정 발달, 친사회적 행동 성향이 모두 부정적인 영향을 받는다.

나는 레이던 대학교에서 뇌, 안전, 회복탄력성을 가르치는 교수인 앤-라우라 반 하멜렌Anne-Laura van Harmelen 교수와 함께 트라우마를 겪은 사람들에게 이런 영향이 어떤 의미를 갖는지 이야기했다. 하멜렌 교수는 "어린 시절의 트라우마는 ADHD, 공격성, 우울증, 불안, 약물과 알코올 오용, 자살 시도 및 자살 성공과 같은 문제의 위험을 3배에서 11배까지 높인다"라고 말했다. "고농도의 스트레스 호르몬과 면역 표지자들(염증)이 주범"이며, 이런 영향은 "발달 중인 뇌에 특히 심각하지만 (…) 제한된 기간에 경험한 스트레스 요인도 평생 지속될 수 있다". 또한 트라우마는 시냅스의 가지치기 시기를 앞당겨서, 일반적으로 청소년기에 일어나는 가지치기 현상이 ACE 점수가 높은 어린이의 경우 최대 10년까지 일찍 일어나기도 한다. 시냅스 가지치기는 특정 영역 사이의 연결 속도를 높여 뇌를 재구성하는 과정이다. 충동성과 위험 감수 행동은 이 과정에서 나타나는 일시적 현상으로, 잘못된 결정을 유도하거나 위험한 상황에 대한 노출 빈도를 높일 수 있으며, 이 모든 것은 18세 청소년보다 8세 아동에게 더욱 염려되는 일이다.

트라우마의 영향은 여기서 끝나지 않는다. 우리가 우울과 불안 같은 정신 장애에 취약해지는 이유는 트라우마가 신경 발생(새로운 뇌세포 성장)을 돕는 화학 물질인 BDNF brain-derived neurotropic factor (뇌 유래 신경 영양인자) 발현을 차단하기 때문일 수 있다. 뇌가 제대로 발달하려면 BDNF가 필요한데, 많은 연구 결과가 학대나 주 양육자와의 분리가 BDNF 발현을 억제한다는 사실을 증명하고 있다.

비단 직접 트라우마를 경험한 사람의 뇌만 영향을 받는 것은 아니다. 2001년 뉴욕 쌍둥이 빌딩 테러 공격을 최대 2.5킬로미터 떨어진 곳에서 목격한 사람들의 뇌에도 몇 년 후까지 신경 손상 흔적이 남아 있었다. 끔찍한 사건에 노출되고, 이것이 공황 반응으로 이어져 감정 전염이 일어나면, 신경 손상을 유발하기에 충분했다. 그날의 집단적 공포는 수많은 사람들에게 퍼져나갔고, 예상하다시피 많은 피해를 남겼다.

트라우마는 믿기 힘들 만큼 해로울 수 있다. 개인의 삶에 파괴적인 영향을 주지만, 집단에도 부정적이다. 고통과 분노를 잘 느끼는 사람은 가족이나 공동체의 이익은커녕 자기 이익을 극대화하는 데에도 지능을 발휘하지 못한다. 이들은 친사회적이기보다 반사회적인 행동을 보일 가능성이 높다. 그리고 이런 유산이 당사자와 함께 사라지지 않는다는 증거가 점점 많아지고 있다.

트라우마와 회복력의 유산: 지식이 전달되는 방식

홀로코스트 여파로 많은 강제수용소 생존자들이 외상 후 스트레스 장애post-traumatic stress disorder, PTSD를 겪었고, 그 자녀들까지 심각한 영향을 받았다는 사실이 점점 분명해졌다. 1966년에 한 정신과 의사는 "부모가 아니라 그 자녀들이 부조리로 타들어가는 듯한 지옥을 경험했다고 생각하는 것이 더 이해하기 쉬울 정도"라는 글을 남겼다.

당시의 정신의학은 심리분석이 지배하고 있었고, 어린이들의 증상은 "증상이 있거나, 자녀를 방임하거나, 부모 역할을 제대로 하지 못하는 트라우마를 겪은 부모를 둔 탓"이라고 여겨졌다. 그리고 지난 수십 년간의 연구 결과 또 다른 요인이 제시되었다. 트라우마는 동시대 집단에 생물학적으로 전달될 뿐만 아니라, 시간을 초월해 후손들의 뇌에도 흔적을 남길 수 있다는 것이다.

이것은 후성유전학이라는 새로운 분야의 업적으로, 트라우마 기억이 DNA 구조에 화학적 잔기 형태로 저장되어 특정 유전자 발현을 억제하거나 증폭하는 볼륨 다이얼 역할을 할 수 있다는 사실을 보여주었다.

이런 다이얼 변화는 DNA 부호 자체를 통해서도 전달될 수 있다. 한 세대가 살아낸 경험의 산물은 이들과 함께 사라지지 않고, 다음 세대의 생리를 바꾸며 뇌 발달과 행동에 영향을 미친다. 긍정적인 환경은 긍정적인 후성유전적 흔적을 남기고 집단적 지혜를 더하지만, 부정적인 환경은 후성 유전체를 변형하고 집단 지능을 제한하는 유전적 흉터를 남긴다. ('충분히 좋은' 부모들이 가끔 저지르는 실수가 아니라 ACE 연구에서 밝혀진 심각한 스트레스 또는 전쟁과 같은 재난이 이런 기전을 촉발한다는 점을 강조할 필요가 있다.)

초기 후성유전학 연구의 상당 부분은 쥐나 벌레 같은 유기체를 대상으로 진행되었다(앞으로 살펴보겠지만, 당시의 발견은 우리 종에도 적용되는 듯 보인다). 그중에서 내가 가장 좋아하는 핵심 연구는 2014년《네이처 뉴로사이언스Nature Neuroscience》에 발표되어 신경과학계를 발칵 뒤집어놓은 연구다. 조지아주 애틀랜타에 있는 에모리 대학교의 케리 레슬러Kerry Ressler 교수가 진행한 이 연구는 조상의 경험이 개인의 행동에 영향을 미쳐 여러 세대에 걸친 집단적 지혜의 저수지를 조성하는 기전을 명쾌하게 해부했다. 이 획기적인 논문은 출판 이후 1,200번 이상 인용되었다.

레슬러의 연구팀은 체리의 유혹에 약한 생쥐의 특성을 이용했다. 일반적으로 달콤한 체리 향기가 생쥐의 코로 들어가면 이 신호는 측좌핵으로 전달되어 쾌락 영역에 불꽃을 피우고, 생쥐는 달콤한 간식을 찾아 바쁘게 돌아다닌다. 심술궂게도 연구진은 생쥐 한 무리에게 체리 냄새를 맡게 한 직후 가벼운 전기 충격을 가했다. 그러자 생쥐들은 체리 냄새가 날 때마다 다음 일을 예견하고 얼어붙어버렸다. 그런 뒤 연구자들은 다시 생쥐들을 내버려두었다. 전기 충격을 가하지도, 달콤한 냄새를 맡게 하지도 않았다. 이 생쥐들이 새끼를 낳았고, 이 새끼들 역시 체리 냄새도 전기 충격도 없는 행복한 삶을 살았다. 이 새끼들이 자라서 다시 새끼를 낳았다.

이 시점에서 실험이 재개되었다. 연구진은 1세대가 학습한 체리 냄새와 전기 충격의 상관관계가 3세대에 전달되었는지 알고 싶었다. 답은 '그렇다'이다. 3세대 생쥐들은 체리 냄새를 아주 두려워했다.

어떻게 이런 일이 일어났을까? 연구진은 조부모 세대 정자의 DNA 형태가 바뀌어 그 경험의 청사진이 DNA 구조에 얽혀든 채 남아 있다는 사실을 발견했다. 이로 인해 2세대와 3세대 생쥐의 신경회로 배열이 바뀌었고, 코에서 출발하는 신경세포 중 일부가 쾌락과 보상 회로에서 멀어져, 공포와 관련된 편도체로 연결되었다. 게다가 체리 냄새에 의해 활성화된 특정 후각 수용체의 유전자가 정자에서 탈메틸화되면서 (화학적 꼬리표가 붙어) 그 냄새를 감지하는 후각 회로가 강화되었다. 이런 변화가 합쳐져 트라우마의 기억이 여러 세대를 관통하며 이어지고, 새끼들은 맛있는 체리 냄새가 나쁜 소식일 수 있다는 힘들게 얻은 지혜를 물려받은 것이다.

연구자들은 모방을 통한 학습이 영향을 미쳤을 가능성을 배제하고 싶어졌다. 그래서 생쥐의 후손 중 일부를 형제자매, 부모, 조부모들과 떨어뜨려 길렀다. 또한 처음에 트라우마를 경험한 생쥐의 정자를 가지고 체외수정을 통해 더 많은 새끼를 임신시킨 다음 생물학적

아버지로부터 멀리 떨어진 곳에서 길렀다. 피붙이와 떨어져 자란 새끼들 그리고 체외수정으로 수태된 새끼들은 여전히 체리 냄새에 민감했으며, 이 냄새를 감지하는 신경회로망도 달랐다. 결정적으로, 체리와 전기 충격을 연관 짓는 트라우마를 경험하지 못한 생쥐의 새끼들은 트라우마를 경험한 부모 밑에서 자라도 이와 같은 변화를 나타내지 않았다.

이 연구팀은 학습된 행동이 어떻게 해서 세대를 초월하는 신경해부학적 변화를 일으키고 진화적 적응을 크게 가속하는지 정확하게 짚어냈다. 이것이 바로 우리 조상들이 학습한 교훈이 우리에게 대물림되는 기전이다. 조상들의 지혜 덕분에 우리는 그들이 힘들게 학습한 불쾌한 경험을 피할 수 있는 것이다.

가장 흥미로운 국면은 연구자들이 생쥐가 치유되도록 이 효과를 역전시킬 수 있는지, 그래서 다른 후손들이 이런 생물학적 외상을 피할 수 있는지 연구하기 시작하면서부터 드러났다. 연구자들은 1세대 생쥐들에게 다시 체리 냄새를 맡게 했고, 이번에는 아무런 충격도 가하지 않았다. 고통이 뒤따르지 않는 경험이 어느 정도 반복되자 생쥐들은 두려움에서 벗어나 다시 체리 냄새에 흥분하기 시작했다. 해부학적으로 생쥐들의 신경회로가 원래 형태로 복구되었다. 결정적으로 조부모가 체리 냄새에서 원래의 기쁨을 느끼도록 재프로그램된 뒤에는 새로 태어난 후손들의 행동과 뇌 구조에서도 트라우마의 기억이 지워졌다.

2020년 이스라엘에 있는 시나이 산 의과대학의 정신의학과 교수

레이첼 예후다Rachel Yehuda가 홀로코스트 생존자와 그 자녀들에 대한 연구를 진행했을 때, 후성유전학적 변화 기전이 인간들에게도 트라우마를 대물림할 수 있다는 사실이 밝혀졌다. 예후다는 첫 번째 연구에서 스트레스 호르몬인 코르티솔 수치와 관련된 유전자에 후성유전적 변화가 나타난다는 사실을 보여주었다. 이것은 특정 경험에 대한 기억이 심리적 유산인 동시에 생물학적 유산일 수도 있다는 최초의 증거 중 하나였다. 2021년 예후다의 연구팀은 추가 연구를 이어갔고, 면역 기능과 관련된 유전자 발현에 변화가 일어남을 발견했다. 이런 변화가 백혈구로 이루어진 방어벽을 약화시켜 면역 체계가 중추신경계에 부적절한 영향을 미치게 만든다는 뜻이다. 이런 영향은 우울증, 불안, 정신병, 자폐증 등의 질환과 관련이 있다.

트라우마 기억의 생물학적 표지가 인간의 뇌에 얼마나 오래 남는지, 또는 그 기억이 몇 세대를 이어가는지는 아직 알 수 없다는 점을 강조해야겠다. 벌레를 대상으로 한 예비 연구에서는 트라우마 기억의 후성유전적 영향이 적어도 14세대에 걸쳐 누적되는 것으로 나타났다. 이런 기전이 인간의 신경계에서 어떻게 전개되는지를 두고 현재 많은 연구가 진행되고 있다.

고통에서 성장 이끌어내기

회복탄력성과 회복의 생물학적 토대는 무엇일까? 인지적 취약성이 자녀에게 대물림된다면 여기에 대한 뇌의 대응 기전도 대물림이 가능할까? 왜 어떤 사람들은 가장 끔찍한 삶의 경험으로부터도 회복하는데 어떤 사람들은 그렇지 못할까? 쥐를 대상으로 한 레슬러 교수의 연구처럼 사람이 받은 손상도 중재를 통해 되돌릴 수 있을까?

라드바우드 대학교의 실험정신병리학 교수 카린 로엘로프스Karin Roelofs는 이 분야의 핵심 연구를 몇 가지 수행했다. 그리고 어떤 사람들이 고통에 특히 민감하게 반응하는 생물학적 경향을 타고난다는 사실을 발견했다. 2021년에 발표된 연구는 여러 가지 충격적인 사건에 노출될 수 있는 기초 훈련을 앞둔 신임 경찰 210명을 대상으로 삼았다. 카린은 훈련 시작 시점에 이들에게 MRI 스캔과 종합 인지 검사를 시행했고, 16개월 후 같은 검사를 반복했다. 신임 경찰들은 트라우마에 더 많이 노출될수록 외상 후 스트레스 증상이 심해지고 편도체가 활성화되었으며, 그중 일부는 다른 사람들보다 편도체가 훨씬 더 많이 활성화되었다. 대체 트라우마로 힘들어하는 사람들의 뇌에서는 무슨 일이 벌어진 것일까?

훈련 개시 전 전두엽 피질 활성도가 낮았던 사람들은 스트레스를 보고할 가능성이 더 높았다. 전두엽 피질은 감정 체계, 특히 편도체를 소위 하향식으로 통제해 스트레스에 대처하도록 돕기 때문에 이것은 수긍할 만한 결과다.

이것이 문제의 핵심이라면 완화도 가능할까? 연구자들은 전두엽 피질을 훈련할 수 있는 방법을 찾아 나섰다. 먼저 자원자들의 전두엽 피질에 전기 자극을 가해, 감정 조절과 관련된 다른 영역과의 상호 교류를 촉진했다. 동시에 자원자들은 화난 얼굴은 피하고 웃는 얼굴에 접근하려는 자동적 경향을 통제하면서 화면에 나타나는 얼굴의 감정 표현에 반응하는 식으로 신임 경찰들과 같은 과제를 수행했다.

연구팀은 뇌를 자극하면 전두엽 피질의 통제를 강화해 운동 피질과 편도체의 활동을 진정시키는 데 도움이 된다는 사실을 발견했다. 이 연구는 재난 지역의 응급구조사와 의사, 구호활동가처럼 트라우마에 일상적으로 노출되는 사람들에게 회복탄력성을 높일 새로운 방법을 찾아줄 근거가 될 수도 있다. 회복탄력성이 높아지면 고통을 덜 느끼고, 급변하는 환경에 대한 적응력이 높아지며, 생존 모드의 사고에서 벗어나 느리고 이성적인 사고에 더 쉽게 접근할 수 있다.

또한 카린은 유의미한 스트레스 증상을 보고한 신임 경찰들의 학습과 기억에 관여하는 해마의 치아이랑dentate gyrus이 평균보다 작다는 것을 발견했다. 치아이랑이 특히 중요한 이유는 이곳이 새로운 뉴런을 생성할 수 있는 줄기세포가 있는 뇌의 몇 안 되는 영역 중 하나이기 때문이다. 이 새 뉴런들이 기존 회로에 통합되면 트라우마 기억을 덮어쓸 새로운 기억을 생성하는 데 도움을 줄 수 있다. 이 영역의 부피가 작으면 고통스러운 기억을 되새기는 스트레스 고리에 갇히기 쉬우며, 치아이랑이 클수록 줄기세포가 많아지고 뉴런의 회전율이 높아져 새로운 기억이 더 쉽게 생성되는 듯하다.

카린은 치아이랑이 작아 일상 생활이나 직장에서 고강도 스트레스에 노출될 가능성이 높은 사람들의 회복력을 향상할 수 있는 간단한 방법을 제안했다. 바로 적당한 강도의 운동을 규칙적으로 하는 것이다. 여러 연구에 따르면 운동은 치아이랑 팽창과 신경 생성을 자극한다. 일주일에 세 번씩 12주 동안만 달려도 두 가지 모두에서 측정 가능한 변화가 나타난다.

이 모든 선구적인 작업은 고통, 심지어 심각한 고통도 반드시 비극으로 이어지지는 않는다는 익숙한 진리를 새롭게 조명해준다. 사실 고통은 성장의 계기가 될 수 있다. 사람들이 고통으로부터 자신을 보호하고 기운을 되찾기 위해 의식적 또는 무의식적으로 취하는 방법이 있다. 내 친구 에밀리는 ACE 테스트에서 3점이 나올 만큼 부정적 결과에 이를 위험이 높은 사람이지만, 폭음 성향에 대비하기 위해 생활 방식에 점점 더 많은 보호 행동을 도입하고 있다. 에밀리는 호주의 선샤인 코스트로 이사해 운동과 명상을 하며, 비가공식품 식단을 실천하고 있다.

식단의 치유력, 특히 식단이 장내 미생물 군집에 미치는 영향은 매우 흥미롭다. 장-뇌 축gut-brain axis에 관한 연구가 더 많이 진행되면서 소화, 기분, 인지 사이의 연관성이 더 많이 알려지고 있다. 사실상 전신 기능인 우리의 지능은 개별 유기체 수준에서도 집단적인 현상이라고 할 수 있다.

트라우마생물학trauma biology은 장-뇌 축 연구를 통해 새로운 치료법을 찾으려는 최신 연구 분야 중 하나다. 연구의 초점은 미생물 군집을 구성해 우리 몸에 서식하면서 신체 기능에 기여하는 세균, 균류, 원생동물, 바이러스 등 수조 마리의 미생물에 맞춰져 있다. 이러한 미생물은 대부분 소화관, 특히 대장에 살면서 음식을 소화하고, 면역 체계를 조절하며, 병원균으로부터 우리 몸을 지켜준다.

요즈음 건강한 미생물 군집이 역경의 영향으로부터 우리를 어느 정도 보호해줄 수 있다는 주장이 제기되고 있다. 2020년 UCLA 뇌 및 신체 연구소Brain and Body Laboratory 소장 브리짓 캘러핸Bridget Callaghan은 부모에게서 떨어져 입양되거나 보호 시설에 들어간 344명의 아이들에 대한 획기적인 연구 결과를 발표했다. 이들은 일반적인 아이들보다 위통과 변비, 구토, 메스꺼움을 더 많이 호소했다. 연구팀은 이 아이들의 장내 세균을 하위 집단별로 분석해, 이러한 증상이 뚜렷한 장내 미생물 군집의 다양성 감소와 관련이 있다는 사실을 발견했다. 연구팀은 이것을 뇌 프로파일 변화와 비교 분석했다. 장내 미생물 군집의 변화가 가장 뚜렷한 아이들은 감정이 표현된 얼굴에 반응할 때도 이례적인 뇌 활성을 나타냈다. 또한 이 아이들은 대조군보다 유의미하게 심하고 오래 지속되는 불안을 호소했다.

공동 저자인 컬럼비아 대학교의 님 토트넘Nim Tottenham 교수는 논문에서 이렇게 당부했다. "결론을 내리기에는 아직 이르다. 하지만 이 연구는 역경과 관련된 장내 미생물 군집의 변화가 감정 처리와 관련된 뇌 영역의 차이를 포함한 뇌 기능과 관련되어 있음을 보여준다." 브리짓은 식단에 변화를 주어 발효음식과 프로바이오틱스 섭취를 늘리면 장기간의 스트레스로 인한 중추신경계와 소화계의 손상을 치유하는 데 도움이 될 것이라고 주장한다. 이것은 스트레스에 가장 취약할 수 있는 어린이들에게 특히 중요하다.

프로바이오틱스가 풍부한 양질의 비가공식품 섭취와 규칙적인 고강도 운동이 정서 지능에 미치는 효과를 입증한 것 외에, 더 급진적인 중재 수단도 연구되고 있다. 기억이 뇌에 저장되는 방식을 이해하기 시작하면서 우리는 기억을 조정하거나 심지어 없애버리는 방법까지 알아가고 있다. 체리 실험에서 체리가 위험하다고 학습된 경험을 무효화할 수 있었던 것처럼, 인간이 가진 세상에 대한 정보도 변형하거나 지울 수 있다. 공포 소거fear-extinction라고 알려진 이것은 매력적이면서도 다소 공상 과학적인 개념이다. 공포를 느끼는 순간 우리의 지능이 제한되는 것이 확실하고 이런 영향이 아이들에게 대물림될 수 있다는 사실이 알려지자, 이제는 공포를 완화하는 중재가 필요하다는 확고한 주장이 제기되고 있다. 그런데 우리는 정말로 공포를 지워버리고 싶은 것일까?

공포를 포함해 모든 감정은 어떤 의미에서 우리의 주의를 끌기 위한 전령이다. 거기에는 우리가 배워야 할 교훈이 담겨 있다. 공포를 불러일으키는 기억이나 정확히 형언할 수 없는 두려움은 당장의 맥락과 관련해서나 혹은 조상에게 얻은 지혜의 형태로 무엇인가 중요한 경고를 전하고 있는지도 모른다. 공포는 지능과 마찬가지로 인간의 생존 기전이다. 그래도 부적절한 공포를 억제하는 능력은 매우 중요하다. 뇌는 오래된 기억을 새로운 평가로 덮어쓰기 위해 언제나 공포 소거를 연습한다. 공포 소거는 새로운 상황을 학습하고 거기에 대응하는 능력의 중요한 일부분이다. 뇌는 기억을 썼다가 지우고, 현재의 정체성을 형성했다 재형성하며, 미래의 이야기를 만들어가면서 끊임없이 역동적으로 뒤섞인다.

2020년 퀸즐랜드 뇌 연구소Queensland Brain Institute의 팀 브레디Tim Bredy 교수와 동료들은 뇌가 이 과정을 관리하는 방식을 밝혀낸 놀라운 연구 결과를 발표했다. 이들은 기억 형성의 유연성, 즉 뇌가 새로운 환경에서 얼마나 빠르고 효율적인 방식으로 오래된 기억을 대체할 수 있는지 조사하고 싶었다. 그러면서 기본적으로 기억이 유전자를 실시간으로 편집할 수 있다는 사실을 발견했다. 연구자들은 최소한 쥐 실험에서 뇌세포의 DNA 형태가 바뀔 수 있다는 사실을 증명했다. 본질적으로 DNA가 현란하게 변형될수록 신경회로에 통합되는 새로운 기억을 활용해 더 빨리 학습하고, 환경이 다시 안전해졌다는 새로운 정보가 입력되면 그 기억을 더 빨리 지울 수 있다는 뜻이다.

이 결과를 인간에게 어떻게 적용할 수 있을지, 그리고 바라건대 임상 치료에 어떻게 적용할 수 있을지 알아내기 위해 더 많은 연구가 진행 중이다. 이것은 역경에 처했을 때 얼어붙지 않고 학습 능력을 향상시킬 새로운 치료법의 개발 가능성을 열어젖힌다. 더 흥미로운 점은, 아직 이론에 불과하지만 이러한 연구가 트라우마로 고통받는 모든 사람에게 작은 위안을 줄 수 있다는 것이다. 반사회적 행동으로 인한 피해의 여파가 얼마나 오래 지속될 수 있는지 더 잘 알게 되면서, 우리는 건강 상태를 개선하고 엄청난 양의 인지 능력을 해방할 여러 방법을 찾아내고 있다.

공포가 인지 능력에 미치는 영향에 대한 연구는 공포 소거에만 국한되지 않는다. 뉴사우스웨일스 대학교에서 직관을 연구하는 조엘 피어슨은 바르셀로나 대학교의 셀렌 아타소이Selen Atasoy 박사와 함께 환각제가 회복탄력성과 학습 능력에 미치는 영향을 연구하고 있다. 이들의 연구는 런던 임페리얼 칼리지 데이비드 넛David Nutt 교수의 선구적인 연구를 토대로 삼는다. 아타소이와 피어슨은 환각제가 인지 능력의 모든 측면에 전 뇌적인 영향을 미친다는 사실을 발견했다. 여기에는 신경 활동을 특정 주파수의 파동들이 조합되어 나타나는 현상이라고 보는, '커넥톰 하모닉스connectome harmonics'라는 새로운 뇌 분석 방법이 적용되었다.

이들은 LSD를 복용하면 뇌의 여러 영역이 평소 연결되지 않던 다른 영역과 연결된다는 사실을 발견했다. 연구자들은 이것을 '레퍼토리 확장repertoire expansion'이라고 명명하고, 무작위가 아닌 구조화된 효과처럼 보인다고 해석했다. 뇌의 전체적 활동량도 증가했다. LSD를 복용하면 뇌 역동이 빠르고 복잡해지며, 혁신적인 방식이 출현하면서 즉흥적인 뇌 활동이 전개되는 것으로 보인다. 아타소이는 환각제가 마치 재즈 음악가 존 콜트레인John Coltrane이나 찰리 파커Charlie Parker가 큐 사인을 보낸 것처럼 우리 뇌의 실험성과 즉흥성을 촉발한다고 주장한다. 기분이 좋아지고, 기억력이 향상되며, 융통성이 높아지고, 학습 속도가 빨라지면서, 창의성과 혁신성이 강화된다. 좋은 말처럼 들릴 수 있지만, 이 실험에 참여한 모든 과학자들이 환각제가 해로울 수 있다고 강조한다는 사실을 주목하자. 환각제는 정신 질환을 촉발하고 기존의 정신병을 악화할 수 있으므로 의학적 감독 하에서만 투여되어야 한다.

이 새로운 분야는 궁극적으로 집단의 인지 능력을 향상시키는 대규모 중재 능력을 선사해줄까? (이미 거기까지 갔는지도 모른다. 그리고 이 연구는 저용량 환각제 투여에 빠져든 실리콘 밸리의 기술 종사자들이 무엇인가를 알아냈을 가능성이 있다는 점을 강조한다.) 넛 교수의 연구가 이미 시사하듯, 정신 질환 치료뿐 아니라 조상에게서 물려받은 후성유전적 기억을 바꾸는 데도 환각제를 이용할 수 있을까? 정서적 손상을 회복하고, 정서 지능과 환경 적응력을 높이고, 더 많이 배우고, 더 많은 것을 창조하고, 서로를 더 효과적으로 돕는 데 사용할 수 있을까?

적어도 생쥐에게는 환각제가 고통스러운 학습과 능력 저하의 대물림을 차단해줄 잠재적 도구일 수 있다는 증거가 등장하고 있다. 환각제를 인간에게 적용할 때도 같은 답을 얻을 수 있을지에 대해서는 더 많은 연구가 필요하다. 우리는 후성유전학을 통해 환경이 행동에 미치는 영향을 새로이 이해할 수 있다는 사실을 이미 알고 있다. 여기에는 우리의 학습 속도에 대한 매우 중대하고 흥미로운 함의가 내포되어 있다. 자신의 잘못이 아닌 이유로 인지 능력이 손상된 사람들이 완화와 회복을 기대할 수 있는 것이다.

무엇보다 이런 기대는 우리가 급변하는 세상에 빠르게 적응할 수 있다는 낙관주의를 불러일으킨다. 우리는 궁극적으로 유전자가 우리의 행동을 결정한다고 생각해왔다. 지난 200년 동안 인간이 환경을 급격히 변화시켜왔다는 점을 고려할 때 이것은 점점 더 문제가 되고 있다. 진화 속도로는 이런 변화에 맞추어 적응하기 어려워 보인다.

후성유전학에 대한 이해 덕분에 이제 우리는 적응이 진행되고 있고, 그 속도가 무한히 빠를 수 있다는 사실을 깨달아가는 중이다. 사실상 실시간 또는 적어도 세대 단위로 적응이 일어나고 있다. 집단이 미래에 필요한 적합성과 능력을 갖출 수 있다는 점에서 이것은 더할 나위 없이 좋은 소식이다. 트라우마 회복과 회복탄력성이 대물림될 수 있다는 연구 결과를 살피다 보면 우리가 필요한 교훈을 학습하고 이것을 후손에게 물려줄 수 있다는 희망을 품게 된다.

집단 지능이라는 치유

나는 우리의 회복탄력성을 강화하고 친사회적 기술을 연마해 집단 지능을 극대화할 방법이 획기적인 연구를 통해 계속해서 제시될 것이라 확신한다. 하지만 그동안에도 우리에게는 더 많은 것을 해낼 자원이 이미 많이 있다. 모든 집단 지능의 기본 요소는 대화 기술, 세심한 경청, 자신이나 다른 사람들의 감정을 편안하게 받아들이는 능력 같은 오래된 기능들이다. 이런 것들은 우리가 후손에게 집단 트라우마가 아니라 집단 지혜를 유산으로 남기게 해줄 기전이며, 기술보다도 시간과 관심에 달린 문제다.

사별과 같은 위기의 순간이 찾아오면 여전히 우리는 본능적으로 이런 능력에 손을 뻗는다. 유대인의 시바shiva 풍습은 수천 년 동안 이어져온 긍정적인 사회적 행동과 조상들의 지혜를 보여주는 예이다. 유대 전통에서는 누군가 죽으면 사별 가족이 일주일 동안 함께 앉아 있으면서 조문객들이 위로와 위안, 농담과 음식을 가지고 끊임없이 방문하도록 집을 개방한다. 유족들은 자신의 감정을 느끼고, 망자에 대해 이야기하며, 공동체 안에서 슬픔을 경험할 수 있도록 지지받는다. 그리고 다른 친구나 이웃이 어려움에 처했을 때도 똑같이 행동할 것이라는 기대를 받는다. 전 수석 랍비 조너선 색스는 『도덕성Morality』

에서 시바에 관해 다루며 "혼자가 되기 어려운 시간이다. 지치기도 하지만 많은 것을 성취할 수 있다. 무엇보다 자신만의 세계로 숨어들지 않게 해준다. 슬픔의 삐죽삐죽한 가장자리를 부드럽게 만들어준다"라고 썼다.

물론 시바에서만 고통의 시기를 함께해줄 집단이 필요한 것은 아니다. 우리가 어떻게 함께 이야기하고 귀 기울일 공동체와 기회를 찾는지 보여주는 사례는 치유 모임, 집단 치료, 12단계 회복 모임 등 무수히 많다. 우리는 회복 과정에서 집단의 지원이 매우 중요하다는 사실을 본능적으로 알고 있다. 집단의 지원은 집단 지능이 대물림되는 것을 보여주는 또 다른 예이며, 신경과학은 우리가 뼛속 깊이(신경과학의 용어를 사용하면 체화된 인지의 발현으로!) 무엇을 느끼는지 확인하면서 여기에 불을 비춰준다.

예를 들어 어린 시절 받은 트라우마의 영향으로부터 회복탄력성을 높이는 방법에 관한 가장 안정적이고 중요한 발견 가운데 상당수가 집단의 힘을 지목한다. 어린이들의 회복탄력성에 관한 앤-라우라 반 하멜렌의 연구에 따르면 어린 시절에는 아동과 보호자의 관계가 매우 중요하지만 십 대가 되면 친구나 동료들과의 관계가 가장 큰 차이를 만들어낸다. 십 대는 지지해주는 집단, 아니 좋은 친구가 한두 명만 있어도 정신 건강 문제로부터 보호받고 더 큰 공동체에 통합될 수 있다. 이러한 긍정적 효과는 초기 성인기까지 지속된다. 앤-라우라는 "14세 시절의 친구 관계는 24세가 되어 사회적 거절에 대응하는 뇌의 반응을 예측케 해준다"라고 말했다. "청소년기의 친구 관계는 10년 후까지 뇌가 사회적 상황에 대응하는 방식에 영향을 미친다." 아이를 키우려면 온 마을이 필요하다는 말은 신경학적 관점에서 사실인 것 같다. 우리 모두가 스트레스의 부정적 영향을 완충하는 역할을 담당함으로써 집단 지능이 유지되도록 도울 수 있다.

언어는 우리의 경험을 재료 삼아 집단에 이익이 되는 지식을 생산함으로써 서로의 치유와 성장을 돕게 해주는 열쇠다. 소피 스콧Sophie Scott은 유니버시티 칼리지 런던의 인지신경과학 교수로, 언어와 의사소통, 특히 유머와 웃음의 긍정적 힘을 연구한다. 소피의 연구팀은 사람들이 혼자 있을 때보다 다른 사람들과 함께 있을 때 30배나 더 많이 웃는다는 사실을 발견했다. 웃음은 엔도르핀을 분비시키고, 통증에 대한 민감도를 낮추며, 몸을 움직이게 만들고, 사회적 뇌를 활성화한다. 웃음은 사회적 유대감을 형성하는 도구가 될 뿐 아니라 개인에게 깊은 치유 경험을 선사하기도 한다. 코미디가 모든 문화권에서 발달한 것은 바로 이런 이유에서일 것이다. 엄청난 고난과 고통을 겪을 때조차 다크 유머는 사람들이 유대감을 형성하고, 상처를 치유하며, 자신의 경험을 이해하는 데 도움을 준다. 예술적인 표현도 유사한 역할을 한다.

그러나 웃음이나 예술 없이, 그저 시간을 보내는 것만으로 사람들이 연결되는 것은 놀라운 일이다. 20년 전 미국의 심리학자 아서 아론Arthur Aron은 낯선 사람 둘을 한 방에 넣고 개인적인 질문을 던지면서 4분간 서로 눈을 바라보게 하면 이 둘이 서로 깊이 이해한다는 느낌을 받는다는 사실을 보여주었다. 4분 동안 관심을 집중하고 솔직한 대화를 나누는 것만으로도 다른 사람과 유대감을 형성할 수 있는 것이다.

다른 사람들이 시간을 내어 주의를 기울이고, 자기 말에 귀를 기울이게 하기 힘들어진다면 어떤 일이 일어날까? 앞의 장에서 보았듯 안타깝게도 이런 어려움은 음모론과 극단적인 부족주의로 이어질 수 있다. 친구나 가족이 자기 말에 귀를 기울이지 않는다고 느끼는 사람은 자기만의 이야기를 머릿속에서 되풀이하는 경향이 있고, 이로 인해 부정적인 반추에 빠지면서 치유나 학습, 사고의 전환을 방해받는다. 연민과 실용주의는 한 사람을 집단으로 재통합하고 의미 있는 합의를 도출하게 해주는 도구다. 그 사람에 대한 연민과 실용주의적 태도가 없으면, 도리어 그를 무시하거나 조롱하거나 희생양으로 삼으면, 소외감이나 피해의식, 심지어 폭력이 야기될 수 있다.

경청의 대상이 되지 못하고 무시당한다는 느낌을 받으면 용서하고 싶은 마음이 사라진다. 그 결과는 파괴적일 수 있다. 홀로코스트 생존자이자 외상 후 스트레스 장애 치료를 전문으로 하는 심리학자 에디트 에거Edith Eger는 자서전 『선택The Choice』에서 이렇게 말했다. "고통은 누구나 겪는 일이지만 피해 의식은 선택의 결과다. 피해를 당하는 것과 피해 의식은 다르다. 우리 모두는 언젠가 피해를 당할 가능성이 높다. 학대, 부상, 불행, 실패를 겪을 것이다. 피해는 외부에서 발생한다. 피해 의식은 내부에서 비롯된다. (…) 자신 외에는 그 누구도 우리를 피해자로 만들지 않는다."

에거는 피해 의식이 경직되고, 비판적이며, 비관적이고, 과거에 얽

매이며, 용서하지 않고, 징벌적이며, 건전한 한계나 경계가 없는 사고 또는 존재 방식이라고 정의했다. 일부 비극적인 시나리오에서는 피해의식에 사로잡힌 사람들이 죄가 있다고 인식하는 대상에게 복수를 감행할 수 있다. 에거는 이런 사고방식이 폭력적인 결과로 이어지지 않더라도 스스로를 '자기 자신의 간수'로 만든다고 지적한다.

넬슨 만델라는 아파르트헤이트 종식 이후 용서와 화해를 촉구한 것으로 유명하다. 그는 동료 시민과 전 세계 사람들에게 모든 사람을 하나로 묶는 인류 공통의 의식이라는 뜻의 응구니-반투어 '우분투ubuntu' 개념을 일깨웠다. 우분투는 '우리가 있기에 내가 존재한다'라고 표현되기도 한다. 데스몬드 투투Desmond Tutu 목사의 설명은 이렇다. "우분투는 '나는 생각한다. 고로 존재한다'가 아니라 '나는 속해 있기 때문에 인간이다. 나는 참여한다. 나는 나눈다'를 의미한다."

그러나 투투 목사가 이끈 진실 및 화해 위원회Truth and Reconciliation Commission와 마찬가지로, 용서를 촉구하는 만델라의 호소는 정의를 요구하는 오랜 투쟁의 성공 끝에 나온 것이었다. 적어도 가장 잔인하게 제도화된 형태의 착취가 멈출 때까지 화해는 불가능했다.

우분투는 르완다 키갈리에 있는 우분투 평화 센터 소장인 장 보스코 니용지마Jean Bosco Niyonzima에게 집단적 고통으로부터 집단적 치유가 일어나는 현상을 조사하도록 영감을 주었다. 니용지마와 동료들은 1994년 르완다 집단 학살로 인한 트라우마와 씨름하고 있었다. 당시 약 80만 명이 살해되었고, 생존자의 26퍼센트가 심각한 PTSD를 앓았다. 2017년 6월, 연구팀은 집단 학살이 일어난 곳에서 공동체에 기반한 집단적 치유의 힘에 대해 최초의 예비 연구를 수행했다. 이들은 르완다 남부 카모니 지방에서 지역사회 치유 도우미 40명을 훈련시켰다. 도우미들은 둘씩 짝을 짓고 트라우마의 영향을 받은 공동체 구성원 15~20명씩을 배정받아 15주 동안 활동했다. 600명 이상의 사람들이 자신의 몸에서 포착되는 신호를 감지하는 내수용 감각 능력을 향상하기 위해 명상을 포함한 집단 기반의 치유 훈련에 참가했다. 참여자들은 개인적 차원을 넘어 인류의 더 넓은 측면을 아우르는 존재로 자신의 정체성을 다시 생각해보는 도구로서 내수용 감각 정보를 활용하는 법을 배웠다.

이 정체성 확장 훈련은 무속 행위와 유사한 공동체적 회복 의식과 결합되었다. 사람들은 북, 챈트, 춤, 최면, 은유를 활용해 자신의 감정을 표현했다. 스토리텔링은 각 개인의 기억을 정합성 있는 서사로 구성해 각자의 관점을 표현하게 해주는 집단적 도구였다.

15주 동안의 활동이 끝난 후 연구진은 사람들의 건강 상태를 재측정했다. 그 결과 자살 사고를 포함한 PTSD 증상이 뚜렷이 감소했고, 민족적 갈등에 대한 두려움이 줄어들었으며, 안전하다는 느낌과 사회적 응집력이 실질적으로 증가했다. 니용지마의 말처럼 "사회가 트라우마를 겪으면 집단적으로 치유가 이루어져야 한다. 이러한 집단적 재활은 집단적 상처를 함께 이름 붙이고, 함께 처리하며, 함께 의미를 해석하여 복수와 폭력으로부터 자유로운 미래를 상상하는 통합적 과정으로 구성"된다.

용서와 화해는 인간의 두뇌 활동 중 인지적인 비용이 가장 많이 드는 활동 중 하나다. 과거로부터 회복하기 위해서는 기억 회로를 파괴하고, DNA 가닥을 춤추듯 풀어내 다른 유전자를 발현시키며, 사고 습관을 깨뜨려 보호와 치유의 과정으로 대체하는 능력이 필요하다. 이 모두가 고된 두뇌 활동이지만 에디트 에거와 만델라가 깨달았듯이 증오의 감옥에서 자신을 해방시킬 수 있는 개인에게도, 갈등에 발목을 잡혀 성공의 가능성이 차단된 집단에도 모두 필요한 일이다.

나는 우리가 집단 트라우마의 복잡하고 중요한 모든 영향에서 벗어나는 것을 과제로 인식하는 데 인지과학이 도움이 되길 바란다. 예일 대학교 공공심리학 분야의 연구교수 스테파니 길슨Stefanie Gillson 박사는 2019년 이런 글을 남겼다. "임상가로서 우리는 역사적 트라우마의 생물학적 함의를 인식하고 인정해야 한다. 더 나아가 조상의 트라우마 경험으로 고통받는 사람들을 더 잘 이해할 필요가 있다." 과거 세대가 겪은 피해가 현재에 미치는 영향을 더 잘 겨냥하는, 더 나은 치료 전략과 방법을 개발하기 위해서는 이런 통찰이 매우 중요하다.

오늘날 살아 있는 사람들 가운데 좋게든 나쁘게든 삶의 기회가 조상의 행동에 의해 형성된 집단이 있다. 돈과 특권은 대물림될 수 있다. 정신 질환, 징역, 사회에서 소외되는 경향 역시 대물림될 수 있다. 팟캐스트〈레니게이드: 미국에서 태어난 사람들Renegades: Born in the USA〉에서 브루스 스프링스틴Bruce Springsteen이 버락 오바마Barack Obama와 함께 우정에 대해 이야기하는 중요한 순간이 있었다. 스프링스틴은 체계화된 인종차별이 미국과 전 세계 사람들에게 남긴 트라우마의 유산이라는 주제가 등장하자 머뭇거리다 폭발해버렸다. "인종에 대해 이야기하기가 왜 이리 힘들까요? (…) 한순간도 사실이었던 적이 없는 용광로라는 신화를 해체해야 해요. 우리 역사의 많은 부분이 유색 인종에 대한 약탈과 폭력, 조작으로 점철되어왔다는 사실을 인정해야 합니다. 우리는 우리가 저지른 집단적 죄가 부끄러운 줄 압니다. 우리가 저지른 일을 인정하고 슬퍼해야 해요. 우리 자신이 매일 여기에 공모하고 있다는 사실을 인정해야 합니다. 그리고 우리가 집단의 구성원으로서 인종차별의 역사와 엮여 있다는 사실을 인정해야 해요. (…) 모두 다 어려운 일이지요."

이것은 도덕적, 철학적, 법적으로 모든 면에서 어려운 일이다. 또한 신경 활동의 수준에서도 문자 그대로 어렵다. 정신적 시간 여행을 통해 과거로 거슬러 올라가 그 당시의 도덕적 맥락에서 사건을 고려하는 인지 작업은 추상적 개념과 씨름해야 하는 어려운 일이다. 미래를 생각하고 후손들을 위해 무엇이 필요한지 자문하는 것은 어려운 인지 작업이다. 자신이 속한 이익 집단과 부족을 넘어서서 생각하는 것 또한 어려운 인지 작업이다. 우리 뇌에는 주위 세계의 증거를 무시하려는 경향이 있지만 이것은 현명한 전략이 아니다. 이런 문제는 우리 개개인에게 진지한 정신적 곡예를 요구한다. 누군가 인지과학자들의 발견을 증거 삼아, 트라우마의 영향을 받은 집단을 대리해 법적 이의를 제기하는 사례가 등장할 수도 있다. 더 큰 규모의 법적 변화가 일어날 가능성이 있다.

이것은 집단 지능에 대한 궁극적 시험이지만 여기에는 엄청난 잠재적 보상이 따를 것이다. 세대 너머로 사고를 확장해 '좋은 조상'이

되는 법을 배우면 집단 지능을 더 많이 물려주고 집단 트라우마를 덜 남기는 인지적 작업을 수행할 수 있을 것이다. 우리는 대성당을 짓는 마음으로 과거의 피해를 복구하고 미래를 의식적으로 건설할 수 있다.

결국 기억과 상상력의 생물학이 우리 자신에게 들려주는 이야기를 만들어낸다. 그리고 우리의 후손들이 말하게 될 이야기에도 강력한 영향을 준다. 이제 새로운 노트르담 성당을 지어보자.

‖ 실습하기 ‖
시간 영주 되어보기

여러분이 속한 집단에 장기적인 사고로 접근해야 하는 복잡한 문제가 있다면 이 문제와 씨름하기 전에 역할을 맡아보는 것이 도움을 줄 수 있다. 일부 구성원들을 '시간 영주'로 표현해줄 의상을 고르자. 모두가 같은 옷을 입을 필요는 없다. 예식용 모자, 법복, 나비 날개 등 미래 세대의 보호자이자 대변인으로서 여러분의 집단적 역할을 나타내줄 만한 옷이라면 무엇이든 상관없다.

일단 의상을 입고 자리에 앉은 다음 눈을 감고 미래의 시간 영주가 된 자신의 모습을 상상해보자.

실습의 첫 부분은 문제에 대해 혼자 생각해보는 시간을 갖는 것이다. 지금부터 5년, 10년, 30년 뒤의 모습은 어떨까? 미래에 여러분 자신과 주변 사람들의 필요를 상상해보자. 염려되는 일과 아이디어를 메모해두자.

그런 다음, 함께 모여 생각을 공유하자. 적극적인 경청과 창의적 집단 글쓰기 등 앞서 언급한 기법을 활용해 장기적인 관점에서 문제와 해결책을 탐색하자.

10장

마음의 융합: 인간과 AI

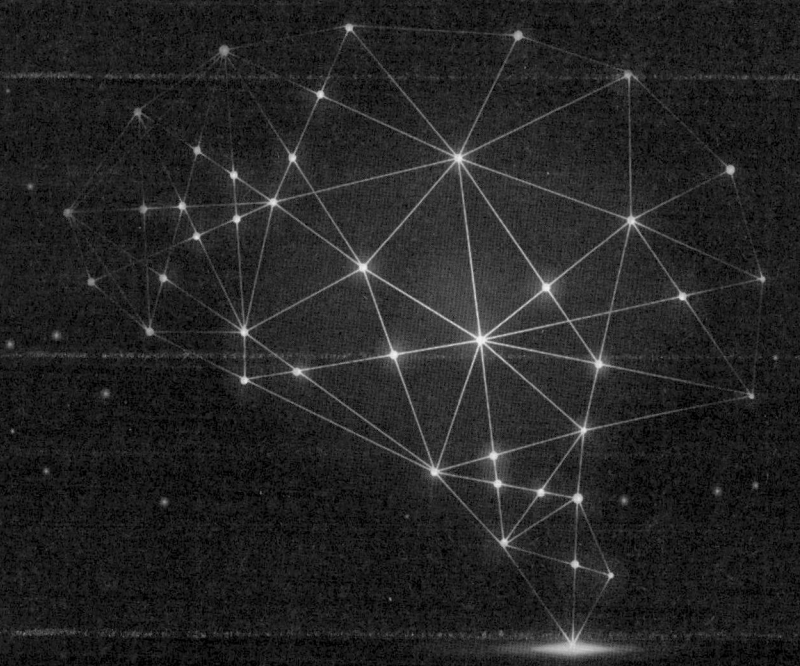

우리 모두가 함께 사이보그가 되면 어떨까? 이 세상 최선의 의지를 끌어모아도, 집단 지능이라는 대성당을 짓는 데는 시간이 걸릴 것이다. 전 지구적 문제를 고민하고 야심 찬 해법을 구축하려면 모두의 마음을 모아야 한다. 그러니 인류의 인지 능력에 더해 '인공' 지능을 동원하자. 기억력이나 정서 지능을 강화하기 위해 뇌에 보조 장치를 삽입할 수도 있을 것이다. 여기에서 더 나아가 우리의 뇌를 연결해 네트워크를 형성하고 인공 연산 능력과 결합해 슈퍼 뇌를 만들어보자.

　신경공학은 흥미진진한 발전을 거듭하고 있지만, 많은 이들에게는 공상 과학 소설처럼 느껴질 수 있다. 무엇이 유용하고 도움이 되는 것인지, 무엇이 유용하지 않은 것인지 알기 어렵다. 이 장에서 나는 우리의 마음과 다른 사람들의 마음을 융합하려 시도하는 연구를 소개할 것이다. 또한 이런 장기 프로젝트 설계에 회복탄력성과 유연성을 포함시켜 대성당을 짓는 마음을 구현해야 할 필요성도 살펴볼 것이다. 여기에는 무시할 수 없는 윤리적, 실용적 함의가 있으므로, 이역시 흥미진진한 이야기를 시작으로 다루어보려 한다. 우리는 과학적탐구의 황금시대에 살고 있다. 우리는 의식 그 자체의 풍경을 탐구하고 있으며, 우리가 찾아내는 것이 집단 지능의 다음 진화 단계를 구성할 것이다.

우리는 이미 폭발적으로 발전하는 인공 지능의 시대에 살고 있다. 어디에나 인공 지능이 존재한다. 무인 자동차가 도로를 달리고, 전화기에는 시리Siri가 탑재되어 있으며, 돌봄 로봇이 환자의 건강을 모니터링한다. 컴퓨터 시스템이 체스 챔피언을 이기고, 시 공모전에서 입상하고, 탁구 전문가 대신 고정밀 동작 분석을 수행하며, 심지어 인간이 게재하는 진짜 게시물을 집어삼킬 정도로 많은 가짜 뉴스를 쏟아내며 우리의 현실 감각을 두고 쟁탈전을 벌일 수도 있다.

병원에서는 컴퓨터 프로그램이 고도로 훈련된 영상의학과 전문의보다 더 예리하고 정확하고 빠르게 암 조직을 찾아낼 수 있다. 정신건강 영역에서도 온라인 시스템으로 우리의 감정을 모니터하고, 필요한 경우 회복탄력성을 높일 수 있도록 지원과 지침을 제공함으로써많은 측면을 관리할 수 있다. 학교와 대학에서는 자동으로 학생별 맞춤 숙제를 내주는 온라인 강좌가 개설되고, 교육과정에 교육용 앱이도입되고 있다. 드론이 배달원을 대체하기 시작했으며, 비행 경로는로봇 교통 관제사에 의해 통제된다.

인공 지능이 사회에 가져다주는 혜택은 분명하다. 컴퓨터는 우리가 부여하는 많은 임무를 대단히 능숙하게 해낸다. 무엇보다, 우리가 컴퓨터를 그렇게 작동하도록 설계했다. 인공 지능의 토대인 기계 학습은 인간 뇌의 신경망에서 영감을 받아 설계되었다. 인공 지능 시스템은 주변 환경이 발산하는 정보를 받아들이고, 처음에는 이를 이용해 현실을 이해하는 틀을 갖춘 다음, 과거의 경험을 통해 학습하고 지혜를 얻으며 대응 방향을 결정한다. 최신 인공 지능 시스템은 인간보다 훨씬 더 빠르고 정확하게 정보를 처리, 통합, 구축할 수 있다.

그러나 이 책에서 내내 살펴보았듯이 사회적 지능과 정서 지능은 성공적인 협력을 뒷받침하는 기술이자, 인공 지능의 현재 능력을 뛰어넘는 기술이다. 위키피디아 봇들의 전쟁을 기억하는가? 봇들은 공감 능력의 바탕이 되는 마음 이론과 인격적 책임감의 바탕이 되는 행위 주체감sense of agency이 없었던 탓에 자신들을 조직화해 효과적인 협력을 이끌어낼 수 없었다. 현재 인간의 뇌는 여러 가지 면에서 인공 지능보다 훨씬 더 유연하고 효율적이며 창의적이다. 인공 지능이 이런 기술을 스스로 진화시키기까지 얼마나 오랜 시간이 걸릴지는 아무도 알 수 없다. 우리가 알 수 있는 것은 수십만 년이 걸린 인간보다 훨씬 더 빠를 것이라는 점뿐이다.

인공 지능을 그저 혼용 가능한 다양한 형태의 지능 가운데 하나로 취급할 수 있을까? 그래야 할까? 아마도 그럴 것이다. 한 가지 예는 나이 들어 노쇠해가는 사람들을 돌보는 일이다. 치매는 우리 시대의 사회적 난제이며, 환자를 잘 돌보려면 돌봄 제공자는 대단한 인내심과 공감적 상호작용을 발휘해야 한다. 2014년 나는 BBC 라디오 방송에서 골디 네자트Goldie Nejat를 인터뷰했다. 토론토 대학교 로봇 및 기계 연구소Institute for Robotics and Mechatronics 소장인 네자트는 인지 능력이 감퇴하는 전 세계 노인 인구를 도울 새로운 방법을 찾고 있다. 특히 로봇을 이용해 기억력을 되살리고, 일상적 활동을 보조하며, 사회적 활력을 유지하도록 돕는 데 관심이 있다. 네자트는 자신이 만든 로봇 세 대를 소개해주었다. 브라이언은 치매 환자에게 식사를 권하고, 캐스퍼가 음식을 준비하며, 탄지는 빙고 모임 소집을 돕는다. 네자트는 "우리는 사람들이 혼자 하기 어려운 일상 생활 활동을 보조할 뿐 아니라 레크리에이션이나 기억력 게임을 할 수 있도록 지원하는 사회성 보조 로봇을 설계하려고 합니다"라고 말했다.

로봇이 인간 돌봄 제공자를 완전히 대체하는 상황을 보고 싶어 할 사람은 아무도 없다. 체화된 인지, 마음 이론, 그리고 누군가에게 가장 필요한 것이 포옹이라는 사실을 깨닫는 능력은 문자 그대로 대체 불가능한 인간의 특성이다. 여기에는 정교한 사회적 지능과 정서적 지능이 요구된다. 그러나 돌봄 로봇은 여러 가지 상호작용을 수행할 수 있고, 이로 인해 인간 돌봄 제공자를 자유롭게 해줄 수 있다. 그리고 로봇 가격은 한 대당 4,000~8,000파운드(약 800만~1,600만 원)로 인간 간병인보다 훨씬 저렴하다.

이처럼 인간과 인공 지능의 협업은 각자의 기량에 따라 업무를 분담하는 형태로 자리를 잡는다. 이것은 뇌에 컴퓨터 칩을 장착하거나 서로의 뇌를 전선으로 연결하지 않아도 가능하다. 첨단 신경공학은 이미 이런 협업을 구현하고 있다. 전 세계 수십만 명이 스위치만 누르면 파킨슨병이나 중독 증상을 멈춰주는 신경 임플란트neural implants(뇌에 삽입하는 보조 장치) 혜택을 누리고 있다. 예를 들어, 나의 이웃 케이트가 그런 임플란트를 통해 파킨슨병을 조절하고 있다. 케이트는 특정 뇌 회로를 전류로 자극해 떨림과 우울 증상을 차단해주는 장치 덕분에 매일 아침 조깅을 즐기며 쾌활하게 지낸다. 트랜스휴머니즘 transhumanism(기술의 도움으로 인간이 육체적, 정신적 한계 너머로 진화할 수 있다는 믿음)은 케이트 같은 사람들에게 이미 생생한 현실이 되었다.

이 기술은 마비에서부터 강박장애에 이르기까지 질병이 있는 사람들의 삶을 바꾸어낸다는 분명한 이점을 가지고 있다. 그러나 일단 기술적 역량이 향상되면, 인류는 분명히 치명적 질병이 없는 사람들의 인지 능력까지도 약간의 신경공학 기술을 활용해 향상시킬 수 있을지 궁금해하기 시작할 것이다. 우리는 머리가 좋아지는 약, 미세 용량 환각제, 심지어 불법적 배아 유전자 편집 기술의 활용 사례에서 나타난 것처럼 지능 향상의 유혹이 강력하다는 사실을 잘 알고 있다. 만약 우리 사회가 미래의 어느 시점에 트랜스휴머니즘을 수용하게 된다면, 단순히 개인의 능력을 증강하기보다는 협력적이고 집단적인 능력을 증진하는 방식을 채택하는 편이 분명 합리적일 것이다. 나는 문자 그대로 인류의 마음을 하나로 모으고 인지 능력을 융합하여 인공지능의 도움을 받는 슈퍼 브레인 클라우드를 조성함으로써 우리의 집단 지능을 강화하는 방법을 생각하고 있다. 여기에는 인간의 뇌를 연결해 살아 있는 군체 의식을 형성하는 과정이 포함될 것이다. 공상과학 소설처럼 느껴지겠지만 충분히 실현 가능하다.

인간-기계 인터페이스로 나아가는 길에는 우리가 대답해야 할 질문이 너무나 많다. 인간의 마음과 컴퓨터를 융합하면 우리의 집단 지능 향상에 실제로 도움이 될까, 오히려 친사회적 행동을 억제해 해가될까? 인공 지능은 우리의 파트너로 남을까, 아니면 우리의 정신적에너지를 착취하거나 생각을 통제하는 지배자로 둔갑할까? 우리와인공 지능이 서로를 구분하는 데 어려움을 겪다가 정체성 딜레마에빠지지는 않을까? 우리가 컴퓨터를 통해 서로 연결된다면 사생활 보호, 해킹, 도덕적 책임의 문제는 어떻게 될까? 방대한 실천적, 철학적,윤리적 고려 사항이 우리를 기다린다. 우리 사회가 변화의 속도를 따라잡기 위해서는 매우 심오한 문제들과 씨름해야 한다.

이런 문제들을 고민할 때는 불확실성을 받아들이고, 더 느리고 덜감정적인 사고를 동원하는 것이 중요하다. 스티븐 호킹Stephen Hawking이이 주제에 대한 양가감정을 털어놓으며 인정했듯이 이런 질문은 인지적 부담이 크고, 쉬운 답이 없다. 호킹은 독립적으로 말하고 움직이기가 어려워지는 중증 운동신경질환을 극복하기 위해 머신러닝 기술을 사용했다. 그가 사용한 인공 지능의 마지막 버전은 매우 진보한 형태의 자동 완성 예측 텍스트와 유사했다. 인공 지능은 호킹이 이전에의사 소통한 내용을 기억해 곧이어 하고 싶어질 말을 제안했다. 호킹은 인공 지능의 혜택을 많이 누렸고 인공 지능 또한 옹호하는 입장이었지만, 2014년 BBC와 한 인터뷰에서는 인공 지능의 "완전한 발전이 인류의 종말을 불러들일 수 있다"라며 걱정을 감추지 않았다.

수년간 신경공학에 투자해온 일론 머스크Elon Musk도 이와 유사하다. 그는 우리가 인공 지능에 크게 뒤처진 나머지 로봇 주인의 애완동물 같은 존재로 전락할지도 모른다고 경고한다. 2016년 그는 이렇게 말했다.

"애완 고양이가 된다고 생각하기는 싫지만, 어떤 해결책이 있을까? (…) 아마도 [인간이 할 수 있는] 최선의 방법은 인공 지능 층을 덧입히는 것이라고 생각한다."

인공 지능에 대한 정보를 충분히 갖고 있으며 관련된 일에 종사하는 사람들조차 양가감정을 느낀다면, 많은 사람들이 불안감을 느끼는 것도 충분히 이해할 만하다. 그러나 두려움에 맞서보자. (알다시피 두려움은 우리를 바보로 만든다!) 무엇보다 모든 기술 혁명은 당대의 사람들을 초조하게 만들었다. 상황이 변할 때는 언제나 승자와 패자가 공존하지만, 그렇다고 해서 변화가 본질적으로 나쁜 것은 아니다. 과거의 역사를 돌아보면서 산업혁명이 일어나지 않았기를 바라겠는가? 산업화가 느리게 진행된 다른 유럽 국가들을 부러워하며, 그들이 주도권을 쥐었기를 바라겠는가? 러다이트 운동을 돌아보며 이 운동이 성공했기를 바라겠는가? 1970년대를 돌아보며, 사무직 일자리를 지키기 위해 지금의 성가신 워드프로세서와 스프레드시트가 불법화되었기를 바라겠는가?

나는 과학이 제시하는 진보의 가능성을 믿지만, 그런 진보가 보장되어 있다거나 혜택이 공정하게 분배될 것이라고 믿을 여유는 없다고 생각한다. 그런 일은 각계각층의 많은 사람들이 함께 노력할 때만 일어난다. 어떤 일을 집단적으로 추진하려면 우리 모두 무엇이 가능한 일인지, 무엇이 위태로운 일인지 이해해야 한다. 지금은 차세대 기술 혁명이 진행되고 있으며, 이번 혁명은 그 어떤 혁명보다 광범위하고 실감 나는 영향을 미칠 잠재력을 가지고 있다. 우리에게는 고민을 미룰 여유가 없다. 대성당을 짓는 마음에서 배운 교훈을 기억하면서 믿음, 신뢰, 상상력이라는 인간 고유의 기술을 활용해야 한다. 우리는 희망을 품어야 한다.

가리 카스파로프Garry Kasparov의 사례에서 영감을 얻어보자. 그는 아마도 역사상 가장 위대한 체스 선수일 것이다. 카스파로프는 젊음을 바쳐 창의적인 전략이라는 기예를 갈고닦다가 1985년 22세의 나이에 세계 체스 챔피언으로 등극했다. 그리고 은퇴할 때까지 수십 년간 거의 연이어 이 타이틀을 유지했다. 그러던 중 1997년 어떤 겁 없는 애송이가 경기장에 나타났고, 수많은 이목이 집중된 경기에서 카스파로프는 그에게 패배한 최초의 세계 챔피언이 되었다. 이 놀라운 경쟁자는 누구였을까? 바로 IBM의 슈퍼컴퓨터 딥 블루Deep Blue 다.

카스파로프는 컴퓨터에 패배한 뒤에도 게임을 포기하지 않았다. 그는 낙담하는 대신 영감을 얻었고, 다음 해 고급 체스 또는 사이보그 체스라는 새로운 포맷을 고안해 다시 경기에 참가했다. 이 새로운 방법론은 인간과 기계를 대결시키는 대신 서로의 힘을 결합한다. 인간의 창의성, 전술적 플레이, 전략적 계획을 기계의 고정밀 오류 감지 기능 및 무자비한 연산 능력과 결합해 가능한 모든 해결책을 체계적으로 생성하고 시험하는 것이다. 사이보그 체스는 초당 2억 개의 포석을 평가하면서 정교하고 창의적인 게임을 구현할 수 있다. 오늘날에는 아무리 오래된 체스 컴퓨터 프로그램도 인간 그랜드마스터들을 모조리 꺾을 수 있지만, 평균적인 선수와 평균적인 컴퓨터가 짝을 이루면 최고의 슈퍼컴퓨터를 완패시킬 수 있다. 2017년 카스파로프는 『딥 싱킹: 인공 지능 시대, 인간의 위대함은 어디서 오는가?Deep Thinking: Where Machine Intelligence Ends and Human Creativity Begins』라는 책을 썼다. "우리는 로봇이 인간과 경쟁할 수 없는 한 가지 영역, 즉 큰 꿈을 꾸는 영역에서 야심 차게 전진해야 한다. 우리의 기계들이 그 목표를 달성하도록 도와줄 것이다."

우리가 이미 할 수 있는 일은 무엇일까

앞서 살펴보았듯이 신경공학은 이제 특정 뇌 회로를 겨냥해 고도로 정교하게 전류를 전달함으로써 다양한 건강상의 문제를 치료하는 데 이용되고 있다. 신경 임플란트를 이용한 뇌 심부 자극술은 1997년 처음으로 파킨슨병 치료에 사용되었다. 이제는 비슷한 장치들이 중독, 강박장애, 식이장애, 불안장애 치료에 활용되고 있다.

최근 과학자들은 '뉴럴 더스트neural dust'라는 훨씬 더 작고 정교한 무선 센서를 개발했다. 이 센서는 초음파를 이용해 특정 뇌세포를 감시하고 자극하면서, 뇌막 사이에 장착된 제어 장치와 교신한다. 뉴럴 더스트는 크기가 작고(각 입자는 밀리미터가 아니라 나노미터 크기다) 열을 방출하지 않으므로 흉터나 염증을 일으키지 않는다. 수천 개의 뉴럴 더스트가 수면 무호흡증부터 간질까지 다양한 질병을 치료하는 '전자치료제electroceutical'로 사용된다. 다른 뇌-컴퓨터 인터페이스brain-computer interface, BCI는 신체 절단, 하반신 마비, 뇌졸중으로 운동 기능이 저하된 사람들을 돕고 있으며, 망막 이식 시스템은 실명한 사람들이 다시 앞을 보게 해준다.

신경공학의 야망과 효율성 증대는 나를 숨막히게 한다. 인공 시냅스와 외장 메모리 하드 드라이브가 이미 개발 중이며, 이 프로젝트가 성공한다면 궁극적으로 치매를 효과적으로 치료하고 사람들의 기억 손상을 되돌릴 수 있을지도 모른다.

일론 머스크의 유명 회사 뉴럴링크Neuralink는 실리콘 입자를 주사해 뇌에 디지털 층을 덧입히는 신경 레이스neural lace라는 네트워크를 개발하고 있다. 머스크는 2022년 4월 신경 레이스가 마비를 치료할 뿐 아니라 "심각한 우울증, 병적 비만, 잠재적 정신분열증처럼 사람들에게 큰 스트레스를 주는 다양한 뇌 손상(그리고 건강 문제)을 해결할 기적의 의료 도구를 생산할 것"이라며 이 프로젝트의 목적을 과대 포장해왔다.

그 돌파구가 2년, 아니 10년 혹은 20년 뒤에 열리더라도, 신경공학이 계속해서 인지 능력이 손상된 사람들의 삶을 변화시킬 해결책을 내놓을 것이라고 믿을 만한 이유는 충분하다. 그러면 이것이 의학적 도움이 필요한 사람들에게만 국한될까? BBC의 보도에 따르면 머스크의 장기적인 야망은 '초인적 인지superhuman cognition'의 시대를 여는 것, 부분적으로는 그가 믿기에 인간 종족을 파괴하거나 지배할 수 있을 정도로 강력하다고 생각되는 인공 지능의 위협에 맞서 싸우는 것으로 보인다. 하지만 인공 지능이 과연 우리가 생각하는 전형적인 인간의 특성, 즉 집단 지능의 기초가 되는 능력을 대체할 수 있을까?

글쎄, 모방은 이미 가능하다. 과학자들은 의학적 진단을 받은 사람들을 위해 정서 지능에 다시 한 번 손을 대기 시작했다. 케임브리지 대학교에서 컴퓨터 기술을 연구하는 피터 로빈슨Peter Robinson 교수는 얼굴 표정과 목소리의 뉘앙스, 자세와 몸짓으로부터 사람들의 정신 상태를 추론하는 '사회적, 감정적 파악 기술'을 개발하느라 바쁘다. 그는 자신의 컴퓨터가 이 분야의 상위 6퍼센트에 해당하는 사람들만큼 정확하다고 주장한다. 로빈슨 교수는 자폐 스펙트럼 장애와 아스퍼거 증후군이 있는 사람들의 정서적, 사회적 이해를 돕고 타인의 생각을 읽어내는 능력을 높일 웨어러블 시스템을 개발하고 있다.

중증 자폐증으로 진단받은 사람을 돕는 일이 그 자체로 가치 있다는 데 이의를 제기할 사람은 거의 없겠지만, 이 기술은 이미 임상 분야를 넘어 다른 영역에까지 적용되면서 점점 더 큰 고민거리를 제기할 흥미로운 시범 사례이다. 이 기술은 입법과 사법, 의료, 교육, 고용 분야를 포함한 사회 구조의 핵심 영역에까지 영향을 미치고 있다. 그리고 이 경우 개인과 집단이 감당할 이득과 위험 사이의 균형이 그리 명확하지 않다. 예를 들어, 하이어뷰HireVue라는 회사는 인공 지능을 활용한 비디오 기반 도구를 판매하는데, 이 도구는 사전 대화 과정에서 얼굴 표정을 수집하고 이를 바탕으로 어떤 지원자에게 면접을 시행해야 좋은지 추천해줄 수 있다. 옥시젠 포렌식스Oxygen Forensics는 경찰에게 소위 감정 탐지 소프트웨어를 제공한다. 코기토Cogito라는 회사는 콜센터 직원들에게 고객이 불편해하는 시점을 파악할 수 있도록 알고리즘을 통한 음성 분석 결과를 제공한다.

2019년 말, 연구 센터인 AI 나우AI Now는 당시 200억 달러(153억 파운드)의 가치가 있는 것으로 추정되는 이 분야가 빠르게 성장하고 있다고 보고했다. AI 나우의 공동 설립자인 케이트 크로퍼드Kate Crawford 교수는 이런 글을 썼다. "이 기술은 미세한 표정 변화, 목소리의 톤, 심지어 걷는 방식까지 해석해 우리 내면의 감정 상태를 읽을 수 있다고 주장한다. (…) 이 기술은 완벽한 직원을 고용하는 일부터 환자의 통증을 평가하는 업무, 수업 시간에 어떤 학생이 집중하고 있는지 추적하는 데에 이르기까지 모든 곳에서 사용되고 있다." 크로퍼드 교수는 다음과 같이 기술의 신뢰성을 우려하면서, 사용을 제한하는 법 제정을 촉구했다. "기술 출시와 동시에, 우리가 느끼는 감정과 얼굴 표정 사이에는 일관된 관계가 확인되지 않는다는 실질적인 연구 결과들이 발표되고 있다."

7장에서 살펴보았듯이 얼굴 표정이 반드시 감정을 반영하지는 않으며, 이는 전 지구적으로 통용되는 언어라기보다 지역마다 다른 사투리와 비슷하다. 현재의 인공 지능 기술은 이러한 표정 변이를 포착하지 못할 가능성이 크다. 이 기술을 그대로 적용하면 우리의 편견을 증폭하고, 집단 지능을 확장하기보다 협소하게 만들 가능성이 더 크다는 의미다.

이 문제에 대해서는 지금까지 입법은 고사하고 논의조차 거의 이루어지지 않았다. 나는 성급한 입법으로 기술에 대응하는 것을 좋아하지 않지만, 대중과 정책 입안자, 전문가들이 여기에 대해, 그리고 이 장에서 살피고 있는 인공 지능의 응용 분야에 관해 대화를 나눌 필요가 있다고 생각한다.

브레인 클라우드: 우리의 다음 개척지

우리가 할 수 있는 일들은 이미 대단한 수준이며, 그중 많은 부분은 놀라울 만큼 긍정적이다. 사이보그Cyborg는 이미 실현되었다. 운동신경 질환Motor Neurone disease 같은 퇴행성 질환을 앓는 사람들은 움직임과 의사 소통에 로봇의 도움을 받을 수 있다. 하반신 마비가 있는 줄리아노 핀토Juliano Pinto는 뇌-컴퓨터 인터페이스와 로봇 외골격 덕분에 리우데자네이루 월드컵 개막전에서 시축을 담당했다. 이러한 발전은 모두 인상 깊고 감동적인 집단 지능의 작동 사례다. 핀토의 시축을 실현시킨 다시 걷기 프로젝트Walk Again Project의 수석연구원인 신경과학자 미겔 니콜렐리스 박사는 그 후 150명의 연구원들에게 축하 인사를 전했다. "정말 훌륭한 팀워크였습니다. 외골격 장비를 착용하는 일은 줄리아노의 몫이었지만, 공을 찬 것은 우리 모두였습니다. 우리 모두와 우리의 과학이 거둔 쾌거입니다."

이어지는 이야기는 더욱 전망이 밝다. 평범한 신경공학자들은 일론 머스크만큼 거대한 플랫폼을 가지고 있거나 주목받지 못하면서도, 지난 10여 년간 뇌와 뇌를 직접 연결하기 위해 노력해왔으며 이미 조용한 성공을 거두고 있다.

니콜렐리스 박사는 이 분야의 연구를 선도해왔다. 듀크 대학교에 있는 박사의 연구팀은 2015년 뇌와 뇌를 직접 연결하는 브레인넷Brainets이라는 인터페이스에 관해 두 편의 논문을 발표했다. 한 연구에서는 마카크 원숭이 세 마리의 뇌에 신경 임플란트를 이식한 다음, 각각 화면에 표시된 로봇 팔을 상상만으로 움직이는 방법을 가르쳤다. 이어서 손 뻗어 공 잡기와 같이 팀을 이루어 특정 방식으로 팔을 움직이는 방법을 가르쳤다. 각각의 원숭이는 특정 범위의 움직임만 제어할 수 있었으므로, 누구도 혼자서 공을 잡을 수는 없었다. 이 과제를 완수하려면 적어도 두 마리가 협력해야 했다. 뇌가 직접적으로 연결되어 있지 않았는데도, 원숭이들은 협력했고 과제를 완수하는 방법을 알아냈다.

다음 연구에서는 다 자란 쥐 네 마리의 뇌를 직접 연결해 브레인넷을 만들었다. 브레인넷은 정보를 성공적으로 교환, 처리, 저장했으며, 쥐들 사이에 상호작용이 이루어지는 동안 사실상 유기체로 이루어진 연산 장치를 구현해냈다. 쥐들은 이미지 처리와 저장, 정보 인출 등 다양한 문제를 함께 해결할 수 있었고, 모든 개체가 더 정확하고 빠르게 반응했다. 니콜렐리스는 이 원리가 결국 인간에게도 적용될 수 있으며 "수백만 개의 뇌로 이루어진 '생물학적 컴퓨터'가 되기까지 무한히 확장되어, 이진법 형태로 제시하거나 답할 수 없는 문제들을 해결할 수 있다"라고 믿는다.

2019년, 시애틀 워싱턴 대학교의 샨텔 프랫Chantel Prat과 동료 과학자들은 이 방향을 향해 중요한 발걸음을 내디뎠다. 그들은 "협력적 문제 해결을 위한 최초의 다인용 비침습 뇌-뇌 인터페이스"라며 새로운 브레인넷을 내놓았다. 세 명의 사람이 팀을 이루어 단순한 과제 (테트리스와 유사한 게임 화면에서 블록을 회전시키는 방법 찾기) 해결을 요청

받았다. 세 명 중 두 명은 정보 발신자로 지정되었다. 이들은 화면을 볼 수 있었고, 블록을 적절한 지점으로 옮기기 위해 조작 방법을 결정해야 했다. 이들의 뇌 신호는 뇌파 모자를 통해 기록되어, 세 번째 사람에게 경두개 자극술transcranial stimulation로 전달되었다. 수신자는 화면을 볼 수 없었지만 정보를 해석하고 결정을 실행해야 했다. 이 그룹은 평균 80퍼센트 이상의 정확도로 과제를 수행했다. 이들은 앞의 원숭이들처럼 화면 속 물체를 이동시키기 위해 협력했지만, 이들의 뇌는 원숭이들처럼 학습된 행동을 통해 동기화되는 것이 아니라 전기 신호를 통해 직접 소통했다.

프랫의 연구팀은 이 뇌-뇌 네트워크brain-to-brain network를 다른 네트워크들처럼 기능하게 만들 수 있는지, 즉 사람들이 어떤 사람들의 입력을 다른 입력보다 더 신뢰하고 의지하는 법을 학습할 수 있는지 알고 싶었다. 그래서 한 발신자의 신호에 잡음을 섞고 듣기 어렵게 만들어 신뢰성을 떨어뜨리는 방법을 고안했다. 수신자는 '더 나은' 정보를 보내주는 발신자를 선호했고, 블록을 언제 어떻게 회전시킬지 정확하게 결정하기 위해 잡음이 섞인 신호를 무시하는 법을 학습했다. 이 결과는 집단에 효과적으로 기여하지 않는 사람의 소리를 낮추는 음량 조절 스위치 기능을 개발하는 데 활용될 수 있다.

연구자들은 또한 열 명이 연결된 브레인넷을 이용해 20가지 질문으로 이루어진 게임을 성공적으로 진행했다. 연구진의 표현에 따르면 이 모든 것이 "연결된 뇌들의 '사회적 네트워크'를 이용해 협력적 문제 해결을 추구하는 미래의 뇌-뇌 인터페이스"를 지향한다. 우리가 목격하고 있는 작업은 궁극적으로 개인의 지능이나 현재의 연산 능력 너머의 문제를 해결해줄 인간 컴퓨터의 토대가 될 것이다.

그사이 우리는 언어가 아닌 전기 자극을 통해 뇌에서 다른 뇌로 구체적인 정보를 전달하는 방식을 개발하고 있다. 이는 이전에는 줄곧 불가능하다고 생각하던 것이다. 신경과학자들은 뇌의 특정 영역이 활동하면 이를 포착해 운동 조절, 쾌락, 기억, 심지어 공감이나 죄책감처럼 매우 추상적인 기능과 연관 지을 수 있었다. 그러나 그 활동의 내용이 무엇인지는 전혀 알지 못했는데, 예를 들어 해마에 불이 켜지면 학습이 진행되고 있다는 사실을 포착할 수 있지만 그 내용이 무엇인지는 전혀 몰랐다. 그러다 2013년에 이르러 쥐가 과제 수행 방법을 학습할 때 해마에 특정 정보가 저장되는 정확한 기전이 실시간으로 관찰되었다.

나는 이 실험에 그야말로 마음을 빼앗겼다. 웨이크 포레스트 의과대학의 샘 데드와일러Sam Deadwyler 연구팀은 단기 기억 과제를 수행하는 쥐를 연구하던 도중 해마에 있는 신경세포 군집에서 아주 구체적인 활동 패턴을 관찰했다. 연구팀은 구체적인 사건이 정교한 형태로 암호화되어 시냅스의 전기적 군무로 발화되는 모습을 기록했다. 데모 영상은 제2차 세계대전 당시 독일군의 에니그마 암호Enigma Code를 해독하는 과정과 비슷해 보였다.

후속 연구는 더욱 놀라웠다. 기억 과제 수행 방법을 성공적으로 학습한 잘 훈련된 '공여자' 쥐로부터 과제의 전기적 '표상'을 추출한 다음 뇌 자극을 통해 과제에 노출된 적이 없는 '수혜자' 쥐에게 전달한 것이다. 뇌 자극을 통해 공여자의 해마 발화 패턴을 전달받은 수혜자 쥐는 과제 수행 방법에 대한 기억을 획득했다. 이것은 언어도, 모방도, 조상의 유전 부호도 없이 뇌의 전기 자극을 통해 공여자 쥐로부터 수혜자 쥐에게 전수된 능력이었다. 이제 궁금해진다. 한 개체의 뇌에서 얻은 신경 정보를 활용해 다른 개체의 뇌에서 기억 처리 과정을 유도하거나, 회복시키거나, 강화할 수 있을까? 이 연구의 파장은 대단하다. 이것은 인간의 뇌를 클라우드에 업로드하고 마음을 통합하는 단계로 나아가는 견고하고 묵직한 첫걸음이다.

이와 비슷한 맥락에서, 서던 캘리포니아 대학교의 시어도어 버거 Theodore Berger 는 해마에서 인상impression 을 장기 기억으로 변환하는 작업을 도와줄 마이크로칩 형태의 보조기를 개발하고 있다. 이 작업이 마침내 신경 레이스와 결합해 신경의 발판이 되어준다면 우리는 인간의 뇌를 실시간으로 연결하는 기술에 훨씬 더 가까워질 것이다.

윤리적 수렁에 들어서다

이를 포함해 전 세계에서 여러 가지 인상 깊은 발전이 이루어지고 있다. 아직은 브레인넷이 처리할 수 있는 작업의 규모가 매우 작지만, 기술이 발전함에 따라 점점 커질 것이다. 그리고 뇌에 흉터를 남기지 않고 이물질을 이식하는 방법과 같은 도전 과제는 뉴럴 더스트의 발명 사례와 같이 극복될 수 있을 것이다. 지금도 이미 인상 깊은 이 기술들은 앞으로 더욱더 발전할 것이다. 이것은 대단히 기대되는 동시에 두려운 일이기도 하다.

현재 뇌를 연결하는 행위는 고도로 통제된 실험실 환경 아래 자원자들 사이에서만 이루어지고 있지만, (언제가 되든) 이런 일이 쉽게 가능해진다면 무엇이 달라질까? 누가 브레인넷에 합류할 수 있을까? 어떻게 참여 강요와 배제를 막을 수 있을까? 예를 들어 브레인 클라우드에 합류하려면 IQ 점수가 어느 정도 되어야 한다거나 클라우드 밖에 남겨진 사람들이 이등 시민으로 강등된다면, 우리는 그야말로 한 치 앞을 내다볼 수 없는 깜깜이 영역에 접어들게 될 것이다.

최근의 역사는 지능에 대한 사이비 과학적 사고가 부당한 것을 정당화하는 데 악용될 때 어떤 일이 생기는지 보여주는 참혹한 사례로 점철되어 있다. 이런 참상의 정점에 나치가 자행한 유대인, 동성애자, 로마인, 흑인과 아시아인, 장애인, 그리고 소위 '아리안 인종'의 순수성과 지적 활력을 저해한다고 여겨지는 다양한 집단을 말살하려는 시도가 있었다. 이보다 덜 폭력적이지만 여전히 매우 강압적이고 비도덕적이었던, 지능이라는 개념에 기반한 우생학적 시도도 있었다. 스웨덴에서는 1970년대까지 학습 장애가 있는 사람들에게 강제 불임 시술을 자행했고, 약 6만 명이 이런 시술을 받았다. 이런 행위가 과학에서 비롯되었다는 사실은 모진 경고이며, 우리에게 기술의 윤리적 함의를 고민하도록 압박한다.

접근권과 거부권의 문제 말고도, 우리 뇌가 해킹당할 가능성이 생긴다면 우리 마음의 프라이버시는 어떻게 될까? 타인에 의한 심리 조종이 일어나지는 않을까? 누군가가 수신자에게 보내는 신경 신호를 의도적으로 조작해, 설득도 선전도 아닌, 직접적이고 통제할 수 없는 경로를 통해 수신자의 생각을 변형시킬 수도 있다. 한편으로 마음을 통합할 수 있게 된다면, 우리의 마음에 비가역적인 인지적 변화가 일어나지는 않을까? 그러면 인간의 인지 능력(그리고 어쩌면 도덕적 능력)은 어떻게 변할까?

이 모든 일과 관련해 문제가 되는 것은 디지털 통신 분야의 거대 기술 기업들이 자체적으로 신경 기술을 개발하면서 대부분의 작업을 수행하고 있다는 현실이다. 이 영리 기업들은 주주의 이익을 위해 존재할 뿐, 윤리적 문제와 사용자들의 정신 건강에 미칠 피해에는 무관심하다는 사실을 이미 스스로 보여주었다.

일론 머스크와 뉴럴링크뿐만 아니라 마크 저커버그Mark Zuckerberg도 텔레파시 기술 개발에 투자해왔다. 2019년 여름, 페이스북의 연구비 지원을 받고 샌프란시스코에 본사를 둔 과학자들이 사람의 생각을 컴퓨터 화면에 직접 송출해주는 헤드셋을 개발해 논문으로 발표했다. 현재 이 헤드셋은 소수의 단어만 해독할 수 있지만, 언젠가는 사용자의 생각을 막힘없이 읽어내어 다른 사용자의 뇌에 전송할 수 있기를 꿈꾼다. 집단 작업은 온라인이 아니라 뇌 안에서 이루어질 것이다. 이것은 프라이버시뿐 아니라 뇌-뇌 인터페이스에서 생성된 생각의 지식 재산권 소재와 관련해 중대한 문제를 제기한다. 그리고 집단이 범죄를 저지르면 누가 책임을 져야 할까?

멜버른 대학교의 사회적 내추럴 유저 인터페이스를 위한 마이크로소프트 연구 센터Microsoft Research Centre for Social Natural User Interfaces 소장 프랭크 베테레Frank Vetere는 인간과 컴퓨터의 상호작용, 그리고 사회적 온존을 향상시키는 인공 지능 기술을 연구한다. 베테레는 인공 지능 기술의 가능성에 대한 기대가 큰 만큼 염려도 품고 있다. 산업계와 정부 당국은 이미 개인 정보가 가득 들어 있는 상호 연관 데이터를 방대하게 수집하고 있으며, 이것은 그들에게 엄청난 권력을 부여해준다. "보험회사는 이제 건강 데이터를 수집하고 운전 습관을 추적하여 보험료를 개별화한다. 법 집행 기관은 운전면허증 사진을 이용해 잠재적 범죄자를 식별하고, 쇼핑센터는 사람들의 얼굴 특징을 분석해 광고의 표적을 설정한다."

하지만 데이터는 문제의 시작에 불과하다. 베테레는 그런 데이터가 모두 정확할 것이라고 기대하지 않는다. 설사 정확하다 해도, 데이터 해석과 적용 방식에 결함과 오류, 가정과 맹점이 존재할 수 있다. 지금까지 알려진 것과 같이, 인간은 집단 안에 있을 때도 심각한 오류를 저지른다. 인공 지능이 항상 이런 오류를 포착해낼 수 있는 것은 아니며, 오히려 오류를 증폭할 수도 있다. 알고리즘은 이것을 만든 사람만큼이나 편향될 수 있다. 그리고 베테레가 말했듯이 "인공 지능 연산 과정의 불투명은 알고리즘의 편향을 바로잡기 어렵게 만든다". 베테레의 경고는 엄중하다. "일부 인공 지능 시스템은 성차별적이고, 인종차별적이며, 가난한 사람들을 차별한다."

편향된 인공 지능이 추정한 내용이 보험회사나 미래의 고용주 같은 사람에게 공유되고 있다고 상상해보라. 이제 우리의 뇌파와 기억, 인지 능력까지 업로드할 수 있게 된다면 어떤 일이 벌어질지 자문해보자. 기술이 우리 마음에 훨씬 더 깊이 침범해 들어온다면 어떤 결론과 예측이 도출될까? 우리 삶에 어떤 변화가 일어나고 우리의 선택지에는 어떤 제한이 생길까? 자아의 내밀한 공간인 뇌에 대한 접근 권한이 공유되면 개인의 자율성이 파괴되지는 않을까?

2019년 9월, 영국 왕립 학회가 뇌-기계 인터페이스brain-machine interfaces 사용에 대한 정부 차원의 조사를 요청한 것은 바로 이런 질문에 응답하기 위해서였다. 보고서 〈아이휴먼: 마음과 기계 사이의 경계 흐리기iHuman: Blurring Lines Between Mind and Machine〉는 미래에 "외부 장치를 이용해 뇌의 신호, 나아가 생각을 감지하거나 자극하도록 허용하는 문제"를 둘러싼 윤리적 우려를 강조했다.

공동 의장인 임페리얼 칼리지 런던의 크리스토퍼 투마주Christofer Toumazou 교수는 이 기술이 아직은 대부분 실험 단계에 있지만 파급 효과는 엄청날 것이라고 강조했다. "2040년에는 신경 인터페이스가 마비 환자를 걷게 하고 치료 저항성 우울증을 다루는 확실한 선택지가 될 가능성이 높습니다. 어쩌면 알츠하이머병 치료가 현실화될 수도 있지요. 매끄러운 뇌-기계 통신과 같은 발전은 훨씬 더 먼 일 같지만 (…) 오늘날의 신경 인터페이스 애플리케이션은 수십 년 전 스마트폰이 그랬던 것만큼이나 상상하기 어려운 일입니다. 이 기술은 막대한 경제적 혜택을 선사하고, NHS, 공중 보건, 사회복지와 같은 분야를 변화시킬 수 있겠지만, 기술 발전을 소수의 기업이 주도한다면 비상업적 분야의 활용은 배제될 수 있습니다."

내게는 이 보고서가 뇌-기계 인터페이스를 인류의 가장 시급하고 유망한 대성당 프로젝트 중 하나로 간주하고 싶어 하는 것처럼 보인다. 이 기술을 개발하고 적용 방법을 알아내는 것은 매우 광범위한 작업이며, 그야말로 다양하고 대표성 있는 사람들 간에 폭넓은 대화를 거쳐야 한다. 우리는 이 문제에 대해 전문가부터 최종 사용자에 이르기까지 모든 사람의 의견을 듣고, 서로의 희망과 두려움에 귀를 기울여야 한다.

또 다른 공동 의장인 팀 콘스탄디누Tim Constandinou 박사는 이렇게 말했다. "앞으로 어떤 기술이 개발되더라도 우리의 윤리적, 규제적 안전장치가 충분히 유연하게 대응할 수 있도록 지금 행동해야 합니다. 그래야만 이런 신기술이 안전하게 적용되고 인류의 이익에 부합하도록 보장할 수 있습니다. (…) 우선순위를 파악하고, 기술 개발 방식과 우리가 원하는 목표를 공적으로 결정하기 위해 범국가적인 조사가 필요합니다."

마음을 모아 더 큰 꿈 꾸기

어쩌면 우리의 마음과 인공 지능의 융합은 인간의 한계를 넘어 자연의 진화를 전복하고 오만으로 치닫는 위험한 순간이 될지도 모른다. 그럴 가능성이 다분하다. 하지만 나는 인공 지능이 우리를 디스토피아적 악몽 속으로 밀어 넣을 것이라는 공포에 굴복할 이유가 없다고 생각한다. 이 기술로 무엇을 할 수 있는지와 관련해 이미 전 세계적으로 규제가 시행되고 있으며, 이 사안에 대한 논의가 시작되면서 우리가 윤리적 난관을 성공적으로 헤쳐나갈 수 있으리라고 믿는다. 물론 현실에 안주할 여유는 없지만, 나는 우리가 소셜미디어를 함께 경험하는 과정에서, 세상을 바꾸어내는 디지털 기술을 뒤따라가서는 안 되며 함께 발을 맞추며 규제해야 한다는 사실을 더 잘 인식하게 되었다고 생각한다. 이번에는 우리가 더 현명해지기를 바란다. 무엇보다 생각을 읽고 행동을 통제할 수 있는 장치를 자기 뇌에 삽입하고 싶을 사람은 없다. 우리가 경계심을 늦추지 않는 한, 그런 시나리오에 대한 집단적 혐오감이 우리를 보호해줄 것이다.

한편, 열린 가능성이 우리의 상상력에 그 어느 때보다 커다란 날개를 달아줄 수도 있다. 세상이 다른 사람의 마음속에서 어떻게 보이고 느껴지는지 경험하게 해주는 기술은 '우리'의 사고를 확장할 수 있는 많은 도구 중 하나다. 스웨덴 카롤린스카 연구소Karolinska Institutet의 박사 후 연구원인 파웰 타치코프스키Pawel Tacikowski는 우리가 어떻게 일관되고 통합된 자아를 유지하는지, 그리고 다른 사람들과 어떻게 관계를 맺는지 신경과학의 관점에서 연구해왔다. 그는 《사이언스 데일리Science Daily》와 한 인터뷰에서 어릴 적 잠에서 깰 때면 자신이 잠들 때와 같은 사람인지 항상 궁금했으며, 이런 종류의 질문을 잊어본 적이 없다고 말했다. 박사는 신체가 우리 뇌의 자아 개념에 얼마나 큰 영향을 주는지 연구하고자, 가상 현실 기술을 이용해 친구 두 명의 '몸을 바꿔치기'하는 지각 착각 실험perceptual illusion experiment을 개발했다. 타치코프스키는 "사람들의 신념과 성격이 매우 빠르게 변하고, 친구의 것이라고 알고 있던 내용이 자기 몸에 반영되기 시작"하는 것을 확인했다. 헨릭 에르손Henrik Ehrsson이 이끄는 뇌, 신체, 자아 연구실Brain, Body and Self Laboratory 팀은 두 명의 친구에게 상대방의 신체를 1인칭 시점에서 실시간으로 보여주는 고글을 씌웠다. 그리고 이 환상을 강화하기 위해 두 참가자에게 해당 신체 부위에 대한 동시 촉감을 적용하여 고글에서 본 것을 느낄 수 있게 했다. 이 환상은 단 몇 분 만에 아주 효과적으로 작동했고, 연구원들이 소품용 칼로 상대방의 신체를 위협하자 참여자들은 마치 자신이 위협을 받는 것처럼 식은땀을 흘렸다. 지각적 신체 교환은 아주 짧은 시간 동안 지속되었지만, 참가자들의 자기 인식을 유의미하게 변화시키기에 충분했다. 실험 시작 전, 참가자들은 수다스러움, 쾌활함, 독립성, 자신감 등의 특성에 대해 자신과 친구를 평가했다. 그리고 신체 교환 실험을 하는 동안 다시 자신을 평가하도록 요청받았다. 실험 전과 비교하면 참가자들은 몸속에 '들어가본' 친구와 자신이 더 비슷하다고 평가하는 경향이 있었다.

나는 이 연구에 매료되었다. 이 연구는 가상 현실 실험실에 들어가는 것만으로 공감을 촉진하는 도구를 제공함으로써 사람들의 경험과 신념 체계를 공유할 수 있게 해준다.

여러 사람이 직접적으로 감정을 공유하면서 평온함을 확산하고 창의력을 북돋을 수 있는 브레인넷은 어떨까? 리차드 로슈Richard Roche 가 이끄는 아일랜드 메이누스 대학교의 연구팀은 세 명의 참가자에게 뇌파 헤드셋을 씌워 네트워크를 구성했다. 첫 번째 사람이 이완 상태에 접어들자 뇌 전체에서 느리고 리듬감 있는 전기적 진동이 증가했다. 평온함이나 창의력과 관련된 알파파의 진동이었다. 이 뇌 활동에 대한 뇌파 기록은 소리(빗방울 소리와 같은), 풍경(잔잔한 바다의 모습), 또는 촉각 자극(편안한 촉감)과 같은 다른 감각 양식으로 전환되어 네트워크에 연결된 다음 사람에게 전달되었다. 이 감각 자극은 다시 알파파 증가를 유도해 다음 사람에게 전달될 이완 신호를 활성화했다. 세 사람이 실시간으로 함께 반응하고, 이완되고, 창조하는 하나의 집단 유기체가 되었다. 이 시연(https://vimeo.com/237065016 참조)은 "신호는, 그리고 개인은 어디에서 시작되어 어디에서 끝나는가"라는 질문을 던진다.

네덜란드 델프트 대학교의 예술가 카렌 란셀Karen Lancel과 헤르만 마트Herman Maat는 같은 기법으로 키스를 해체해 몰입형 설치 작품으로 재탄생시켰다. 작품은 관람객들에게 포옹을 하면서 뇌파나 심장 박동을 기록해보도록 초대한다. 이 정보가 악보로 변환되고 경험의 교향곡을 만들어내면서 새로운 공감각적 디지털 키스로 재구성된다. 란셀과 마트의 최근 프로젝트인 공감 생태학은 데이터를 이용해 인간과 식물의 관계를 청각 정보로 변환함으로써 친밀한 의사 소통에 대한 탐색을 종의 경계 너머로 확장한다. 키스하는 두 사람이 이들의 애무로 만들어진 음악에 '귀 기울이는' 식물로 둘러싸여 있다. 이어서 식물의 이산화탄소 소비량 변동이 악보로 변환되면서 인간, 식물, 기술의 상호작용으로 이루어진 교향곡에 실시간으로 추가된다. 서로 전혀 다른 지능들의 집합이 함께 작업해 아름다운 것을 만들어낸다. 이 작품은 온라인에서 볼 수 있다(https://vimeo.com/422895498 참조).

추상적 사고, 창의성, 상상력, 지각, 감정, 추론의 생물학적 토대가 더 많이 드러나고 이것들을 탐색하는 기술이 발전하면 어떻게 될까? 언젠가는 우리가 다른 종의 생생한 지능을 경험하거나, 사고 과정을 각인하여 오래전에 죽은 위대한 지성을 되살려낼 수 있다고 기대한다면 지나친 생각일까? 상상의 나래를 한껏 펼치면 우리는 어떤 대성당을 그려볼 수 있을까?

어떤 모습일지 꿈꿔보자. 어쩌면 뇌의 능력을 업로드해 과거와 현재의 풍요로운 사고에 접근할 수 있을지도 모른다. 나는 다양한 사람들의 인지 능력이 모여 만들어진 광활한 클라우드에 쉽게 접근할 수 있고, 이들의 통찰과 창의성이 장엄하게 연결되는 시나리오를 상상해본다.

눈을 감으면 가장 먼저 내가 살고 있는 공간을 어떻게 재구성할 때 아름다움과 유용성, 지속 가능성을 극대화할 수 있을지 상상하게 된다. 건축 분야에서는 도시계획가이자 녹색건축가인 청 쿤 헤안Cheong Koon Hean의 감독 아래 브루넬의 공학적 능력과 가우디의 예술적 영감이 결합된 기념비와 공동체 공간을 만들 수도 있을 것이다. 나는 프리다 칼로Frida Kahlo를 조금 가미해 인테리어를 디자인하고, 아인슈타인과 호킹의 아이디어 일부를 가져다 시공간을 넘나들며 다양한 차원으로 확장되는 공간을 창조한 다음, 마리나 아브라모비치Marina Abramović의 도움을 받아 개인의 의식이 다른 사람들과 어떻게 상호작용하는지 탐구하겠다. 경험의 밀도를 높이기 위해 음악도 추가해야겠다. 데이비드 보위David Bowie, 베토벤, 엘라 피츠제럴드Ella Fitzgerald의 인지 자원을 모으면 공간의 분위기를 연출하는 작품을 만들 수 있을 것이다.

지금은 꿈일 뿐이지만, 정말로 마음을 융합해 우리 삶의 모든 측면에 집단 지능을 배치할 수 있게 된다면 어떨지 상상해보자. 지구에 부담을 지우지 않는 교통수단부터, 법정에서 증인에 대한 처우를 개혁하는 일, 모든 개인의 기여에 가치를 부여하는 교육을 설계하는 일까지, 우리 마음의 힘으로 모든 것을 다루어내고 세상을 바꿀 수 있을 것이다.

기술이 이 일을 대신 해줄 때까지 기다릴 필요는 없다. 한 걸음 물러나 차분히 생각해보면, 그저 자리에 앉아서 제대로 공유하고, 제대로 경청하고, 제대로 함께 소통하는 것도 같은 효과가 있음을 알 수 있다. 우리 모두가 공감과 연민에 도움이 되는 능력을 기르고, '나'의 가치를 방어하기보다 '우리'의 가치를 가꾼다면, 상상력과 문제 해결 능력, 혁신의 물결을 일으킬 수 있다. 그리고 이것이 기술에 의존해 문제를 해결하는 것보다 더 간단하고 덜 위험한 방법 아닐까? 나는 기술이 제공해주는 것을 지속적으로 탐구하는 미래가 기대되지만, 기술이 우리가 가진 문제로부터 우리를 해방해줄 수 있다거나 그래야 한다고 믿지 않는다. 앞으로 나아가야 할 우리의 책임을 회피하는 것은 우리의 인간성을 희생시킬 수 있는 위험한 태도다.

인간 지능이 발현되는 모든 분야가 그렇듯이 신경과학은 진화하고 있다. 1952년, 뇌-기계 인터페이스 분야를 개척한 스페인의 과학자 호세 델가도José Delgado는 황소의 뇌에 전극 장치를 이식하고 투우장에 들어가 황소를 희롱했다. 황소가 흥분하기 시작하자 델가도는 버튼을 눌러 이식된 장치에 전파 신호를 보냈고, 그러자 황소의 뇌에 전류가 흘렀다. 질주하던 황소가 멈춰 섰다. 이것은 조종자의 자아를 만족시키고, 새로운 자극을 갈망하는 군중에게 깊은 인상을 남기기 위해 설계된 고약한 연극이었다.

델가도는 뇌와 기계 사이의 경계를 흐리는 일에 남은 경력을 바쳤다. 그의 연구는 정신 질환 치료에 점점 더 초점을 맞추었고, 기술을 통해 더욱 연민이 넘치는 사회를 만드는 데 기여하기를 열망했다. 2005년, 팔십 대 후반이던 그는 《사이언티픽 아메리칸Scientific American》과 한 인터뷰에서 기술에는 "좋은 면과 나쁜 면의 양면성이 있으며" 우리는 "부정적인 결과를 피하기 위해" 할 수 있는 일을 해야 한다고 주장했다. 하지만 델가도는 인간의 본성은 정적이기보다는 '역동적'이며, 우리의 강박적인 자기 탐구 덕분에 끊임없이 변화한다고 주장한다. "지식을 외면할 수 있을까? 그럴 수 없다! 기술을 외면할 수 있을까? 그럴 수 없다!"

델가도는 자신의 분야에서 기하급수적인 발전이 시작되기 직전인 2011년에 사망했다. 나는 그가 지난 10년 동안의 발전을 본다면 어떻게 생각할지 궁금하다. (…) 할 수 있었다면, 머스크와 저커버그 같은 실험적인 혁신가들과 나누는 대화에 자신의 지혜를 보태지 않았을까 생각해본다. 무엇보다 한때 성난 황소를 멈춰 세우는 데 뇌-기계 인터페이스 기술을 사용했던 남자는 그 후 자신의 지능을 전혀 다른 용도로 사용하는 보람을 경험했다. 델가도는 분명히 우리에게 통찰을 주었을 것이다. 어쩌면 델가도는 기술의 선구자들과 우리에게 이 기술이 나아갈 방향과 인류의 미래에 미칠 영향에 대해 치열하게 고민하라고 당부했을 것이다.

나만의 브레인넷 만들기

해결하기 어려운 문제가 있다면 여러분이 잘 아는 사람들을 머릿속으로 불러들여 다양한 관점에서 조명해보자. 이 문제에 관해 자세히 대화를 나눈다고 상상하자. 이들은 어떤 조언을 해줄까? 이들의 사고방식에서 배울 점이 있는가? 이들이 살아 있다면 직접 연락해 생각을 들어볼 수 있을까?

이제 여러분이 잘 알고 존경하지만 여러분과 관점이 매우 다른 사람을 떠올려보자. 그들은 이 상황에 대해 어떻게 생각할까? 그들은 이 문제를 어떻게 해결할까? 여러분이 그들의 제안을 따르지 않겠다면, 그 이유는 무엇인가? 평소라면 하지 않았을 접근 방식에서 긍정적이거나 유용한 것을 찾는 입장이 되어보자.

사고실험을 통해 이런 연습을 했다면, 여러분과 생각이 다른 사람에게 조언을 구할 수 있을지 생각해보자. 그들이 여러분과 생각을 교환하는 데 관심이 있을까? 그들을 대화에 초대하자.

적극적인 경청과 서로를 존중하는 대화를 통해 브레인넷을 만들면 집단 지능을 북돋우고, 혼자라면 포기했을 문제를 해결할 수도 있다.

2022년 1월의 어느 날 오후, 국경이 다시 열리면서 여행이 재개되었고 맥스와 나는 호주에서 영국으로 돌아왔다. 나는 케임브리지의 아파트 발코니에 앉아 눈부신 겨울 노을의 색감에 녹아들었다. 해가 점점 낮아지면서 첨탑과 옥상에 엷은 분홍과 주황빛이 쏟아져 내리더니 회색 석판 위로 드리워지는 그림자가 점점 더 커지고 길어지다가 지평선 아래로 사라졌다. 나는 차가워진 손을 데우려고 찻잔을 감싸 쥐었고, 땅거미가 내리며 어두워진 하늘에서는 별이 빛나기 시작했다. 이렇게 30분이 지나며 내 인생의 하루가 마무리되었다. 밤이 찾아왔다. 나는 내일 새벽 이 건물 반대편에서 다시 떠오를 태양을 상상했다. 내 시선을 중심축으로 가라앉다가 다시 떠오르며, 광활한 하늘을 가로지르는 태양의 움직임을 그려보았다.

물론 실제로 일어나는 일은 이와 다르다. 태양의 궤적은 우리가 스스로에게 들려주는 이야기일 뿐이다. 논리적인 우리의 뇌는 해가 지고 뜨는 것이 아름다운 환상이며, 과학이 가르쳐주듯이 실제로 움직이는 것은 지구 위에 사는 우리 자신이라는 사실을 알고 있다. 하루는 우리가 서 있는 곳이 태양빛에서 멀어질 때 끝나서, 12시간 뒤 우리의 피루엣(발레에서 한 발을 축으로 팽이처럼 도는 동작-옮긴이)이 반 바퀴를 돌아올 때 다시 시작된다. 하지만 지구에 흩어져 있는 우리에게는 태양이 정지된 하늘을 가로질러 지평선 아래로 진다는 이 환상이 너무나 강력해서 거의 의심하지 않는다. 뇌는 우리가 경험한 관점을 바탕으로 부정확한 지각을 형성한 다음 우리 자신을 중심에 둔 완벽하게 설득력 있는 환상을 만들어낸다. 이 환상은 속임수가 어떻게 작동하는지 드러난 뒤에도 잘 흔들리지 않는다.

지구 표면에 있는 우리의 위치에서 벗어나 더 넓은 각도로 현실을 바라보려면 정신적 노력이 필요하다. 혼자서는 이러한 인지적 노력을 유지하기 어렵다. 더 충실하고, 밝고, 정확한 그림을 만들기 위해서는 많은 사람들이 각자가 잘 볼 수 있는 것들을 공유해야 한다. 어떤 상황이든 제대로 보기 위해서는 개인의 자아 너머로 상상력의 범위를 넓히고 우리가 상호 연결된 훨씬 더 큰 시스템의 작은 부분에 불과하다는 사실을 이해해야 한다.

어떤 사회에서는 이런 방법을 한 번도 잊어본 적이 없다. 그들이 활용하는 집단 지능은 아주 오래되었으면서도 새날처럼 신선하다. 호주 원주민의 문화는 내가 자란 산업화 이후의 서구 사회와 크게 다르다. 개인과 집단의 관계, 인간과 다른 생명체의 관계, 과거와 현재와 미래의 관계는 이들 집단이 세상을 바라보는 방식 가운데 나와 다른 여러 지점의 일부에 불과하다. 집단적 인지 능력에 대한 이들의 이해는 인류의 사고 범위를 확장하기 위해 우리가 나아가야 할 길을 비춰줄 수 있다.

호주 원주민 문화는 여러 세대에 걸쳐 수많은 사람들을 아우르는 공동체적 분산 기억을 발전시켰다. 두 사람 사이의 유대를 통한 인지 능력 증강은 잊어버리고, 5만 년에 걸친 지혜가 아무런 기록도 없이 사람에서 사람에게로 전해 내려왔다고 생각하면 된다. 호주 원주민들은 그 누구도 모든 것을 기억할 수 있다고 기대하지 않는다. 그 대신 모든 사람이 기억과 의미를 공동 창조한다고 여긴다. 그들은 집단적으로 이야기를 발전시키고, 진화하는 이야기를 구전하면서 집단적으로 관점을 공유하고 서사를 창조한다. 학습은 이 과정 안에 녹아들어 있다. 예를 들어 여러분이 나비의 이름을 배운다면, 다른 사람들과 함께 공원이나 정원을 산책하면서 구체적인 장소와 결부된 나비 이야기를 발전시킬 수 있다. 정보를 여러 개의 다른 방에 있는 사물이라고 상상하면서 저장하는 기억의 궁전 만들기 기법과 다르지 않다.

타이슨 윤카포르타Tyson Yunkaporta는 멜버른에 있는 디킨 대학교에서 원주민 지식을 강의하는 선임 강사로, 퀸즐랜드 북부에 있는 아팔렉 부족의 일원이며 『샌드 토크: 원주민식 사고는 어떻게 세상을 구할 수 있는가Sand Talk: How Indigenous Thinking Can Save the World』의 저자이다. 그와 멜버른 대학교의 연구자들은 개인의 기억력을 향상시키는 다양한 고대와 현대 기법의 효과를 연구하기 시작했다. 연구진은 자원자들을 세 집단으로 나누고, 연구 시작 시점의 정보 기억력을 검사했다. 그 뒤 첫 번째 집단은 전통적인 방식에 근거해 함께 작업하는 기억력 훈련을 받았다. 두 번째 집단은 기억의 궁전 기법을 사용해 훈련받았고, 세 번째 집단은 별다른 훈련을 받지 않았다. 그런 다음 모두가 다시 기억력 검사를 받았다. 그 결과, 평균적 기억력은 원주민의 기법을 사용한 집단에서 세 배, 기억의 궁전 집단에서 두 배 높아졌고, 훈련을 받지 않은 집단에서는 50퍼센트만 향상되었다. 집단이 만들어낸 서사 안에 사실들을 녹여내는 것이 전통적 기법을 훈련한 사람들의 성공 열쇠인 것 같았다.

이처럼 효과가 매우 뚜렷했기 때문에 연구 논문의 저자들은 방대한 양의 정보를 기계적으로 학습해야 하는 의대생들에게 정보의 저장 능력을 향상할 목적으로 원주민의 기억법을 가르치자고 제안했다.

서양에서는 의학이 수많은 어려운 시험에서 아주 높은 점수를 요구하는 매우 경쟁적인 학문 분야라고 여긴다. 우리가 지금 더욱 협력적인 방식의 인지 기술과 체화된 지혜를 활용하여 의학 지식을 가르치는 방법을 상상한다는 것은 가슴 아프고도 희망적인 일이다. 생각에 대한 우리의 생각은 다양한 관점과 접촉하면서 진화한다.

물론 기억은 단순히 시험에 합격하기 위한 도구가 아니다. 독특한 경험을 회상하고 그 기억을 삶의 이야기로 바꾸어내는 능력은 개인 정체성의 토대다. 그럼에도 불구하고 윤카포르타의 연구는 혼자보다 집단으로 만들어내는 기억이 더 효율적이고 오래 남는다는 것을 보여준다. 이 연구를 접하니 박사 논문을 쓰기 위해 사회적 고립이 설치류의 뇌 발달에 미치는 파괴적인 영향을 연구하던 시절이 떠오른다. 혼자 자라게 한 쥐는 각각의 뇌 영역이 충분히 연결되지 못했다. 기억과 학습, 의사 결정에 장애가 생겼으며, 정신 질환에 부합하는 행동을 보였다. 동료 쥐와 접촉이 부족하면 말 그대로 뇌의 연결이 위축된다는 것은 마음 아프고도 흥미로운 관찰 결과였다. 사회적 연결과 뇌세포 사이의 연결은 서로 의존적이었다. 인간에게서도 비슷한 현상을 관찰할 수 있다. 지적인 집단의 일원이 되면 우리의 자아는 잠재력을 발휘할 수 있고 '나'의 정체성과 함께 '우리'라는 정체성이 자라난다. 이것은 상호 의존적인 춤이다. 우리는 다른 사람들과의 상호작용을 통해 독특한 존재가 되고, 다시 다른 사람들을 성장시킨다.

우리 모두는 인간 지능 진화 단계의 변화를 바라보는 문턱에 서 있다. 변화의 본질과 시기는 아직 결정되지 않았다. 기술 전문가들은 옥스퍼드 대학교의 철학자 닉 보스트롬Nick Bostrom이 단일 세계 질서의 출현을 예측하며 내놓은 '싱글턴 가설singleton hypothesis'에 주목한다. 싱글턴은 세계 정부 같은 의사 결정 기구일 수도 있고, 도덕 규범을 공유하는 지능적 생명체의 융합일 수도 있으며, 일종의 인공 지능일 수도 있다. 보스트롬에 따르면, 싱글턴이 인류에게 적대적일지 중립적일지, 아니면 호의적일지는 불확실하다.

싱글턴 가설은 기본적으로 사고실험이었지만, 앞서 살펴본 것처럼 신경과학, 후성유전학, 경제학 등 다양한 분야에서 인간 행동의 진화가 가속화되고 있으며 여기에는 유전자보다 우리의 환경이 더 많이 영향을 미친다는 증거가 등장하고 있다. 다른 사람들로부터 학습한 내용과 변화하는 맥락에 적응하는 방식이 인간의 사고방식 형성에 점점 많은 영향을 미치고 있다.

팀 워링Tim Waring은 메인 대학교 경제학과에서 협력 전략의 진화를 연구하고 있다. 워링은 우리 종의 발전을 추동하는 동력이 유전자에서 문화로 전환되고 있다고 주장한 획기적인 연구의 공동 저자 중 한 명이다. 워링과 공동 저자 재커리 우드Zachary Wood는 2021년 왕립 학회가 발표한 논문에서 문화가 인류의 발전을 주도하면서 인간의 집단 정체성과 집단 행동이 개인의 자아보다 더 중요해질 것이라고 결론지었다. "아주 장기적으로, 우리는 인간이 개체의 유전자에 기반한 유기체에서 개미 군집이나 벌떼와 같은 초유기체로 기능하는 문화적 집단으로 진화하고 있다고 생각한다."

이것은 아주 먼 미래지만, 우리가 나아가야 할 방향은 분명해지고 있다. 우리에게 이미 필요하고 미래 세대가 점점 더 의존하게 될 기량은 유연한 사고, 새로운 정보와 다양한 관점을 받아들이는 능력, 협력 능력에 달려 있다. 환경 압박이 급격히 커지는 시대에 인간 문화의 지속 가능성을 확보하려면 '나'에서 '우리'로 사고의 전환이 일어나야 한다. 우리가 사는 세상은 변했고, 그에 맞춰 우리의 사고도 변화해야 한다. 그래야만 우리는 워링이 말하는 인간 지능의 '유전자-문화 공진화gene-culture coevolution'에 합류할 수 있다.

인류는 '우리'의 사고를 진화시켰다. 최근 들어 '우리'의 사고방식을 실천하기가 더 어려워졌지만, 우리는 여전히 본능적으로 그 힘을 잘 알고 있다. 이 힘은 조상들의 지혜에 내재되어 있고, 옥수수로 상을 받은 농부 이야기 같은 우화를 통해서도 전해 내려온다. 20년 동안 매년 지역 품평회에서 상을 받은 농부가 있었다. 한 해는 어떤 기자가 이 농부를 인터뷰하고 나서 어떻게 그렇게 탁월한 작물을 재배했는지에 관한 흥미로운 사실을 알게 되었다. 기자는 농부가 종자용 옥수수를 이웃들에게 나누어 주었다는 사실을 발견하고는 이렇게 물었다. "매년 이웃들이 품평회에 참가해 경쟁하는데 어떻게 가장 좋은 종자를 나누어 줄 수가 있나요?" 농부가 대답했다. "바로 바람이 잘 영근 옥수수의 꽃가루를 훑으며 이 밭 저 밭을 휩쓸고 다니기 때문이에요. 이웃이 불량 옥수수를 재배하면, 교차 수분이 일어나면서 제 곡식의 품질이 꾸준히 나빠지겠지요. 좋은 옥수수를 기르고 싶으면 이웃들이 좋은 옥수수를 재배하도록 도와주어야 합니다."

나는 좋은 우화를 사랑한다. 언제나 그랬다. 어린 시절 나는 이전 세대 그리고 전 세계로부터 전해 받은 그들의 따뜻한 마음이 담긴 지혜에 위로받았다. 성인이 되어서는 이런 것들을 훨씬 더 사랑하게 되었다. 특히 신경과학 분야의 발견과 결부된 우화라면 더욱 그렇다. 교차 수분이 어떤 작물도 고립된 상태로 재배할 수 없다는 것을 의미하듯이, 감정 전염 기전은 감정과 생각, 심지어 도덕 규범도 이웃의 울타리를 넘어 우정을 통해 전달될 수 있다는 사실을 보여준다. 연결체학connectomics과 유전체학은 인지적 다양성을 질식시키지 않으려면 무작위적인 유전적 변화의 소용돌이가 필요하다는 것을 보여주었다. 그렇지 않으면 결국 우리는 동질적인 사고방식 때문에 조작에 더 취약해지고 새로운 위협에 대한 저항력이 더 떨어지는 클론 같은 집단이 될 것이다. 우리가 직관적으로 진실이라고 알고 있는 고대의 지혜를 설명해주는 과학적 근거가 확인될 때는 안도감이 든다. 이렇게 다양한 형태의 지식이 내 마음속에서 어떻게 엮이는지 그려볼 수 있고, 그 과정을 뒷받침하는 기전을 시각화하면서 그 안에 담긴 생각을 견고하게 다지는 데 도움이 된다.

우리가 우리 종의 다른 개체뿐 아니라 자연계 전체와 어떻게 서로 연결되어 있는지, 그리고 우리의 생각이 연결될 때 어떤 놀라운 인지 능력을 발휘할 수 있는지 이해할 때 집단 지능은 번성한다. 우리 한 사람 한 사람은 미래에 적합한 뇌를 만드는 데 필요한 기량을 연마할 수 있다. 우리 한 사람 한 사람은 '나'에서 '우리'로의 진화 혹은 회귀를 이루어나가는 일에서 작은 역할을 담당할 수 있다. 지구는 사실 우리 발 아래에서 회전하고 있다. 이제 자아가 중요하다는 환상이 마지막 일몰을 맞이할 시간이다.

이 책을 쓸 수 있도록 뜻밖의 장소를 제공해준 호주 누사_{Noosa}에 대단히 감사한다. 이곳은 혼란스러운 팬데믹의 시기에 맛본 낙원의 한 자락이었다. 생각은 맥락과 우리 주위를 둘러싼 사람들에 의해 형성된다. 그곳의 입양 가족(로스와 존, 줄리아, 매켄지, 래플린, 바즈, 타넬, 난 난, 로스) 그리고 그 과정에서 만난 친구들(크레이그, 록시, 바우, 조지아, 로라, 미아, 윌, 알리샤, 엘라, 코너, 멜라니, 엘리너, 나오미, 마이클, 스텔라)의 웃음과 사랑과 모험이 이 책을 완성하는 데 도움이 되었다. 누사빌 도서관 직원들은 연구 자료를 열람할 수 있도록 적극적으로 도와주었고, 극한의 기후가 자아내는 호주의 풍요로운 풍경은 영감을 주었다. 호주는 여러 세대에 걸쳐 전수되는 다양한 집단의 지혜에 기대어 생존을 이어온 곳이다. 이 지혜는 본문에 소개한 호주 동부 해안 출신의 카밀라로이족 여성 알리시아 아담스의 원주민식 점묘화 〈이곳〉에 상징적으로 담겨 있다.

집단 지능은 전 세계 과학자들의 수십 년에 걸친 노력으로 형성된 연구 분야이고, 수백만 시간을 투입해가며 일종의 대성당을 짓는 작업이며, 지금도 계속해서 발전하고 있다. 이 책은 이 분야의 주요 주제와 시사점을 소개한다. 예시로 등장한 구체적인 연구 사례들과 관련해 이 작업을 수행한 연구자들에게 큰 감사를 전한다. 많은 분들이 인내심을 가지고 열정적으로 나의 질문에 답하고 해당 부분의 원고 초안을 읽어주었다. 그들로부터 큰 도움을 받았다. 출판 전에 원고 전체를 읽고 사려 깊고 통찰 있는 피드백을 제공해준 데빌라 글린 박사와 엠마 이넬 박사에게도 큰 감사를 드린다. 언제나처럼 지속적인 지원을 제공하며 동반자가 되어준 케임브리지 대학교 막달렌 칼리지의 모든 분들께도 감사드린다.

이 책에는 더 많은 공동 큐레이터들이 참여했으며, 그중에서도 규정된 길이의 두 배에 달하는 다루기 힘든 초고를 받아 든 편집자들(헬렌 코일과 로웨나 웹)이 가장 중요한 역할을 했다. 정서 지능이 높은 헬렌의 정밀한 강조, 편집, 형상화 작업과 로웨나의 격려와 지혜 덕분에 이 책은 우리 모두가 매우 자랑스러워할 만한 책으로 거듭났다. 또한 지속적인 지원과 식견을 제공한 탁월한 저작권 에이전트 캐롤라인 미셸에게도 감사의 마음을 전한다. 마지막으로, 우정을 이어가며 평탄하고 행복한 삶을 유지할 수 있도록 도와주는 마크 내쉬 선장에게 감사의 인사를 전한다.

참고문헌

참고문헌은 본문에 인용된 순서대로 실었다.

프롤로그

- Baker, David P. et al. (2015) 'The cognitive impact of the education revolution: A possible cause of the Flynn Effect on population IQ.' *Intelligence*, 49: 144 – 58. doi:10.1016/ j.intell.2015.01.003. ISSN 0160-2896
- Flynn, J. R. (1984) 'The mean IQ of Americans: Massive rains 1932 to 1978.' *Psychological Bulletin*, 95, 29
- Flynn, J. (1987) 'Massive IQ gains in 14 nations: What IQ tests really measure.' *Psychological Bulletin*, 101, 171
- Lynn, R. (2009) 'Fluid intelligence but not vocabulary has increased in Britain.' *Intelligence*, 37, 249 – 55
- Lynn, R. and Meisenberg, G. (2010) 'National IQs calculated and validated for 108 nations.' *Intelligence*, 38, 353 – 60
- Te Nijenhuis, Jan and van der Flier, Henk. (2013) 'Is the Flynn effect on g?: A meta-analysis.' *Intelligence*, 41 (6), 802 – 7
- UNESCO (2002) *Education for All: Is the World on Track?* https://unesdoc.unesco.org/ ark:/48223/pf0000129053
- Dutton, E., van der Linden, D., Lynn, R. (2016) 'The negative Flynn effect: A systematic literature review.' *Intelligence*, 59: 163 – 9
- Bratsberg, Bernt and Rogeberg, Ole. 'Flynn effect and its reversal are both environmentally caused.' *PNAS*, 26 June 2018 115 (26) 6674 – 6678; first published 11 June 2018; https://doi.org/10.1073/pnas.1718793115
- Moore, Oliver, 'Dumb and dumber: why we're getting less intelligent.' *The Times*, 12 June 2018, https://www.thetimes.co.uk/edition/news/dumb-and-dumber-why-we-re-getting-less-intelligent-80k3bl83v
- Brühl, A. B., Sahakian, B. J. (2016) 'Drugs, games, and devices for enhancing cognition: implications for work and society.' *Ann NY Acad* Sci; 1369(1):195 – 217. doi:10.1111/ nyas.13040. Epub 4 April 2016. PMID: 27043232
- Dresler, M. et al. (2019) 'Hacking the Brain: Dimensions of Cognitive Enhancement.' *ACS Chem Neurosci.*, 10(3):1137 – 48. doi:10.1021/acschemneuro.8b00571. Epub 2 January 2019. PMID: 30550256; PMCID: PMC6429408
- Savulich, G. et al. (2017) 'Focusing the Neuroscience and Societal Implications of Cognitive Enhancers.' *Clin Pharmacol Ther*; 101(2):170 – 2. doi:10.1002/cpt.457. Epub 23 Sept 2016. PMID: 27557349
- 'Poll results: look who's doping'. Published online 9 April 2008. *Nature* 452, 674 – 5 (2008) |

doi:10.1038/452674a, https://www.nature.com/news/2008/080409/full/452674a.html

- Kodsi, Daniel. 'Revealed: Oxford's addiction to study drugs: 15 per cent of students have knowingly taken a "study drug", according to a Cherwell recent survey.' 13 May 2016. https://cherwell.org/2016/05/13/revealed-oxfords-addiction-to-study-drugs

- Sahakian, Barbara. 'Opinion: Fair play? How "smart drugs" are making workplaces more competitive. 6 July 2016, https://www.cam.ac.uk/research/news/opinion-fair-play-how-smart-drugs-are-making-workplaces-more-competitive

- Molteni, Megan. 'Netflix's "Unnatural Selection" Trailer Makes Crispr Personal: A new docuseries digs into the existential promise and peril of the gene-editing revolution.' *Science*, 10 April 2019. https://www.wired.com/story/netflixs-unnatural-selection-trailer-makes-crispr-personal

- Regalado, Antonio. 'Chinese scientists are creating CRISPR babies.' *MIT Technology Review*, 25 November 2018

- Bulluck, Pam. 'Gene-Edited Babies: What a Chinese Scientist Told an American Mentor.' *New York Times*, 14 April 2019. Retrieved 14 April 2019
https://www.theguardian.com/science/2021/oct/17/polygenic-screening-of-embryos-is-here-but-is-it-ethical

- Zhou, M. et al. (2016) 'CCR5 is a suppressor for cortical plasticity and hippocampal learning and memory.' 5:e20985. doi:10.7554/eLife.20985

- Lei, Shi et al. (2019) 'Transgenic rhesus monkeys carrying the human MCPH1 gene copies show human-like neoteny of brain development.' *National Science Review*, vol. 6, issue 3, 480 – 93. https://doi.org/10.1093/nsr/nwz043

- Wilson, Clare. (2018) 'Exclusive: A new test can predict IVF embryos' risk of having a low IQ: A new genetic test that enables people having IVF to screen out embryos likely to have a low IQ or high disease risk could soon become available in the US.' https://www.newscientist.com/article/mg24032041-900-exclusive-a-new-test-can-predict-ivf-embryos-risk-of-having-a-low-iq
https://www.technologyreview.com/2019/11/08/132018/polygenic-score-ivf-embryo-dna-tests-genomic-prediction-gattaca

- Whitehouse, Andrew 'Prenatal screening and autism.' 17 November 2013

- https://theconversation.com/prenatal-screening-and-autism-20395.

- Ne'eman, Ari. 'Screening sperm donors for autism? As an autistic person, I know that's the road to eugenics.' *Guardian*, 30 December 2015. https://www.theguardian.com/commentisfree/2015/dec/30/screening-sperm-donors-autism-autistic-eugenics

- Scangos, K. W. et al. (2021) 'Closed-loop neuromodulation in an individual with treatment-resistant depression.' *Nat Med* 27, 1696 – 1700. https://doi.org/10.1038/s41591-021-01480-w

- Calyx, Cobi. (2020) 'Sustaining Citizen Science beyond an Emergency.' *Sustainability* 12, 4522; doi:10.3390/su12114522

- Strasser, B. and Haklay, M. E. (2018) 'Citizen Science: Expertise, Democracy, and Public Participation.' SSC Policy Analysis 1/2018, 1 – 92

1장

- New Open Access journal in the field of Collective Intelligence, 4 August 2020. https://www.nesta.org.uk/press-release/sage-and-association-computing-machinery-announce-new-open-access-journal-field-collective-intelligence-collaboration-nesta/?gclid=Cj0KCQiAxc6PBhCEARIsA f0T7Wvzw9Ra6khmJ5Yb9Hw0DBCHchdet88fYme93h

ARZMKx62LsBdoaArrpEALw_wcB

- Critchlow, Hannah (2018) *Consciousness: A Ladybird Expert Book* (The Ladybird Expert Series 29). London, UK: Michael Joseph
- Denworth, Lydia (2019) "'Hyperscans" Show How Brains Sync as People Interact: Social neuroscientists ask what happens at the level of neurons when you tell someone a story or a group watches movies.' https://www.scientificamerican.com/article/hyperscans-show-how-brains-sync-as-people-interact
- Montague, P. Read et al. (2002) 'Hyperscanning: simultaneous fMRI during linked social interactions.' *NeuroImage*, 16 (4): 1159 – 1164. doi:10.1006/nimg.2002.1150. ISSN 1053-8119. PMID: 12202103. S2CID: 15988039
- Hasson, Uri et al. (2012) 'Brain-to-brain coupling: a mechanism for creating and sharing a social world.' *Trends in Cognitive Sciences*, 16 (2): 114 – 121. doi:10.1016/j.tics.2011.12.007. ISSN 1364-6613. PMC 3269540. PMID:22221820
- Hu, Yi et al. (2018) 'Inter-brain synchrony and cooperation context in interactive decision making.' *Biological Psychology*, 133: 54 – 62. doi:10.1016/j.biopsycho.2017.12.005. ISSN 1873-6246. PMID:29292232. S2CID: 46859640
- Liu, Difei et al. (2018) 'Interactive Brain Activity: Review and Progress on EEG-Based Hyperscanning in Social Interactions.' *Frontiers in Psychology*, 9: 1862. doi:10.3389/fpsyg.2018.01862. ISSN 1664-1078. PMC 6186988. PMID:30349495
- Leong, Victoria et al. (2017) 'Speaker gaze increases information coupling between infant and adult brains.' *PNAS* 114 (50) 13290-13295; first published 28 November 2017; https://doi.org/10.1073/pnas.1702493114
- Davidesco, Ido et al. 'Brain-to-brain synchrony between students and teachers predicts learning outcomes.' bioRxiv 644047; doi:https://doi.org/10.1101/644047
- Davidesco, Ido et al. 'Brain-to-brain synchrony predicts long-term memory retention more accurately than individual brain measures.' doi:https://doi.org/10.1101/644047
- Valencia, Ana Lucía, Froese, Tom. (2020) 'What binds us? Inter-brain neural synchronization and its implications for theories of human consciousness.' *Neuroscience of Consciousness*, vol. 2020, issue 1, niaa010, https://doi.org/10.1093/nc/niaa010
- Hirsch, Joy et al. (2021) 'Interpersonal Agreement and Disagreement During Face-to-Face Dialogue: An fNIRS Investigation.' *Frontiers in Human Neuroscience*,14, https://www.frontiersin.org/article/10.3389/fnhum.2020.606397, doi:10.3389/fnhum.2020.606397
- Yu, H. et al. (2014) 'The voice of conscience: Neural bases of interpersonal guilt and compensation.' *Social Cognitive and Affective Neuroscience*, 9(8), 1150 – 8. (journal link)
- Yu, H. et al. (2020) 'A generalizable multivariate brain pattern for interpersonal guilt.' *Cerebral Cortex*, 30(6), 3558-3572. (journal link) (pre-print)
- Nicolle, A. et al. (2011) 'A role for the striatum in regret-related choice repetition.' *J Cogn Neurosci.* ;23(4):845 – 56. doi:10.1162/jocn.2010.21510
- Lufityanto, Galang, Donkin, Chris, Pearson, Joel. (2016) 'Measuring Intuition: Nonconscious Emotional Information Boosts Decision Accuracy and Confidence.' *Psychol Sci*, 27(5):622 – 34. doi:10.1177/0956797616629403. Epub 6 April 2016
- Suchiya, Naotsugu; Koch, Christof (2004) "Continuous flash suppression." Vision Sciences Society Annual Meeting Abstract.' *Journal of Vision*, vol. 4, 61. doi:https://doi.org/10.1167/4.8.61
- Vlassova, Alexandra, Donkin, Chris, Pearson, Joel. (2014) 'Unconscious information changes decision accuracy but not confidence.' *Proc Natl Acad Sci USA* 11 Nov;111(45):16214-8. doi:10.1073/pnas.1403619111. Epub 27 Oct 2014

- Quadt, L. et al. (2021) 'Interoceptive training to target anxiety in autistic adults (ADIE): A single-center, superiority randomized controlled trial.' *EClinicalMedicine*, 39, 101042. https://doi.org/10.1016/j.eclinm.2021.101042
- Grau, Carles et al. (2014) 'Conscious Brain-to-Brain Communication in Humans Using Non-Invasive Technologies.' *PLoS One*, 9 (8): e105225 doi:10.1371/journal.pone.0105225
- Renton, Angela I., Mattingley, Jason B. and Painter, David R. (2019). 'Optimising non-invasive brain-computer interface systems for free communication between naïve human participants.' *Scientific Reports*, 9 (1) 18705, 18705. doi:10.1038/s41598-019-55166-y
- Jiang, L. et al. (2019) 'BrainNet: A Multi-Person Brain-to-Brain Interface for Direct Collaboration Between Brains.' *Sci Rep* 9, 6115. https://doi.org/10.1038/s41598-019-41895-7
- Rao, R. P. et al. (2014) 'A direct brain-to-brain interface in humans.' *PLoS One* 9:e111332. 10.1371/journal.pone.0111332
- Stocco, A. et al. (2015) 'Playing 20 questions with the mind: collaborative problem solving by humans using a brain-to-brain interface.' *PLoS One* 10:e0137303. 10.1371/journal.pone.0137303
- Pais-Vieira, M. et al. (2013) 'Brain-to-Brain Interface for Real-Time Sharing of Sensorimotor Information.' Scientific Reports 3:, 1319
- Pais-Vieira, M. et al. (2015) 'Building an organic computing device with multiple interconnected brains.' *Sci Rep.* 9 Jul;5:11869. doi:10.1038/srep11869. Erratum in: *Sci Rep.* 2015;5:14937. PMID: 26158615; PMCID: PMC4497302
- Ramakrishnan, A. et al. (2015) 'Computing Arm Movements with a Monkey Brainet.' Sci Rep 5, 10767 https://doi.org/10.1038/srep10767
- O'Doherty, J.E. et al. (2011) 'Active tactile exploration using a brain – machine – brain interface.' *Nature* 479: 228 – 31
- Deadwyler, S. A. et al. (2013) 'Donor/recipient enhancement of memory in rat hippocampus.' *Front Syst Neurosci* 7: 120
- Arjun Ramakrishnan et al. (2015) 'Computing Arm Movements with a Monkey Brainet'. Scientific Reports 5, article number: 10767; doi: 10.1038/srep10767
- Miguel Pais-Vieira et al. (2015) 'Building an organic computing device with multiple interconnected brains'. Scientific Reports 5, article number: 11869; doi: 10.1038/srep11869
- Jiang, L. et al. (2019) 'BrainNet: A Multi-Person Brain-to-Brain Interface for Direct Collaboration Between Brains.' *Sci Rep* 9, 6115. https://doi.org/10.1038/s41598-019-41895-7
- Fiorenzato, Eleonora et al. 'Impact of COVID-19-lockdown and vulnerability factors on cognitive functioning and mental health in Italian population:' doi:https://doi.org/10.1101/2020.10.02.20205237 Pre-print.
- RESONANCE Consortium. 'Impact of the COVID-19 Pandemic on Early Child Cognitive Development: Initial Findings in a Longitudinal Observational Study of Child Health.' medRxiv. doi:https://doi.org/10.1101/2021.08.10.21261846; this version posted 11 August 2021.
- Ingram, Joanne, Hand, Christopher J., Maciejewski, Greg. (2021) 'Social isolation during COVID-19 lockdown impairs cognitive function.' *Journal of Applied Cognitive Psychology*. https://doi.org/10.1002/acp.3821 https://onlinelibrary.wiley.com/doi/10.1002/acp.3821
- Orben, A., Tomova, L., Blakemore, S. J. (2020) 'The effects of social deprivation on adolescent development and mental health.' *Lancet Child Adolesc Health*. 4(8):634 – 640. doi:10.1016/S2352-4642(20)30186-3. Epub 12 June 2020. PMID: 32540024; PMCID: PMC7292584
- Zhang, S. X. et al. (2020) 'Unprecedented disruption of lives and work: Health, distress and life satisfaction of working adults in China one month into the COVID-19 outbreak.' *Psychiatry*

Research, 288, 112958. https://doi.org/10.1016/j.psychres.2020.112958

- Zunzunegui, M.-V. et al. (2003) 'Social networks, social integration, and social engagement determine cognitive decline in community-dwelling Spanish older adults.' *Journal of Gerontology*, 58B, S93 –S100. https://doi.org/10.1093/geronb/58.2.s93

- Cacioppo, J. T. et al. (2000) 'Lonely traits and concomitant physiological processes: The MacArthur social neuroscience studies.' *International Journal of Physiology*, 35(2 –3), 143 – 54. https://doi.org/10.1016/s0167-8760(99)00049-5

- Evans, I. E. M. et al. (2018) 'Social isolation, cognitive reserve, and cognition in healthy older people.' *PLoS One*, 13(8), e0201008. http://dx.doi.org/10.1371/journal.pone.0201008

- A landmark study in the US tracked individuals and found those reported being lovely more likely to be depressed five years later: Cacioppo J. T., Hawkley L. C., Thisted, R. A. (2010) 'Perceived social isolation makes me sad: 5-year cross-lagged analyses of loneliness and depressive symptomatology in the Chicago Health, Aging, and Social Relations Study.' *Psychol Aging*. 25(2):453 – 63. doi:10.1037/a0017216. PMID: 20545429; PMCID: PMC2922929

- Meltzer, H. et al. (2013) 'Feelings of loneliness among adults with mental disorder.' *Soc Psychiatry Psychiatr Epidemiol*. 48(1):5-13. doi:10.1007/s00127-012-0515-8. Epub 9 May 2012. Erratum in: *Soc Psychiatry Psychiatr Epidemiol*. 2015 Mar;50(3):503-4. PMID: 22570258

- Silk, J. B. 'Evolutionary Perspectives on the Links Between Close Social Bonds, Health, and Fitness.' In: Committee on Population; Division of Behavioral and Social Sciences and Education; National Research Council; Weinstein M., Lane M.A. (eds). *Sociality, Hierarchy, Health: Comparative Biodemography: A Collection of Papers*. Washington, D. C.: National Academies Press (US); 22 September 2014. 6. Available from: https://www.ncbi.nlm.nih.gov/books/NBK242452

- Johnson, Zachary and Young, Larry. (2015) 'Neurobiological mechanisms of social attachment and pair bonding.' *Current Opinion in Behavioral Sciences*. 3. 38 – 44. 10.1016/j.cobeha.2015.01.009

- Cacioppo, J. T. et al. (2009) 'In the eye of the beholder: individual differences in perceived social isolation predict regional brain activation to social stimuli.' *J Cogn Neurosci*. 21(1):83 – 92. doi:10.1162/jocn.2009.21007. PMID: 18476760; PMCID: PMC2810252

- Cacioppo, J. T., Chen, H. Y., Cacioppo, S. (2017) 'Reciprocal Influences Between Loneliness and Self-Centeredness: A Cross-Lagged Panel Analysis in a Population-Based Sample of African American, Hispanic, and Caucasian Adults.' *Pers Soc Psychol Bull*. 43(8):1125 – 1135. doi:10.1177/0146167217705120. Epub 2017 Jun 13. PMID: 28903715

- Frith, U., Frith, C. (2010) 'The social brain: allowing humans to boldly go where no other species has been.' *Philos Trans R Soc Lond B Biol Sci*. 365(1537):165 – 76. doi:10.1098/rstb.2009.0160

- Waring, Timothy M. and Wood, Zachary T. (2021) 'Long-term gene –culture coevolution and the human evolutionary transition.' *Proc. R. Soc. B*. 2882021053820210538, http://doi.org/10.1098/rspb.2021.0538

- Andersson, C., Törnberg, P. (2008) 'Toward a macroevolutionary theory of human evolution: the social protocell.' *Biol. Theory* 14, 86 – 102. doi:10.1007/s13752-018-0313-y

- Gowdy, J., Krall, L. (2014) 'Agriculture as a major evolutionary transition to human ultrasociality.' *J. Bioecon*. 16, 179 – 202. doi:10.1007/s10818-013-9156-6

- Maynard Smith, J., Szathmáry, E. (1995) *The Major Transitions in Evolution*. Oxford, UK: W. H. Freeman Spektrum

- Powers, S. T., van Schaik, C. P., Lehmann, L. (2016) 'How institutions shaped the last major evolutionary transition to large-scale human societies.' *Phil Trans R Soc B*. 371, 20150098. doi:10.1098/rstb.2015.0098

- Stearns, S. C. (2007) 'Are we stalled part way through a major evolutionary transition from individual to group?' *Evolution* 61, 2275 – 80. doi:10.1111/j.1558-5646.2007.00202.x

- Szathmáry, E. (2015) 'Toward major evolutionary transitions theory 2.0.' *Proc Natl Acad Sci USA* 112, 10 104 – 10 111. doi:10.1073/pnas.1421398112

- Calcott, B., Sterelny, K. (eds). (2011) *The major Transitions in Evolution Revisited*, 1st edn. Cambridge, MA: MIT Press. See https://ebookcentral.proquest.com/lib/umaine/reader. action?docID=3339240&ppg=180

- Michod, R. E. (2000) *Darwinian Dynamics: Evolutionary Transitions in Fitness and Individuality*. Princeton, NJ: Princeton University Press.

- Queller, D. C., Strassmann J. E. (2009) 'Beyond society: the evolution of organismality.' *Phil. Trans. R. Soc. B* 364, 3143 – 55. doi:10.1098/rstb.2009.0095

- West, S. A., Fisher, R. M., Gardner, A., Kiers E. T. (2015) 'Major evolutionary transitions in individuality.' *Proc Natl Acad Sci USA* 112, 10 112 –10 119. doi:10.1073/pnas.1421402112

- Okasha, S. (2005) 'Multilevel selection and the major transitions in evolution.' *Philos. Sci.* 72, 1013 – 25. doi:10.1086/508102

- Kesebir, S. (2012) 'The superorganism account of human sociality: how and when human groups are like beehives.' *Pers Soc Psychol Rev.* 16, 233 – 61. doi:10.1177/1088868311430834

- Gopnik, A. et al. (2017) 'Changes in cognitive flexibility and hypothesis search across human life history from childhood to adolescence to adulthood.' *Proc Natl Acad Sci USA*;114(30):7892 – 9. doi:10.1073/pnas.1700811114

- Blakemore, Sarah-Jayne (2018) *Inventing Ourselves: The Secret Life of the Teenage Brain* (first edition). Doubleday

- Critchlow, Hannah (2019) *The Science of Fate: The New Science of Who We Are – And How to Shape our Best Future*. London, UK: Hodder & Stoughton

- Kempermann, G. (2019) 'Environmental enrichment, new neurons and the neurobiology of individuality.' *Nat Rev Neurosci.* 20(4):235 – 45. doi:10.1038/s41583-019-0120-x. PMID: 30723309

- Becht, A. I., Mills, K.L. (2020) 'Modeling Individual Differences in Brain Development.' *Biol Psychiatry.* 88(1):63 – 9. doi:10.1016/j.biopsych.2020.01.027. Epub 11 Feb 2020. PMID: 32245576; PMCID: PMC7305975

- Critchlow, Hannah (2018) *Consciousness: A Ladybird Expert Book* (The Ladybird Expert Series 29). London, UK: Michael Joseph

- Ciarrusta, J., Dimitrova, R., Batalle, D. et al. (2020) Emerging functional connectivity differences in newborn infants vulnerable to autism spectrum disorders. Transl Psychiatry 10, 131. https://doi.org/10.1038/s41398-020-0805-y

- Frank, M. J. et al. (2009) 'Prefrontal and striatal dopaminergic genes predict individual differences in exploration and exploitation.' *Nat. Neurosci.* 12, 1062 – 8. doi:10.1038/nn.2342

- Badre, D. et al. (2012) 'Rostrolateral prefrontal cortex and individual differences in uncertainty-driven exploration.' *Neuron* 73, 595 – 607. doi:10.1016/j.neuron.2011.12.025

- Adams, Alicia NAIDOC Exhibition First Nations Artists connected to Kabi Kabi/Gubbi Gubbi country exhibition at the Cooroy Butter Factory Arts Centre, QLD, Australia 18 June – 18 July 2021, Heal Country: http://www.butterfactoryartscentre.com.au/exhibition-archive.html

2장

- Ritchie, Stuart (2015) *Intelligence: All That Matters* (first edition). London, UK: Hodder & Stoughton
- https://www.ninds.nih.gov/Disorders/Patient-Caregiver-Education/Genes-Work-Brain
- Kempermann, G. (2019) 'Environmental enrichment, new neurons and the neurobiology of individuality.' *Nat Rev Neurosci.* 20(4):235 – 45. doi:10.1038/s41583-019-0120-x. PMID: 30723309
- Becht, A. I., Mills, K.L. (2020) 'Modeling Individual Differences in Brain Development.' *Biol Psychiatry.* 1;88(1):63 – 9. doi:10.1016/j.biopsych.2020.01.027. Epub 11 Feb 2020. PMID: 32245576; PMCID: PMC7305975
- Critchlow, Hannah (2018) *Consciousness: A Ladybird Expert Book* (The Ladybird Expert Series 29). London, UK: Michael Joseph
- Ciarrusta, J., Dimitrova, R., Batalle, D. et al. (2020) Emerging functional connectivity differences in newborn infants vulnerable to autism spectrum disorders. Transl Psychiatry 10, 131. https://doi.org/10.1038/s41398-020-0805-y
- Baker, J. T. et al. (2019) 'Functional connectomics of affective and psychotic pathology.' *Proc Natl Acad Sci USA.* 116(18):9050 – 9. doi:10.1073/pnas.1820780116. Epub 15 April 2019. PMID: 30988201; PMCID: PMC6500110
- Frank, M. J. et al. (2009) 'Prefrontal and striatal dopaminergic genes predict individual differences in exploration and exploitation.' *Nat. Neurosci.* 12, 1062 – 8. doi:10.1038/nn.2342
- Badre, D. et al. (2012) 'Rostrolateral prefrontal cortex and individual differences in uncertainty-driven exploration.' *Neuron* 73, 595 – 607. doi:10.1016/j.neuron.2011.12.025
- Sedgwick, J. A., Merwood, A. and Asherson, P. (2019) 'The positive aspects of attention deficit hyperactivity disorder: a qualitative investigation of successful adults with ADHD.' *ADHD Atten Def Hyp Disord* 11, 241 – 53. https://doi.org/10.1007/s12402-018-0277-6
- White, H. A., Shah, P. (2006) 'Uninhibited imaginations: creativity in adults with attention-deficit/hyperactivity disorder.' *Pers Individ Differ* 40:1121 – 31
- Gopnik, A. et al. (2017) 'Changes in cognitive flexibility and hypothesis search across human life history from childhood to adolescence to adulthood.' *Proc Natl Acad Sci USA.* 114(30):7892 – 9. doi:10.1073/pnas.1700811114
- Blakemore, Sarah-Jayne (2018) *Inventing Ourselves: The Secret Life of the Teenage Brain* (first edition). Doubleday
- Critchlow, Hannah (2019) *The Science of Fate: The New Science of Who We Are – And How to Shape our Best Future.* London, UK: Hodder & Stoughton.
- Wilson, Siân et al. (2021) 'Development of human white matter pathways in utero over the second and third trimester.' *PNAS*
- Eyre, M. et al. (2021) 'The Developing Human Connectomme Project: typical and disrupted perinatal functional connectivity.' *Brain*
- Ciarrusta, J., Dimitrova, R., Batalle, D. et al. (2020) Emerging functional connectivity differences in newborn infants vulnerable to autism spectrum disorders. Transl Psychiatry 10, 131. https://doi.org/10.1038/s41398-020-0805-y
- Holtmaat, A., Svoboda, K. (2009) 'Experience-dependent structural synaptic plasticity in the mammalian brain.' *Nat Rev Neurosci*:10:647 – 58
- Matsuzaki, M. et al. (2004) 'Structural basis of long-term potentiation in single dendritic spines.' *Nature.* 429:761 – 6
- Dromard, Y. et al. (2021) 'Dual imaging of dendritic spines and mitochondria in vivo reveals

hotspots of plasticity and metabolic adaptation to stress.' *Neurobiol Stress*. 15:100402. doi:10.1016/j.ynstr.2021.100402. PMID: 34611532; PMCID: PMC8477201

- Sadakane, O. et al. (2015) 'In Vivo Two-Photon Imaging of Dendritic Spines in Marmoset Neocortex.' *eNeuro*, 2(4):ENEURO.0019-15.2015. doi:10.1523/ENEURO.0019-15.2015

- Mizrahi, A. et al. (2004) 'High-resolution in vivo imaging of hippocampal dendrites and spines.' *J Neurosci*. 24(13):3147 – 51. doi:10.1523/JNEUROSCI.5218-03.2004

- Gu, L. et al. (2014) 'Long-term in vivo imaging of dendritic spines in the hippocampus reveals structural plasticity.' *J Neurosci*. 34(42):1394853. doi:10.1523/JNEUROSCI.1464-14.2014

- Yang, G., Pan F., Gan, W. B. (2009) 'Stably maintained dendritic spines are associated with lifelong memories.' *Nature*.;462:920 – 4. doi:10.1038/nature08577

- Lai, C. S., Franke, T. F., Gan, W. B. (2012) 'Opposite effects of fear conditioning and extinction on dendritic spine remodelling.' *Nature*. 483:87 – 91. doi:10.1038/nature10792

- Trachtenberg, J. T. et al. (2002) 'Long-term in vivo imaging of experience-dependent synaptic plasticity in adult cortex.' *Nature*. 420(6917):788 – 94. doi:10.1038/nature01273. PMID: 12490942

- Fox, M. E. et al. (2020) 'Dendritic spine density is increased on nucleus accumbens D2 neurons after chronic social defeat.' *Sci Rep*.10(1):12393. doi:10.1038/s41598-020-69339-7. PMID: 32709968; PMCID: PMC7381630

- Critchlow, H. M. 'The Role of Dendritic Spine Plasticity in Schizophrenia' (doctoral thesis, University of Cambridge, 2007).

- Markett, S. et al. (2020) 'Specific and segregated changes to the functional connectome evoked by the processing of emotional faces: A task-based connectome study.' *Sci Rep* 10, 4822 https://doi.org/10.1038/s41598-020-61522-0

- Bennett, Sophie H., Kirby, Alastair J., Finnerty, Gerald T. (2018) 'Rewiring the connectome: Evidence and effects.' *Neuroscience & Biobehavioral Reviews*, vol. 88, 51 – 62, ISSN 0149-7634, https://doi.org/10.1016/j.neubiorev.2018.03.001

- 11 billion bytes of data enter our senses every second and other brain facts: https://www.britannica.com/science/information-theory/Physiology

- Ahmadpoor, Mohammad and Jones, Benjamin F. (2019) 'Decoding team and individual impact in science and invention.' *PNAS*, 116 (28) 13885 – 90; first published 24 June 2019; https://doi.org/10.1073/pnas.1812341116

- Bahrami, B. et al. (2010) 'Optimally interacting minds.' *Science*, 329 (5995), 1081 – 5. doi:10.1126/science.1185718

- Ariely, D. et al. (2000) 'The effects of averaging subjective probability estimates between and within judges.' *J Exp Psychol Appl*. 6, 130 – 47. doi:10.1037/1076-898X.6.2.130

- Johnson, T. R., Budescu, D. V., Wallsten, T. S. (2001) 'Averaging probability judgments: Monte Carlo analyses of asymptotic diagnostic value.' *J. Behav. Decis. Making* 14, 123 – 40. doi:10.1002/bdm.369

- Galton, F. (1907) 'Vox populi.' *Nature* 75, 450 – 1. doi:10.1038/075450a0

- Migdał, P. et al. (2012) 'Information-sharing and aggregation models for interacting minds.' *J Math Psychol* 56, 417 – 26. doi:10.1016/j.jmp.2013.01.002

- Krause, J., Ruxton, G. D., Krause, S. (2010) 'Swarm intelligence in animals and humans.' *Trends Ecol Evol*. 25, 28 – 34. doi:10.1016/j.tree.2009.06.016

- Couzin, I. D. (2009) 'Collective cognition in animal groups.' *Trends Cogn. Sci*. 13, 36 – 43. doi:10.1016/j.tics.2008.10.002

- Sterzer, P., Frith, C. and Petrovic, P. (2010) 'Believing is seeing: expectations alter visual awareness.' *Current Biology*, 20 (21), 1973. vol. 18, R697, 2008. doi:10.1016/j.cub.2010.10.036

- Bang, D. and Frith, C. (2017) 'Making better decisions in groups.' Royal Society Open Science. doi:10.1098/rsos.170193
- Bahrami, B. et al. (2010) 'Optimally interacting minds.' *Science*, 329 (5995), 1081 – 5. doi:10.1126/science.1185718
- Bang, D. et al. (2014) 'Does interaction matter? Testing whether a confidence heuristic can replace interaction in collective decision-making.' *Conscious Cogn*, 26, 13 – 23. doi:10.1016/j.concog.2014.02.002
- Bahrami, B. et al. (2012) 'Together, slowly but surely: the role of social interaction and feedback on the build-up of benefit in collective decision-making.' *J Exp Psychol Hum Percept Perform*, 38 (1), 3 – 8. doi:10.1037/a0025708
- The first mention of the sociome: Kamiyama, D. 'Bioprobes and Genetics Reveal the Signal Integration that Initiates Dendrites in a Neuron in Vivo.' (Doctoral dissertation. Tokyo University of Science, (2001)
- Lee, S. H. et al. (2020) 'Emotional well-being and gut microbiome profiles by enterotype.' *Sci Rep* 10, 20736 https://doi.org/10.1038/s41598-020-77673-z
- Interoception Summit 2016 participants. (2018) 'Interoception and Mental Health: A Roadmap.' *Biol Psychiatry Cogn Neurosci Neuroimaging*. 3(6):501 – 13. doi:10.1016/j.bpsc.2017.12.004. Epub 28 Dec 2017. PMID: 29884281; PMCID: PMC6054486
- Lufityanto, Galang, Donkin, Chris, Pearson, Joel (2016) 'Measuring Intuition: Nonconscious Emotional Information Boosts Decision Accuracy and Confidence.' *Psychol Sci*,27(5):622 – 34. doi:10.1177/0956797616629403. Epub 6 April 2016
- '"Continuous flash suppression." Vision Sciences Society Annual Meeting Abstract.' (2004) Tsuchiya, Naotsugu, Koch, Christof. *Journal of Vision*, vol. 4, 61. doi:https://doi.org/10.1167/4.8.61
- Vlassova, Alexandra, Donkin, Chris, Pearson, Joel (2014) 'Unconscious information changes decision accuracy but not confidence.' *Proc Natl Acad Sci USA* 111(45):16214 – 8. doi:10.1073/pnas.1403619111. Epub 27 Oct 2014
- Quadt, L. et al. (2021) 'Interoceptive training to target anxiety in autistic adults (ADIE): A single-center, superiority randomized controlled trial.' *EClinicalMedicine*, 39, 101042. https://doi.org/10.1016/j.eclinm.2021.101042
- Kandasamy, Narayanan et al. (2016) 'Interoceptive Ability Predicts Survival on a London Trading Floor.' *Scientific Reports*, 6: 32986. doi:10.1038/srep32986
- 'Trees Have Their Own Songs: A new book by David George Haskell invites us to listen.' *The Atlantic*, 4 April 2017, Ed Yong, https://www.theatlantic.com/science/archive/2017/04/trees-have-their-own-songs/521742
- Critchlow, Hannah (2018) *Consciousness: A Ladybird Expert Book* (The Ladybird Expert Series 29). London, UK: Michael Joseph
- Powell, J. L. et al. (2010) 'Orbital prefrontal cortex volume correlates with social cognitive competence.' *Neuropsychologia*. 48(12):3554 – 62. doi:10.1016/j.neuropsychologia.2010.08.004. Epub 14 Aug 2010. PMID: 20713074
- Lewis, P. A. (2011) 'Ventromedial prefrontal volume predicts understanding of others and social network size.' *Neuroimage*. 57(4):1624 – 9. doi:10.1016/j.neuroimage.2011.05.030. Epub 15 May 2011. PMID: 21616156
- The optimal group size and friendship groups: Professor Robin Dunbar and the Social Brain Hypothesis: as discussed in Critchlow, Hannah (2019), *The Science of Fate: The New Science*

of *Who We Are – And How to Shape our Best Future*. London, UK: Hodder & Stoughton
- Raihani, Nichola (2021) *The Social Instinct: How Cooperation Shaped the World*. London, UK: Jonathan Cape
- Dawkins, Richard (1976) *The Selfish Gene*. Oxford, UK: Oxford University Press
- Gladwell, Malcolm (2002) *The Tipping Point: How Little Things Can Make a Big Difference*. London, UK: Abacus
- Clark, Andy and Chalmers, David (1998) 'The Extended Mind.' *Analysis*, vol. 58, no. 1, 7 – 19, http://www.jstor.org/stable/3328150. Accessed 9 May 2022

3장

- The Monkey Business Illusion: https://www.youtube.com/watch?v=IGQmdoK_ZfY
- Simons, Daniel J.; Chabris, Christopher F. (1999) 'Gorillas in our midst: sustained inattentional blindness for dynamic events.' (PDF). *Perception*. 28 (9): 1059 – 74. CiteSeerX 10.1.1.65.8130. doi:10.1068/p2952. PMID:10694957
- Liu, Han-Hui (2018) 'Age-Related Effects of Stimulus Type and Congruency on Inattentional Blindness'. *Front Psychol*. https://doi.org/10.3389/fpsyg.2018.00794
- Graham, E. R. and Burke, D. M. (2011) 'Aging increases inattentional blindness to gorillas in our midst.' *Psychology and Aging* 26(1): 162 – 6, doi:https://doi.org/10.1037/a0020647
- Stothart, Cary; Boot, Walter; Simons, Daniel (2015) 'Using Mechanical Turk to Assess the Effects of Age and Spatial Proximity on Inattentional Blindness.' *Collabra*. 1 (1): 2. doi:10.1525/collabra.26
- Graham, E. R. and Burke, D. M. (2011) 'Aging Increases Inattentional Blindness to the Gorilla in our Midst.' *Psychology and Aging*. 26(1): 162 – 6. doi:10.1037/a0020647
- Binet, Alfred; Simon, Th. (1916) *The development of intelligence in children: The Binet–Simon Scale*. Publications of the Training School at Vineland New Jersey Department of Research no. 11. E. S. Kite (trans.). Baltimore: Williams & Wilkins
- Becker, K. A. (2003) 'History of the Stanford–Binet Intelligence scales: Content and psychometrics.' Stanford–Binet Intelligence Scales (fifth edition), Assessment Service Bulletin no. 1
- Johnson, W., McGue, M. and Iacono, W. G. (2006) 'Genetic and environmental influences on academic achievement trajectories during adolescence.' *Dev Psychol*. 42, 513 – 42
- Strenze, T. (2007) 'Intelligence and socioeconomic success: a meta-analytic review of longitudinal research.' *Intelligence* 35, 401 – 26 (1997) AND Gottfredson, L. 'Why g matters: the complexity of everyday life.' Intelligence 24, 79 – 132
- Batty, G. D., Deary, I. J. and Gottfredson, L. S. (2007) 'Premorbid (early life) IQ and later mortality risk: systematic review. *Ann Epidemiol*. 17, 278 – 88
- Batty, G. D. et al. (2009) IQ in late adolescence/early adulthood and mortality by middle age: cohort study of one million Swedish men.' *Epidemiology* 20, 100 – 109
- Deary, Ian J., Pattie, Alison, Starr, John M. (2013) 'The Stability of Intelligence From Age 11 to Age 90 Years: The Lothian Birth Cohort of 1921.' *Psychological Science*, vol. 24, issue 12, pp 2361 – 8
- Ritchie, Stuart. (2015) *Intelligence: All That Matters* (first edition). London, UK: Hodder & Stoughton
- https://theconversation.com/the-iq-test-wars-why-screening-for-intelligence-is-still-so-controversial-81428
- BBC Four Eugenics: Science's Greatest Scandal: Journalist Angela Saini and disability rights

activist Adam Pearson explore the shocking origins and legacy of eugenics in Britain and its continued influence today. https://www.bbc.co.uk/programmes/m0008zc7

- Tydén, Mattias (2002). *Från politik till praktik : de svenska steriliseringslagarna 1935–1975*. Stockholm studies in history, 0491-0842 ; 63. Stockholm: Almqvist & Wiksell International. 69 – 70
- 'The Role of Genes in the Brain:' https://www.ninds.nih.gov/Disorders/Patient-Caregiver-Education/Genes-Work-Brain
- Kempermann, G. (2019) 'Environmental enrichment, new neurons and the neurobiology of individuality.' *Nat Rev Neurosci*. 20(4):235 – 45. doi:10.1038/s41583-019-0120-x. PMID: 30723309
- Becht, A. I., Mill,s K. L. (2020) 'Modeling Individual Differences in Brain Development.' *Biol Psychiatry*. 88(1):63 – 9. doi:10.1016/j.biopsych.2020.01.027. Epub 11 Feb 2020. PMID: 32245576; PMCID: PMC7305975
- Critchlow, Hannah (2018) Consciousness: A Ladybird Expert Book (The Ladybird Expert Series 29). London, UK: Michael Joseph
- Ciarrusta, J. et al. (2020) 'Emerging functional connectivity differences in newborn infants vulnerable to Autism Spectrum Disorders.' *Translational Psychiatry*
- Baker, J. T. et al. (2019) 'Functional connectomics of affective and psychotic pathology.' *Proc Natl Acad Sci USA*. 116(18):9050 – 9. doi:10.1073/pnas.1820780116. Epub 15 Apr 2019. PMID: 30988201; PMCID: PMC6500110
- Thompson, P. M. et al. (2001) 'Genetic influences on brain structure.' *Nat. Neurosci*. 4, 1253 – 8
- Giedd, J. N. et al. (1999) 'Brain development during childhood and adolescence: a longitudinal MRI study.' *Nat Neurosci*. 2, 861 – 3
- Sowell, E. R. et al. (2003) 'Mapping cortical change across the human life span.' *Nat Neurosci*. 6, 309 – 15; 10.1038/nn1008
- Toga, A. W., Thompson, P. M. and Sowell, E. R. (2006) 'Mapping brain maturation.' *Trends Neurosci*. 29, 148 – 59; 10.1016/j.tins.2006.01.007
- Premack, D., Woodruff, G. (1978) 'Does the chimpanzee have a theory of mind?' *Behav. Brain Sci*. 1 515 – 26. 10.1017/s0140525x00076512
- Wellman, H. M., Cross, D., Watson, J. (2001) 'Meta-analysis of theory-of-mind development: the truth about false belief.' *Child Dev*. 72 655 – 684. 10.1111/1467 – 8624.00304
- Carpendale, J. I. M., Lewis, C. (2004) 'Constructing an understanding of mind: the development of children's social understanding within social interaction.' *Behav Brain Sci*. 27 79 – 151. 10.1017/s0140525x04000032
- Feldman, R. (2007) 'Parent-infant synchrony and the construction of shared timing: Physiological precursors, developmental outcomes, and risk conditions.' *J Child Psychol Psychiatry* 48 329 – 54. 10.1111/j.1469-7610.2006.01701.x
- National Collaborating Centre for Mental Health (UK) (2015) 'Children's Attachment: Attachment in Children and Young People Who Are Adopted from Care, in Care or at High Risk of Going into Care.' London: National Institute for Health and Care Excellence (NICE); Nov. (NICE Guideline, No. 26.) 2, Introduction to children's attachment. Available from: https://www.ncbi.nlm.nih.gov/books/NBK356196
- Kragness, H. E., Johnson, E. K. and Cirelli, L. K. (in press). 'The song, not the singer: Infants prefer to listen to familiar songs, regardless of singer identity.' *Developmental Science*
- Cirelli, L. K. and Trehub, S. E. (2018) 'Infants help singers of familiar songs.' *Music & Science*, 1. doi:10.1177/2059204318761622

- Cirelli, L. K. (2018) 'How interpersonal synchrony facilitates early prosocial behavior.' *Current Opinion in Psychology*, 20, 35 – 9
- Cirelli, L. K. et al. (2017) 'Effects of interpersonal movement synchrony on infant helping behaviours: Is music necessary?' *Music Perception*, 34, 319 – 26
- Leong, V. et al. 'Speaker gaze changes information coupling between infant and adult brains'. *Proceedings of the National Academy of Sciences* 114 (50), 13290 – 5
- Wass, S. V. et al. (2020) 'Interpersonal neural entrainment during early social interaction. *Trends in Cognitive Sciences* 24 (4), 329 – 42
- Reindl, V. et al. (2022) 'Multimodal hyperscanning reveals that synchrony of body and mind are distinct in mother–child dyads.' *NeuroImage* 251, 118982
- Zhu, Y., Leong, V., Hou, Y., Zhang, D., Pan, Y., & Hu, Y. (2021). Instructor –learner neural synchronization during elaborated feedback predicts learning transfer. Journal of Educational Psychology. Advance online publication. https://doi.org/10.1037/edu0000707
- Haresign, I. M. et al. (2022) 'Measuring the temporal dynamics of inter–personal neural entrainment in continuous child–adult EEG hyperscanning data.' *Developmental Cognitive Neuroscience* 54, 101093
- Leong, V., Ham, G. X., Augustine, G. J. (2017) 'Using Optogenetic Dyadic Animal Models to Elucidate the Neural Basis for Human Parent –Infant Social Knowledge Transmission.' *Frontiers in Neural Circuits*, 101
- Leong, V. et al. 'Social Interaction in Neuropsychiatry.' *Frontiers in Psychiatry* 12, 526
- Piazza, E. A. et al. (2020) 'Infant and adult brains are coupled to the dynamics of natural communication.' *Psychological Science*, 31, 6 – 17. https://www.princeton.edu/news/2020/01/09/baby-and-adult-brains-sync-during-play-finds-princeton-baby-lab
- Honey, C. J. et al. (2012) 'Not lost in translation: Neural responses shared across languages.' *Journal of Neuroscience* 32(44):15277 – 83
- Regev, M., Honey, U., Hasson, U. (2013) 'Modality–selective and modality–invariant neural responses to spoken and written narratives.' *Journal of Neuroscience* 33(40):15978 – 88
- Hasson, Uri 'This is your brain on communication' https://www.ted.com/talks/uri_hasson_this_is_your_brain_on_communication
- Critchlow, Hannah (2018) *Consciousness: A Ladybird Expert Book* (The Ladybird Expert Series 29), London, UK: Michael Joseph
- Blakemore, Sarah–Jayne (2018) *Inventing Ourselves: The Secret Life of the Teenage Brain* (first edition). Doubleday
- Critchlow, Hannah (2019) *The Science of Fate: The New Science of Who We Are – And How to Shape our Best Future*. London, UK: Hodder & Stoughton
- Ritchie, Stuart (2015) *Intelligence: All That Matters* (first edition). London, UK: Hodder & Stoughton
- Stevenson, Claire, E. et al. (2014) 'Training creative cognition: adolescence as a flexible period for improving creativity.' *Frontiers in Human Neuroscience*, 8, https://www.frontiersin.org/article/10.3389/fnhum.2014.00827, doi:10.3389//fnhum.2014.00827 ISSN=1662–5161
- Kleibeuker, S. W., de Dreu, C. K., Crone, E. A. (2016) 'Creativity Development in Adolescence: Insight from Behavior, Brain, and Training Studies.' *New Dir Child Adolesc Dev*. Spring; (151):73 – 84. doi:10.1002/cad.20148. PMID: 26994726
- Stevenson, Claire, (2020) 'Are adolescents more creative than adults?' https://bold.expert/are-adolescents-more-creative-than-adults
- Kleibeuker, S. W., de Dreu, C. K., Crone, E. A. (2013) 'The development of creative cognition

across adolescence: distinct trajectories for insight and divergent thinking.' *Dev Sci.* 16(1):2 – 12. doi:10.1111/j.1467-7687.2012.01176.x. Epub 8 Oct 2012. PMID: 23278922

- Stevenson, C. E., Kleibeuker, S. W., de Dreu, C. K., Crone, E. A. (2014) 'Training creative cognition: adolescence as a flexible period for improving creativity.' *Front Hum Neurosci.* 8:827. doi:10.3389/fnhum.2014.00827. PMID: 25400565; PMCID: PMC4212808
- Wu, Chi Hang et al. (2005) 'Age Differences in Creativity: Task Structure and Knowledge Base' *Creativity Research Journal*, 17:4, 321 – 6, doi:10.1207/s15326934crj1704_3
- Gopnik, A. et al. (2017) 'Changes in cognitive flexibility and hypothesis search across human life history from childhood to adolescence to adulthood.' *Proc Natl Acad Sci USA*.;114(30):7892 – 9. doi:10.1073/pnas.1700811114
- Zhou, Yanyun et al. (2017) 'The Impact of Bodily States on Divergent Thinking: Evidence for a Control-Depletion Account.' *Frontiers in Psychology*. 8. 1546. 10.3389/fpsyg.2017.01546
- Zhang, Hao, Liu, Jia and Zhang, Qinglin. (2013) 'Neural representations for the generation of inventive conceptions inspired by adaptive feature optimization of biological species.' *Cortex; a journal devoted to the study of the nervous system and behavior.* 50. 10.1016/j.cortex.2013.01.015
- Gao, Ying and Zhang, Hao. (2014) 'Unconscious processing modulates creative problem solving: Evidence from an electrophysiological study.' *Consciousness and Cognition*. 26. 64 – 73. 10.1016/j.concog.2014.03.001
- Ritchie, Stuart (2015) *Intelligence: All That Matters* (first edition). London, UK: Hodder & Stoughton
- Maguire, E. A. et al. (2000) 'Navigation-related structural change in the hippocampi of taxi drivers.' *Proc Natl Acad Sci USA*. 97(8):4 398-403. doi:10.1073/pnas.070039597. PMID: 10716738; PMCID: PMC18253
- El-Boustani S. et al. (2018) 'Locally coordinated synaptic plasticity of visual cortex neurons in vivo.' *Science*. 360(6395):1349 – 54. doi:10.1126/science.aao0862. PMID: 29930137; PMCID: PMC6366621
- Deary, Ian J., Pattie, Alison, Starr, John M. (2013) 'The Stability of Intelligence From Age 11 to Age 90 Years: The Lothian Birth Cohort of 1921.' *Psychological Science*, vol. 24 issue 12, 2361 – 8
- Lieberwirth, C., Wang, Z. (2012) 'The social environment and neurogenesis in the adult Mammalian brain.' *Front Hum Neurosci*. 6:118. doi:10.3389/fnhum.2012.00118
- Kuhn, H. G., Toda, T., Gage, F. H. (2018) 'Adult Hippocampal Neurogenesis: A Coming-of-Age Story.' *J Neurosci*. 38(49):10401 – 10. doi:10.1523/JNEUROSCI.2144-18.2018. Epub 31 Oct 2018. PMID: 30381404; PMCID: PMC6284110
- Chung, E. O. et al. (2020) 'The contribution of grandmother involvement to child growth and development: an observational study in rural Pakistan.' *BMJ Glob Health* 5, e002181. doi:10.1136/bmjgh-2019-002181
- Rilling, J. K., Gonzalez, A., Lee, M. (2021) 'The neural correlates of grandmaternal caregiving.' *Proc Biol Sci*. 288(1963):20211997. doi:10.1098/rspb.2021.1997. Epub 17 Nov 2021. PMID: 34784762; PMCID: PMC8596004
- Sear, R., Coall, D. (2011) 'How much does family matter? Cooperative breeding and the demographic transition.' *Popul Dev Rev*. 37, 81 – 112. doi:10.1111/j.1728-4457.2011.00379.x
- Lehti, H., Erola, J., Tanskanen, A. O. (2019) 'Tying the extended family knot: grandparents' influence on educational achievement.' *Eur Sociol* Rev. 35, 29 – 48. doi:10.1093/esr/jcy044
- Park, E. H. (2018) 'For Grandparents' Sake: the Relationship between Grandparenting

Involvement and Psychological Well-Being.' *Ageing Int*,43(3):297 – 320. doi:10.1007/s12126-017-9320-8. Epub 16 Jan 2018. PMID: 30174357; PMCID: PMC6105248

- Grandparents contribute to children's wellbeing: https://www.ox.ac.uk/research/research-impact/grandparents-contribute-childrens-wellbeing
- Gonzalez, J., Anuncibay, R. (2008) 'Intergenerational grandparent/grandchild relations: the socioeducational role of grandparents.' *Educational Gerontology*,34(1):67 – 88
- Danielsbacka, M., Křenková, L. and Tanskanen, A. O. (2022) 'Grandparenting, health, and well-being: a systematic literature review.' *Eur J Ageing* https://doi.org/10.1007/s10433-021-00674-y
- *The Family Brain Games*. BBC. https://www.bbc.co.uk/programmes/m00062jk
- Woolley, A. W. et al. (2010) 'Evidence for a collective intelligence factor in the performance of human groups.' *Science* 330, 686 – 8
- Riedl, C. et al. (2022) 'Quantifying collective intelligence in human groups [published correction appears in *Proc Natl Acad Sci USA*. 119(19):e2204380119]. *Proc Natl Acad Sci USA*. 2021;118(21):e2005737118. doi:10.1073/pnas.2005737118
- Woolley, A. W., Aggarwal, I. (2020) 'Collective intelligence and group learning' in *Handbook of Group and Organizational Learning*, Argote, L., Levine, J. M., eds. Oxford University Press, London, UK, 491 – 506
- IMAGEN Consortium (2021) 'The Human Brain Is Best Described as Being on a Female/Male Continuum: Evidence from a Neuroimaging Connectivity Study.' *Cerebral Cortex*, vol. 31, issue 6, 3021 – 33, https://doi.org/10.1093/cercor/bhaa408
- '"Male" vs "female" brains: having a mix of both is common and offers big advantages – new research, 20 January 2021 https://theconversation.com/male-vs-female-brains-having-a-mix-of-both-is-common-and-offers-big-advantages-new-research-153242
- Qiang, Luo, and Sahakian, Barbara J. (2022) 'Brain sex differences: the androgynous brain is advantageous for mental health and well-being.' *Neuropsychopharmacology: official publication of the American College of Neuropsychopharmacology*, vol. 47, 1 407 – 8. doi:10.1038/s41386-021-01141-z
- Redhead, D., Power, E. A. (2022) 'Social hierarchies and social networks in humans.' *Philos Trans R Soc Lond B Biol Sci*,377(1845):20200440. doi:10.1098/rstb.2020.0440. Epub 10 Jan 2022. PMID: 35000451; PMCID: PMC8743884
- Haan, Ki-Won, Riedl, Christoph and Williams Woolley, Anita (2021) 'Discovering Where We Excel: How Inclusive Turn-Taking in Conversation Improves Team Performance.' In *Companion Publication of the 2021 International Conference on Multimodal Interaction (ICMI '21 Companion)*, 18 – 22 October 2021, Montréal, QC, Canada. ACM, New York, NY, USA, 8 pages. https://doi.org/10.1145/3461615.3485417
- Larson, James Jr. (2013) *In Search of Synergy in Small Group Performance*. New York, NY: Psychology Press
- Macmillan, Jean, Entin, Elliot E. and Serfaty, Daniel (2004) 'A framework for understanding the relationship between team structure and the communication necessary for effective team cognition.' In Salas, E., Fiore, S. M. and Cannon-Bowers, J., (eds), *Team Cognition: Process and Performance at the Inter- and Intra-Individual Level*. Washington, DC, USA: APA
- Engel, David et al. (2014) 'Reading the mind in the eyes or reading between the lines? Theory of mind predicts collective intelligence equally well online and face-to-face.' *PLoS One*, 9(12), article e115212.
- Woolley, A.W. et al. (2010) 'Evidence for a collective intelligence factor in the performance of

human groups.' *Science*, 330(6004), 686 – 8

- Riedl, Christoph et al. (2021) 'Quantifying collective intelligence in human groups.' *Proceedings of the National Academy of Sciences*, 118(21)

- Dunbar, R. I. et al. (2012) 'Social laughter is correlated with an elevated pain threshold.' *Proc Biol Sci*. 279(1731):1161 – 7. doi:10.1098/rspb.2011.1373. Epub 14 Sept 2011. PMID: 21920973; PMCID: PMC3267132

- Kurtz, L. E., Algoe, S. B. (2015) 'Putting Laughter in Context: Shared Laughter as Behavioral Indicator of Relationship Well-Being.' *Pers Relatsh*.;22(4):573 – 90. doi:10.1111/pere.12095

- Scott, Sophie, 'Why We Laugh.' TEDx talk, March 2015 https://www.ted.com/talks/sophie_scott_why_we_laugh?language=en

- 'The science of laughter', https://www.physoc.org/magazine-articles/the-science-of-laughter/ https://doi.org/10.36866/pn.103.34, Summer 2016, issue 103

- '"Hyperscans" Show How Brains Sync as People Interact, Social neuroscientists ask what happens at the level of neurons when you tell someone a story or a group watches movies.' Lydia Denworth 10 April 2019, https://www.scientificamerican.com/article/hyperscans-show-how-brains-sync-as-people-interact

- Read Montague, P. (2002) 'Hyperscanning: simultaneous fMRI during linked social interactions.' *NeuroImage*. 16 (4): 1159 – 64. doi:10.1006/nimg..1150. ISSN 1053-8119. PMID:12202103. S2CID: 15988039

- Hasson, Uri et al. (2012). 'Brain-to-brain coupling: a mechanism for creating and sharing a social world.' *Trends in Cognitive Sciences*. 16 (2): 114 – 21. doi:10.1016/j.tics.2011.12.007. ISSN 1364-6613. PMC 3269540. PMID:22221820

- Hu, Yi et al. (2018) 'Inter-brain synchrony and cooperation context in interactive decision making.' *Biological Psychology*. 133: 54 – 62. doi:10.1016/j.biopsycho.2017.12.005. ISSN 1873-6246. PMID:29292232. S2CID: 46859640

- Liu, Difei et al. (2018) 'Interactive Brain Activity: Review and Progress on EEG-Based Hyperscanning in Social Interactions.' *Frontiers in Psychology*. 9: 1862. doi:10.3389/fpsyg.2018.01862. ISSN 1664-1078. PMC 6186988. PMID:30349495

- Babiloni, Fabio and Astolfi, Laura (2014) 'Social neuroscience and hyperscanning techniques: Past, present and future.' *Neuroscience & Biobehavioral Reviews*. *Applied Neuroscience: Models, methods, theories, reviews*. A Society of Applied Neuroscience (SAN) special issue. 44: 76 – 93. doi:10.1016/j.neubiorev.2012.07.006. ISSN 0149-7634. PMC 3522775. PMID:22917915

- Leong, Victoria et al. (2017) 'Speaker gaze increases information coupling between infant and adult brains.' *PNAS* 114 (50) 13290 – 5, https://doi.org/10.1073/pnas.1702493114

- Davidesco, Ido et al. (2019) 'Brain-to-brain synchrony between students and teachers predicts learning outcomes.' bioRxiv 644047; doi:https://doi.org/10.1101/644047

- Davidesco, Ido et al. (2019) 'Brain-to-brain synchrony predicts long-term memory retention more accurately than individual brain measures.' doi:https://doi.org/10.1101/644047

- Santamaria, L. et al. (2019) 'Emotional valence modulates the topology of the parent-infant inter-brain network.' *Neuroimage*. Doi:10.1016/j.neuroimage.2019.116341

- Pan, Y. et al. (2021) 'Dual brain stimulation enhances interpersonal learning through spontaneous movement synchrony.' *Soc Cogn Affect Neurosci*.;16(1 – 2):210 – 221. doi:10.1093/scan/nsaa080

- Valencia, Ana Lucía and Froese, Tom (2020) 'What binds us? Inter-brain neural synchronization and its implications for theories of human consciousness.' *Neuroscience of Consciousness*, vol. 2020, issue 1, niaa010, https://doi.org/10.1093/nc/niaa010

참고문헌

- Hirsch, Joy et al. (2021) 'Interpersonal Agreement and Disagreement During Face-to-Face Dialogue: An fNIRS Investigation.' *Frontiers in Human Neuroscience*,14, https://www.frontiersin.org/article/10.3389/fnhum.2020.606397, doi:10.3389/fnhum.2020.606397
- Hou, Y. et al. (2020) 'The averaged inter-brain coherence between the audience and a violinist predicts the popularity of violin performance.' *Neuroimage*. 211:116655. doi:10.1016/j.neuroimage.2020.116655. Epub 18 Feb 2020. PMID: 32084565
- Dotov, Dobromir et al. (2006) 'Collective music listening: Movement energy is enhanced by groove and visual social cues.' *Quarterly Journal of Experimental Psychology* vol. 74,6: 1037 – 53. doi:10.1177/1747021821991793
- Osaka, Naoyuki et al. (2015) 'How Two Brains Make One Synchronized Mind in the Inferior Frontal Cortex: fNIRS-Based Hyperscanning During Cooperative Singing.' *Frontiers in Psychology* vol. 6, 1811. doi:10.3389/fpsyg.2015.01811
- Lindenberger, U., Li, SC., Gruber, W. et al. Brains swinging in concert: cortical phase synchronization while playing guitar. BMC Neurosci 10, 22 (2009). https://doi.org/10.1186/1471-2202-10-22
- Gao, J. et al. (2019) 'The neurophysiological correlates of religious chanting.' *Sci Rep* 9, 4262 https://doi.org/10.1038/s41598-019-40200-w
- Jiang, J. et al. (2012) 'Neural synchronization during face-to-face communication.' *J Neurosci*. 32, 16064 – 9. 10.1523/JNEUROSCI.2926-12.2012
- Cui, X., Bryant, D. M., Reiss, A. L. (2012). 'NIRS-based hyperscanning reveals increased interpersonal coherence in superior frontal cortex during cooperation.' *Neuroimage* 59, 2430 – 7. 10.1016/j.neuroimage.2011.09.003
- Schofield, Timothy P.; Creswell, J. David; Denson, Thomas F. (2015). 'Brief mindfulness induction reduces inattentional blindness.' *Consciousness and Cognition*. 37: 63 – 70. doi:10.1016/j.concog.2015.08.007. PMID:26320867
- RocíoMartínez, Vivot et al. (2020) 'Meditation Increases the Entropy of Brain Oscillatory Activity.' *Neuroscience* vol. 431, 40 – 51 https://doi.org/10.1016/j.neuroscience.2020.01.033
- Lee, Darrin J. et al. 2018 'Review of the Neural Oscillations Underlying Meditation Front.' *Neurosci*. https://doi.org/10.3389/fnins.2018.00178
- Wegner, D. M., Erber, R., Raymond, P. (1991) 'Transactive memory in close relationships.' *J Pers Soc Psychol*. 61(6):923 – 9. doi:10.1037//0022-3514.61.6.923. PMID: 1774630
- Wegner, D. M. (1987) 'Transactive Memory: A Contemporary Analysis of the Group Mind.' In: Mullen, B., Goethals, G. R. (eds) *Theories of Group Behavior* (Springer Series in Social Psychology), New York, USA: Springer
- Hollingshead, A. B. (1998) 'Retrieval processes in transactive memory systems.' *Journal of Personality and Social Psychology*, 74(3), 659 – 71. https://doi.org/10.1037/0022-3514.74.3.659
- Hollingshead, A. (2001). 'Cognitive interdependence and convergent expectations in transactive memory.' *Journal of Personality and Social Psychology*. 81 (6): 1080 – 9. doi:10.1037/0022-3514.81.6.1080. PMID:11761309
- Hewitt, L. Y., Roberts, L. D. (2015) 'Transactive memory systems scale for couples: development and validation.' *Front Psychol*,6:516. doi:10.3389/fpsyg.2015.00516. PMID: 25999873; PMCID: PMC4419599
- Harris, Celia B. et al. (2021) 'It's not who you lose, it's who you are: Identity and symptom trajectory in prolonged grief.' *Current Psychology* (New Brunswick, N.J.), 1 – 11. doi:10.1007/s12144-021-02343-w
- Sparrow, B., Liu, J, Wegner, D. M. (2011) 'Google effects on memory: cognitive consequences of

having information at our fingertips.' *Science.* 333(6043):776 - 8.doi:10.1126/science.1207745. Epub 14 Jul 2011. PMID: 21764755

- Zhang, Z.X. et al. (2007) 'Transactive memory system links work team characteristics and performance.' *J Appl Psychol.* 92(6):1722 - 30. doi:10.1037/0021-9010.92.6.1722. PMID: 18020808

- Fiorenzato, Eleonora et al. 'Impact of COVID-19-lockdown and vulnerability factors on cognitive functioning and mental health in Italian population.' doi:https://doi. org/10.1101/2020.10.02.20205237 Pre-print; not yet peer-reviewed

- RESONANCE Consortium. 'Impact of the COVID-19 Pandemic on Early Child Cognitive Development: Initial Findings in a Longitudinal Observational Study of Child Health.' medRxiv. Pre-print. doi:https://doi.org/10.1101/2021.08.10.21261846; this version posted 11 August 2021

- Ingram, Joanne, Hand, Christopher J., Maciejewski, Greg. (2021) 'Social isolation during COVID-19 lockdown impairs cognitive function.' *Journal of Applied Cognitive Psychology.* https://doi.org/10.1002/acp.3821 https://onlinelibrary.wiley.com/doi/10.1002/acp.3821

- Orben, A., Tomova, L., Blakemore, S. J. (2020) 'The effects of social deprivation on adolescent development and mental health.' *Lancet Child Adolesc Health.* 4(8):634 - 640. doi:10.1016/ S2352-4642(20)30186-3. Epub 12 June 2020. PMID: 32540024; PMCID: PMC7292584.

- Zhang, S.X. et al. (2020) 'Unprecedented disruption of lives and work: Health, distress and life satisfaction of working adults in China one month into the COVID-19 outbreak.' *Psychiatry Research*, 288, 112958. https://doi.org/10.1016/j.psychres.2020.112958

- Zunzunegui, M.-V. et al. (2003) 'Social networks, social integration, and social engagement determine cognitive decline in community-dwelling Spanish older adults.' *Journal of Gerontology*, 58B, S93 -S100. https://doi.org/10.1093/geronb/58.2.s93

- Cacioppo, J. T. et al. (2000) 'Lonely traits and concomitant physiological processes: The MacArthur social neuroscience studies.' *International Journal of Physiology*, 35(2 -3), 143 - 54. https://doi.org/10.1016/s0167-8760(99)00049-5

- Evans, I. E. M. et al. (2018) 'Social isolation, cognitive reserve, and cognition in healthy older people.' *PLoS One*, 13(8), e0201008. http://dx.doi.org/10.1371/journal.pone.0201008

- Cacioppo, J. T., Hawkley, L. C., Thisted, R. A. (2010) 'Perceived social isolation makes me sad: 5-year cross-lagged analyses of loneliness and depressive symptomatology in the Chicago Health, Aging, and Social Relations Study.' *Psychol Aging.* 25(2):453 - 63. doi:10.1037/ a0017216. PMID: 20545429; PMCID: PMC2922929.

- Meltzer, H. et al. (2013) 'Feelings of loneliness among adults with mental disorder.' Soc Psychiatry Psychiatr Epidemiol. 48(1):5-13. doi:10.1007/s00127-012-0515-8. Epub 9 May 2012. Erratum in: *Soc Psychiatry Psychiatr Epidemiol.* 2015 Mar:50(3):503-4. PMID: 22570258

- Silk, J. B. 'Evolutionary Perspectives on the Links Between Close Social Bonds, Health, and Fitness.' In: Committee on Population; Division of Behavioral and Social Sciences and Education; National Research Council; Weinstein M., Lane M.A. (eds). *Sociality, Hierarchy, Health: Comparative Biodemography: A Collection of Papers.* Washington, D. C.: National Academies Press (US); 22 September 2014. 6. Available from: https://www.ncbi.nlm.nih.gov/ books/NBK242452

- Johnson, Zachary and Young, Larry (2015) 'Neurobiological mechanisms of social attachment and pair bonding.' *Current Opinion in Behavioral Sciences.* 3. 38 - 44. 10.1016/ j.cobeha.2015.01.009

- Cacioppo, J. T. et al. (2009) 'In the eye of the beholder: individual differences in perceived social isolation predict regional brain activation to social stimuli.' *J Cogn Neurosci.* 21(1):83 -

92,doi:10.1162/jocn.2009.21007. PMID: 18476760; PMCID: PMC2810252

- Cacioppo, J. T., Chen, H. Y., Cacioppo, S. (2017) 'Reciprocal Influences Between Loneliness and Self-Centeredness: A Cross-Lagged Panel Analysis in a Population-Based Sample of African American, Hispanic, and Caucasian Adults.' *Pers Soc Psychol Bull.* 43(8):1125 – 35. doi:10.1177/0146167217705120. Epub 13 Jun 2017. PMID: 28903715

4장

- The Business of Escape Rooms and their worldwide success: https://www.marketwatch.com/story/the-weird-new-world-of-escape-room-businesses-2015-07-20
- The Escape Room Challenge: How many PhDs does it take to break free? https://www.crypticevents.co.uk/blog.php?item=18
- Powell, J. L. et al. (2010) 'Orbital prefrontal cortex volume correlates with social cognitive competence.' *Neuropsychologia.* 48(12):3554 – 62. doi:10.1016/j.neuropsychologia.2010.08.004. Epub 14 Aug 2010. PMID: 20713074
- Lewis, P. A. et al. (2011) 'Ventromedial prefrontal volume predicts understanding of others and social network size.' *Neuroimage.* 57(4):1624 – 9. doi:10.1016/j.neuroimage.2011.05.030. Epub 15 May 2011. PMID: 21616156
- Silicon Valley and Apple Success was due to small community size fostering innovation: https://www.cnet.com/news/steve-wozniak-on-homebrew-computer-club/
- The optimal group size and friendship groups: Professor Robin Dunbar and the Social Brain Hypothesis: as discussed in Critchlow, Hannah (2019) *The Science of Fate: The New Science of Who We Are – And How to Shape our Best Future*, London, UK: Hodder & Stoughton
- Wright, N. D. et al. (2012) 'Testosterone disrupts human collaboration by increasing egocentric choices.' *Proc Biol Sci*, 279 (1736), 2275-80. doi:10.1098/rspb.2011.2523
- Mahmoodi, A., et al. (2015) 'Equality bias impairs collective decision-making across cultures.' *PROCEEDINGS OF THE NATIONAL ACADEMY OF SCIENCES OF THE UNITED STATES OF AMERICA, 112 (12)*, 3835-40. doi:10.1073/pnas.1421692112
- Peri, Giovanni, Shih, Kevin and Sparber, Chad (2015) 'STEM Workers, H-1B Visas, and Productivity in US Cities.' *Journal of Labor Economics*, vol. 33, no. S1. 'US High-Skilled Immigration in the Global Economy,' S225 – 55. The University of Chicago Press on behalf of the Society of Labor Economists and the NORC at the University of Chicago: http://www.jstor.org/stable/10.1086/679061
- Page, Scott E. (2017) *The Diversity Bonus: How Great Teams Pay Off in the Knowledge Economy*. Princeton, NJ: Princeton University Press.
- Page, Scott E. (2010) *Diversity and Complexity*. Princeton, NJ: Princeton University Press
- Glennon, Britta (2020) 'How Do Restrictions on High-Skilled Immigration Affect Offshoring? Evidence from the H-1B Program.' Available at SSRN: https://ssrn.com/abstract=3547655 or http://dx.doi.org/10.2139/ssrn.3547655
- https://www.techpolicy.com/Blog/March-2012/The-Case-for-Immigration.aspx
- Ariely, D. et al. (2000) 'The effects of averaging subjective probability estimates between and within judges.' *J Exp Psychol Appl.* 6, 130 – 47. doi:10.1037/1076-898X.6.2.130
- Johnson, T. R., Budescu, D. V., Wallsten, T. S. (2001) 'Averaging probability judgments: Monte Carlo analyses of asymptotic diagnostic value.' *J. Behav. Decis.* Making 14, 123 – 40. doi:10.1002/bdm.369
- Migdał, P. et al. (2012) 'Information-sharing and aggregation models for interacting minds.' *J Math Psychol* 56, 417 – 26. doi:10.1016/j.jmp.2013.01.002

- Krause, J., Ruxton, G. D., Krause, S. (2010) 'Swarm intelligence in animals and humans.' *Trends Ecol Evol* 25, 28 – 34. doi:10.1016/j.tree.2009.06.016
- Couzin, I. D. (2009) 'Collective cognition in animal groups.' *Trends Cogn Sci*. 13, 36 – 43. doi:10.1016/j.tics.2008.10.002
- Wuchty, Stefan, Jones, Benjamin F., Uzzi, Brian (2007) 'The increasing dominance of teams in production of knowledge.' 316(5827):1036 – 9. doi:10.1126/science.1136099. Epub 12 Apr 2007. PMID: 17431139. doi:10.1126/science.1136099
- Uzzi, B. et al. (2013) 'Atypical combinations and scientific impact.' *Science*, 342(6157):468 – 72. doi:10.1126/science.1240474
- Ahmadpoor, Mohammad and Jones, Benjamin F. (2019) 'Decoding team and individual impact in science and invention.' *PNAS* 116 (28) 13885 – 90
- Wuchty, Stefan, Jones, Benjamin F., Uzzi, Brian. (2007) 'The increasing dominance of teams in production of knowledge.' 316(5827):1036 – 9. doi:10.1126/science.1136099. Epub 12 Apr 2007. PMID: 17431139. doi:10.1126/science.1136099
- Uzzi, B. et al. (2013) 'Atypical combinations and scientific impact.' *Science*, 342(6157):468 – 72. doi:10.1126/science.1240474
- Ahmadpoor, Mohammad and Jones, Benjamin F. (2019) 'Decoding team and individual impact in science and invention.' *PNAS* 116 (28) 13885 – 90
- *Jane Goodall's Wild Chimpanzees*. PBS. (1996) Retrieved 28 July 2010: https://www.pbs.org/wnet/nature/jane-goodalls-wild-chimpanzees-introduction/1908
- Goodall, Jane (1999) *Reason for Hope: A Spiritual Journey*. New York, NY: Warner Books
- 'From Top to Bottom, chimpanzee social hierarchy is amazing.' Brittany Cohen-Brown, 10 July 2018 https://news.janegoodall.org/2018/07/10/top-bottom-chimpanzee-social-hierarchy-amazing
- Pusey, A. E., Schroepfer-Walker, K. (2013) 'Female competition in chimpanzees.' *Philos Trans R Soc Lond B Biol Sci*. 368(1631):20130077. doi:10.1098/rstb.2013.0077
- Hemelrijk, C. K., Wantia, J., Isler, K. (2008) 'Female dominance over males in primates: self-organisation and sexual dimorphism.' *PLoS One*. 3(7):e2678. doi:10.1371/journal.pone.0002678. PMID: 18628830; PMCID: PMC2441829
- Izar, P. et al. (2021) 'Female emancipation in a male dominant, sexually dimorphic primate under natural conditions.' *PLoS One*.16(4):e0249039. doi:10.1371/journal.pone.0249039. PMID: 33872318; PMCID: PMC8055024
- Robson, David (2019) *The Intelligence Trap: Revolutionise Your Thinking and Make Wiser Decisions* (first edition). London, UK: Hodder & Stoughton
- 퍼즐 해답:
  잭(기혼) 앤(미혼) 조지(미혼)
  아니면
  잭(기혼) 앤(기혼) 조지(미혼)
  두 가지 경우 모두 한 명의 기혼자가 한 명의 미혼자를 바라보게 된다. 풀이의 핵심은 모호성을 받아들이고 상이한 해법을 고려해 답을 도출하는 것이다.
- Gopnik, A. et al. (2017) 'Changes in cognitive flexibility and hypothesis search across human life history from childhood to adolescence to adulthood.' *Proc Natl Acad Sci USA*. 114(30):7892 – 9. doi:10.1073/pnas.1700811114
- 'Are adolescents more creative than adults?' Claire Stevenson, 13 January 2020 https://bold.expert/are-adolescents-more-creative-than-adults
- Kleibeuker, S. W., de Dreu, C. K., Crone, E. A. (2013) 'The development of creative cognition

across adolescence: distinct trajectories for insight and divergent thinking.' *Dev Sci.*16(1):2 – 12. doi:10.1111/j.1467-7687.2012.01176.x. Epub 8 Oct 2012. PMID: 23278922

- Stevenson, C. E. et al. (2014) 'Training creative cognition: adolescence as a flexible period for improving creativity.' *Front Hum Neurosci.* 8:827. doi:10.3389/fnhum.2014.00827. PMID: 25400565; PMCID: PMC4212808

- Crone, E. A., Dahl, R. E. (2012) 'Understanding adolescence as a period of social –affective engagement and goal flexibility.' *Nat Rev Neurosci.* 13, 636 – 50

- Wu, Chi Hang et al. (2010) 'Age Differences in Creativity: Task Structure and Knowledge Base.' 321 – 6. Published online: *Creativity Research Journal* vol. 17, 2005, issue 4

- Kleibeuker, S. W., de Dreu, C. K., Crone, E. A. (2013) 'The development of creative cognition across adolescence: distinct trajectories for insight and divergent thinking.' *Dev Sci.*;16 (1):2 – 12. doi:10.1111/j.1467-7687.2012.01176.x

- Powell, J. L. et al. (2010) 'Orbital prefrontal cortex volume correlates with social cognitive competence.' *Neuropsychologia.* 48(12):3554 – 62. doi:10.1016/j.neuropsychologia.2010.08.004. Epub 14 Aug 2010. PMID: 20713074

- Lewis, P. A. et al. (2011) 'Ventromedial prefrontal volume predicts understanding of others and social network size.' *Neuroimage.* 57(4):1624 – 9. doi:10.1016/j.neuroimage.2011.05.030. Epub 15 May 2011. PMID: 21616156

- The optimal group size and friendship groups: Professor Robin Dunbar and the Social Brain Hypothesis: as discussed in Critchlow, Hannah (2019), *The Science of Fate: The New Science of Who We Are – And How to Shape our Best Future.* London, UK: Hodder & Stoughton

- Nicolaou, N. et al. (2011) 'A polymorphism associated with entrepreneurship: evidence from dopamine receptor candidate genes.' *Small Bus Econ* 36, 151 – 5. https://doi.org/10.1007/s11187-010-9308-1

- Wiklund, Johan, Patzelt, Holger, Dimov, Dimo (2016) 'Entrepreneurship and psychological disorders: How ADHD can be productively harnessed.' *Journal of Business Venturing Insights* 6:14 doi:10.1016/j.jbvi.2016.07.001

- Sônego, M. et al. (2020) 'Exploring the association between attention–deficit/hyperactivity disorder and entrepreneurship.' *Braz J Psychiatry* S1516-44462020005018204. doi:10.1590/1516-4446-2020-0898

- White, H. A. and Shah, P. (2006) 'Uninhibited imaginations: creativity in adults with attention–deficit/hyperactivity disorder.' *Pers Individ Differ.* 40,1121 –31. doi:10.1016/j.paid.2005.11.007

- White, H. A. and Shah, P. (2011) 'Creative style and achievement in adults with attention–deficit/hyperactivity disorder.' Pers Individ Differ. 50, 673 – 7. doi:10.1016/j.paid.2010.12.015

- Guilford, J. P. (1967) *The Nature of Human Intelligence.* New York, NY: McGraw-Hill

- Shpigler, Hagai Y. et al. (2017) 'Evolutionary conservation of autism genes.' *Proceedings of the National Academy of Sciences* 114 (36) 9653 – 8; doi:10.1073/pnas.1708127114

- 'Is my autism a superpower?' 3 Nov 2019 https://www.theguardian.com/society/2019/nov/03/is-autism-a-superpower-greta-thunberg-and-others-think-it-can-be

- 'These major tech companies are making autism hiring a priority.' https://www.monster.com/career-advice/article/autism-hiring-initiatives-tech

- 'Greta Thunberg: Why She Called Aspergers Her Superpower.' https://www.forbes.com/sites/brucelee/2019/09/27/greta-thunberg-why-she-called-aspergers-her-superpower/?sh=174fc4ce4101

- Critchlow, H. M. (2007). 'The Role of Dendritic Spine Plasticity in Schizophrenia' (doctoral thesis, University of Cambridge)

- Kaufman, S. B., Paul, E. S. (2014) 'Creativity and schizophrenia spectrum disorders across the arts and sciences.' *Front Psychol.* 5:1145. doi:10.3389/fpsyg.2014.01145
- Hilker, R. et al. (2018) 'Heritability of Schizophrenia and Schizophrenia Spectrum Based on the Nationwide Danish Twin Register.' *Biol Psychiatry.* 83(6):492 – 8. doi:10.1016/j.biopsych.2017.08.017. Epub 1 Sep 2017. PMID: 28987712
- Kyaga, S. et al. (2013) 'Mental illness, suicide and creativity: 40-year prospective total population study.' *J Psychiatr Res.* 47(1):83 – 90. doi:10.1016/j.jpsychires.2012.09.010. Epub 9 Oct 2012. PMID: 23063328
- Kyaga, S. et al. (2011) 'Creativity and mental disorder: family study of 300,000 people with severe mental disorder.' *Br J Psychiatry.* 199(5):373 – 9. doi:10.1192/bjp.bp.110.085316. Epub 8 Jun 2011. PMID: 21653945
- Johns, L. C. and van Os, J. (2001) 'The continuity of psychotic experiences in the general population.' *Clin Psychol Rev.* 21(8):1125 – 41
- Olfson, M. et al. (2002) 'Psychotic symptoms in an urban general medicine practice.' *Am J Psychiatry.* 159(8):1412 – 9
- Kendler, K. S. et al. (1996) 'Lifetime prevalence, demographic risk factors, and diagnostic validity of nonaffective psychosis as assessed in a US community sample.' The National Comorbidity Survey. *Arch Gen Psychiatry.* 53(11):1022 – 31
- Tien, A. Y. (1991) 'Distributions of hallucinations in the population.' *Soc Psychiatry Psychiatr Epidemiol.* 26(6):287 – 92
- Temmingh, H. et al. (2011) 'The prevalence and correlates of hallucinations in a general population sample: findings from the South African Stress and Health Study.' *Afr J Psychiatry (Johannesbg)* 14(3):211 – 17. doi:10.4314/ajpsy.v14i3.4
- Coid, J. W. et al. (2008) 'Raised incidence rates of all psychoses among migrant groups: findings from the East London first episode psychosis study.' *Arch Gen Psychiatry.* 65(11):1250 – 8. doi:10.1001/archpsyc.65.11.1250. Erratum in: Arch Gen Psychiatry. 2009 Feb:66(2):161. PMID: 18981336
- *The Family Brain Games.* BBC. https://www.bbc.co.uk/programmes/m00062jk
- Bahrami, B. et al. (2010). 'Optimally interacting minds.' *Science*, 329 (5995), 1081 – 5. doi:10.1126/science.1185718

5장

- https://www.businessinsider.com.au/larry-page-the-untold-story-2014-4?page=2&r=US&IR=T
- Tsvetkova, Milena et al. (2017) 'Even Good Bots Fight: The case of Wikipedia.' *PLoS One* https://doi.org/10.1371/journal.pone.0171774
- Hare, R. D., Neumann, C. S. (2008) 'Psychopathy as a clinical and empirical construct.' *Annu Rev Clin Psychol.* 4:217 – 46.doi:10.1146/annurev.clinpsy.3.022806.091452. PMID: 18370617
- Cima, M., Tonnaer, F., Hauser, M. D. (2010) 'Psychopaths know right from wrong but don't care.' *Soc Cogn Affect Neurosci.* 5(1):59 – 67. doi:10.1093/scan/nsp051
- https://www.telegraph.co.uk/news/2016/09/13/1-in-5-ceos-are-psychopaths-australian-study-finds
- https://www.forbes.com/sites/jackmccullough/2019/12/09/the-psychopathic-ceo/?sh=314ff015791e
- Babiak, Paul and Hare, Robert D. (2019) *Snakes in Suits: Understanding and Surviving the Psychopaths in Your Office* (revised edition). Harper Business

- Landay, K., Harms, P. D., Credé, M. (2019) 'Shall we serve the dark lords? A meta-analytic review of psychopathy and leadership.' *Journal of Applied Psychology, [s.l.],* vol. 104, no. 1, Leadership, 183 – 96. doi:10.1037/apl0000357. Available from: https://search-ebscohost-com.ezp.lib.cam.ac.uk/login.aspx?direct=true&db=pdh&AN=2018-51219-001&site=ehost-live&scope=site. Accessed 22 July 2021
- All about wolves: http://teacher.scholastic.com/wolves/gabout3.htm#:~:text=A%20wolf%20pack%20has%20a,to%20eat%20first%20at%20kills
- Sumpter, David J.T. et al. (2008) 'Consensus Decision Making by Fish.' *Current Biology* 18, 1773 – 7
- Jolles, Jolle W. 'Group-level patterns emerge from individual speed as revealed by an extremely social robotic fish.' doi:https://doi.org/10.1101/2020.06.10.143883. June 2020
- Couzin I. D., et al. 'Effective leadership and decision-making in animal groups on the move.' Nature. 2005 Feb 3;433(7025):513-6. doi:10.1038/nature03236
- Dyer, John R. G. (2008) 'Leadership, consensus decision making and collective behaviour in humans.' *Philosophical Transactions of the Royal Society B: Biological Sciences* vol. 364, issue 1518. https://doi.org/10.1098/rstb.2008.0233
- Krause, J. et al. (2021) 'Collective rule-breaking.' *Trends Cogn Sci.* 25(12):1082 – 95. doi:10.1016/j.tics.2021.08.003. Epub 4 Sep 2021. PMID: 34493441
- Anicich, Eric M., Swaab, Roderick I. and Galinsky, Adam D. 'Hierarchical cultural values predict success and mortality in high-stakes teams.' *PNAS,* www.pnas.org/cgi/doi/10.1073/pnas.1408800112
- Anderson, Cameron et al. (2020) 'People with disagreeable personalities (selfish, combative, and manipulative) do not have an advantage in pursuing power at work.'
- 117 (37) 22780-22786 https://doi.org/10.1073/pnas.2005088117
- Campbell-Meiklejohn et al. 'How the Opinion of Others Affects Our Valuation of Objects.' *Current Biology,* 17 June 2010. doi 10.1016/j.cub.2010.04.055
- Woolley, A. W. et al. (2010) 'Evidence for a collective intelligence factor in the performance of human groups.' *Science* 330(6004)
- Riedl, C. et al. (2021) 'Quantifying collective intelligence in human groups.' *Proc Natl Acad Sci USA.* 118(21):e2005737118. doi:10.1073/pnas.2005737118. PMID: 34001598; PMCID: PMC8166150
- Wright, N. D. et al. (2012) 'Testosterone disrupts human collaboration by increasing egocentric choices.' *Proc Biol Sci.* 279(1736):2275 – 80. doi:10.1098/rspb.2011.2523. Epub 1 Feb 2012. PMID: 22298852; PMCID: PMC3321715
- Decety, J. et al. (2016) 'Empathy as a driver of prosocial behaviour: highly conserved neurobehavioural mechanisms across species.' *Philos Trans R Soc Lond B Biol Sci.* 371(1686):20150077. doi:10.1098/rstb.2015.0077
- Sharif, K. (2019) 'Transformational leadership behaviours of women in a socially dynamic environment.' *International Journal of Organizational Analysis,* vol. 27, no. 4, 1191 – 1217. https://doi.org/10.1108/IJOA-12-2018-1611
- Suranga Silva, D. A. C., Mendis, B.A.K.M. (2017) 'Male vs Female Leaders: Analysis of Transformational, Transactional & Laissez-faire Women Leadership Styles.' *European Journal of Business and Management* www.iiste.org ISSN 2222-1905 (Paper) ISSN 2222-2839 (online) vol. 9, no. 9
- 'Research: Women Score Higher Than Men in Most Leadership Skills.' *Harvard Business Review,* 25 June 2019, https://hbr.org/2019/06/research-women-score-higher-than-men-in-

most-leadership-skills
- 'Women CEOs: Why So Few?' *Harvard Business Review*, 21 December 2009, https://hbr. org/2009/12/women-ceo-why-so-few
- *Harvard Business Review* 2019: https://hbr.org/2019/11/the-best-performing-ceos-in-the-world-2019
- Yang, Y., Chawla, N. V., Uzzi, B. (2019) 'A network's gender composition and communication pattern predict women's leadership success.' *Proc Natl Acad Sci USA*. 116(6):2033 – 38. doi:10.1073/pnas.1721438116. Epub 22 Jan 2019. Erratum in: *Proc Natl Acad Sci USA*. 2019 April 116(14):7149. PMID: 30670641; PMCID: PMC6369753
- 'Controversy over the role of same gender mentorship.' RETRACTED ARTICLE: 'The association between early career informal mentorship in academic collaborations and junior author performance.' *Nat Commun* 11, 5855 (2020). https://doi.org/10.1038/s41467-020-19723-8
- Bryant, John (2005) 3:59.4: *The Quest to Break the 4 Minute Mile* (international edition). Arrow.
- Haas, Tanner (2019) 'The STORY Of Roger Bannister: The Power Of Self-Belief.' LinkedIn, 12 July https://www.linkedin.com/pulse/story-roger-bannister-power-self-belief-tanner-haas
- Syed, Matthew (2019) *Rebel Ideas: The Power of Diverse Thinking*. London, UK: John Murray
- Anderson, Cameron and Kennedy, Jessica (2017) 'Hierarchical rank and principled dissent: How holding higher rank suppresses objection to unethical practices.' Organizational Behavior and Human Decision Processes 139:30 – 49 doi:10.1016/j.obhdp.2017.01.002
- Taylor, William C. (2012) *Practically Radical: Not-So-Crazy Ways to Transform Your Company, Shake Up Your Industry, and Challenge Yourself*. William Morrow Paperbacks.
- Page, Scott E. (2017) *The Diversity Bonus: How Great Teams Pay Off in the Knowledge Economy*. Princeton, NJ: Princeton University Press
- Page, Scott E. (2010) *Diversity and Complexity*. Princeton, NJ: Princeton University Press
- Syed, Matthew (2019) *Rebel Ideas: The Power of Diverse Thinking*. London, UK: John Murray
- Surowiecki, James (2005) *The Wisdom of Crowds*. Anchor Books
- Litcanua, Marcela (2015) 'Brain-Writing Vs. Brainstorming Case Study For Power Engineering Education.' *Procedia – Social and Behavioral Sciences*, 191
- 'The Mind and Mental Health: How Stress Affects the Brain' https://www.tuw.edu/ health/how-stress-affects-the-brain/#:~:text=It%20can%20disrupt%20synapse%20 regulation,responsible%20for%20memory%20and%20learning
- Roiser J. P., Sahakian, B. J. (2013) 'Hot and cold cognition in depression.' CNS Spectr. 18 (3): 139 – 49. doi:10.1017/S1092852913000072. PMID:23481353. S2CID: 34123889
- Nord, C. L. et al. (2020) 'The neural basis of hot and cold cognition in depressed patients, unaffected relatives, and low-risk healthy controls: An fMRI investigation.' *Journal of Affective Disorders* vol. 274, 389 – 98. doi:10.1016/j.jad.2020.05.022
- Kuhn, H. G., Dickinson-Anson, H., Gage, F. H. (1996) 'Neurogenesis in the dentate gyrus of the adult rat: age-related decrease of neuronal progenitor proliferation.' *J Neurosci* 16:2027 – 33. 10.1523/JNEUROSCI.16-06-02027
- Kuhn, H. G., Toda, T., Gage, F. H. (2018) 'Adult Hippocampal Neurogenesis: A Coming-of-Age Story.' *J Neurosci*. 38(49):10401 – 10410. doi:10.1523/JNEUROSCI.2144-18. Epub 31 Oct 2018. PMID: 30381404; PMCID: PMC6284110
- Extinction Rebellion about us: https://extinctionrebellion.uk/the-truth/about-us
- Pushkarna, Akshit (2021) 'Why social interaction is essential to drive innovation.' HRKatha,

9 September www.hrkatha.com/features/why-social-interaction-is-essential-to-drive-innovation

- Liu, Xueyuan et al. (2017) 'The impact of informal social interaction on innovation capability in the context of buyer–supplier dyads.' *Journal of Business Research*, vol. 78, 314 – 22, ISSN 0148-2963, https://doi.org/10.1016/j.jbusres.2016.12.027. https://www.sciencedirect.com/science/article/pii/S0148296317300723
- Russo, Francine (2022) 'The Personality Trait "Intolerance of Uncertainty"'
- Causes Anguish during COVID; High levels of it have put people at risk of emotional problems.' *Scientific American*, 14 February https://www.scientificamerican.com/article/the-personality-trait-intolerance-of-uncertainty-causes-anguish-during-covid
- Mofrad, Layla et al. (2020) 'Making friends with uncertainty: experiences of developing a transdiagnostic group intervention targeting intolerance of uncertainty in IAPT. Feasibility, acceptability and implications.' Cognitive Behaviour Therapist , vol. 13, e49, doi:https://doi.org/10.1017/S1754470X20000495
- 12-Point Tolerance of Uncertainty Test https://www.midss.org/content/intolerance-uncertainty-scale-short-form-ius-12
- Tolerance of Uncertainty Test: https://jennifershannon.com/wp-content/uploads/2020/01/DontFeedMonkeyMind_worksheets.pdf
- Gallo, Amy (2018) 'Why We Should Be Disagreeing More at Work', HBR, 3 January https://hbr.org/2018/01/why-we-should-be-disagreeing-more-at-work
- Kilduff, G. J., Willer, R. and Anderson, C. (2016). 'Hierarchy and its discontents: Status disagreement leads to withdrawal of contribution and lower group performance.' *Organization Science*, 27(2), 373 – 390. https://doi.org/10.1287/orsc.2016.1058
- Wolpert, Daniel, 'The Real Reason for Brains (is to move).' TED talk, November 2011 https://www.ted.com/talks/daniel_wolpert_the_real_reason_for_brains/transcript?language=en
- Neuroscientist Daniel Wolpert starts from a surprising premise: the brain evolved, not to think or feel, but to control movement. In this entertaining, data-rich talk he gives us a glimpse into how the brain creates the grace and agility of human motion:
- Colman, A. (2008) *A Dictionary of Psychology* (third edition). Oxford University Press.
- Goleman, D. (1998) 'What Makes a Leader?' *Harvard Business Review*, 76: 92 – 105
- Beldoch, Michael and Davitz, Joel Robert. (1976) *The Communication of Emotional Meaning*. Westport, Conn.: Greenwood Press, 39
- Neumann, R. and Strack, F. (2000) '"Mood contagion": the automatic transfer of mood between persons.' *J Pers Soc Psychol*. 79(2):211 – 23. doi:10.1037//0022-3514.79.2.211. PMID: 10948975
- Isabella, Giuliana and Carvalho, Hamilton C. (2016) 'Emotional Contagion and Socialization', in *Emotions, Technology, and Behaviors*; Elsevier.
- Fowler, J. H., Christakis, N. A. (2008) 'Dynamic spread of happiness in a large social network: longitudinal analysis over 20 years in the Framingham Heart Study.' *BMJ*; 337: a2338 doi:https://doi.org/10.1136/bmj.a2338
- Guillory, J., et al. (2011) 'Upset now? Emotion contagion in distributed groups.' *Proc ACM CHI Conf on Human Factors in Computing Systems* (Association for Computing Machinery, New York), 745 – 8
- Kramer, Adam D. I., Guillory, Jamie E. and Hancock, Jeffrey T. (2014) 'Experimental evidence of massive-scale emotional contagion through social networks.' *PNAS* 111 (24) 8788 – 90; https://doi.org/10.1073/pnas.1320040111
- Carnevale, P. J. and Isen, A. M. (1986) 'The influence of positive affect and visual access on the

discovery of integrative solutions in bilateral negotiation.' *Organizational Behavior and Human Decision Processes*, 37(1), 1 – 13. https://doi.org/10.1016/0749-5978(86)90041-5

- Barsade, Sigal G., Coutifaris, Constantinos G. V., Pillemer, Julianna (2018) 'Emotional contagion in organizational life.' Research in Organizational Behavior, vol. 38, 137 – 151
- Iacoboni, Marco (2008) *Mirroring People: The New Science of How We Connect with Others* (first edition). Farrar, Straus and Giroux
- Prochazkova, Eliska and Kret, Mariska E. (2017) 'Connecting minds and sharing emotions through mimicry: A neurocognitive model of emotional contagion.' *Neuroscience & Biobehavioral Reviews*, vol. 80, 99 – 114.
- Christov-Moore, Leonardo, Conway, Paul, Iacoboni, Marco (2017) 'Deontological Dilemma Response Tendencies and Sensorimotor Representations of Harm to Others.' *Frontiers in Integrative Neuroscience* doi:10.3389/fnint.2017.00034
- Dimberg, Ulf, Thunberg, Monika, Elmehed, Kurt (2000) 'Unconscious Facial Reactions to Emotional Facial Expressions.' Brief Report. Find in PubMed https://doi.org/10.1111/1467-9280.00221
- Barsade, Sigal and O'Neill, Olivia A. (2016) 'Leadership & Managing People: Manage Your Emotional Culture'. *Harvard Business Review*, January – February
- Young, Emma (2020) 'When a Smile is Not a Smile: what our facial expression really means.' *New Scientist* https://www.newscientist.com/article/mg24532690-900-when-a-smile-is-not-a-smile-what-our-facial-expressions-really-mean
- Gino, Francesca, Ayal, Shahar, Ariely, Dan (2009) 'Contagion and Differentiation in Unethical Behavior: The Effect of One Bad Apple on the Barrel.' Research Article, *Psychological Science*, vol. 20, issue 3, 393 – 8 https://doi.org/10.1111/j.1467-9280.2009.02306.x
- Barsade, Sigal G., Coutifaris, Constantinos G. V., Pillemer, Julianna (2018) 'Emotional contagion in organisational life.', vol. 38, 137 – 51. https://doi.org/10.1016/j.riob.2018.11.005
- Friedman, Howard S. et al. (1980) 'Understanding and Assessing Nonverbal Expressiveness: The Affective Communication Test.' *Journal of Personality and Social Psychology*, vol. 39, no 2, 333 – 51
- Neumann, R., Strack, F. (2000) '"Mood contagion": the automatic transfer of mood between persons.' *J Pers Soc Psychol*. 79(2):211 – 23. doi:10.1037//0022-3514.79.2.211. PMID: 10948975
- Isabella, Giuliana and Carvalho, Hamilton C. (2016) 'Emotional Contagion and Socialization in Emotions, Technology, and Behaviors.' Elsevier
- Guillory J. et al. (2011) 'Upset now? Emotion contagion in distributed groups.' *Proc ACM CHI Conf on Human Factors in Computing Systems* (Association for Computing Machinery, New York), 745 – 8
- Kramer, Adam D. I., Guillory, Jamie E. and Hancock, Jeffrey T. (2014) 'Experimental evidence of massive-scale emotional contagion through social networks.' *PNAS* 111 (24) 8788 – 90 https://doi.org/10.1073/pnas.1320040111
- Carnevale, P. J. and Isen, A. M. (1986) 'The influence of positive affect and visual access on the discovery of integrative solutions in bilateral negotiation.' *Organizational Behavior and Human Decision Processes*, 37(1), 1 – 13. https://doi.org/10.1016/0749-5978(86)90041-5
- Barsade, Sigal G., Coutifaris, Constantinos G. V., Pillemer, Julianna (2018) 'Emotional contagion in organizational life.' Research in Organizational Behavior, vol. 38, 137 – 51.
- Grant, A. M. and Gino, F. (2010) 'A little thanks goes a long way: Explaining why gratitude expressions motivate prosocial behavior.' *Journal of Personality and Social Psychology*, 98(6), 946 – 55. https://doi.org/10.1037/a0017935

참고문헌

- Anicich, E. M. et al. 'Powerful and Ungrateful: Why Power Reduces Gratitude Expression.' (under review at OBHDP)
- Dweck, Carol (2017) *Mindset: Changing The Way You Think To Fulfil Your Potential* (updated edition). Little, Brown Book Group.
- Von Hippel, William, Ronay, Richard, Baker, Ernest (2016) 'Quick Thinkers Are Smooth Talkers: Mental Speed Facilitates Charisma.' *Psychol Sci* 27(1):119 – 22. doi:10.1177/0956797615616255. Epub 30 Nov 2015
- Schjoedt U. et al. (2011) 'The power of charisma – perceived charisma inhibits the frontal executive network of believers in intercessory prayer.' *Soc Cogn Affect Neurosci*,6(1):119 – 27. doi:10.1093/scan/nsq023
- Greiser, Christian et al.(2020) 'Tap Your Company's Collective Intelligence with Mindfulness.' bcg.com, 5 February https://www.bcg.com/publications/2020/tap-your-company-collective-intelligence-with-mindfulness

6장

- Jung, Carl G. (1971) *Psychological Types*. Princeton, New Jersey: Princeton University Press
- https://www.forbes.com/sites/brucekasanoff/2017/02/21/intuition-is-the-highest-form-of-intelligence/#5e89f5f33860
- https://kasanoff.com/blog/2020/5/18/intuition-is-the-highest-form-of-intelligence
- Samples, Bob (1976) *The Metaphoric Mind: A Celebration of Creative Consciousness* Addison Wesley Longman Publishing Co
- Pilard, Nathalie (2018) 'C. G. Jung and intuition: from the mindscape of the paranormal to the heart of psychology.' *Psychol* 63(1):65 – 84. doi:10.1111/1468-5922.12380. doi:10.1111/1468-5922.12380
- Lufityanto, Galang, Donkin, Chris, Pearson, Joel (2016) 'Measuring Intuition: Nonconscious Emotional Information Boosts Decision Accuracy and Confidence.' *Psychol Sci*, 27(5):622 – 34. doi:10.1177/0956797616629403. Epub 6 April 2016
- '"Continuous flash suppression." Vision Sciences Society Annual Meeting Abstract.' (2004) Suchiya, Naotsugu; Koch, Christof. *Journal of Vision*, vol. 4, 61. doi:https://doi.org/10.1167/4.8.61
- Boucsein, Wolfram (2012) *Electrodermal Activity*. Springer Science + Business Media, 4
- Vlassova, Alexandra, Donkin, Chris, Pearson, Joel (2014) 'Unconscious information changes decision accuracy but not confidence.' *Proc Natl Acad Sci USA* 11 Nov;111(45):16214-8. doi:10.1073/pnas.1403619111. Epub 27 Oct 2014
- Critchlow, Hannah (2018) 'Conscious Awareness and the Case of Patient DB' in *Consciousness: A Ladybird Expert Book* (The Ladybird Expert Series 29), London, UK: Michael Joseph
- Mannes, A. E., Soll, J. B. and Larrick, R. P. (2014 'The wisdom of select crowds.' *Journal of Personality and Social Psychology*, 107(2), 276 – 99. https://doi.org/10.1037/a0036677
- Palley, Asa B. and Soll, Jack B. (2019) 'Extracting the Wisdom of Crowds When Information Is Shared.' Published online 21 Feb 2019 https://doi.org/10.1287/mnsc.2018.3047
- Kandasamy, Narayanan et al. (2016) 'Interoceptive Ability Predicts Survival on a London Trading Floor.' *Scientific Reports*, 6: 32986. doi:10.1038/srep32986
- Galton, F. (1907) 'Vox Populi.' *Nature* 75, 450 – 1. https://doi.org/10.1038/075450a0
- Wallis, K. F. (2014) 'Revisiting Francis Galton's forecasting competition.' *Statistical Science*, 29, 420-4. doi:10.1214/14-STS468.
- Mannes, A. E., Soll, J. B. and Larrick, R. P. (2014) 'The wisdom of select crowds.' *Journal of*

Personality and Social Psychology, 107(2), 276 – 99. https://doi.org/10.1037/a0036677

- Palley, Asa B. and Soll, Jack B. (2019) 'Extracting the Wisdom of Crowds When Information Is Shared.' Published online 21 Feb 2019 https://doi.org/10.1287/mnsc.2018.3047
- Syed, Matthew (2019) *Rebel Ideas: The Power of Diverse Thinking*. London, UK: John Murray
- Surowiecki, James (2005) *The Wisdom of Crowds*. Anchor Books
- Gigerenzer, Gerd (2008) *Gut Feelings* (reprint edition). Penguin Books
- Gladwell, Malcolm (2005) *Blink* (new edition) Little, Brown and Company
- Starr, Douglas (2020) 'The Bias Detective.' *Science.com*, 26 March doi:10.1126/science. abb9022, https://www.science.org/content/article/meet-psychologist-exploring-unconscious-bias-and-its-tragic-consequences-society
- Golby, A. J. et al. (2001) 'Differential responses in the fusiform region to same-race and other-race faces.' *Nat Neurosci*. 4(8)845 – 50. doi:10.1038/90565. PMID: 11477432
- Hughes, B. L. et al. (2019) 'Neural adaptation to faces reveals racial outgroup homogeneity effects in early perception.' *Proc Natl Acad Sci USA*. 116(29):14532 – 7. doi:10.1073/pnas.1822084116. Epub 1 Jul 2019. PMID: 31262811; PMCID: PMC6642392
- Golarai, G. et al. (2021) 'The development of race effects in face processing from childhood through adulthood: neural and behavioral evidence.' *Dev Sci*. 24(3):e13058. doi:10.1111/desc.13058. Epub 5 Dec 2020. PMID: 33151616
- Voigt, R. et al. (2017) 'Language from police body camera footage shows racial disparities in officer respect.' *Proc Natl Acad Sci USA*. 114(25):6521 – 6. doi:10.1073/pnas.1702413114. Epub 5 Jun 2017. PMID: 28584085; PMCID: PMC5488942
- Agarwal, Pragya (2020) 'What do unconscious bias tests really reveal about racism?' *New Scientist*, 26 August https://www.newscientist.com/article/mg24732973-400-what-do-unconscious-bias-tests-really-reveal-about-racism/#ixzz6WfV9L0XD
- Ross, C. T. (2015) 'A Multi-Level Bayesian Analysis of Racial Bias in Police Shootings at the County-Level in the United States, 2011 – 2014.' *PLoS One* 10(11): e0141854. https://doi.org/10.1371/journal.pone.0141854
- Eberhardt, J. L. et al. (2004) 'Seeing black: race, crime, and visual processing.' *J Pers Soc Psychol* 87(6)876 – 93. doi:10.1037/0022-3514.87.6.876. PMID: 15598112
- Garfinkel, S. N., Critchley, H. D. (2016) 'Threat and the Body: How the Heart Supports Fear Processing.' *Trends Cogn Sci*. 20(1):34 – 46. doi:10.1016/j.tics.2015.10.005
- Critchley, H. D. et al. (2004) 'Neural systems supporting interoceptive awareness.' *Nat Neurosci*. 7(2):189 – 95. doi:10.1038/nn1176
- Azevedo, R. et al. (2017). 'Cardiac afferent activity modulates the expression of racial stereotypes.' *Nat Commun* 8, 13854 https://doi.org/10.1038/ncomms13854
- Remmers, Carina and Johannes Michalak (2016) 'Losing Your Gut Feelings. Intuition in Depression.' *Front Psychol*. 7:1291. doi:10.3389/fpsyg.2016.01291. eCollection
- Khalsa, S. S. et al. 'Interoception and Mental Health: A Roadmap.' *Biol Psychiatry Cogn Neurosci Neuroimaging*. 2018:3(6):501 – 513. doi:10.1016/j.bpsc.2017.12.004
- Garfinkel, Sarah N. et al. (2015) 'Knowing your own heart: distinguishing interoceptive accuracy from interoceptive awareness.' *Biol Psychol* 104:65 –74. doi:10.1016/j.biopsycho.2014.11.004. Epub 20 Nov 2014
- Critchley, Hugo D. and Garfinkel, Sarah N. (2017) 'Interoception and emotion.' *Current Opinion in Psychology*, 17. 7 – 14. ISSN 2352-250X
- Ewing, Donna L. et al. (2017) 'Sleep and the heart: interoceptive differences linked to poor experiential sleep quality in anxiety and depression.' *Biological Psychology*, 127. 163 – 72. ISSN

0301-0511

- Garfinkel, Sarah N. et al. (2016) 'Discrepancies between dimensions of interoception in autism: implications for emotion and anxiety.' Biological Psychology, 114. 117 – 26. ISSN 0301-0511
- Remmers, C. et al. (2015) 'Impaired intuition in patients with major depressive disorder.' Br J Clin Psychol. 54(2):200 – 13. doi:10.1111/bjc.12069. Epub 11 Oct 2014
- Lufityanto, Galang, Donkin, Chris, Pearson, Joel (2016) 'Measuring Intuition: Nonconscious Emotional Information Boosts Decision Accuracy and Confidence.' Psychol Sci, 27(5):622 – 34. doi:10.1177/0956797616629403. Epub 6 April 2016
- '"Continuous flash suppression." Vision Sciences Society Annual Meeting Abstract.' (2004) Suchiya, Naotsugu; Koch, Christof. Journal of Vision, vol. 4, 61. doi:https://doi.org/10.1167/4.8.61
- Vlassova, Alexandra, Donkin, Chris, Pearson, Joel (2014) 'Unconscious information changes decision accuracy but not confidence.' Proc Natl Acad Sci USA 11 Nov;111(45):16214-8. doi:10.1073/pnas.1403619111. Epub 27 Oct 2014
- 'Aligning Dimensions of Interoceptive Experience (ADIE) to prevent development of anxiety disorders in autism.' https://www.mqmentalhealth.org/research/aligning-dimensions-of-interoceptive-experience-adie-to-prevent-development-of-anxiety-disorders-in-autism
- Quadt, L. et al. (2021). 'Interoceptive training to target anxiety in autistic adults (ADIE): A single-center, superiority randomized controlled trial.' EClinicalMedicine, 39, 101042. https://doi.org/10.1016/j.eclinm.2021.101042
- Fiorenzato, Eleonora et al. 'Impact of COVID-19-lockdown and vulnerability factors on cognitive functioning and mental health in Italian population:' doi:https://doi.org/10.1101/2020.10.02.20205237 Pre-print; not yet peer-reviewed
- Ingram, Joanne, Hand, Christopher J., Maciejewski, Greg. (2021) 'Social isolation during COVID-19 lockdown impairs cognitive function.' Journal of Applied Cognitive Psychology. https://doi.org/10.1002/acp.3821 https://onlinelibrary.wiley.com/doi/10.1002/acp.3821
- Orben, A., Tomova, L., Blakemore, S. J. (2020) 'The effects of social deprivation on adolescent development and mental health.' Lancet Child Adolesc Health. 4(8):634 – 640. doi:10.1016/S2352-4642(20)30186-3. Epub 12 June 2020. PMID: 32540024; PMCID: PMC7292584
- Aczel, B. et al. (2021) 'Researchers working from home: Benefits and challenges.' PLoS One 16(3): e0249127. https://doi.org/10.1371/journal.pone.0249127
- Tseng, P. H. et al. (2018) 'Interbrain cortical synchronization encodes multiple aspects of social interactions in monkey pairs.' Sci Rep 8, 4699 https://doi.org/10.1038/s41598-018-22679-x
- Leong, Victoria et al. (2017) 'Speaker gaze increases information coupling between infant and adult brains.' PNAS 114 (50):13290-5
- Critchlow, Hannah (2019) The Science of Fate: The New Science of Who We Are – And How to Shape our Best Future. London, UK: Hodder & Stoughton
- Woolley, A.W. et al. (2010) 'Evidence for a collective intelligence factor in the performance of human groups.' Science 330, 686 – 8
- Riedl, C. et al. (2022) 'Quantifying collective intelligence in human groups [published correction appears in Proc Natl Acad Sci USA.119(19):e2204380119]. Proc Natl Acad Sci USA. 2021;118(21):e2005737118. doi:10.1073/pnas.2005737118
- Von Mohr, M. et al. (2022) 'Individuals with higher interoceptive accuracy are less suggestible to other people's judgements.' https://doi.org/10.31234/osf.io/d3wsf
- Galvez-Pol, A. et al. (2022) 'People can identify the likely owner of heartbeats by looking at individuals' faces.' Cortex. 151:176 – 87. doi:10.1016/j.cortex.2022.03.003. Epub ahead of print.

PMID: 35430451

7장

- Hedges, Chris (2003) 'What Every Person Should Know About War.' *New York Times*, 6 July https://www.nytimes.com/2003/07/06/books/chapters/what-every-person-should-know-about-war.html
- World Health Organization (2019) *Suicide in the World: Global Health Estimates* https://www.who.int/teams/mental-health-and-substance-use/suicide-data
- De Waal F. B. M., Preston, S. D. (2017) 'Mammalian empathy: behavioural manifestations and neural basis.' *Nat Rev Neurosci.* 18(8):498 - 509. doi:10.1038/nrn.2017.72. Epub 29 Jun 2017. PMID: 28655877
- Neumann, R., Strack, F. (2000) '"Mood contagion": the automatic transfer of mood between persons.' *J Pers Soc Psychol.* 79(2):211 - 23. doi:10.1037//0022-3514.79.2.211. PMID: 10948975
- Isabella, Giuliana and Carvalho, Hamilton C. (2016) 'Emotional Contagion and Socialization', in *Emotions, Technology, and Behaviors.*
- (2008) 'Dynamic spread of happiness in a large social network: longitudinal analysis over 20 years in the Framingham Heart Study.' *BMJ*; 337: a2338 doi:https://doi.org/10.1136/bmj.a2338
- Guillory, J., et al. (2011) 'Upset now? Emotion contagion in distributed groups.' *Proc ACM CHI Conf on Human Factors in Computing Systems* (Association for Computing Machinery, New York), 745 - 8
- Kramer, Adam D. I., Guillory, Jamie E. and Hancock, Jeffrey T. (2014) 'Experimental evidence of massive-scale emotional contagion through social networks.' *PNAS* 111 (24) 8788 - 90: https://doi.org/10.1073/pnas.1320040111
- Neumann, R. and Strack, F. (2000) '"Mood contagion": the automatic transfer of mood between persons.' *J Pers Soc Psychol.* 79(2):211 - 23. doi:10.1037//0022-3514.79.2.211. PMID: 10948975
- Isabella, Giuliana and Carvalho, Hamilton C. (2016) 'Emotional Contagion and Socialization', in *Emotions, Technology, and Behaviors.*
- (2008) 'Dynamic spread of happiness in a large social network: longitudinal analysis over 20 years in the Framingham Heart Study.' *BMJ*; 337: a2338 doi:https://doi.org/10.1136/bmj.a2338
- Guillory, J., et al. (2011) 'Upset now? Emotion contagion in distributed groups.' *Proc ACM CHI Conf on Human Factors in Computing Systems* (Association for Computing Machinery, New York), 745 - 8
- Kramer, Adam D. I., Guillory, Jamie E. and Hancock, Jeffrey T. (2014) 'Experimental evidence of massive-scale emotional contagion through social networks.' *PNAS* 111 (24) 8788 - 90: https://doi.org/10.1073/pnas.1320040111
- Carnevale, P. J. and Isen, A. M. (1986) 'The influence of positive affect and visual access on the discovery of integrative solutions in bilateral negotiation.' *Organizational Behavior and Human Decision Processes*, 37(1), 1 - 13. https://doi.org/10.1016/0749-5978(86)90041-5
- Barsade, Sigal G., Coutifaris, Constantinos G. V., Pillemer, Julianna (2018) 'Emotional contagion in organizational life.' Research in *Organizational Behavior*, vol. 38, 137 - 51
- Iacoboni, Marco (2008) *Mirroring People: The New Science of How We Connect with Others* (first edition). Farrar, Straus and Giroux
- Prochazkova, Eliska and Kret, Mariska E. (2017) 'Connecting minds and sharing emotions through mimicry: A neurocognitive model of emotional contagion.' *Neuroscience & Biobehavioral Reviews*, vol. 80, 99 - 114
- Christov-Moore, Leonardo, Conway, Paul, Iacoboni, Marco (2017) 'Deontological Dilemma

Response Tendencies and Sensorimotor Representations of Harm to Others.' *Frontiers in Integrative Neuroscience* doi:10.3389/fnint.2017.00034

- Dimberg, Ulf, Thunberg, Monika, Elmehed, Kurt (2000) 'Unconscious Facial Reactions to Emotional Facial Expressions.' Brief Report. Find in PubMed https://doi.org/10.1111/1467-9280.00221

- Gino, Francesca, Ayal, Shahar, Ariely, Dan (2009) 'Contagion and Differentiation in Unethical Behavior: The Effect of One Bad Apple on the Barrel.' Research Article, *Psychological Science*, vol. 20, issue 3, 393 – 8 https://doi.org/10.1111/j.1467-9280.2009.02306.x

- Barsade, Sigal G., Coutifaris, Constantinos G. V., Pillemer, Julianna (2018) 'Emotional contagion in organizational life.' Research in *Organizational Behavior*, vol. 38, 137 – 51

- Friedman, Howard S. et al. (1980) 'Understanding and Assessing Nonverbal Expressiveness: The Affective Communication Test.' *Journal of Personality and Social Psychology*, vol. 39, no. 2, 333 – 51

- Neumann, R. and Strack, F. (2000) '"Mood contagion": the automatic transfer of mood between persons.' *J Pers Soc Psychol*. 79(2):211 – 23. doi:10.1037//0022-3514.79.2.211. PMID: 10948975

- Isabella, Giuliana and Carvalho, Hamilton C. (2016) 'Emotional Contagion and Socialization', in *Emotions, Technology, and Behaviors*.

- (2008) 'Dynamic spread of happiness in a large social network: longitudinal analysis over 20 years in the Framingham Heart Study.' *BMJ*; 337: a2338 doi:https://doi.org/10.1136/bmj.a2338

- Guillory J. et al. (2011) 'Upset now? Emotion contagion in distributed groups.' *Proc ACM CHI Conf on Human Factors in Computing Systems* (Association for Computing Machinery, New York), 745 – 8.

- Kramer, Adam D. I., Guillory, Jamie E. and Hancock, Jeffrey T. (2014) 'Experimental evidence of massive-scale emotional contagion through social networks.' *PNAS* 111 (24) 8788 – 90; https://doi.org/10.1073/pnas.1320040111

- Carnevale, P. J. and Isen, A. M. (1986) 'The influence of positive affect and visual access on the discovery of integrative solutions in bilateral negotiation.' *Organizational Behavior and Human Decision Processes*, 37(1), 1 – 13. https://doi.org/10.1016/0749-5978(86)90041-5

- Barsade, Sigal G., Coutifaris, Constantinos G. V., Pillemer, Julianna (2018) 'Emotional contagion in organizational life.' Research in *Organizational Behavior*, vol. 38, 137 – 51.

- Iacoboni, Marco (2008) *Mirroring People: The New Science of How We Connect with Others* (first edition). Farrar, Straus and Giroux.

- Prochazkova, Eliska and Kret, Mariska E. (2017) 'Connecting minds and sharing emotions through mimicry: A neurocognitive model of emotional contagion.' *Neuroscience & Biobehavioral Reviews*, vol. 80, 99 – 114

- Mirror neuron discovery: https://sitn.hms.harvard.edu/flash/2016/mirror-neurons-quarter-century-new-light-new-cracks

- Di Pellegrino, G. et al. (1992) 'Understanding motor events: a neurophysiological study.' *Exp Brain Res* 91, 176 – 180. https://doi.org/10.1007/BF00230027

- A caveat with mirror neurons: they may be lighting up simply from recording an action, nothing to do with anybody else's actions: Albertini D. et al. (2021) 'Largely shared neural codes for biological and nonbiological observed movements but not for executed actions in monkey premotor areas.' *J Neurophysiol*;126(3):906 – 12. doi:10.1152/jn.00296.2021. Epub 11 Aug 2021. PMID: 34379489.

- A caveat with mirror neurons: they may be lighting up simply from recording an action, nothing to do with anybody else's actions:

- Napolitano, Anna (2021) 'Study casts new light on mirror neurons.' nature.com, 24 August https://www.nature.com/articles/d43978-021-00101-x
- Wingenbach, T. S. H. et al. (2020) 'Perception of Discrete Emotions in Others: Evidence for Distinct Facial Mimicry Patterns.' *Sci Rep* 10, 4692. https://doi.org/10.1038/s41598-020-61563-5
- Di Pellegrino, G. et al. (1992) 'Understanding motor events: a neurophysiological study.' *Exp Brain Res* 91, 176 – 180. https://doi.org/10.1007/BF00230027
- Gendron, M., Crivelli, C., Barrett, L. F. (2018) 'Universality Reconsidered: Diversity in Making Meaning of Facial Expressions.' *Curr Dir Psychol Sci.* 27(4):211 – 19. doi:10.1177/0963721417746794. Epub 31 Jul 2018. PMID: 30166776; PMCID: PMC6099968
- Lockwood, P. L. et al. (2017) 'Individual differences in empathy are associated with apathy-motivation.' *Sci Rep* 7, 17293 https://doi.org/10.1038/s41598-017-17415-w
- Gansberg, Martin (1964) '37 Who Saw Murder Didn't Call the Police; Apathy at Stabbing of Queens Woman Shocks Inspector.' *New York Times*, 27 March. New York, NY: New York Times Company
- Hudson, James M. and Bruckman, Amy S. (2004) 'The Bystander Effect: A Lens for Understanding Patterns of Participation.' *Journal of the Learning Sciences.* 13 (2): 165 – 95. CiteSeerX 10.1.1.72.4881. doi:10.1207/s15327809jls1302_2
- Meyers, D. G. (2010) *Social Psychology* (tenth edition). New York: McGraw-Hill
- Christensen, K. and Levinson, D. (2003) *Encyclopedia of community: From the village to the virtual world*, Band 1, 662
- The Stanford Prison Experiment: https://www.prisonexp.org
- Bekiempis, Victoria (2015) 'What Philip Zimbardo and the Stanford Prison Experiment Tell Us About Abuse of Power.' *Newsweek*, 4 August
- Galinsky, A. D. et al. (2006) 'Power and perspectives not taken.' *Psychological Science*, 17, 1068 – 74
- Gruenfeld, D. et al. (2008). 'Power and the objectification of social targets.' *Journal of Personality and Social Psychology*, 95, 111 – 27.
- Hogeveen, J., Inzlicht, M., Obhi, S. S. (2014) 'Power changes how the brain responds to others.' *J Exp Psychol Gen.* 143(2):755 – 62. doi:10.1037/a0033477. Epub 1 Jul 2013. PMID: 23815455
- Keltner, D., Gruenfeld, D. and Anderson, C. (2003) 'Power, approach, and inhibition.' *Psychological Review*, 110, 265 – 84
- Cho, M., Keltner, D. (2020) 'Power, approach, and inhibition: empirical advances of a theory.' *Curr Opin Psychol.* 33:196 – 200. doi:10.1016/j.copsyc.2019.08.013. Epub 22 Aug 2019. PMID: 31563791
- Kogan, A. et al. (2014) 'Vagal activity is quadratically related to prosocial traits, prosocial emotions, and observer perceptions of prosociality.' *J Pers Soc Psychol.* 107(6):1051 – 63. doi:10.1037/a0037509. Epub 22 Sep 2014. PMID: 25243414
- Anderson, C., Berdahl, J. L. (2002) 'The experience of power: Examining the effects of power on approach and inhibition tendencies.' *Journal of Personality and Social Psychology*, 83, 1362 – 77
- Youssef, F. F. et al. 'Sex differences in the effects of acute stress on behavior in the ultimatum game.' *Psychoneuroendocrinology*, 96, 126 – 31
- Nowak, M. A. (2000) 'Fairness Versus Reason in the Ultimatum Game.' *Science*, 289 (5485): 1773 – 5. doi:10.1126/science.289.5485.1773. PMID:10976075
- Blakemore, Sarah-Jayne (2018) *Inventing Ourselves: The Secret Life of the Teenage Brain* (first

edition). Doubleday

- Asch, Solomon (1956) 'Studies of independence and conformity: I. A minority of one against a unanimous majority.' *Psychological Monographs: General and Applied*. 70 (9): 1 – 70. doi:10.1037/h0093718
- Asch, Solomon (1955) 'Opinions and social pressure.' Readings about the social animal. 17 – 26
- Stout, D. (1996) 'Solomon Asch is dead at 88; a leading social psychologist.' *New York Times*. 29 February
- Browning, Christopher R. (1998) [1992] *Ordinary Men: Reserve Police Battalion 101 and the Final Solution in Poland*. New York: Harper Perennial, 171ff
- Caspar, E. A. et al. (2020) 'Obeying orders reduces vicarious brain activation towards victims' pain.' *NeuroImage*, 222, 117251. https://doi.org/10.1016/j.neuroimage.2020.117251
- Masserman J. H., Wechkin, S., Terris, W. '"Altruistic" behavior in rhesus monkeys.' *Am J Psychiatry*. 1964;121:584 – 5.
- Leeks, A., West, S. (2019) 'Altruism in a virus.' *Nat Microbiol* 4, 910 – 11 https://doi-org.ezp.lib.cam.ac.uk/10.1038/s41564-019-0463-0
- Bourke, A. F. G. (2021) 'The role and rule of relatedness in altruism.' *Nature* 590(7846):392 – 4. doi:10.1038/d41586-021-00210-z. PMID: 33526901
- Kay, T., Keller, L. and Lehmann, L. (2020) 'The evolution of altruism and the serial rediscovery of the role of relatedness.' *Proc Natl Acad Sci. USA* 117, 28894 – 8
- Cesarini, D. et al. (2009) 'Genetic variation in preferences for giving and risk taking.' *Quart Econ* 124, 809 – 42. doi:10.1162/qjec.2009.124.2.809
- Gregory, A. M. et al. (2009) 'Behavioral genetic analyses of prosocial behavior in adolescents.' *Dev Sci* 12, 165 – 74. (doi:10.1111/j.1467-7687.2008.00739.x
- Hur, Y. M., Rushton, J. P. (2007) 'Genetic and environmental
- contributions to prosocial behaviour in 2-to 9-year-old South Korean twins.' *Biol Lett*. 3, 664 – 6. doi:10.1098/rsbl.2007.0365
- Israel, S., Hasenfratz, L., Knafo-Noam, A. (2015) 'The genetics of morality and prosociality.' *Curr Opin Psychol*. 6, 55 – 9. doi:10.1016/j.copsyc.2015.03.027
- Knafo, A., Plomin, R. (2006) 'Prosocial behavior from early to middle childhood: genetic and environmental influences on stability and change.' *Dev Psychol*. 42, 771 – 86. doi:10.1037/0012-1649.42.5.771
- Wang, C., Lu, X. (2018) 'Hamilton's inclusive fitness maintains heritable altruism polymorphism through rb = c.' *Proc Natl Acad Sci USA* 115:1860 – 4
- Sibly, Richard M. and Curnow, Robert N. (2017) 'Royal Society Open Science: Genetic polymorphisms between altruism and selfishness close to the Hamilton threshold rb = c.' https://doi org.ezp.lib.cam.ac.uk/10.1098/rsos.160649
- Laursen, H. R. et al. (2014) 'Variation in the oxytocin receptor gene is associated with behavioural and neural correlates of empathic accuracy.' *Front Behav Neurosci*, 8, 423
- Walter, N. T. (2012) 'Ignorance is no excuse: moral judgments are influenced by a genetic variation on the oxytocin receptor gene.' *Brain Cogn*, 78, 268 – 73
- Marsh, A. A. et al. (2011) 'Serotonin transporter genotype (5-HTTLPR) predicts utilitarian moral judgments.' *PLoS One*, 6, e25148
- Greenberg, D., Huppert, J. D. (2010) 'Scrupulosity: A Unique Subtype of Obsessive–Compulsive Disorder.' *Curr Psychiatry Rep* 12, 282 – 9. https://doi.org/10.1007/s11920-010-0127-5
- Miller, C. H., Hedges, D. W. (2008) 'Scrupulosity disorder: an overview and introductory analysis.' *J Anxiety Disord*. 22(6):1042 – 58. doi:10.1016/j.janxdis.2007.11.004. Epub 21 Nov

2007. PMID: 18226490

- Crockett, Molly J. (2014) 'Harm to others outweighs harm to self.' *Proceedings of the National Academy of Sciences*, 111 (48) 17320 – 5; doi:10.1073/pnas.1408988111

- Crockett, M. J. (2017) 'Moral transgressions corrupt neural representations of value.' *Nat Neurosci.*20(6):879 – 85. doi:10.1038/nn.4557. Epub 1 May 2017. PMID: 28459442; PMCID: PMC5462090

- Carlson, R. W., Crockett, M. J. (2018) 'The lateral prefrontal cortex and moral goal pursuit.' *Curr Opin Psychol.* 24:77 –82. doi:10.1016/j.copsyc.2018.09.007. Epub 1 Oct 2018. PMID: 30342428

- Yu, H. et al. (2020) 'Toward a Brain-Based Bio-Marker of Guilt.' *Neurosci Insights.*15:2633105520957638. doi:10.1177/2633105520957638

- Yu, H. et al. (2014) 'The voice of conscience: Neural bases of interpersonal guilt and compensation.' *Social Cognitive and Affective Neuroscience*, 9(8), 1150 – 8 (journal link)

- Yu, H. et al. (2020). 'A generalizable multivariate brain pattern for interpersonal guilt.' *Cerebral Cortex*, 30(6), 3558 – 2. Pre-print: (journal link)

- Nicolle, A. et al. (2011) 'A role for the striatum in regret-related choice repetition.' *J Cogn Neurosci.* 23(4):845 – 56. doi:10.1162/jocn.2010.21510

- 'Are Moral Values Contagious?' Interview with Professor Ray Dolan, University College, 6 July 2014. londonhttps://www.thenakedscientists.com/articles/interviews/are-moral-values-contagious

- Seppälä, Emma M. (ed.) (2017) *The Oxford Handbook of Compassion Science* (Oxford Library of Psychology). OUP USA

- Taber-Thomas, B. C. et al. (2014) 'Arrested development: early prefrontal lesions impair the maturation of moral judgement.' *Brain.* 137 (Pt. 4): 1254 – 61. doi:10.1093/brain/awt377. PMC 3959552. PMID:24519974

- Bechara, A., Tranel, D., Damasio, H. (2000) 'Characterization of the decision-making deficit of patients with ventromedial prefrontal cortex lesions.' *Brain.* 123 (Pt. 11) (11): 2189 – 2202. Doi:10.1093/brain/123.11.2189

- Fan, Y. et al. (2011) 'Is there a core neural network in empathy? An fMRI based quantitative meta-analysis.' *Neurosci Biobehav Rev.* 35(3):903 – 11. doi:10.1016/j.neubiorev.2010.10.009. Epub 23 Oct 2010. PMID: 20974173

- Lamm, C., Decety, J., Singer, T. (2011) 'Meta-analytic evidence for common and distinct neural networks associated with directly experienced pain and empathy for pain.' *Neuroimage.* 1:54(3):2492-502. doi:10.1016/j.neuroimage.2010.10.014. Epub 12 Oct 2010. PMID: 20946964

- Darwin, C. (1871) *The Descent of Man and Selection in Relation to Sex* (vol 1). London, UK: Murray

- Tomasello, M., Vaish, A. (2013) 'Origins of human cooperation and morality.' *Annu Rev Psychol.* 64:231 –55. doi:10.1146/annurev-psych-113011-143812. Epub 12 Jul 2012. PMID: 22804772

- Ashar, Yoni et al. (2016) 'Toward a Neuroscience of Compassion'. 10.1093/acprof:o so/9780199977925.003.0009

- Dunn, E. W., Aknin, L. B., Norton, M. I. (2008) 'Spending money on others promotes happiness.' *Science.* 21;319(5870):1687 – 8. doi:10.1126/science.1150952. Erratum in: *Science.* 2009 May 29;324(5931):1143. PMID: 18356530

- Ko, C. M. (2018) 'Effect of Seminar on Compassion on student self-compassion, mindfulness and well-being: A randomized controlled trial.' *J Am Coll Health.* 66(7):537 – 45. doi:10.1080/0 7448481.2018.1431913. Epub 22 Mar 2018. PMID: 29405863

- Carson, J. W. et al. (2005) 'Loving-kindness meditation for chronic low back pain: results from a pilot trial.' *J Holist Nurs*. 23(3):287 – 304. doi:10.1177/0898010105277651. PMID: 16049118
- Pace, T. W. et al. (2010) 'Innate immune, neuroendocrine and behavioral responses to psychosocial stress do not predict subsequent compassion meditation practice time.' *Psychoneuroendocrinology*. 35(2):310 – 15. doi:10.1016/j.psyneuen.2009.06.008. Epub 16 Jul. 2009. PMID: 19615827; PMCID: PMC3083925
- Post, S. G. (2005) 'Altruism, happiness, and health: it's good to be good.' *Int J Behav Med*. 12(2):66 – 77
- Hare, R. D., Neumann, C. S. (2008) 'Psychopathy as a clinical and empirical construct.' *Annu Rev Clin Psychol*. 4:217 – 46. doi:10.1146/annurev.clinpsy.3.022806.091452. PMID: 18370617
- Cima, M., Tonnaer, F., Hauser, M. D. (2010) 'Psychopaths know right from wrong but don't care.' *Soc Cogn Affect Neurosci*.5(1):59 – 67. doi:10.1093/scan/nsp051
- https://www.telegraph.co.uk/news/2016/09/13/1-in-5-ceos-are-psychopaths-australian-study-finds
- https://www.forbes.com/sites/jackmccullough/2019/12/09/the-psychopathic-ceo/?sh=314ff015791e
- Babiak, Paul and Hare, Robert D. (2019) *Snakes in Suits: Understanding and Surviving the Psychopaths in Your Office* (revised edition). Harper Business
- Landay, K., Harms, P. D., Credé, M. (2019) 'Shall we serve the dark lords? A meta-analytic review of psychopathy and leadership.' *Journal of Applied Psychology*, [s.l.], vol. 104, no. 1, Leadership, 183 – 96. doi:10.1037/apl0000357. Available from: https://search-ebscohost-com.ezp.lib.cam.ac.uk/login.aspx?direct=true&db=pdh&AN=2018-51219-001&site=ehost-live&scope=site. Accessed 22 July 2021
- Murphy, J. M. (1976) 'Psychiatric labeling in cross-cultural perspective.' *Science*. 191(4231):1019 – 28
- Fecteau, S., Pascual-Leone, A., Théoret, H. (2008) 'Psychopathy and the mirror neuron system: preliminary findings from a non-psychiatric sample.' *Psychiatry Res*. 160(2):137 – 44. doi:10.1016/j.psychres.2007.08.022. Epub 2 Jul 2008. PMID: 18599127
- Motzkin, Julian C. et al. (2011) 'Reduced Prefrontal Connectivity in Psychopathy.' *Journal of Neuroscience* 31 (48): 17348 – 57 doi:10.1523/JNEUROSCI.4215-11.2011
- Kiehl, Kent A. and Hoffman, Morris B. (2014) 'The Criminal Psychopath: History, Neuroscience, Treatment, and Economics.' Jurimetrics. Author manuscript: available in PMC. Published in final edited form as: *Jurimetrics*. 2011 Summer; 51: 355 – 97
- Kiehl, Kent A. (2006) 'A cognitive neuroscience perspective on psychopathy: Evidence for paralimbic system dysfunction.' Psychiatry Res. 142(2 – 3): 107 – 128. Published in final edited form as Published online 19 May 2006. doi:10.1016/j.psychres.2005.09.013
- Decety, Jean (2013) 'An fMRI study of affective perspective taking in individuals with psychopathy: imagining another in pain does not evoke empathy.' *Front Hum Neurosci*. https://doi.org/10.3389/fnhum.2013.00489
- Hosking, Jay G. (2017) 'Disrupted Prefrontal Regulation of Striatal Subjective Value Signals in Psychopathy.' *Neuron*, vol. 95, issue 1, 221 – 31. E4. Open Archive doi:https://doi-org.ezp.lib.cam.ac.uk/10.1016/j.neuron.2017.06.030
- Tiihonen, J. et al. (2020). 'Neurobiological roots of psychopathy.' *Mol Psychiatry* 25, 3432 – 41. https://doi-org.ezp.lib.cam.ac.uk/10.1038/s41380-019-0488-z
- Rautiainen, M. R. et al. (2016) 'Genome-wide association study of antisocial personality disorder.' *Transl Psychiatry*. 6:e883

- Recidivism of Prisoners Released in 30 States in 2005: Patterns from 2005 to 2010 – Update https://bjs.ojp.gov/library/publications/recidivism-prisoners-released-30-states-2005-patterns-2005-2010-update
- Sterbenz, Christina (2014). 'Why Norway's prison system is so successful.' *Business Insider*, 11 December. Retrieved 17 June 2020.
- Caldwell, Michael F., McCormick, David J., Umstead, Deborah (2007) 'Evidence of Treatment Progress and Therapeutic Outcomes Among Adolescents With Psychopathic Features.' *Criminal Justice and Behavior*, vol. 34 no. 5, 573 – 87. doi:10.1177/0093854806297511 http://citeseerx.ist.psu.edu/viewdoc/download?doi=10.1.1.981.5972&rep=rep1&type=pdf
- Catmur, C., Walsh, V. and Heyes, C. (2007) 'Sensorimotor learning configures the human mirror system.' *Curr Biol*. 17, 1527 – 31
- Chester, D. S. et al. (2016) 'Narcissism is associated with weakened frontostriatal connectivity: a DTI study.' *Soc Cogn Affect Neurosci*. 11(7):1036 – 40. doi:10.1093/scan/nsv069. Epub 5 Jun 2015. PMID: 26048178; PMCID: PMC4927024
- Jauk, E., Kanske, P. (2021) 'Can neuroscience help to understand narcissism? A systematic review of an emerging field.' *Personal Neurosci*. 4:e3. doi:10.1017/pen.2021.1. PMID: 34124536; PMCID: PMC8170532
- Paris, J. (2014) 'Modernity and narcissistic personality disorder.' *Personal Disord*. 5(2):220 – 6. doi:10.1037/a0028580. Epub 16 Jul 2012. PMID: 22800179
- Twenge, J. M., Campbell, W. K. (2009) *The Narcissism Epidemic: Living in the Age of Entitlement*. New York, NY: Free Press
- Newsom, C. R. et al. (2003) 'Changes in adolescent response patterns on the MMPI/MMPI-A across four decades.' *Journal of Personality Assessment*. 81(1):74 – 84. doi:10.1207/S15327752JPA8101_07. 99679-007
- Twenge, J. M., Campbell, W. K., Gentile, B. (2013) 'Changes in pronoun use in American books and the rise of individualism, 1960 – 2008.' *Journal of Cross-Cultural Psychology*. 44(3):406 – 15. doi:10.1177/0022022112455100. 2013-06649-005.
- Twenge, J. M., Campbell, W. K., Gentile, B. (2012) 'Increases in individualistic words and phrases in American books, 1960 – 2008.' *PLoS One*. 7(7):e40181 Epub 19 Jul 2019. doi:10.1371/journal.pone.0040181. PubMed Central PMCID: PMCPMC3393731
- DeWall, C. N. et al. (2011) 'Tuning in to psychological change: Linguistic markers of psychological traits and emotions over time in popular U.S. song lyrics.' *Psychology of Aesthetics, Creativity, and the Arts*. 5(3):200 – 7. doi:10.1037/a0023195. 2011-05681-001
- Uhls, Y., Greenfield, P. (2011) 'The rise of fame: An historical content analysis.' *Cyberpsychology: Journal of Psychosocial Research on Cyberspace*.5: article 1
- Twenge, J. M (2006) *Generation Me: Why Today's Young Americans are More Confident, Assertive, Entitled – And More Miserable Than Ever Before*. New York: Free Press (Simon and Schuster)
- Twenge, J. M. (2013) 'Teaching generation me.' *Teaching of Psychology*, 40(1), 66.
- Vater, Aline, Moritz, Steffen, Roepke, Stefan (2018) 'Does a narcissism epidemic exist in modern western societies? Comparing narcissism and self-esteem in East and West Germany.' *PLoS One*. 13(1): e0188287. Published online 24 Jan 2018. doi:10.1371/journal.pone.0188287
- Greenfield, P. M. (2013) 'The changing psychology of culture from 1800 through 2000.' *Psychol Sci*. 24: 1722 – 31. PMID: 23925305
- Zeng, R., Greenfield, P. M. (2015) 'Cultural evolution over the last 40 years in China: Using the Google Ngram viewer to study implications of social and political change for cultural values.'

Int J Psychol. 50: 47 – 55. PMID: 25611928

- Wheeler, M. A., McGrath, M. J., Haslam, N. (2019) 'Twentieth century morality: The rise and fall of moral concepts from 1900 to 2007.' *PLoS One* 14(2): e0212267. https://doi.org/10.1371/journal.pone.0212267
- Walker, M. (2009). 'Enhancing genetic virtue: A project for twenty-first century humanity?' *Politics and the Life Sciences.* 28 (2): 27 – 47
- Baccarini, E., Malatesti, L. (2017) 'The moral bioenhancement of psychopaths.' *J Med Ethics.* 43(10):697 – 701. doi:10.1136/medethics-2016-103537. Epub 29 Mar 2017. PMID: 28356492
- Crutchfield, P. (2019) 'Compulsory moral bioenhancement should be covert.' *Bioethics* 33(1):112 – 21. doi:10.1111/bioe.12496. Epub 29 Aug 2018. PMID: 30157295
- https://www.vice.com/en/article/z3xw3x/new-research-vindicates-1972-mit-prediction-that-society-will-collapse-soon
- https://www.theguardian.com/environment/earth-insight/2014/jun/04/scientists-limits-to-growth-vindicated-investment-transition-circular-economy
- Persson, I., Savulescu, J. (2017) 'Moral Hard-Wiring and Moral Enhancement.' *Bioethics.* 31(4):286 – 95. doi:10.1111/bioe.12314. Epub 16 Mar 2017. PMID: 28300281; PMCID: PMC5639457
- Persson, I. Savulescu, J. (2012a). *Unfit for the Future: The Need for Moral Enhancement.* New York, NY: Oxford University Press
- Dubljević, V., Racine, E. (2017). 'Moral enhancement meets normative and empirical reality: Assessing the practical feasibility of moral enhancement neurotechnologies.' *Bioethics.* 31 (5): 338 – 48. doi:10.1111/bioe.12355. PMID 28503833
- Thunberg, Greta (2019) *No One Is Too Small to Make a Difference.* Bokus.com (in Swedish). Retrieved 22 June 2019

8장

- Lowe, Robert J., Huebner, Gesche M., Oreszczyn, Tadj (2018) 'Possible future impacts of elevated levels of atmospheric CO2 on human cognitive performance and on the design and operation of ventilation systems in buildings.' https://doi.org/10.1177/0143624418790129
- Allen, Joseph G. et al. (2015) 'Associations of Cognitive Function Scores with Carbon Dioxide, Ventilation, and Volatile Organic Compound Exposures in Office Workers: A Controlled Exposure Study of Green and Conventional Office Environments.' *Environmental Health Perspectives.* 124 (6): 805 – 812. doi:10.1289/ehp.1510037. http://dx.doi.org/10.1289/ehp.1510037
- Vehviläinen, Tommi et al. (2016) 'High indoor CO2 concentrations in an office environment increases the transcutaneous CO2 level and sleepiness during cognitive work.' *Journal of Occupational and Environmental Hygiene.* 13:1, 19 – 29, doi:10.1080/15459624.2015.1076160
- Chang, T. Y., Kajackaite, A. (2019) 'Battle for the thermostat: Gender and the effect of temperature on cognitive performance.' *PLoS One* 14(5): e0216362. https://doi.org/10.1371/journal.pone.0216362
- 수학 문제 풀이:
  야구 방망이는 공보다 1달러 비싸야 한다.
  $1.00 + $0.10 = $ 1.10이지만 $1.00 - $0.10 = $0.90가 되어버린다. 그러므로 공은 $0.05, 야구 방망이는 $1.05가 되어야 한다.
  $1.05 + $0.05 = $1.10
  대수학을 이용해도 된다.

$x + (\$1.00 + x) = \$1.10$

$\$1.00 + 2x = \$1.10$

$2x = \$1.10 - \$1.00$

$2x = \$0.10$

그러므로 답은:

$x = \$0.05$

검산하면:

$x + (\$1.00 + x) = \$1.10$이므로

$\$0.05 + (\$1.00 + \$0.05) = \$1.10$

- The Behavioural Insights Team/Nudge Unit: https://www.bi.team https://theconversation.com/male-vs-female-brains-having-a-mix-of-both-is-common-and-offers-big-advantages-new-research-153242
- https://www.bbc.com/future/article/20200108-the-medications-that-change-who-we-are
- https://theconversation.com/whats-the-point-of-paracetamol-66808
- https://www.ageuk.org.uk/globalassets/age-uk/documents/reports-and-publications/reports-and-briefings/health--wellbeing/medication/190819_more_harm_than_good.pdf
- Dewall, C.N. et al. (2010) 'Acetaminophen reduces social pain: behavioral and neural evidence.' *Psychol Sci.* 21(7):931 – 7. doi:10.1177/0956797610374741. Epub 14 Jun 2010. PMID: 20548058
- Mischkowski, D., Crocker, J. and Way, B. M. (2019). 'A social analgesic? Acetaminophen (paracetamol) reduces positive empathy.' *Frontiers in Psychology*, 10, 538
- Crockett, Molly J. et al. (2008) 'Serotonin Modulates Behavioral Reactions to Unfairness.' *Science.* 320 (5884): 1155577. Bibcode:2008Sci...320.1739C. doi:10.1126/science.1155577. PMC 2504725. PMID:18535210
- Kahane, G. et al. (2018) 'Moving on from the trolley dillemna: Beyond Sacrificial Harm: A Two-Dimensional Model of Utilitarian Psychology.' *Psychological Review*, 125(2), 131 – 64
- Bolling, M. Y., Kohlenberg, R. J. (2004) 'Reasons for quitting serotonin reuptake inhibitor therapy: paradoxical psychological side effects and patient satisfaction.' *Psychother Psychosom.* 73(6):380 – 5. doi:10.1159/000080392. PMID: 15479994
- Barnhart, W. J., Makela, E. H., Latocha, M. J. (2004) 'SSRI-induced apathy syndrome: a clinical review.' *J Psychiatr Pract.*10(3):196 – 9. doi:10.1097/00131746-200405000-00010. PMID: 15330228
- Fava M. et al. (2006) 'A cross-sectional study of the prevalence of cognitive and physical symptoms during long-term antidepressant treatment.' *J Clin Psychiatry* 67(11):1754 – 9. doi:10.4088/jcp.v67n1113. PMID: 17196056
- Goodwin, G. M. et al. (2017) 'Emotional blunting with antidepressant treatments: A survey among depressed patients.' *J Affect Disord.* 221:31 – 35. doi:10.1016/j.jad.2017.05.048. Epub 6 Jun 2017. PMID: 28628765.
- https://www.theguardian.com/society/2018/aug/10/four-million-people-in-england-are-long-term-users-of-antidepressants
- Brody, Debra J. M.P.H. and Gu, Qiuping M.D., Ph.D. (2020) 'Antidepressant Use Among Adults: United States, 2015 – 2018 National Centre for Health Statistics Data Brief No. 377.'
- 'Antidepressant use in England soars as pandemic cuts counselling access Exclusive: more than 6m people receive drugs as experts warn of Covid pandemic's effects on mental health.' https://www.theguardian.com/society/2021/jan/01/covid-antidepressant-use-at-all-time-high-as-access-to-counselling-in-england-plunges

- Gansberg, Martin (1964) '37 Who Saw Murder Didn't Call the Police; Apathy at Stabbing of Queens Woman Shocks Inspector.' *New York Times*, 27 March. New York, NY: New York Times Company

- Jobling, S. et al. (2006) 'Predicted exposures to steroid estrogens in U.K. rivers correlate with widespread sexual disruption in wild fish populations.' *Environmental Health Perspectives*, 114 (S-1), 32 – 9. ISSN: 0091-6765

- Hamilton, P. B. et al. (2014) 'Populations of a cyprinid fish are self-sustaining despite widespread feminization of males.' *BMC Biology*, 12 (1), 1. ISSN: 1741-7007

- Brodin, T. et al. (2013) 'Dilute concentrations of a psychiatric drug alter behavior of fish from natural populations.' *Science*. 339(6121)?814 – 5. doi:10.1126/science.1226850. PMID: 23413353

- Sundin J. et al. (2019) 'Behavioural alterations induced by the anxiolytic pollutant oxazepam are reversible after depuration in a freshwater fish.' *Sci Total Environ*. 665:390 – 9. doi:10.1016/j.scitotenv.2019.02.049. Epub 5 Feb 2019. PMID: 30772569

- Cerveny, D. et al. (2020). 'Bioconcentration and behavioral effects of four benzodiazepines and their environmentally relevant mixture in wild fish.' *Science of the Total Environment*. 702, 134780

- McCallum, E, et al. (2019) 'Investigating tissue bioconcentration and the behavioural effects of two pharmaceutical pollutants on sea trout (Salmo trutta) in the laboratory and field.' *Aquatic Toxicology* 207: 170 – 8

- 'Drugs in the Water: Harvard Medical School Open Letter' 1 June 2011 https://www.health.harvard.edu/newsletter_article/drugs-in-the-water

- Hellström G. et al. (2016) 'GABAergic anxiolytic drug in water increases

- migration behaviour in salmon.' *Nat Commun*. 7:13460. doi:10.1038/ncomms13460. PMID: 27922016; PMCID: PMC5155400

- Richmond, E. K. et al. (2018) 'A diverse suite of pharmaceuticals contaminates stream and riparian food webs.' *Nat Commun* 9(1):4491. doi:10.1038/s41467-018-06822-w. PMID: 30401828; PMCID: PMC6219508

- https://www.theguardian.com/technology/2020/feb/01/amy-orben-psychology-smartphones-affecting-brain-social-media-teenagers-mental-health

- Vuorre, M., Orben, A., Przybylski, A.K. (in press) 'There is no evidence that associations between adolescents digital technology engagement and mental health problems have increased.' *Clinical Psychological Science*.

- Orben, A., Weinstein, N. and Przybylski, A. K. (2020) 'Only holistic and iterative change will fix digital technology research.' *Psychological Inquiry*. Open-Access Version

- Wegner, D. M., Erber, R., Raymond, P. (1991) 'Transactive memory in close relationships.' *J Pers Soc Psychol*. 61(6):923 – 9. doi:10.1037//0022-3514.61.6.923. PMID: 1774630

- Wegner, D. M. (1987) 'Transactive Memory: A Contemporary Analysis of the Group Mind.' In: Mullen, B., Goethals, G. R. (eds) *Theories of Group Behavior* (Springer Series in Social Psychology), New York, USA: Springer

- Sparrow, B., Liu, J., Wegner, D. M. (2011) 'Google effects on memory: cognitive consequences of having information at our fingertips.' *Science*. 333(6043):776 – 8.doi:10.1126/science.1207745. Epub 14 Jul 2011. PMID: 21764755

- Hollingshead, A. B. (1998) 'Retrieval processes in transactive memory systems.' *Journal of Personality and Social Psychology*, 74(3), 659 – 71. https://doi.org/10.1037/0022-3514.74.3.659

- Hollingshead, A. (2001) 'Cognitive interdependence and convergent expectations in transactive memory.' *Journal of Personality and Social Psychology*. 81 (6): 1080 – 9. doi:10.1037/0022-

3514,81.6.1080. PMID: 11761309

- Hewitt, L. Y., Roberts, L. D. (2015) 'Transactive memory systems scale for couples: development and validation.' *Front Psychol*,6:516. doi:10.3389/fpsyg.2015.00516. PMID: 25999873; PMCID: PMC4419599
- Harris, Celia B. et al.(2021) 'It's not who you lose, it's who you are: Identity and symptom trajectory in prolonged grief.' *Current Psychology* (New Brunswick, N.J.), 1 – 11. doi:10.1007/s12144-021-02343-w
- Hinsz, V. B.; Tindale, R. S.; Vollrath, D. A. (1997) 'The emerging conceptualization of groups as information processors.' *Psychological Bulletin.* 121 (1): 43 – 64. doi:10.1037/0033-2909.121.1.43. PMID:9000891
- Liang, D. W.; Moreland, R. L.; Argote, L. (1995) 'Group versus individual training and group performance: The mediating role of transactive memory.' *Personality and Social Psychology Bulletin.* 21 (4): 384 – 93. doi:10.1177/0146167295214009
- Xiongfei, Cao and Ahsan, Alib (2018) 'Enhancing team creative performance through social media and transactive memory system.' *International Journal of Information Management*, vol. 39, 69 – 79
- https://amara.org/en/videos/ajUSZC5DgugU/info/dear-facebook-this-is-how-youre-breaking-democracy/
- https://www.wsj.com/articles/facebook-knows-it-encourages-division-top-executives-nixed-solutions-11590507499?mod=hp_lead_pos5
- APA Stress in America™ Survey: US at 'Lowest Point We Can Remember' (2017) Future of Nation Most Commonly Reported Source of Stress https://www.apa.org/news/press/releases/2017/11/lowest-point
- Block, P. and Burnett Heyes, S. (2020) 'Sharing the Load: Contagion and tolerance of mood in social networks.' *Emotion.* Advance online publication. https://doi.org/10.1037/emo0000952
- The Mind and Mental Health: How Stress Affects the Brain: https://www.tuw.edu/health/how-stress-affects-the-brain/#:~:text=It%
- 20can%20disrupt%20synapse%20regulation,responsible%20for%20memory%20and%20learning
- Roiser J. P., Sahakian, B. J. (2013). 'Hot and cold cognition in depression.' *CNS Spectr.* 18 (3): 139 – 49. doi:10.1017/S1092852913000072. PMID:23481353. S2CID: 34123889
- Nord, C. L. et al. (2020) 'The neural basis of hot and cold cognition in depressed patients, unaffected relatives, and low-risk healthy controls: An fMRI investigation.' *Journal of Affective Disorders* vol. 274, 389 – 98. doi:10.1016/j.jad.2020.05.022
- Seppälä, Emma M. (ed.) (2017) *The Oxford Handbook of Compassion Science* (Oxford Library of Psychology). OUP USA.
- Fan, Y. et al. (2011) 'Is there a core neural network in empathy? An fMRI based quantitative meta-analysis.' *Neurosci Biobehav* Rev. 35(3):903 – 11. doi:10.1016/j.neubiorev.2010.10.009. Epub 23 Oct 2010. PMID: 20974173.
- Lamm, C., Decety, J., Singer, T. (2011) 'Meta-analytic evidence for common and distinct neural networks associated with directly experienced pain and empathy for pain.' *Neuroimage.* 1;54(3):2492-502. doi:10.1016/j.neuroimage.2010.10.014. Epub 12 Oct 2010. PMID: 20946964
- Lockwood, P. L. et al. (2017). 'Individual differences in empathy are associated with apathy-motivation.' *Sci Rep* 7, 17293 https://doi.org/10.1038/s41598-017-17415-w
- 'Australia passes social media law penalising platforms for violent content.' https://www.theguardian.com/media/2019/apr/04/australia-passes-social-media-law-penalising-

platforms-for-violent-content

- Jamie Bartlett on Twitter: https://twitter.com/jamiejbartlett/status/1175074115457359874
- Hagey, Keach and Horwitz, Jeff (2021) 'Facebook Tried to Make Its Platform a Healthier Place. It Got Angrier Instead. Internal memos show how a big 2018 change rewarded outrage and that CEO Mark Zuckerberg resisted proposed fixes.' 15 Sept. https://www.wsj.com/articles/facebook-algorithm-change-zuckerberg-11631654215
- Sydney, Emily (2019) *Disrespectful Democracy: The Psychology of Political Incivility*. Columbia University Press
- The Facebook Files: A *Wall Street Journal* Investigation, 5 Oct 2021 https://www.wsj.com/livecoverage/facebook-whistleblower-frances-haugen-senate-hearing/card/AxUJ0Sioqe4Px8YzsGuc
- https://www.theguardian.com/education/2019/mar/20/cambridge-university-rescinds-jordan-peterson-invitation
- https://www.thetimes.co.uk/article/jordan-peterson-anti-pc-scholar-dropped-by-cambridge-over-islamophobia-shirt-msgzrqsw9
- Cambridge University votes to safeguard free speech https://www.bbc.com/news/education-55246793
- Spring, Victoria L., Cameron, Daryl C., Cikara, Mina (2018) 'The Upside of Outrage.' *Trends in Cognitive Sciences*, vol. 22, issue 12, 1067 – 9. https://doi.org/10.1016/j.tics.2018.09.006
- Brady, W. J. and Crockett, M. J. (2019) 'How effective is online outrage?' *Trends in Cognitive Sciences*, 23(2), 79 – 80. https://static1.squarespace.com/static/538ca3ade4b090f9ef331978/t/5c64477c9140b7af8196affd/1550075772677/How+Effective+Is+Online+Outrage%3F.pdf
- Crockett, M. J. (2017). 'Moral outrage in the digital age.' *Nat Hum Behav* 1, 769 – 71 https://doi.org/10.1038/s41562-017-0213-3
- Salerno, Jessica M., Peter-Hagene, Liana C. (2013) 'The Interactive Effect of Anger and Disgust on Moral Outrage and Judgments.' *Psychological Science* vol. 24 issue 10, 2069 – 78 https://doi.org/10.1177/0956797613486988
- Lewandowsky, S. and Cook, J. (2020) *The Conspiracy Theory Handbook*. Available at http://sks.to/conspiracy
- 'Coronavirus, "Plandemic" and the seven traits of conspiratorial thinking.' 15 May 2020: https://theconversation.com/coronavirus-plandemic-and-the-seven-traits-of-conspiratorial-thinking-138483
- Rollwage, M. et al. (2020) 'Confidence drives a neural confirmation bias.' *Nature Communications*. 11: 2634. PMID:32457308 doi:10.1038/s41467-020-16278-6
- Schwartenbeck, P., FitzGerald, T. H. B. and Dolan, R. (2016) 'Neural signals encoding shifts in beliefs.' *Neuroimage*, 125, 578 – 86. doi:10.1016/j.neuroimage.2015.10.067
- Sharot, T. et al. (2012) 'Selectively altering belief formation in the human brain.' *Proc Natl Acad Sci USA*. 109(42):17058 – 62. doi:10.1073/pnas.1205828109. Epub 24 Sep 2012
- Hart, Joshua and Graether, Molly (2018) 'Something's Going on Here: Psychological Predictors of Belief in Conspiracy Theories.' *Journal of Individual Differences* doi:10.1027/1614-0001/a000268
- https://theconversation.com/to-combat-conspiracy-theories-teach-critical-thinking-and-community-values-147314
- Roozenbeek, Jon (2020) 'Susceptibility to misinformation about COVID-19 around the world.' *Royal Society Open Science* vol. 7, issue 10 https://doi.org/10.1098/rsos.201199
- Saleh, N. et al. (2021) 'Active inoculation boosts attitudinal resistance against extremist

persuasion techniques – A novel approach towards the prevention of violent extremism.' *Behavioural Public Policy*

- Van der Linden, Sander (2020) 'The Paranoid Style in American Politics Revisited: An Ideological Asymmetry in Conspiratorial Thinking' *Political Psychology*, vol. 42, issue 1 February 2021, 23 – 51 https://doi.org/10.1111/pops.12681
- Blastland, M. et al. (2020) 'Five rules for evidence communication.' *Nature* (587), 362 – 4
- Van Steenbergen, H. et al. (2021) 'How positive affect buffers stress responses.' *Current Opinion in Behavioral* Sciences 39: 153160
- 'The Mind and Mental Health: How Stress Affects the Brain.' https://www.tuw.edu/ health/how-stress-affects-the-brain/#:~:text=It%20can%20disrupt%20synapse%20 regulation,responsible%20for%20memory%20and%20learning
- Roiser J. P., Sahakian, B. J. (2013). 'Hot and cold cognition in depression.' *CNS Spectr.* 18 (3): 139 – 49. doi:10.1017/S1092852913000072. PMID:23481353. S2CID: 34123889
- Tomasello, M., Vaish, A. (2013) 'Origins of human cooperation and morality.' *Annu Rev Psychol.* 64:231 –55. doi:10.1146/annurev-psych-113011-143812. Epub 12 Jul 2012. PMID: 22804772
- Ashar, Yoni et al. (2016) *Toward a Neuroscience of Compassion.* 10.1093/acprof:o so/9780199977925.003.0009
- Dunn, E. W., Aknin, L. B., Norton, M. I. (2008) 'Spending money on others promotes happiness.' *Science.* 319(5870):1687 – 8. doi:10.1126/science.1150952. Erratum in: *Science.* 2009 May 29;324(5931):1143. PMID: 18356530
- Ko, C. M. et al. (2018) 'Effect of Seminar on Compassion on student self-compassion, mindfulness and well-being: A randomized controlled trial.' *J Am Coll Health.* 66(7):537 – 45. doi:10.1080/07448481.2018.1431913. Epub 22 Mar 2018. PMID: 29405863
- Seppälä, Emma M. (ed.) (2017) *The Oxford Handbook of Compassion Science* (Oxford Library of Psychology). OUP USA
- Kappes, A. et al. (2018) 'Concern for Others Leads to Vicarious Optimism.' *Psychological Science*, 29(3), 379 – 89. https://static1.squarespace.com/static/538ca3ade4b090f9ef331978/t5a7 49f3fe4966b8870534750/1517592384127/2018_VicariousOptimism_Kappes.pdf

9장

- Krznaric, Roman (2020) *The Good Ancestor: How to Think Long Term in a Short-Term World*: W. H. Allen
- The Darwin Tree of Life Project: https://www.darwintreeoflife.org
- Brancaccio, M. et al. (2019) 'Cell-autonomous clock of astrocytes drives circadian behavior in mammals.' Science 363: 187 – 92
- Hastings, M. H., Maywood, E. S., Brancaccio, M. (2018) 'Generation of circadian rhythms in the suprachiasmatic nucleus.' *Nat Rev Neurosci.* 19(8):453 – 69
- Critchlow, Hannah (2018) *Consciousness: A Ladybird Expert Book* (The Ladybird Expert Series 29), London, UK: Michael Joseph
- LeDoux, Joe (2019) *The Deep History of Ourselves: The Four-Billion-Year Story of How We Got Conscious Brains*: Viking
- 'What's the use of consciousness? How the stab of conscience made us really conscious.' (2016) In *Where's The Action? The Pragmatic Turn in Cognitive Science*, Engel, Andreas K., Friston, Karl and Kragic, Danica (eds) Cambridge, Mas: MIT Press doi:10.7551/ mitpress/9780262034326.003.0012

- Clausi, S. et al. (2015) 'Cerebellar damage impairs the self-rating of regret feeling in a gambling task.' *Front Behav Neurosci.* 9:113. doi:10.3389/fnbeh.2015.00113. PMID: 25999829; PMCID: PMC4419712
- Halton, Mary (2019) 'If you want to take on big problems, try thinking like a bee.' 1 Jan / https://ideas.ted.com/if-you-want-to-tackle-big-problems-try-thinking-like-a-bee/
- BBC Radio 4: 'Will humans survive the century?' 11 March
- 2019 https://www.cser.ac.uk/news/bbc-radio-4-will-humans-survive-century
- Sacks, Jonathan *Morality: Restoring the Common Good in Divided Times.* London, UK: Hodder & Stoughton
- 'Environmental activist Greta Thunberg calls for "cathedral thinking" to climate change.' *Irish Times*, 17 Apr 2019
- https://www.irishtimes.com/news/environment/environmental-activist-greta-thunberg-calls-for-cathedral-thinking-to-climate-change-1.38
- 63358
- The Darwin Tree of Life Project: https://www.darwintreeoflife.org
- BBC Radio 4: *The Cathedral Thinkers.* 30 March 2020 https://www.bbc.co.uk/programmes/m000gl8n
- All Party Parliamentary Group for Future Generations: https://www.appgfuturegenerations.com
- Lord Martin Rees quote, Intergeneration Foundation: https://www.if.org.uk/quote
- 'Cambridge Students Join Forces with MPs to Launch APPG Combating Political Short-Termism.' 22 January 2018 https://
- www.cser.ac.uk/news/cambridge-students-join-forces-mps-launch-appg-com
- Krznaric, Roman (2020) *The Good Ancestor: How to Think Long Term in a Short-Term World*: W. H. Allen
- 'Here come the Time Rebels! Japan's "Future Design" movement shows how to factor future generations into our politics.' 25 October 2020 https://www.thealternative.org.uk/dailyalternative/2020/10/25/future-design-japan-time-rebels
- Yunkaporta, Tyson (2020) *Sand Talk: How Indigenous Thinking Can Save the World*: HarperOne
- *Ubuntu*: I am because we are https://olivenetwork.org/Issue/ubuntu-i-am-because-we-are/24347#:~:text=An%20anthropologist%20proposed%20a%20game,sat%20together%20enjoying%20their%20treats
- Rakoff, V. (1966) 'A long term effect of the concentration camp experience.' *Viewpoints* 1:17 – 22
- Yehuda, R., Lehrner, A. (2018) 'Intergenerational transmission of trauma effects: Putative role of epigenetic mechanisms.' *World Psychiatry* 17:243 – 257
- Bierer, L. M. et al. (2020) 'Intergenerational effects of maternal holocaust exposure on FKBP5 methylation.' *American Journal of Psychiatry* vol. 177, issue: 8, 744 – 53. ISSN: 1535-7228
- Costa, Dora L., Yetter, Noelle and DeSomer, Heather (2018) 'Intergenerational transmission of paternal trauma among US Civil War ex-POWs.' *PNAS* 115 (44) 11215 – 20; first published 15 October 2018 https://doi.org/10.1073/pnas.1803630115
- Curry, A. (2019) 'A painful legacy.' *Science.* 365(6450):212 – 15. doi:10.1126/science.365.6450.212. PMID: 31320518
- Gillson, S. L., Ross, D. A. (2019) 'From Generation to Generation: Rethinking "Soul Wounds" and Historical Trauma.' *Biol Psychiatry.* 86(7):e19-e20. doi:10.1016/j.biopsych.2019.07.033.

PMID: 31521209; PMCID: PMC7557912

- Felitti, V. J. et al. (1998) 'Relationship of childhood abuse and household dysfunction to many of the leading causes of death in adults: The Adverse Childhood Experiences (ACE) Study.' *Am J Prev Med*. 14(4):245 – 58. doi:10.1016/s0749-3797(98)00017-8. PMID: 9635069
- Felitti, V. J. (2002) 'The Relation Between Adverse Childhood Experiences and Adult Health: Turning Gold into Lead.' *Perm J*,6(1):44 – 7. PMID: 30313011; PMCID: PMC6220625
- Kezelman, C. et al. (2015) 'The Cost of Unresolved Childhood Trauma and Abuse in Adults in Australia, Adults Surviving Child Abuse and Pegasus Economics, Sydney
- McCarthy, M. M. et al. (2016) 'The lifetime economic and social costs of child maltreatment in Australia.' *Children and Youth Services Review*, 71, 217 – 226
- Belsky, Jay (2020) *The Origins of You: How Childhood Shapes Later Life*.
- https://www.sciencemag.org/news/2018/02/two-psychologists-followed-1000-new-zealanders-decades-here-s-what-they-found-about-how
- Anne-Laura van Harmelen, Professor of Brain, Safety and Resilience https://www.universiteitleiden.nl/en/staffmembers/anne-laura-van-harmelen#tab-1
- Thomason, M. E. and Marusak, H. A. (2017) 'Toward understanding the impact of trauma on the early developing human brain.' *Neuroscience*,342:55 – 67. doi:10.1016/j.neuroscience.2016.02.022. Epub 15 Feb 2016. PMID: 26892294; PMCID: PMC4985495
- Cacioppo, John T. et al. (eds.) (2002) *Foundations in Social Neuroscience*. Cambridge, Mass.: MIT Press
- Tyborowska, Anna et al. (2018) 'Early-life and pubertal stress differentially modulate grey matter development in human adolescents.' *Scientific Reports*. doi:10.1038/s41598-018-27439-5
- Moreno-Lopez, Laura (2021) 'Early adolescent friendships aid behavioural and neural responses to social exclusion in young adults.' https://psyarxiv.com/zfh5m
- Roth, T. L. et al. (2009) 'Lasting epigenetic influence of early-life adversity on the BDNF gene.' *Biol Psychiatry* 65(9):760 – 9. doi:10.1016/j.biopsych.2008.11.028. Epub 15 Jan 2009. PMID: 19150054; PMCID: PMC3056389
- Ganzel, B. et al. (2007) 'The aftermath of 9/11: effect of intensity and recency of trauma on outcome.' *Emotion*,7(2):227 – 38. doi:10.1037/1528-3542.7.2.227
- Hamwey, Meghan K. et al. (2020) 'Post-Traumatic Stress Disorder among Survivors of the September 11, 2001 World Trade Center Attacks: A Review of the Literature.' *International Journal of Environmental Research and Public Health* vol. 17,12 4344. doi:10.3390/ijerph17124344
- Galea S. et al. (2002) 'Posttraumatic stress disorder in Manhattan, New York City, after the September 11th terrorist attacks.' *J. Urban Health*. 79:340 – 53. doi:10.1093/jurban/79.3.340
- Rakoff, V. (1966): 'A long term effect of the concentration camp experience.' *Viewpoints* 1:17 – 22
- Gillson, S. L., Ross, D. A. (2019) 'From Generation to Generation: Rethinking "Soul Wounds" and Historical Trauma.' *Biol Psychiatry*. 86(7):e19-e20. doi:10.1016/j.biopsych.2019.07.033. PMID: 31521209; PMCID: PMC7557912
- Dias, B. G., Ressler, K. J. (2014) 'Parental olfactory experience influences behavior and neural structure in subsequent generations.' *Nat Neurosci*. 17(1):89 – 96. doi:10.1038/nn.3594. Epub 1 Dec 2013. PMID: 24292232; PMCID: PMC3923835
- Aoued, H. S. et al. (2019) 'Reversing Behavioral, Neuroanatomical, and Germline Influences of Intergenerational Stress.' *Biol Psychiatry*. 85(3):248 – 56. doi:10.1016/j.biopsych.2018.07.028.

Epub 27 Aug 2018. PMID: 30292395; PMCID: PMC6326876

- Yehuda, Rachel et al. (2015) 'Holocaust Exposure Induced Intergenerational Effects on *FKBP5 Methylation*.' *Biological Psychiatry*, Archival Report vol. 80, issue 5, 372 – 80 doi:https://doi.org/10.1016/j.biopsych.2015.08.005

- Dias, B. G., Ressler, K. J. (2014) 'Parental olfactory experience influences behavior and neural structure in subsequent generations.' *Nat Neurosci*. 17(1):89 – 96. doi:10.1038/nn.3594. Epub 1 Dec 2013. PMID: 24292232; PMCID: PMC3923835

- Aoued, H. S. et al. (2019) 'Reversing Behavioral, Neuroanatomical, and Germline Influences of Intergenerational Stress.' *Biol Psychiatry*. 85(3):248 – 56. doi:10.1016/j.biopsych.2018.07.028. Epub 2018 Aug 27. PMID: 30292395; PMCID: PMC6326876

- Costa, Dora L., Yetter, Noelle and DeSomer, Heather (2018) 'Intergenerational transmission of paternal trauma among US Civil War ex-POWs.' *PNAS* 115 (44) 11215 – 20; first published 15 October 2018 https://doi.org/10.1073/pnas.1803630115

- Curry, A. (2019) 'A painful legacy.' *Science*. 365(6450):212 – 15. doi:10.1126/science.365.6450.212. PMID: 31320518

- Gillson, S. L., Ross, D. A. (2019) 'From Generation to Generation: Rethinking "Soul Wounds" and Historical Trauma.' *Biol Psychiatry*. 86(7):e19-20. doi:10.1016/j.biopsych.2019.07.033. PMID: 31521209; PMCID: PMC7557912

- Lamarck, J. B. (1809) *Philosophie zoologique*. Paris: Dentu et L'Auteur

- Darwin, Charles (1859) *On the Origin of Species*: London, John Murray.

- Darwin, C. (1873) 'Inherited Instinct.' *Nature* 7, 281 https://doi.org/10.1038/007281b0

- Darwin, C. (1871) 'Pangenesis.' *Nature* 3, 5023 https://doi.org/10.1038/003502a0

- Liu, Y., Chen, Q. (2018) '150 years of Darwin's theory of intercellular flow of hereditary information.' *Nat Rev Mol Cell Biol* 19, 749 – 50. https://doi.org/10.1038/s41580-018-0072-4

- Liu, Y. (2019) 'Darwin and *Nature*'s 150th anniversary.' *Nature*. 574(7776):36. doi:10.1038/d41586-019-02927-4. PMID: 31576045

- Szyf, M. (2014) 'Lamarck revisited: epigenetic inheritance of ancestral odor fear conditioning.' *Nat Neurosci*. 17(1):2 – 4. doi:10.1038/nn.3603. PMID: 24369368

- Welberg, L. (2014) 'Epigenetics: a lingering smell?' *Nat Rev Neurosci*. 15(1):1. doi:10.1038/nrn3660. PMID: 24356065

- Ortela, A. and Esteller, M. (2010) 'Epigenetic modifications and human disease.' *Nature Biotechnology*, 28, 1057 – 68

- Rivera, R. M. and Bennett, L. B. (2010) 'Epigenetics in humans: An overview.' *Current Opinion in Endocrinology, Diabetes and Obesity*, 17, 493 – 9

- Yehuda, Rachel et al. (2015) 'Holocaust Exposure Induced Intergenerational Effects on *FKBP5* Methylation.' *Biological Psychiatry*, Archival Report vol. 80, issue 5, 372 – 80 doi:https://doi.org/10.1016/j.biopsych.2015.08.005

- Daskalakis, N. P. et al. (2021) 'Intergenerational trauma is associated with expression alterations in glucocorticoid- and immune-related genes.' *Neuropsychopharmacol*. 46, 763 – 73 https://doi.org/10.1038/s41386-020-00900-8

- Bierer, L. M. et al. (2020) 'Intergenerational Effects of Maternal Holocaust Exposure on *FKBP5* Methylation.' *Am J Psychiatry*. 177(8):744 – 53. doi:10.1176/appi.ajp.2019.19060618. Epub 21 Apr 2020. PMID: 32312110

- Daskalakis, N. P. et al. (2021) 'Intergenerational trauma is associated with expression alterations in glucocorticoid- and immune-related genes.' *Neuropsychopharmacol*. 46, 763 – 73 https://doi.org/10.1038/s41386-020-00900-8

- Klosin, A. et al. (2017) 'Transgenerational transmission of environmental information in C. elegans.' *Science*. 356(6335):320 – 3. doi:10.1126/science,aah6412. PMID: 28428426
- Kaldewaij, R. et al. (2021). 'Anterior prefrontal brain activity during emotion control predicts resilience to post-traumatic stress symptoms.' *Nat Hum Behav* 5, 1055 – 64. https://doi.org/10.1038/s41562-021-01055-2
- Bramson, B. et al. (2020). 'Improving emotional-action control by targeting long-range phase-amplitude neuronal coupling.' *eLife*. 9:e59600.Full text https://elifesciences.org/articles/59600
- Michela, A. et al. (2022) 'Deep-Breathing Biofeedback Trainability in a Virtual-Reality Action Game: A Single-Case Design Study With Police Trainers.' *Front Psychol*. 13:806163. doi:10.3389/fpsyg.2022.806163. PMID: 35222194; PMCID: PMC8868154
- Tyborowska, Anna et al. (2018) 'Early-life and pubertal stress differentially modulate grey matter development in human adolescents.' *Scientific Reports* doi:10.1038/s41598-018-27439-5
- Koch, S. B. J. et al. (2021) 'Larger dentate gyrus volume as predisposing resilience factor for the development of trauma-related symptoms.' *Neuropsychopharmacol*. https://doi.org/10.1038/s41386-020-00947-7
- Van Praag, H., Kempermann, G. and Gage, F. (1999) 'Running increases cell proliferation and neurogenesis in the adult mouse dentate gyrus.' *Nat Neurosci* 2, 266 – 70. https://doi.org/10.1038/6368
- Nauer, R. K. et al. (2020) 'Improving fitness increases dentate gyrus/CA3 volume in the hippocampal head and enhances memory in young adults.' *Hippocampus*. 30(5):488 – 504. doi:10.1002/hipo.23166. Epub 7 Oct 2019. PMID: 31588607; PMCID: PMC7485880
- Kaldewaij, R. et al. (2021) 'Anterior prefrontal brain activity during emotion control predicts resilience to post-traumatic stress symptoms.' *Nat Hum Behav* https://doi.org/10.1038/s41562-021-01055-2
- Hoffman, Benjamin U., Lumpkin, Ellen A. (2018) 'A gut feeling.' *Science* vol. 361, issue 6408, 1203 – 4 doi:10.1126/science,aau9973
- Le Chatelier, E. et al. (2013). 'Richness of human gut microbiome correlates with metabolic markers.' *Nature* 500, 541 – 6 https://doi.org/10.1038/nature12506
- Mims, T. S. et al. (2021) 'The gut mycobiome of healthy mice is shaped by the environment and correlates with metabolic outcomes in response to diet.' *Commun Biol* 4, 281 https://doi.org/10.1038/s42003-021-01820-z
- Riquelme, Erick et al. (2019) 'Tumor Microbiome Diversity and Composition Influence Pancreatic Cancer Outcomes.' *Cell* 178(4):795 – 806.e12. doi:10.1016/j.cell.2019.07.008
- Pulikkan, J., Mazumder, A., Grace, T. (2019) 'Role of the Gut Microbiome in Autism Spectrum Disorders.' In: Guest P. (ed.) *Reviews on Biomarker Studies in Psychiatric and Neurodegenerative Disorders. Advances in Experimental Medicine and Biology*, vol. 1118. Springer, Cham. https://doi.org/10.1007/978-3-030-05542-4_13
- Chu, C. et al. (2019) 'The microbiota regulate neuronal function and fear extinction learning.' *Nature* 574, 543 – 8 https://doi.org/10.1038/s41586-019-1644-y
- Callaghan, B. L. et al. (2020) 'Mind and gut: Associations between mood and gastrointestinal distress in children exposed to adversity.' *Dev Psychopathol*. 32(1):309 – 28. doi:10.1017/S0954579419000087. PMID: 30919798; PMCID: PMC6765443
- Clapp, M. et al. (2017) 'Gut microbiota's effect on mental health: The gut-brain axis.' *Clin Pract*. 7(4):987. doi:10.4081/cp.2017.987
- Vogel, S. C., Brito, N. H. and Callaghan, B. L. (2020) 'Early Life Stress and the Development of

the Infant Gut Microbiota: Implications for Mental Health and Neurocognitive Development.' *Current Psychiatry Reports*. 22 – 61

- Elsey, J. W. B., van Ast, V. A., Kindt, M. (2018) 'Human memory reconsolidation: A guiding framework and critical review of the evidence.' *Psychol Bull*. 144(8):797 – 848. doi:10.1037/bul0000152. Epub 24 May 2018. PMID: 29792441
- Brunet, A. et al. (2008) 'Effect of post-retrieval propranolol on psychophysiologic responding during subsequent script-driven traumatic imagery in post-traumatic stress disorder.' *J Psychiatr Res*. 42(6):503 – 6. doi:10.1016/j.jpsychires.2007.05.006. Epub 22 Jun 2007. PMID: 17588604
- Brunet, A. et al. (2018) 'Reduction of PTSD Symptoms With Pre-Reactivation Propranolol Therapy: A Randomized Controlled Trial.' *Am J Psychiatry*. 175(5):427 – 33. doi:10.1176/appi.ajp.2017.17050481. Epub 12 Jan 2018. PMID: 29325446
- Thierrée, S. et al. (2020) 'Trauma reactivation under propranolol among traumatized Syrian refugee children: preliminary evidence regarding efficacy.' *Eur J Psychotraumatol*. 11(1):1733248. doi:10.1080/20008198.2020.1733248. PMID: 32194925; PMCID: PMC7067198
- Brunet, A. et al. (2019) 'Paris MEM: a study protocol for an effectiveness and efficiency trial on the treatment of traumatic stress in France after the 2015 – 16 terrorist attacks.' *BMC Psychiatry*. 19(1):351. doi:10.1186/s12888-019-2283-4. PMID: 31703570; PMCID: PMC6842179
- Vaiva, G. et al. (2003) 'Immediate treatment with propranolol decreases posttraumatic stress disorder two months after trauma.' *Biol Psychiatry*. 54(9):947 – 9. doi:10.1016/s0006-3223(03)00412-8
- 'Can a blood pressure drug help ease the painful memory of an ex?' https://www.bbc.com/news/world-us-canada-51317388
- Lonergan, M. et al. (2016) 'Reactivating addiction-related memories under propranolol to reduce craving: A pilot randomized controlled trial.' *J Behav Ther Exp Psychiatry*. 50:245 – 9. doi:10.1016/j.jbtep.2015.09.012. Epub 2 Oct 2015. PMID: 26454715
- Chalkia, Anastasia et al. (2019) 'Acute but Not Permanent Effects of Propranolol on Fear Memory Expression in Humans.' *Front Hum Neurosci*. https://doi.org/10.3389/fnhum.2019.00051
- Roullet, P. et al. (2021) 'Traumatic memory reactivation with or without propranolol for PTSD and comorbid MD symptoms: a randomised clinical trial.' *Neuropsychopharmacol*. https://doi.org/10.1038/s41386-021-00984-w
- Brunet, A. et al. (2008) 'Effect of post-retrieval propranolol on psychophysiologic responding during subsequent script-driven traumatic imagery in post-traumatic stress disorder.' *J Psychiatr Res*. 42(6):503 – 6. doi:10.1016/j.jpsychires.2007.05.006. Epub 22 Jun 2007. PMID: 17588604
- Critchlow, Hannah (2018) *Consciousness: A Ladybird Expert Book* (The Ladybird Expert Series 29), London, UK: Michael Joseph
- LeDoux, Joe (2019) *The Deep History of Ourselves: The Four-Billion-Year Story of How We Got Conscious Brains*: Viking
- 'What's the use of consciousness? How the stab of conscience made us really conscious.' (2016) In *Where's The Action? The Pragmatic Turn in Cognitive Science*, Engel, Andreas K., Friston, Karl and Kragic, Danica (eds) Cambridge, Mass: MIT Press. doi:10.7551/mitpress/9780262034326.003.0012
- Marshall, P. R. et al. (2020) 'Dynamic regulation of Z-DNA in the mouse prefrontal cortex by the RNA-editing enzyme Adar1 is required for fear extinction.' *Nat Neurosci* 23, 718 – 729

https://doi.org/10.1038/s41593-020-0627-5
- Carhart-Harris, R. L. et al. (2016) 'Neural correlates of the LSD experience revealed by multimodal neuroimaging.' *Proc Natl Acad Sci USA*.113(17):4853 – 8. doi:10.1073/pnas 1518377113
- Kringelbach, Morten L. et al. (2020) 'Dynamic coupling of whole-brain neuronal and neurotransmitter systems.' *Proceedings of the National Academy of Sciences*, 117 (17) 9566 – 76; doi:10.1073/pnas.1921475117
- Atasoy, S., Donnelly, I. and Pearson, J. (2016) 'Human brain networks function in connectome-specific harmonic waves.' *Nat Commun* 7, 10340 https://doi.org/10.1038/ncomms10340
- Atasoy, S. et al. (2017) 'Connectome-harmonic decomposition of human brain activity reveals dynamical repertoire re-organization under LSD.' *Sci Rep* 7, 17661 https://doi.org/10.1038/s41598-017-17546-0
- https://qualiacomputing.com/2017/06/18/connectome-specific-harmonic-waves-on-lsd
- Luppi, A. I. et al. 'Connectome Harmonic Decomposition of Human Brain Dynamics Reveals a Landscape of Consciousness.' Pre-print. Posted 10 August 2020. doi:https://doi.org/10.1101/2020.08.10.244459
- Forstmann, M. et al. (2020) 'Transformative experience and social connectedness mediate the mood-enhancing effects of psychedelic use in naturalistic settings.' *PNAS* 20 117 (5) 2338 – 46 https://doi.org/10.1073/pnas.1918477117
- Carhart-Harris, Robin L. et al. (2016) 'Neural correlates of the LSD experience revealed by multimodal neuroimaging.' *PNAS* 113 (17) 4853 – 8 https://doi.org/10.1073/pnas.1518377113
- Nutt, D., Erritzoe, D. and Carhart-Harris, R. (2020) 'Psychedelic Psychiatry's Brave New World.' *CELL*, vol. 181, 24 – 28, ISSN: 0092-8674
- Revenga, Mario de la Fuente et al. (2021) 'Prolonged epigenetic and synaptic plasticity alterations following single exposure to a psychedelic in mice.' bioRxiv.02.24.432725; doi:https://doi.org/10.1101/2021.02.24.432725
- Sacks, Jonathan (2020) *Morality: Restoring the Common Good in Divided Times*. London, UK: Hodder & Stoughton
- Van Steenbergen, H. et al. (2021) 'How positive affect buffers stress responses.' *Current Opinion in Behavioral Sciences* 39: 153160
- Ioannidis, K. et al. (2020) 'The complex neurobiology of resilient functioning after childhood maltreatment.' *BMC Medicine* 18: e32
- Van Harmelen, A. L. et al. (2016) 'Friendships and family support reduce subsequent depressive symptoms in at-risk adolescents.' *PLoS One* 11(5)
- Van Harmelen A. L. et al. (2017) 'Adolescent friendships predict later resilient functioning across psychosocial domains in a healthy community cohort.' *Psychological Medicine* 47(13): 2312 – 22
- Does laughing alter your brain chemistry? https://www.thenakedscientists.com/podcasts/naked-neuroscience/neuroscience-nuggets-2013
- Scott, Sophie, 'Why We Laugh.' TEDx talk, March 2015 https://www.ted.com/talks/sophie_scott_why_we_laugh?language=en
- Catron, Mandy Len (2015) 'To Fall in Love With Anyone, Do This.' *New York Times*, 9 January. Retrieved 11 January 2015.
- Eger, Edith (2020) *The Gift: 12 Lessons to Save Your Life*. Rider.
- Eger, Edith (2018) *The Choice: A True Story of Hope*. Rider.
- Mandela, Nelson (1995) *Long Walk To Freedom: The Autobiography of Nelson Mandela* (new

edition). Abacus.

- *Ubuntu*: (I am because we are) Philosophy: A Road to 'individualism' to global solidarity, https://www.academia.edu/45015997/Ubuntu_I_am_because_we_are_Philosophy_A_Road_to_individualism_to_global_solidarity
- Arai, Tatsushi and Niyonzima, Jean Bosco (2019) 'Learning Together to Heal: Toward an Integrated Practice of Transpersonal Psychology, Experiential Learning, and Neuroscience for Collective Healing.' *Peace and Conflict Studies* vol. 26, no. 2, article 4. Available at: https://nsuworks.nova.edu/pcs/vol26/iss2/4
- Carstarphen, N. (2004) 'Making the other human: The role of personal stories to bridge deep differences.' In Slavik, H. (ed.), *International Communication and Diplomacy* 177–96. Malta and Geneva: Diplo Foundation
- Volkan, V. (2004) *Blind Trust: Large Groups and Their Leaders in Times of Crisis and Terror.* Charlottesville, VA: Pitchstone Publishing
- Gillson, S. L., Ross, D. A. (2019) 'From Generation to Generation: Rethinking "Soul Wounds" and Historical Trauma.' *Biol Psychiatry.* 86(7):e19-e20. doi:10.1016/j.biopsych.2019.07.033. PMID: 31521209; PMCID: PMC7557912
- Bruce Springsteen speaking to Barack Obama on the podcast *Renegades: Born in the USA*: 'Our unlikely friendship'. 39 minutes in. https://open.spotify.com/show/42xagXCUDsFO6a0lcHoTlv

10장

- 'Meet the caring Robot trio!' Interview with Professor Goldie Nejat, University of Toronto, 17 November 2014: https://www.thenakedscientists.com/articles/interviews/meet-caring-robot-trio
- 'Boris Johnson pledges £250m for NHS artificial intelligence.' https://www.theguardian.com/society/2019/aug/08/boris-johnson-pledges-250m-for-nhs-artificial-intelligence
- 'Can Artificial Intelligence Help See Cancer in New, and Better, Ways?' https://www.cancer.gov/news-events/cancer-currents-blog/2022/artificial-intelligence-cancer-imaging 22 March 2022, by NCI staff
- 'A robot wrote this entire article. Are you scared yet, human?' GPT-3. https://www.theguardian.com/commentisfree/2020/sep/08/robot-wrote-this-article-gpt-3
- https://projects.iq.harvard.edu/rak/event/turing-test-poetry-fest, Turing Test Poetry Fest, Monday, October 25, 2021
- Rockmore, Dan (2020) 'What Happens When Machines Learn to Write Poetry.' *New Yorker*, 7 January. https://www.newyorker.com/culture/annals-of-inquiry/the-mechanical-muse
- 'Deep Blue vs Kasparov: How a computer beat best chess player in the world.' BBC News: https://www.youtube.com/watch?v=KF6sLCeBj0s
- Critchlow, Hannah (2018) *Consciousness: A Ladybird Expert Book* (The Ladybird Expert Series 29), London, UK: Michael Joseph
- AI as good as humans at keeping us alive? *Lancet* study says yes . . . https://www.sciencemediacentre.org/expert-reaction-to-a-study-looking-at-the-effectiveness-of-ai-at-diagnosing-disease-compared-to-health-professionals
- Can AI predict the future? https://www.newscientist.com/article/mg24332500-800-predicting-the-future-is-now-possible-with-powerful-new-ai-simulations
- Artificial intelligence can predict premature death, study finds: https://www.sciencedaily.com/releases/2019/03/190327142032.htm
- https://www.theguardian.com/books/2018/jun/15/rise-of-the-machines-has-technology-

evolved-beyond-our-control-

- AI in NHS: some good examples with academic link, https://www.bbc.co.uk/news/health-49270325?fbclid=IwAR2NnvJjC8QIvBhw1F6Il5lmTG3vKv3UbQ5rHQbK-5ICb-7hvhqrySOAM2M
- 'AI Can Detect Signals for Mental Health Assessment.' https://scitechdaily.com/ai-can-detect-signals-for-mental-health-assessment
- Von Radowitz, John (2017) 'Intelligent machines will replace teachers within 10 years, leading public school headteacher predicts.' *Independent*, 11 September https://www.independent.co.uk/tech/intelligent-machines-replace-teachers-classroom-10-years-ai-robots-sir-anthony-sheldon-wellington-college-a7939931.html
- Andrews, Mark (2022) 'The delivery drone revolution that is sweeping the country.' *Express & Star*, 8 January https://www.expressandstar.com/news/business/2022/01/08/watch-out-the-drones-are-coming
- https://www.independent.co.uk/life-style/gadgets-and-tech/news/artificial-intelligence-human-sleep-ai-los-alamos-neural-network-a9554271.html
- 'World first as artificial neurons developed to cure chronic diseases.' Press release, 3 December 2019: https://www.bath.ac.uk/announcements/world-first-as-artificial-neurons-developed-to-cure-chronic-diseases
- Tsvetkova, Milena et al. (2017) 'Even Good Bots Fight: The case of Wikipedia.' *PLoS One* https://doi.org/10.1371/journal.pone.0171774
- 'Meet the caring Robot trio!' Interview with Professor Goldie Nejat, University of Toronto, 17 November 2014: https://www.thenakedscientists.com/articles/interviews/meet-caring-robot-trio
- Stephen Hawking warns artificial intelligence could end mankind, December 2014 https://www.bbc.co.uk/news/technology-30290540
- Elon Musk claims AI will overtake humans 'in less than five years', 27 July 2020 https://www.independent.co.uk/tech/elon-musk-artificial-intelligence-ai-singularity-a9640196.html
- Kasparov, Garry (2017) *Deep Thinking: Where Machine Intelligence Ends and Human Creativity Begins.* London, UK: John Murray
- Lozano, A. M. et al. (2019) 'Deep brain stimulation: current challenges and future directions.' *Nat Rev Neurol.* 15(3):148 – 60. doi:10.1038/s41582-018-0128-2. PMID: 30683913; PMCID: PMC6397644
- Krauss, J. K. et al. (2021) 'Technology of deep brain stimulation: current status and future directions.' *Nat Rev Neurol* 17, 75 – 87 https://doi.org/10.1038/s41582-020-00426-z
- Graat, I., Figee, M.,Denys, D. (2017) 'The application of deep brain stimulation in the treatment of psychiatric disorders.' *Int Rev Psychiatry.* 29(2):178 – 90. doi:10.1080/09540261.2017.1284239. Epub 10 Feb 2017. PMID: 28523977
- Seo, Dongjin et al. (2016) 'Wireless Recording in the Peripheral Nervous System with Ultrasonic Neural Dust.' *Neuron*, vol. 91, issue 3, 529 – 39 doi:https://doi.org/10.1016/j.neuron.2016.06.034,
- Patch, K. (2021) 'Neural dust swept up in latest leap for bioelectronic medicine.' *Nat Biotechnol* 39, 255 – 6 https://doi.org/10.1038/s41587-021-00856-0
- Strollo, Patrick J. et al. (2014) 'Upper-Airway Stimulation for Obstructive Sleep Apnea.' *New England Journal of Medicine.* 370 (2): 13949. doi:10.1056/NEJMoa1308659. ISSN 0028-4793
- Osorio, I. et al. (2001) 'An introduction to contingent (closed-loop) brain electrical stimulation for seizure blockage, to ultra-short-term clinical trials, and to multidimensional statistical analysis of therapeutic efficacy.' *Journal of Clinical Neurophysiology.* 18 (6): 533 – 44.

doi:10.1097/00004691-200111000-00003. ISSN 0736-0258. PMID 11779966

- Chow, Alan Y. (2004) 'The Artificial Silicon Retina Microchip for the Treatment of VisionLoss From Retinitis Pigmentosa.' *Archives of Ophthalmology*. 122 (4): 460 – 9. doi:10.1001/archopht.122.4.460. ISSN 0003-9950. PMID:15078662
- Hochberg, Leigh R. et al. (2006) 'Neuronal ensemble control of prosthetic devices by a human with tetraplegia.' *Nature*. 442 (7099): 164 – 71. Bibcode:2006Natur.442.164H. doi:10.1038/nature04970. ISSN 1476-4687. PMID 16838014
- Keene, S. T. et al. (2020) 'A biohybrid synapse with neurotransmitter-mediated plasticity.' *Nat Mater*. 19, 969 – 73 https://doi.org/10.1038/s41563-020-0703-y
- Lu, Q. et al. (2020) 'Biological receptor-inspired flexible artificial synapse based on ionic dynamics.' *Microsyst Nanoeng* 6, 84 https://doi.org/10.1038/s41378-020-00189-z
- Berger, T. W. et al. (2012) 'A hippocampal cognitive prosthesis: multi-input, multi-output nonlinear modeling and VLSI implementation.' *IEEE Trans Neural Syst Rehabil Eng*. 20(2):198 – 211. doi:10.1109/TNSRE.2012.2189133. PMID: 22438335; PMCID: PMC3395724
- Hampson, Robert E. et al. (2018) 'Developing a hippocampal neural prosthetic to facilitate human memory encoding and recall.' *J. Neural Eng*. 15 036014
- Hampson, R. E. et al. (2018) 'A hippocampal neural prosthetic for restoration of human memory function.' *Journal of Neural Engineering*, 15, 036014, doi:10.1088/1741-2552/aaaed7
- Liu, J., et al. (2015) 'Syringe-injectable electronics.' *Nature Nanotech* 10, 629 – 36 https://doi.org/10.1038/nnano.2015.115
- Fu, T. M. et al. (2016) 'Stable long-term chronic brain mapping at the single-neuron level.' *Nat Methods* 13, 875 – 82 https://doi.org/10.1038/nmeth.3969
- Hong G. et al. (2018) 'Mesh electronics: a new paradigm for tissue-like brain probes.' *Curr Opin Neurobiol*. 50:33 – 41. doi:10.1016/j.conb.2017.11.007. Epub 1 Dec 2017. PMID: 29202327; PMCID: PMC5984112
- Zhou, Tao et al. (2017) 'Syringe-injectable mesh electronics integrate seamlessly with minimal chronic immune response in the brain.' *PNAS* https://doi.org/10.1073/pnas.1705509114
- Sharon, A. et al. (2021) 'Ultrastructural Analysis of Neuroimplant-Parenchyma Interfaces Uncover Remarkable Neuroregeneration Along-With Barriers That Limit the Implant Electrophysiological Functions.' *Front Neurosci*. 15:764448. doi:10.3389/fnins.2021.764448. PMID: 34880722; PMCID: PMC8645653
- Neuralink: https://neuralink.com
- Elon Musk claims Neuralink's brain implants will 'save' memories like photos and help paraplegics walk again. Here's a reality check: https://fortune.com/2022/02/22/elon-musk-neuralink-brain-implant-claims February 22, 2022 5:37 PM GMT
- 'Don't be brainwashed – Elon Musk's "bionic pig" is just a publicity stunt.'
- https://www.theguardian.com/commentisfree/2020/sep/01/elon-musk-bionic-pig-publicity-stunt-innovations
- 'Is Elon Musk over-hyping his brain-hacking Neuralink tech?' https://www.bbc.com/news/technology-53987919
- 'Elon Musk talks Twitter, Tesla and how his brain works – live at TED2022.' https://www.ted.com/talks/elon_musk_elon_musk_talks_twitter_tesla_and_how_his_brain_works_live_at_ted2022
- 'Neuralink: Elon Musk unveils pig with chip in its brain.' 29 August 2020
- https://www.bbc.co.uk/news/world-us-canada-53956683
- Professor Peter Robinson research: https://www.cl.cam.ac.uk/research/rainbow/emotions
- Hire View: https://www.hirevue.com/demo/full-platform-em?utm_source=google&utm_

medium=cpc&utm_campaign=G___Brand_-_Exact_EMEA_UK_&_Ireland&utm_
term=hirevue&gclsrc=aw,ds&gclid=CjwKCAjw9-KTBhBcEiwAr19ig5wcHBEyZjLY1IzexDddHH
THCiNSKCocnr3bWQ9IwPqjm69fe2dO3RoCZgkQAvD_BwE

- Oxygen Forensics: https://www.oxygen-forensic.com/en
- Cogito: https://cogitocorp.com
- AI Now Annual Report 2019: https://ainowinstitute.org/AI_Now_2019_Report.pdf
- 'Emotion-detecting tech should be restricted by law – AI Now.' 12 December 2019 https://
  www.bbc.com/news/technology-50761116
- 'Paraplegic in robotic suit kicks off World Cup' 12 June 2014 https://www.bbc.co.uk/news/
  science-environment-27812218
- Carmena, J. M. et al. (2003) 'Learning to control a brain-machine interface for reaching and
  grasping by primates.' PLOS Biology, 1 (2): 193 – 208, doi:10.1371/journal.pbio.0000042, PMC
  261882, PMID:14624244
- Lebedev, M. A. et al. (2005) 'Cortical ensemble adaptation to represent actuators controlled by
  a brain machine interface.' J. Neurosci. 25 (19): 4681 – 93, doi:10.1523/jneurosci.4088-04.2005,
  PMC 6724781, PMID:15888644
- Nicolelis, Miguel Ângelo Laporta (2003) 'Brain-machine interfaces to restore motor
  function and probe neural circuits.' Nat Rev Neurosci, 4 (5): 417 – 22, doi:10.1038/nrn1105,
  PMID:12728268, S2CID: 796658
- Pais-Vieira, M. et al. (2013) 'Brain-to-Brain Interface for Real-Time Sharing of Sensorimotor
  Information.' Scientific Reports 3, 1319
- O'Doherty, J. E. et al. (2011) 'Active tactile exploration using a brain-machine-brain interface.'
  Nature. 479(7372):228 – 31. doi:10.1038/nature10489. PMID: 21976021; PMCID: PMC3236080
- Pais-Vieira, M. et al. (2015) 'Building an organic computing device with multiple
  interconnected brains.' Sci Rep. 5:11869. doi:10.1038/srep11869. Erratum in: Sci Rep.
  2015;5:14937. PMID: 26158615; PMCID: PMC4497302
- Ramakrishnan, A. et al. (2015) 'Computing Arm Movements with a Monkey Brainet.' Sci Rep 5,
  10767 https://doi.org/10.1038/srep10767
- Renton, Angela I., Mattingley, Jason B. and Painter, David R. (2019) 'Optimising non-invasive
  brain-computer interface systems for free communication between naïve human participants.'
  Scientific Reports, 9 (1) 18705, 18705. doi:10.1038/s41598-019-55166-y
- Jiang, L. et al. (2019) 'BrainNet: A Multi-Person Brain-to-Brain Interface for Direct
  Collaboration Between Brains.' Sci Rep 9, 6115 https://doi.org/10.1038/s41598-019-41895-7
- Grau, Carles et al. (2014) 'Conscious Brain-to-Brain Communication in Humans Using Non-
  Invasive Technologies.' PLoS One 9 (8): e105225 doi:10.1371/journal.pone.0105225
- Rao R. P. et al. (2014) 'A direct brain-to-brain interface in humans.' PLoS One 9:e111332.
  10.1371/journal.pone.0111332
- Grau, Carles et al. (2014) 'Conscious brain-to-brain communication in humans using non-
  invasive technologies.' PLoS One. 9(8):e105225. doi:10.1371/journal.pone.0105225. eCollection
  2014
- Stocco, A. et al. (2015). 'Playing 20 questions with the mind: collaborative problem solving
  by humans using a brain-to-brain interface.' PLoS One 10:e0137303. 10.1371/journal.
  pone.0137303
- O'Doherty, J. E. et al. (2011) 'Active tactile exploration using a brain – machine – brain
  interface.' Nature 479: 228 – 31
- Hsiao, M-C., Song, D. and Berger, T. W. (2013) 'Nonlinear dynamical model based control of in

vitro hippocampal output.' *Frontiers in Neural Circuits* 7, 20:1 – 14.

- Sun, Chen et al. 'Hippocampal neurons represent events as transferable units of experience.' *Nature Neuroscience* doi:10.1038/s41593-020-0614-x. https://neurosciencenews.com/memory-situation-neurons-16085

- Deadwyler, S. A. and Hampson, R.E. (2006) 'Temporal coupling between subicular and hippocampal neurons underlies retention of trial-specific events.' *Behav Brain Res.* 174, 272 – 80. doi:10.1016/j.bbr.2006.05.038

- Deadwyler, S. A., Goonawardena, A. V. and Hampson, R. E. (2007) 'Short-term memory is modulated by the spontaneous release of endocannabinoids: evidence from hippocampal population codes.' *Behav Pharm* 18, 571 – 80. doi:10.1097/FBP.0b013e3282ee2adb

- Deadwyler, S. A. et al. (2013) 'Donor/recipient enhancement of memory in rat hippocampus.' *Front Syst Neurosci* 7: 120

- Qiao, Z. et al. (2018) 'ASIC Implementation of a Nonlinear Dynamical Model for Hippocampal Prosthesis.' *Neural Comput.* 30(9):2472 – 99. doi:10.1162/neco_a_01107. Epub 27 Jun 2018. PMID: 29949460

- Li, W. X. et al. (2013) 'Real-time prediction of neuronal population spiking activity using FPGA.' *IEEE Trans Biomed Circuits Syst.* 7(4):489 – 98. doi:10.1109/TBCAS.2012.2228261. PMID: 23893208

- Berger, T. W. et al. (2005) 'Restoring lost cognitive function.' *IEEE Engineering in Medicine and Biology Magazine* vol. 24, no. 5, 30 – 44 doi:10.1109/MEMB.2005.1511498

- Khan, S. and Aziz, T. (2019) 'Transcending the brain: is there a cost to hacking the nervous system?' *Brain Commun.*1(1):fcz015. doi:10.1093/braincomms/fcz015. eCollection 2019. PMID: 32954260

- Perbal, B. (2015) 'Ethical considerations of BBI: 'Knock once for yes, twice for no".' *J Cell Commun Signal.* 9(1):15 – 8. doi:10.1007/s12079-015-0273-y. Epub 26 Feb 2015. PMID: 25711904

- Vansteensel, M. J. et al. (2016) 'Fully implanted brain-computer interface in a locked-in patient with ALS.' *N Engl J Med* 375: 2060 – 6

- Trimper, J. B., Wolpe, P. R. and Rommelfanger, K. S. (2014) 'When "I" becomes "We": ethical implications of emerging brain-to-brain interfacing technologies.' *Front Neuroeng* 7 4: 1 – 4

- Moses, D. A. et al. (2019) 'Real-time decoding of question-and-answer speech dialogue using human cortical activity.' *Nat Commun* 10, 3096 https://doi.org/10.1038/s41467-019-10994-4

- Wouters, Niels and Vetere, Frank, University of Melbourne, 'Holding a Black Mirror Up to Artificial Intelligence.' https://pursuit.unimelb.edu.au/articles/holding-a-black-mirror-up-to-artificial-intelligence

- (2019) iHuman: a futuristic vision for the human experience.' *The Lancet* vol. 394, issue 10203, P979.

- Royal Society iHuman perspective: Neural interfaces, https://royalsociety.org/-/media/policy/projects/ihuman/report-neural-interfaces.pdf, 10 September 2019, https://royalsociety.org/topics-policy/projects/ihuman-perspective

- Cell Press (2020) 'How "swapping bodies" with a friend changes our sense of self.' *Science Daily.* www.sciencedaily.com/releases/2020/08/200826110322.htm

- Tacikowski, Pawel, Weijs, Marieke L., Ehrsson, Henrik H. (2020) 'Perception of Our Own Body Influences Self-Concept and Self-Incoherence Impairs Episodic Memory.' *iScience* 101429 doi:10.1016/j.isci.2020.101429

- Roche, Richard 'Emotional Contagion, 3 person closed loop system' https://vimeo.

com/237065016
- The Communal Kiss, 'The Communal Kiss': https://vimeo.com/332483454
- Empathy Ecologies: https://vimeo.com/422895498
- 'Tribute to Jose Delgado, Legendary and Slightly Scary Pioneer of Mind Control' https://blogs.scientificamerican.com/cross-check/tribute-to-jose-delgado-legendary-and-slightly-scary-pioneer-of-mind-control

에필로그

- Bostrom, Nick (2006) 'What is a Singleton?' *Linguistic and Philosophical Investigations*, Vol. 5, No. 2, pp. 48-54
- Critchlow, H.M. (2007) 'Investigating the Role of Dendritic Spine Plasticity in Schizophrenia', doctoral thesis, University of Cambridge.
- Fone K.C., Porkess M.V. (2008) 'Behavioural and neurochemical effects of post-weaning social isolation in rodents-relevance to developmental neuropsychiatric disorderbs.' *Neurosci Biobehav Rev*; 32(6): 1087-102. doi: 10.1016/j.neubiorev.2008.03.003. PMID: 18423591.
- Kini, Naren 'My Neighbours Corn', Awakin, https://www.awakin.org/v2/read/view.php?tid=2395
- Ratner, Paul (2008) The "singleton hypothesis" predicts the future of humanity, *Big Think* https://bigthink.com/the-present/singleton-hypothesis-future-humanity/
- Reser, David, Simmons, Margaret, Johns, Esther, Ghaly, Andrew, Quayle, Michelle, Dordevic, Aimee L., Tare, Marianne, McArdle, Adelle, Willems, Julie and Yunkaporta, Tyson 2021, Australian Aboriginal techniques for memorization: translation into a medical and allied health education setting, *PLoS One*, vol. 16.
- *Sand Talk: How Indigenous Thinking Can Save the World*, by Tyson Yunkaporta, HarperOne; Illustrated edition (12 May 2020) ISBN-13 : 978-0062975645
- Waring, Timothy M., Wood, Zachary T. (1952) 'Long-term gene-culture coevolution and the human evolutionary transition.' *Proceedings of the Royal Society B: Biological Sciences*, 2021; 288: 20210538 DOI: "http://dx.doi.org/10.1098/rspb.2021.0538" 10.1098/rspb.2021.0538

과학적 사고의 씨앗, 프린키피아

'프린키피아(Principia)'는 '시작, 기초, 원리'를 의미하는 라틴어로, 모든 지식의 기초이자
과학을 탐구하고 세상이 돌아가는 원리를 알려주는 과학 교양 시리즈입니다.

프린키피아 008

초연결 지능

1판 1쇄 인쇄 2025년 12월 9일
1판 1쇄 발행 2025년 12월 24일

지은이 한나 크리츨로우
옮긴이 안은미
펴낸이 김영곤
펴낸곳 (주)북이십일 21세기북스

정보개발팀장 이리현
정보개발팀 이수정 현미나 이지윤 양지원
마케팅 김설아
외주편집 정이립 **디자인 표지** 문성미 **본문** 이슬기
영업팀 정지은 한충희 장철용 남정한 나은경 강경남 황성진 김도연 이민재 이정은
해외기획팀 최연순 소은선 홍희정
제작팀 이영민 권경민

출판등록 2000년 5월 6일 제406-2003-061호
주소 (10881) 경기도 파주시 회동길 201(문발동)
대표전화 031-955-2100 **팩스** 031-955-2151 **이메일** book21@book21.co.kr

KI신서 14006
ⓒ 한나 크리츨로우, 2025
ISBN 979-11-7357-706-2 03470

(주)북이십일 경계를 허무는 콘텐츠 리더

21세기북스 채널에서 도서 정보와 다양한 영상자료, 이벤트를 만나세요!

페이스북 facebook.com/21cbooks 블로그 blog.naver.com/21c_editors
인스타그램 instagram.com/jiinpill21 홈페이지 www.book21.com
유튜브 youtube.com/book21pub